U0220776

内生安全赋能网络弹性工程

邬江兴　著

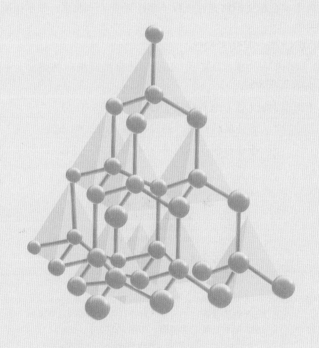

科学出版社

北京

内 容 简 介

　　本书系统阐述了网络内生安全问题的矛盾性质和期望的内生安全构造、机制、特征，提出了基于动态性（D）、多样性（V）和冗余性（R）为顶点的"未知威胁防御不可能三角"的通用三元解构模型；定性分析了当前主流安全技术不能防范未知安全威胁的本质原因；指出 DVR 完全交集存在化解内生安全问题的可能；进而推导出内生安全存在性定理，从理论层面回答了内生安全为什么能有效防范 DHR 架构内广义功能安全问题的机理；架构赋能应用实例表明，内生安全赋能网络弹性工程不仅具有必要性，而且具有普适性。

　　本书可供网络弹性工程、信息技术、网络安全、工业控制、信息物理系统、智能网络汽车等领域或行业科技人员及普通高校教师、研究生阅读参考。

图书在版编目（CIP）数据

内生安全赋能网络弹性工程 / 邬江兴著. —— 北京：科学出版社，2023.7

ISBN 978-7-03-074585-9

Ⅰ. ①内⋯　Ⅱ. ①邬⋯　Ⅲ. ①计算机网络－网络安全－研究　Ⅳ. ①TP393.08

中国国家版本馆 CIP 数据核字（2023）第 010532 号

责任编辑：任　静 / 责任校对：胡小洁
责任印制：师艳茹 / 封面设计：图阅社

科 学 出 版 社 出版
北京东黄城根北街 16 号
邮政编码：100717
http://www.sciencep.com

三河市春园印刷有限公司 印刷

科学出版社发行　各地新华书店经销

*

2023 年 7 月第　一　版　　开本：720×1 000　1/16
2023 年 9 月第二次印刷　　印张：27 3/4
字数：559 000

定价：218.00 元
（如有印装质量问题，我社负责调换）

作者简介

邬江兴，1953 年出生，中国网络与通信、计算机体系结构与网络安全领域著名科学家与工程师，2003 年当选中国工程院院士。现任国家数字交换系统工程技术研究中心（NDSC）主任，兼任嵩山实验室主任，紫金山实验室首席科学家、之江实验室首席科学家、复旦大学大数据研究院和大数据试验场研究院长等职务。 20 世纪 80 年代发明"软件定义功能、复制 T 型数字交换网络、逐级分布式控制构造"等数字程控交换领域变革性技术，1991 年主持研制成功中国首台大容量数字程控交换机——HJD04，带动了我国通信高技术产业在全球的崛起。进入 21 世纪以来，先后发明了"全 IP 移动通信、不定长分组异步交换网络、可重构柔性网络架构、基于路由器选择发送机制的 IPTV"等网络通信重大原创性技术，成功主持研发世界首套基于全 IP 的复合移动通信系统 CMT、中国首台高速核心路由器、世界首个支持 HDTV/SDTV over IP 业务的大规模汇聚接入路由器 ACR 等信息通信网络基础设施或装备，2006 年基于领衔开发的"中国高速信息示范网——3Tnet"，在"长三角地区"完成了全球首次大规模 HDTV over IP 服务的压力试验，证明互联网规模化的承载 HDTV 服务在理论与技术上的可行性。2008 年提出面向领域计算的"基于主动认知的多维可重构软硬件协同计算架构——拟态计算（Mimic Computing Architecture, MCA）"，2013 年开发出基于拟态构造的高效能计算机原型系统，被中国科学院和工程院两院院士评为 2013 年度"中国十大科技进展"，所提出的领域专用软硬件协同计算架构（Domain Specific Architecture, DSA），被 2017 年度图灵奖得主 John L. Hennessy、David A. Patterson，在 2019 年的共同论文《计算机结构的新黄金时代》中预言为"未来十年计算机体系结构发展的四大发展方向之一"。2013 年，创立了基于结构编码的内生安全网络空间拟态防御理论（Cyberspace Mimic Defense, CMD），证明了从"结构决定功能"公理衍生或派生出的"结构决定安全"推论在理论和工程意义上成立，为安全保密开辟了除信息加密之外的结构加密新方向。从 2017 年起，先后出版了《网络空间拟态防御导论》《网络空间拟态防御原理》《网络空间内生安全》中文专著和

《Cyberspace Mimic Defense — Generalized Robust Control and Endogenous Security》英文专著。2018 年提出变革网络技术体制发展范式的多模态网络环境(Polymorphic Intelligence Networking Environment, PINE)理论与方法,达成了统一基础设施与多样化网络应用之对立统一关系。2021 年,全球首个多模态网络环境原理验证系统在之江实验室通过国家验收。

1995 年以来先后获得国家科技进步奖一等奖 4 项、二等奖 4 项。曾先后获得何梁何利基金"科学与技术进步奖"(1995 年度)、"科学与技术成就奖"(2015 年度)。领衔的网络与交换研究团队还获得 2015 年度国家科学与技进步奖创新团队奖。

百年不遇的新冠疫情给人类社会造成了巨大的冲击，幸运的是，网络信息基础设施在此前所未有的特殊历史时期，发挥了超出政府管理者想象力以及怎么评价都不过分的"定海神针"功效。如果说人们尚且能接受"静默管理"居家隔离的疫情管控指令，但绝不会宽容信息通信网络服务保障方面的任何差池。这充分说明，今天的人类活动不仅在寻常情况下即便是在特殊历史时期，也无法想象如果没有高度发达的现代信息网络将会发生什么样的社会性灾难。

然而，糟糕的问题是，网络社会发展极为依赖的计算机软硬件技术甚至信息技术本身，就存在"娘胎里带来的基因缺陷"；数字经济极度倚重的信息物理系统或数字设施，存在不可避免的内生安全问题或矛盾；长期以来遵循的基于"亡羊补牢、问题归零"的网络安全策略并未真正认识到"矛盾的不可消除性质"，致使网络空间形形色色的安全病毒越来越多，传播规模也越来越大；网络空间安全几乎完全失控的现状造成个人及社会为数字化、网络化和智能化进程付出太多太大的代价，严重影响到人类社会可持续健康发展目标的实现。由于潜在网络安全威胁或攻击具有不可预测性、极度不确定性和快速演变等特性，人们逐渐认识到要保证网络空间数字产品无漏洞，安全防御"不穿底破防"是件极难达成的目标。在日益复杂、易攻难守、边界防御崩塌的严峻网络安全态势面前，技术和产业界的工作重点不仅不能再一味地、不顾一切地甚至观念极度扭曲地追求性能卓越而选择性地无视软硬件产品网络安全质量，网络空间安全治理也不能仅指望在用户侧或应用侧实施附加/外挂式或内置安全防御措施来解决内生的、不确定的网络威胁与破坏问题，亟须从数字产品软硬件设计与制造侧保证"如果一旦被网络攻击穿底破防"，仍然要能达成可量化设计、可验证度量的"使命确保"技术目标与质量指标。毫无疑问，这种在制造业和用户侧同时发力、双管齐下、一体两翼的全新指导思想与安全政策，是从根本上扭转当前网络空间"易攻难守"战略颓势的核心举措所在。于是，网络弹性概念和工程目标应运而生了。

网络弹性（Cyber Resilience）概念最初是美国在国家安全战略、军事战略调整的大背景下提出的，经美国政府的持续不断推动，网络弹性逐渐受到了世界主要国家政府和国际学术及工程技术界的广泛重视。2009年，马德尼等人在《迈向弹性工程的概念框架》中提出，弹性工程(Resilience Engineering)是"建立能够预测和规避事故的系统，通过适当的学习和适应在中断中生存下来，并通过尽可能恢复中断前的状态，从中断中恢复。"2010 年，斯特本兹等人在《通信网络中的弹性和生存能力：策略、原则和学科调查》中定义了网络弹性概念："网络在面对各种故障和危害正常运行的挑战时提供和维持可接受的服务水平的能力"。2013 年，美国第 21 号总统政策指令《网络基础设施安全与弹性》指出，弹性意味着"准备好应对并适应变化条件，承受破坏并从中快速恢复的能力。弹性还包括经受故意攻击、意外事件或自然发生的威胁，并从中恢复的能力"。2021 年 12 月，美国国家标准与技术研究院(NIST)正式发布了《开发网络弹性系统——一种系统安全工程方法》，标志着全球第一部权威性的网络弹性技术文件正式出台。

NIST 将网络弹性定义为：包含网络资源的实体所具备的对各种不利条件、压力、攻击或损害的预防、抵御、恢复和适应能力。从广义上讲，网络弹性可适用于器件、部件、子系统、系统、系统之系统、公共基础设施、共享服务、组织、行业、地区以及国家等多种实体；狭义而言，网络弹性来源于网络设备自身的功能和安全设计，以及网络架构的各种配置策略和响应机制，要求基础设备、体系架构、运行机制等方面具备风险预测能力、主动抵御能力、功能快速恢复能力、动态调整适应能力等。

需要指出的是，网络弹性与传统网络安全既有相似点也有不同之处。网络安全被定义为："通过采取必要措施，防范对网络的攻击、侵入、干扰、破坏和非法使用以及意外事故，使网络处于稳定可靠运行的状态，以及保障网络数据的完整性、保密性、可用性的能力，旨在最大限度地保护网络资源免受不利条件的威胁"。而网络弹性则更注重保障数字设施网络资源在遭受任何潜在威胁或不利条件时的基本任务功能，强调即使在部分网络资源受损的情况下依然要保障数字设施基本功能的提供能力，以及从不利条件下恢复和适应的能力。相较于传统的鲁棒性、脆弱性、持续性等概念，网络弹性并没有止步于抗压能力，而是同时兼顾了抗压能力和恢复能力。相较于经典可靠性理论较多地针对一般性大概率风险，网络弹性则更注重或聚焦于小概率极端性风险。总之，"网络空间(Cyberspace)弹性不同于传统功能弹性，后者只关注非对抗形式的逆境，而前者对任何潜在的破坏都要关注对抗性"。

就目前发展状况而言，网络弹性工程的技术和方法虽然给出了一个应对高级威胁的方法库，但整个方法库中的 4 个目的、8 个目标、26 个子目标、49 个方法及 5 个战略设计原则和 14 个结构设计原则，以及 500 多个子项，彼此之间更多的只是并列的可选项，其方法的有效性严重依赖于设计者或项目负责人的既往经验和认知能力，缺乏逻辑上的层次关系分析和体系化增益评估，对网络弹性开发的可操作性尚不能给出基于体系架构或技术构造的指导性建议。换言之，网络弹性工程作为一种"使命确保"的基本路径，尽管在"有管理"的高度提供了层级化的方法库和丰富的可选项，但仍然缺乏"可管理"层面"穿珠成链"的核心技术架构。尤其在如何有效对抗"任何潜在威胁"，特别是在应对"未知"的内外协同或里应外合式攻击和破坏方面也没有能给出任何"可落地实施"的解决方案，更未涉及怎样才能一体化地解决信息物理系统或数字设施功能载体(或底座)的网络弹性问题。

作者以为，目前网络弹性工程发展现状就好像是，美国国家标准与技术研究院为网络弹性工程开设了一间药材丰富的中药铺，对每种药材的药理药性作了分门别类，甚至给出了煎熬炮制的方法和必须注意的事项，不可谓不全。但望闻问切、开方抓药的事还必须请有经验的中医大夫拿捏才是。换言之，网络弹性工程要想获得"钢筋混凝土般质地"的数字产品，光靠混凝土砼料的配方、材料和搅拌工艺是远远不够的，如何设计出合适的骨架构型以及选择正确的钢筋材料是建造高强度建筑物首先要解决的工程技术问题。

15 年来，作者研究团队一直致力于运用"结构决定功能、结构决定性能、结构决定效能、结构决定安全"的公理，在计算机体系架构和网络安全领域从事创新理论研究和技术发明实践。2008 年，作者团队在国际上率先提出了"基于主动认知的领域专用动态变结构软硬件协同计算高效能体系架构"。该计算架构不同于经典冯·诺依曼结构的静态或刚性表达，开创了"结构适配应用"的变结构计算新路径，按照主动认知的多维环境动态重构思想，实时感知计算任务关于时间的负载分布和能耗状况，调度合适架构的软硬件功能模块(或算粒)协同完成面向领域的高效能计算任务。使得同一任务在不同时段、不同负载、不同资源、不同运行场景下，系统能够通过主动认知的方式选择合适能效比的领域专用模块或算粒来获得理想的全任务周期处理功效。然而，相当一段时间内，作者对这种动态变结构计算的苏格拉底式命名不甚满意，直到 2010 年的某一天，不经意间观看到国家地理频道(NGC)节目中有一个介绍自然界最杰出的拟态伪装生物——条纹章鱼视频研究资料时，深感拟态现象与"构造适配应用"的计算模式存在惊人相似的工作机理，都是内源性(Endogenous)功能所致，故而将该构造的昵称命名为拟态计算(Mimic Structure Calculation, MSC)。10 年后，ISCA2018 年会上，图灵奖得主 Daivd A.Petterson、John L.Hennessy 的共同论文预言，领域专用软硬件协同计算架构(Domain Specific Architecture, DSA)

将是未来十年计算机体系结构发展的四大重要方向之一。

众所周知，生物拟态现象本质上是内源性的，在机理上完全不需要任何内置（built-in；internally installed）、内嵌（embedded；in-line）、内化（internalization）或内共生（endosymbiosis）等外来元素和伪装饰物的帮助或辅助。从广义上讲"人-机-环-管"体系化呈现的本质安全（intrinsic safety），与先验知识的完备性强相关，故而也不属于内源性的范畴。

2013 年，世界上首台基于拟态计算架构的领域专用软硬件协同计算原理验证样机在上海通过国家验收。这种高能效的软硬件变结构协同计算很容易转换为基于高性能的变结构协同处理，因而拟态计算架构在效能和性能目标间具有自由转换、协同优化与动态管理的功能。而传统的面向性能的计算处理架构往往是刚性的，其处理环境通常是静态的、确定的和相似的，加之缺乏安全性分析及相关设计指标体系，导致系统构建时就存在一些错误的安全性假设，既无法证明自身的安全性也无法回避形形色色的内生安全问题，更不具备受信任执行环境"安全飞地——Enclave"用途。拟态计算环境具有主动认知的多样性、动态性、随机性和涌现性的软硬件协同处理特点，在功能等价条件下，其任务功能与算法实现结构间的非确定性或多样化关系，恰好能弥补传统信息处理系统在应对基于内生安全问题攻击时的静态性、确定性和相似性之固有缺陷。一个自然的推论就是，针对攻击者利用数字设施中防御者未知漏洞后门等攻击资源实施的"里应外合"式蓄意行动，运用基于构造感知威胁的功能等价动态变结构处理环境之不确定性机制，应当能够有效扰乱或瓦解以内生安全问题为基础的攻击链之稳定性或可靠性。

为此，2013 年，作者正式提出并创建了基于内生安全机制的网络空间拟态防御理论（Cyberspace Mimic Defense, CMD）。然而，当时只是受生物界内源性或内生的拟态伪装现象启示，在实践中探索发明出具有不依赖（但可融合）先验知识、能有效应对"已知的未知"或"未知的未知"潜在威胁或攻击的动态异构冗余架构（Dynamic Heterogeneous Redundancy architecture, DHR），具有"拟态伪装迷雾"、"不确定/熵不减效应"、"安全问题降维求解机制"、"结构加密/双盲效应"、"受信任执行环境"和"指数量级安全增益"等主要特征，通过试验/实验手段确认该构造的内源或内生性的广义鲁棒控制特性（全面覆盖当前的网络弹性工程既定目标）。遗憾的是，当时尚未能提升到理论层面来揭示网络空间内生安全问题的矛盾性本质，清晰地给出网络空间内生安全存在性证明以及相关前提条件，透彻分析 DHR 的结构编码属性及结构加密性质，致使市场上"穿马甲"的利益攸关者得以玩弄概念游戏，混淆内生安全原理的革命性意义。

读者不难发现，拟态计算与内生安全拟态防御机制本质上都是基于功能等价条件下变结构的软硬件协同计算或处理，都是通过构造技术实现对运行环境感知和认知。因此，将拟态防御视为拟态计算在应用维度上的变换，理论和实践意义上都属于自然继承与发展的关系。

2016 年，网络空间拟态防御原理验证系统，在上海通过了国家组织的权威性测试评估。其独特的基于内生安全机制的广义鲁棒控制架构突出表现在五个方面：首先是能将针对拟态括号内执行体个体未知漏洞后门的隐匿性攻击，转变为拟态界内攻击效果不确定的差模事件；其次是能将差模性质的攻击事件归一化为具有概率属性的广义不确定扰动问题；三是基于拟态裁决的策略调度和多维动态重构反馈控制机制产生的"不确定效应"，可以瓦解试错或盲攻击的前提条件；四是借助"相对正确"公理的逻辑表达机制，可以在不依赖攻击者先验知识或行为特征信息情况下提供高置信度的敌我识别功能；五是能将非传统安全威胁归一化为广义鲁棒控制问题并可实现一体化的处理。

作者研究团队从 2013 年开始在国内外发表一系列关于拟态防御和内生安全的引领性研究论文及技术报告，并从 2017 年起先后撰写出版了《网络空间拟态防御导论》《网络空间拟态防御原理——内生安全与广义鲁棒控制》《Cyberspace Mimic Defense — Generalized Robust Control and Endogenous Security》《网络空间内生安全——拟态防御与广义鲁棒控制》四部专著，并始终致力于从哲学机理上揭示网络空间安全问题内源性矛盾成因；运用"不可能三角"或文氏图与集合计算等通用分析模型，将动态性/随机性(D)、多样性/异构性(V)和冗余性(R)作为未知威胁防御三要素或核心功能集合，创造性地构建了基于"未知威胁防御不可能三角"的通用解构模型；通过定性分析方式对现有网络安全防御技术在转化或和解未知内生安全矛盾问题方面进行了系统梳理，给出了基于三角形构造关系的 DVR 不完全交集肯定不具有应对未知威胁防范能力的结论；进而提出 DVR 完全相交的功能集合中可能存在内生安全性的猜想，并从理论上推导出网络空间"内生安全存在性定理"以及基于密码学的"完美安全"分析结论，首次从定性和定量高度证明，网络空间确实存在不依赖先验知识和附加安全技术前提下，能有效对抗"已知的未知"或"未知的未知"威胁或破坏的内生安全机理；通过对早年发明的动态异构冗余架构(DHR)建模分析，证明基于策略裁决的反馈控制和动态可重构运行场景架构，具有DVR 完全相交集合性质并揭示出三者间的相互作用与互补关系，以及 DHR 结构编码所特有的六种主要特性。可一体化地解决信息物理系统或数字设施功能安全与网络安全(甚至信息安全)多重交织问题，有效提供集高可靠、高可信和高可用三位一体的广义鲁棒控制功能，破解网络弹性工程迄今为止"混凝土建筑中缺少钢筋骨架"的世界性难题。其非比寻常的技术意义就如同异构冗余、同构冗余的发明，在突破可靠性技术"天花板"时显现出的里程碑式意义。作者团队开创性的、卓有成效的理论与技术研究表明，不仅生物界拥有拟态伪装这样的基于构造的内源性防御功能，网络空间同样也存在基于构造编码的、不依赖(但可融合)先验知识和附加式安全技术的内生性安全防御功能。

历经 10 余年的理论迭代与实践锤炼，作者团队完成了从自然现象启示获得拟态防御灵感，到从理性认知层面分析推导出网络内生安全防御理论的华丽蜕变。将架构赋能的信息物理系统或数字设施中存在的随机性失效或不确定错误、人为或非人为、"已知的未知"或"未知的未知"等任何潜在安全威胁与破坏问题，通过独创的、具有普遍赋能意义的 DHR 架构算法，降维变换为 DVR 域内可用概率表达的差模或共模性质的广义可靠性问题，使得运用成熟的弹性功能与自动控制理论方法能够处理之。至此，我们不仅能从工程技术层面而且可以从理论分析层面给出："为什么网络内生安全防御能有效应对 DHR 构造内未知安全威胁或破坏且不违背认识论常识"之"灵魂拷问"科学答案。

由此引出一个非常有意义的猜想："既然内生安全的有效性不依赖任何先验知识和附加安全措施，而绝大多数加密机制的安全性同样也不依赖任何先验知识及外挂式技术，难道二者间具有某种相似或相同的性质？"。显然，如果能证明猜想成立，则 DHR 结构编码就是除"信息加密"外新诞生的一种加密模式，作者将其命名为——结构加密(Structural Encryption, SE)。于是，内生安全机制对于防御者而言，就是在功能等价的运行环境内，对软硬件资源潜在设计缺陷或可能隐匿的病毒木马等"暗功能"进行"结构加密(或结构编码)"，使得攻击者借助未知漏洞后门等先验知识和方法实施渗透或破坏的非对称优势被抵消或失能，迫使其陷入"先解译构造密码或编码才能利用目标对象内部攻击资源"的困境。换言之，倘若 DHR 结构加密机制成立，则攻击者实施任何"内外协同或里应外合"或"单向透明"的攻击手段在机理上将是徒劳的。而防御者既能将"未知的未知"扰动转换为"已知的未知"差模摄动并能达成"使命确保"目标，也能在"不依赖可信根可信性条件下"创建"受信任执行环境(Trusted Execution Environment, TEE)"。结构编码或结构加密可以在"无法被旁路或短路"情况下，遮蔽或阻断攻击者与目标对象间的内外因相互作用关系，为"信息加密算法"提供"结构加密"的载体安全保障。

据此猜想，作者研究团队首次基于密码学原理分析了内生安全 DHR 结构编码的加密性质，并给出了初步的但不失一般性的结论，指出凡是具有不依赖先验知识和附加安全措施的网络防御或可信服务都具有相似的加密性质(有兴趣的读者不妨就这一命题作更深入的理论分析)。令人兴奋的是,结构加密概念的创立使得网络内生安全理论可以给出更加深入浅出的科学表达。

作为一种原创性理论和颠覆性技术,内生安全赋能构造具有普适性应用功效,凡是基于 DHR 构造的信息物理系统或数字设施,自然地拥有一体化的高可靠、高可信、高可用功能性能。相较于"能在部分网络资源受损的情况下依然可保障基本功能的提供能力,以及从不利条件下恢复和适应的网络弹性能力"而言,前者在事前、事中、事后都可以达成"使命确保"目标并能提供"受信任执行环境"的可信服务功能;而后者只能在"选择性地排除或忽略"未知威胁或破坏的前提下,满足"最低限度"的使命确保任务。

毫无疑问,内生安全 DHR 架构正是当前网络弹性工程亟待寻求的中药铺"坐堂神医"或"串珠成链"的能工巧匠。相信内生安全赋能网络弹性工程与可信服务(计算)将开辟广义功能安全技术与产业发展新方向,极大促进信息技术及相关领域或行业产品的升级换代,开创数字产品设计与制造领域将"网络空间共享共治"作为首要目标的时代。漏洞后门等内源性安全矛盾尽管"无法彻底消除"但仍可以达成对立统一关系,只要信息物理系统等技术产品自身具备了内生安全的"非特异性免疫功能",即使数字产品或信息物理系统内部仍旧存在"新冠病毒"类似的"抗原",也可以将诸如"重症率、致死率"控制在可承受的范围内,这种与"病毒共存"的自体和群体免疫思想,与网络弹性工程及可信服务试图对"任何潜在破坏都能关注对抗性"的目标高度吻合。尤其是在网络安全问题已上升到国家和政治安全的战略性高度,经济全球化发展模式正遭遇前所未有的挑战时,若想继续推进信息技术相关产品的自由贸易政策,不解决数字产品自身安全质量可量化设计、可验证度量的网络弹性工程问题,恐难突破已经泛化了的网络安全威胁造成的五花八门贸易壁垒和国家安全障碍。内生安全赋能数字产品正是打破这一困局的"杀手锏"利器。

作者深信,人类将迎来以内生安全赋能信息物理系统或数字产品网络弹性的新时代。网络攻防代价严重失衡的战略颓势有望从根本上得到逆转,"安全性与开放性""先进性与可信性"等矛盾能在内生安全理论与方法基础上得到空前统一,当前针对数字产品软硬件代码缺陷的主流攻击理论及方法将被颠覆,信息技术与相关产业也将由此迸发出裂变式的创新活力并迎来强劲的市场升级换代刚需。具有广义鲁棒控制构造和内生安全功能的新一代信息物理系统、工业控制装置、数字基础设施、机密计算平台等必将重塑网络空间安全新秩序。

令人兴奋的是,内生安全理论与方法自创立以来正获得学术界和产业界越来越高的共识，并以加速度方式在国内外快速传播，各种富有开创性或借鉴性意义的理论与技术实践，在越来越多的领域和行业正在或已经取得前所未有的成功，尤其是迄今为止尚不具备对抗"未知的"潜在破坏之网络弹性工程，DHR编码结构为其解决了"只有混凝土砼料，没有钢筋骨架"导致构造增益缺失的世界性难题。因此，内生安全赋能信息物理系统或数字产品网络弹性与可信服务，必将能为数字经济和网络空间可持续健康发展做出里程碑式的贡献。不言而喻，这也为"人-机-物-网"深度融合时代开创了一项前景不可估量的事业，值得有识之士为之不懈奋斗，努力探索。

邬江兴

2023 年 5 月于郑州

2022 年诺贝尔生理学或医学奖颁给了瑞典科学家斯万特•帕博(Svante Pbo),以表彰他对灭绝古人类基因组和人类进化的发现。1997 年,帕博与同事们成功测得 3 万年前已经灭绝的尼安德特人线粒体 DNA 序列并开创了古基因组学。

已有的研究证据暗示,尽管尼安德特人在地球上已消失数万年之久,但它们的血脉却通过不同人种繁衍到了现在。2021 年,来自蒙特利尔的研究者发现尼安德特人的基因影响了现代人类的免疫系统。其中,有一种抗病毒能力很强的基因,叫作 HLAciass1 基因,让现代人类的免疫力得到增强。

由此,联想到图灵的可计算理论以及图灵机的工程实现模型——冯•诺依曼体系,作为一种存续能力极强的遗传基因,几十年来深刻影响着人类社会数字化、智能化、网络化和信息化的进步。遗憾的是,在给人类社会带来无尽发展前景的同时,也给网络空间带来前所未有的安全挑战。究其原因,图灵-冯•诺依曼“线粒体 DNA”中就根本不存在抗“病毒基因”。换言之,基于计算机技术的网络世界——Cyberspace 中就不存在固有的抗性免疫力。借用生物学脊椎动物免疫研究术语,就是现代计算机系统或所有构架赋能的信息物理系统或数字产品,除了后天获得性特异免疫外,不存在任何意义上的先天非特异性免疫。致使眼下热火朝天的网络弹性工程,在对抗网络空间基于未知漏洞后门、病毒木马等潜在威胁或破坏时,深陷计算机构造性基因缺陷导致的网络安全困境。

据公开资料记载,计算机病毒概念最早是由一位名叫弗莱德•科恩的美国计算机专家,1983 年,在一次国际计算机安全学术讲座上一篇研究论文中,创造出计算机病毒“Virus”这个概念,并定义为“一种计算机程序,它可以通过修改这些程序的方式影响其他计算机程序,包括可能进化自身的副本”。实际上,1949 年,John von Neumann,在一篇题为《Theory of self-reproducing automata 》的论文中,更早提到了“能够自我复制的计算机程序”这一概念。至于让当今计算机界和网络安全界深恶痛绝且防不胜防的软硬件代码漏洞(脆弱性 Vulnerability)概念,事实上,早在 1947 年冯•诺依曼先生建立计算机系统结构理论时就有涉及。他认为计算机的发展与自然生命有相似性,一个计算机系统也有天生的类似基因的缺陷,也可能在使用和发展过程中产生意想不到的问题。

作者以为，被尊为计算机科学与技术圣经的图灵可计算理论，也只是给出了什么是可计算问题的模型或充分条件，不可能区分什么是"善意"计算，也无法甄别什么是"恶意"计算。于是，"芸芸众生，善恶兼而有之"的人性弱点在网络空间被"无底线"地放大，以致病毒木马、后门陷门等恶意代码泛滥成灾，成为网络时代挥之不去的"邪恶幽灵"。

作者之所以要用如此冗长的表述开篇，无外乎是想导出当今网络空间安全问题之所以泛滥成灾，既与计算机工程技术先天构造性基因缺陷有关，也与人们长期以来"选择性无视"信息系统或数字产品软硬件代码安全质量的后果不可切分。更需要强调的是，眼下如火如荼的网络弹性工程，不能再继续选择性地无视当今几乎所有信息技术载体都存在网络内生安全问题这一严酷事实，也不能再一味地追求功能性能极致而将网络安全灾难置之度外的功利主义路线。毫无疑问，继续沿用"亡羊补牢、保镖服务"的安全保障模式也不可能达成网络弹性工程所期望的目标。应当另辟蹊径，变革发展思路，导入"构造决定安全"的系统工程方法，发展构造赋能内生安全的颠覆性技术，将功能设计与载体实现安全进行一体化协同规划，使得网络弹性在规范层面的"有管理"目标至少能在软硬件载体(或底座)层面实现"可管理"的技术表达。作者研究团队历时十年的理论研究和技术实践证明，网络内生安全架构赋能作用，完全可以在广义功能安全矛盾达成对立统一关系的进程中，自然地起到网络弹性工程急需的"混凝土钢筋骨架"的作用。

本书第 1 章，把网络空间安全问题分为内生安全和非内生安全两类性质截然不同的问题，着重指出内生安全问题是事物的两面性构造矛盾使然，而矛盾的性质又决定内生安全问题不可能被彻底消除，只可能演进转化或和解，达成对立统一。同时还指出，内生安全问题可进一步分为共性安全和个性安全问题，共性问题的泛在化和对立性特点需要寻求机理或构架层面的普适性解，个性问题的局部性和长期性需要探寻可行性或技术经济层面的特殊解。着重强调，网络安全与功能安全甚至信息安全三重交织叠加问题，导致信息物理系统或数字产品技术发展面临前所未有的广义功能安全问题挑战。提出内生安全问题一般概念、基本特征以及网络空间内生安全问题定义，介绍了漏洞后门基本概念、性质、威胁与破坏以及相关问题实例，进而给出网络内生安全共性问题和广义功能安全问题定义、成因、基本性质以及防御难题。接着指出，内生安全共性问题是高级可持续攻击(APT)主要依赖的也是客观存在的可利用攻击资源，传统的"亡羊补牢、封门补漏"网络空间安全防御手段无法应对"未知的未知"威胁与破坏。因而，今后一个相当长时期内，需要特别研究内生安全共性问题或矛盾的演进转化和对立统一规律，尤其要在阻断内因和外因间相互作用关系方面有所创新有所建树。期待在不依赖先验知识、不奢望杜绝漏洞后门的前提下，探索出一条有效解决或规避网络空间内生安全共性问题的发展之路。

在第2章，作者团队重构了十年前创立的《网络空间拟态防御——内生安全与广义鲁棒控制》理论框架和实践规范。首先，引入发展范式的概念和方法将现有的网络安全技术发展史划分为三个里程碑阶段，指出已有的网络安全防御范式对基于信息物理系统或数字产品内生安全问题的"未知的未知"网络威胁或蓄意破坏，无法带来理论、方法和技术实践层面的指导意义。将动态性/随机性(D)、多样性/异构性(V)和冗余性(R)安全防御三要素，作为"不可能三角"通用解构分析模型的三个顶点元素，创造性地提出未知安全威胁防御"不完全交集定理(Incomplete Intersection Principle, IIP)"，解构出D、V、R元素间只要是三角形的构造或结合关系，就不可能应对未知安全威胁或"里应外合"攻击的结论。其次，运用IIP定理剖析了现有的网络安全防御技术，回答了为什么附加或外挂、内置或内嵌式的安全技术无法防御"未知的未知"网络攻击和破坏的根本原因。随后，提出了内生安全防御愿景，阐述了期望的内生安全防御机制、构造和特征。在此基础上，从思维视角变换、方法论创新、更新实践规范和拒止试错攻击层面创立了内生安全防御或赋能的理论框架，以及与现有网络安全防御范式之区别，给出了该理论的适用范围和约束条件。

第3章首先提出了"DVR完全相交"域中可能存在内生安全性质的猜想，并证明如果一种构造或算法同时具备动态性(D)、多样性(V)和冗余性(R)三要素的完全相交表达，则即使在缺乏先验知识和附加安全措施条件下，借助构造自身的内源性效应既能扼制基于未知漏洞后门、病毒木马等实施的任何差模性质攻击，也能有效应对随机性或不确定性等非人为因素引发的差模性质扰动。其次，探讨了能否从非相似余度DRS架构导出DVR完全相交构造的工程技术实现问题，分析认为DRS构造尽管可以将随机性失效和不确定性错误、已知和未知安全摄动以及人为和非人为扰动等内生安全问题，变换为VR域内以差模或共模性质表达的概率事件。但是，由于非相似余度构造固有的静态性和确定性，因而无法应对基于内外协同或里应外合的未知网络攻击和高级持续性威胁或破坏，不具有期望的稳定鲁棒性和品质鲁棒性。尽管如此，研究发现如果在DRS构造基础上导入反馈控制机制则有可能满足DVR完全相交(D∩V∩R)的内生安全性质。作者进一步研究表明，按照香农信道编码和纠错理论，DVR完全相交所期望的内生安全机制也可以描述为"如何在一个非随机噪声的可重构有记忆信道上正确地处理和传输信息"的科学问题。随后，建构出与DVR完全相交等价的内生安全传输与处理构造编码模型，进而推导出以内生安全第一和第二定理，以及有记忆信道随机性引理和非随机噪声有记忆信道随机性引理为核心的内生安全存在性原理(ESS-Existence Theorem, ESS-ET)，证明 DVR 完全相交编码构造存在期望的内生安全性质，理论上具有不可颠覆性。

十年前，作者团队发明出一种能够满足内生安全存在性原理的赋能技术构造——动态异构冗余架构(Dynamic Heterogeneous Redundancy, DHR)，就是在 DRS 构造上导入基于策略裁决的动态反馈控制和运行环境结构加密等创新机制，使得 DHR 结构编码具有"拟态伪装迷雾(Mimicry Disguises Fog, MDF)"、"熵不减与不确定效应(Uncertainty)"、"广义功能安全问题降维处理"、"涌现性安全增益(Emergent Security Gain, ESG)"、"结构加密(Structural Encryption, SE)"和"受信任执行环境"等显著特点。

3.5 节介绍了 DHR 构造成立的前提和约束条件，阐述了 DHR 结构编码、工作原理、攻击表面(AS)及带通滤波器与双盲效应。

3.6 节首次给出了基于密码学的内生安全性分析研究成果。从香农的"完美保密"概念获得启发，提出不依赖先验知识的"完美安全"与不依赖先验知识的"完美保密"之间存在某些相同或相似性质的猜想，创建了本征功能安全的密码学模型，给出了完美本征功能安全(Perfect Intrinsic Function Safety & security, PIFS)的定义，指出 PIFS 系统与信息完美保密系统存在强对应关系及关键实现要素，证明给定条件下 DHR 是 PIFS 系统的相关分析与推论，在理论上证明"不依赖先验知识的完美保密与 PIFS 系统存在相似性"的猜想成立，与信息加密机理不同，内生安全开创性地提出了一种对"本征功能透明"的"结构或构造"加密机制，首次证明了从"结构决定功能"导出的"结构决定安全"推论的理论正确性。

3.7 节之后给出了 DHR 架构主要的工程技术效应，受限应用问题，应用软件后门(陷门)问题，以及对当前网络空间游戏规则的颠覆性影响等。

3.11 节给出了内生安全功能"白盒插桩"测试原理，本质上是一种通过人工置入"钩子"或"加载测试模块"的方式，将被测对象未知的、非破坏性的"漏洞后门/病毒木马"等测试例代码 "植入"当前运行环境的相应执行体内，使得测试人员可以通过目标系统攻击表面通道注入或修改"用于白盒测试例需要的功能代码"。再经被测系统输入通道，发送满足合规性检查的"漏洞后门/病毒木马"激活序列，观察系统输出端是否出现测试例期望的攻击响应。

第 3 章最后，指出网络空间多样化生态对内生安全赋能技术的支撑作用，以及内生安全技术对繁荣多样化生态的促进意义。

第 4 章介绍了功能安全发展历程、基本概念、基本内涵、功能安全完整性技术和随机失效与系统失效分析技术等，并给软件扩展带来质量危机、广义功能安全问题、AI 技术带来不确定性等方面分析了功能安全面临的技术挑战。对从功能安全弹性演进而来的网络弹性工程基本概念、工程框架、分析评估等进行了简要介绍。对网络弹性在理论思维视角、系统体系架构和评估度量分析等方面存在的挑战和不足进行了归纳总结，着重指出："回避未知攻击的思维视角存在重大硬缺陷、缺乏架构统领的工程体系存在重大硬问题、欠缺核心能力度量的评估方法存在重大硬挑战"等亟待解决的优先问题，需要从基础理论和技术规范层面进行原理性突破与创新，才可能为信息物理系统或数字产品有效应对网络空间未知威胁或破坏，赋能不可或缺的广义功能安全品质。

第 5 章首先从思维视角、理论基础、架构统领、评价创新四个方面，分析了内生安全对网络弹性工程可持续发展的赋能优势。其次，基于技术树模型，用层次化的方法逐层给出了内生安全赋能网络弹性工程发展的根技术、枝技术和叶技术等。最后，提出了内生安全赋能网络弹性工程的设计原则，指出 DHR 架构，作为现有网络弹性技术方法和实现原则的统领性技术架构，可以发挥"混凝土钢筋骨架"的作用。内生安全赋能网络弹性工程不仅可有效应对"已知或已知的未知"等随机摄动或蓄意扰动，而且可以有效阻断"未知的未知"故障影响或网络攻击，从而能在可信服务的水平上保证网络弹性"使命确保"目标的实现。

第 6 章从评估系统架构网络弹性能力的新视角，给出了系统架构网络弹性评价指标和方法。系统架构网络弹性评价框架，聚焦网络弹性共性问题以及相关核心能力评估，为系统网络弹性能力提供了可量化设计与验证度量的核心指标，在工程实践上可起到"关键性一票"的作用。系统架构网络弹性评估方法包括静态评估、对抗评估和破坏性评估，其中内生安全白盒测试作为一种非主观评估方法，不但可以减少当前网络弹性测评过多依赖定性手段的问题，而且可以量化评估内生安全构造技术带来的网络弹性增益。

第 7 章在简要介绍内生安全构造赋能概念的基础上，选取网络通信控制系统、可信云计算服务系统、车联网系统和工业控制系统等典型 IT、ICT、ICS 或 CPS 系统，分别从威胁分析、内生安全总体架构、异构体构建、策略裁决设计、解决方案等方面介绍了内生安全赋能网络弹性工程在多个领域的应用实例，从实践层面展示了内生安全赋能网络弹性工程的优越性和生命力。同时也指出内生安全赋能架构尽管具有普适应用意义，但不同系统的赋能设计仍然需要根据领域或行业应用特点进行个性化的改造或创造。

第 8 章探讨了内生安全理论与方法作为"他山之石"在无线通信、人工智能和芯片设计等新兴领域的应用前景。首先，在回顾无线通信发展范式，梳理无线通信内生安全问题的基础上，提出了无线通信内生安全的发展愿景，包括无线通信内生安全架构、机制、关键技术及性能分析方法等。其次，在分析人工智能内生安全共性、个性以及广义功能安全问题的基础上，给出了人工智能内生安全防御框架的初步设计方案。最后，在概略介绍内生安全芯片设计思路的基础上，量化分析了内生安全架构的 MCU 芯片在抗重粒子翻转方面的构造性优势。相关研究表明，内生安全架构不但具有内在的安全赋能作用，更有显著的外溢扩散效应，具有很强的渗透性和广泛的借鉴意义。

需要着重强调的是，内生安全理论和方法解决了可信服务缺乏受信任执行环境(TEE)的世界难题，以及机密计算/可信计算难以回答"可信根自身是否可信"的灵魂拷问。借助内生安全构造，即使 TEE 平台内存在差模性质的已知或未知的功能安全、网络安全乃至信息安全威胁或破坏，从机理上也无法影响承载之上的授信软件(例如加密认证等安全软件)提供的可信服务。构造编码或加密可有效阻断结构性安全矛盾的内外因作用关系，即使 TEE 应用平台没有"安全飞地——Enclave"或"绝对安全的可信根"，仍然能够确保平台具有广义安全性可量化设计与验证度量的核心指标。换言之，"结构加密"使得旁路"信息加密"的系统攻击努力都是徒劳的。

本书核心内容完全基于作者研究团队十年来持续不断的原创性理论研究与颠覆性技术实践，从最初基于自然界拟态伪装现象和相对正确公理启迪提出的拟态防御理论与方法(Cyberspace Mimic Defense, CMD)，到创立基于 DVR 三要素的未知威胁防御"不可能三角"通用解构分析模型(IIP)，再到提出 DVR 完全相交集合可能存在内生安全性的猜想，进而推导出基于结构编码的内生安全存在性原理，给出基于密码学原理的内生安全分析结论，不仅证明了"结构决定安全"推论在理论上成立，而且开辟了"结构加密"的新领域或新方向，直至发明出可一体化解决功能安全、网络安全等多重交织叠加问题的 DHR 赋能构造。最终，经持续迭代研究和技术创新形成了更富有科学性、更具一般性的网络空间内生安全(Cyberspace Endogenous Security and Safety, CESS)理论与方法。

本书适合作为网络安全学科、网络弹性工程、机密计算/可信计算、信息物理系统以及工业控制等专业研究生的参考资料或相关学科专业人士的参考书，对有兴趣践行内生安全架构赋能网络弹性和可信服务应用技术创新，或有志向完善内生安全理论与方法，或致力于开拓衍生应用领域的研究人员具有入门指南意义。

为了便于读者选择性阅读相关内容，特附上各章节关系视图。

本书能够成功出版，我要由衷感谢参与第 1 章相关小节撰写的魏强教授、李玉峰教授、刘威副教授等；参与第 2、3 章部分内容撰写的金梁教授、贺磊副研究员、任权博士、胡晓言博士等；参与第 4 章相关小节撰写的季新生教授等；参与第 5 章部分内容撰写的张进高工、扈红超教授、江逸茗副研究员等；参与第 6 章相关小节撰写的伊鹏教授、马海龙教授等；参与第 7 章部分内容撰写的程国振副教授、宋克副研究员、张震副教授等；参与第 8 章相关小节撰写的黄开枝教授，李彧高工、张帆副研究员、黄瑞阳副研究员、郭威副研究员、钟州副教授、易鸣副研究员等，以及负责书稿撰写组织、校核修改的刘彩霞研究员。此外，要特别感谢紫金山实验室、嵩山实验室和之江实验室长期以来给予的支持和帮助。

作　者

2023 年 5 月于郑州

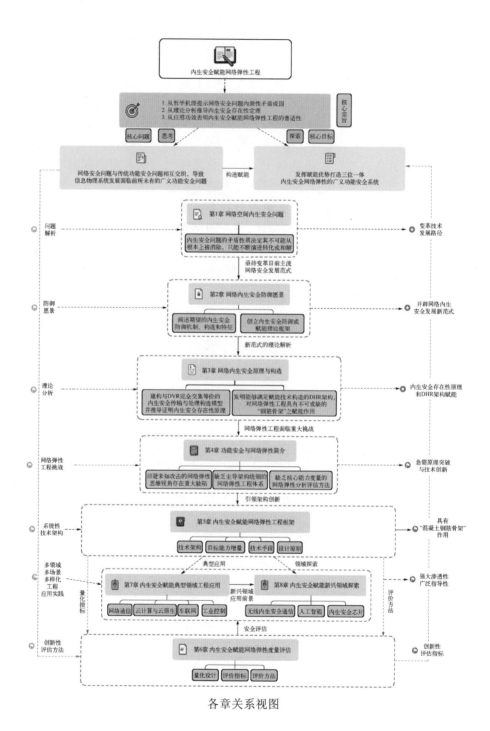

各章关系视图

| 目　录 |

第1章　网络空间内生安全问题　1

1.1　内生安全问题一般概念 ·· 3

1.2　内生安全问题基本特征 ·· 5

1.3　网络空间内生安全问题 ·· 6

    1.3.1　漏洞后门相关概念 ·· 8

    1.3.2　漏洞后门基本性质 ·· 9

    1.3.3　漏洞的基本问题 ··· 20

    1.3.4　漏洞后门威胁 ··· 24

    1.3.5　内生安全问题举例 ··· 36

1.4　网络内生安全共性问题 ··· 37

    1.4.1　共性问题定义 ··· 37

    1.4.2　共性问题成因 ··· 38

    1.4.3　共性问题基本性质 ··· 40

1.5　广义功能安全问题 ··· 42

    1.5.1　广义功能安全问题定义 ····································· 42

    1.5.2　广义功能安全问题特点 ····································· 43

    1.5.3　广义功能安全问题挑战 ····································· 47

    1.5.4　广义功能安全定义 ··· 48

1.6　网络空间内生安全问题防御难题 ································· 49

    1.6.1　高可持续威胁攻击难以抵御 ································· 49

    1.6.2　不确定的未知威胁无法预知 ································· 51

    1.6.3　传统的"围堵修补"作用有限 ······························· 53

1.7　本章小结 ··· 57

参考文献 ·· 58

第2章　网络内生安全防御愿景　63

2.1　当前安全防御范式问题 ··· 65

    2.1.1　范式概念 ··· 65

    2.1.2　网络安全范式分类 ··· 66

2.1.3 防御范式亟待变革 ··· 68

2.2 未知威胁防御不可能三角 ··· 70
2.2.1 克鲁格曼不可能三角 ··· 70
2.2.2 布鲁尔不可能三角 ··· 71
2.2.3 网络安全防御三要素 ··· 73
2.2.4 不完全交集原理 ··· 76
2.2.5 现有安全技术 IIP 分析举例 ··· 78

2.3 网络空间内生安全防御愿景 ··· 80
2.3.1 期望的内生安全构造 ··· 81
2.3.2 期望的内生安全机制 ··· 81
2.3.3 期望的内生安全特征 ··· 82

2.4 网络内生安全防御范式 ··· 83
2.4.1 前提与约束条件 ··· 83
2.4.2 思维视角变换 ··· 86
2.4.3 方法论创新 ··· 87
2.4.4 更新实践规范 ··· 87
2.4.5 拒止试错攻击 ··· 88

2.5 本章小结 ··· 89

参考文献 ··· 90

第 3 章　网络内生安全原理与构造　92

3.1 DVR 完全交集性质猜想 ··· 93
3.2 内生安全存在性与 DVR 变换 ·· 94
3.3 从异构冗余导出 DVR 变换构造 ··· 95
3.3.1 相对正确公理与非相似余度架构 ··· 96
3.3.2 非相似余度架构抗未知攻击定性分析 ··· 97
3.3.3 启迪与发现 ··· 99
3.3.4 发现反馈控制可使 DVR 完全相交 ··· 100
3.3.5 发现 DVR 变换构造 ·· 102

3.4 内生安全结构编码存在性原理 ··· 103
3.4.1 内生安全结构编码概念 ··· 105
3.4.2 内生安全防御数学模型 ··· 107
3.4.3 内生安全结构编码存在性定理 ··· 110

　　3.4.4　策略裁决反馈控制与共模扰动 ·················· 112

3.5　动态异构冗余构造 DHR ·················· 115

　　3.5.1　DHR 架构前提条件 ·················· 115

　　3.5.2　DHR 架构与工作原理 ·················· 115

　　3.5.3　DHR 构造攻击表面 ·················· 120

　　3.5.4　滤波器效应与双盲表达 ·················· 123

3.6　基于密码学的内生安全性分析 ·················· 124

　　3.6.1　完美保密的启示 ·················· 124

　　3.6.2　一个猜想 ·················· 126

　　3.6.3　完美本征功能安全 ·················· 127

　　3.6.4　DHR 系统是 PIFS 系统的条件及证明 ·················· 133

　　3.6.5　DHR 相对正确策略裁决机制的信息论机理 ·················· 137

　　3.6.6　关于猜想的证明分析 ·················· 138

3.7　DHR 架构工程技术效应 ·················· 141

　　3.7.1　降维变换广义功能安全问题 ·················· 141

　　3.7.2　局部动态异构冗余 ·················· 141

　　3.7.3　策略裁决机制 ·················· 143

　　3.7.4　熵不减与不确定性 ·················· 144

　　3.7.5　拟态伪装迷雾 ·················· 144

　　3.7.6　颠覆试错攻击理论前提 ·················· 146

　　3.7.7　代码注入新挑战 ·················· 146

　　3.7.8　自然融合附加式安全技术 ·················· 147

　　3.7.9　安全质量可设计可度量 ·················· 148

　　3.7.10　内生安全可信执行环境 ·················· 149

3.8　受限应用 ·················· 151

3.9　应用软件后门问题 ·················· 155

3.10　改变网络游戏规则 ·················· 156

3.11　内生安全功能白盒测试 ·················· 158

3.12　促进多样化生态发展 ·················· 163

3.13　本章小结 ·················· 165

参考文献 ·················· 166

第 4 章　功能安全与网络弹性简介　168

4.1　功能安全回顾与发展 ···168
4.2　功能安全基本概念 ···170
4.2.1　功能安全定义 ···170
4.2.2　属性与区别 ···172
4.2.3　功能安全演进 ···173
4.3　功能安全基本内涵 ···175
4.3.1　基于风险的安全 ···175
4.3.2　分级表示的安全 ···176
4.3.3　全生命周期的安全 ···177
4.3.4　体系化管理的安全 ···179
4.4　功能安全技术概述 ···179
4.4.1　安全完整性技术 ···179
4.4.2　随机硬件失效与系统失效 ···184
4.5　功能安全发展趋势 ···184
4.5.1　行业安全的个性化 ···184
4.5.2　安全相关系统的复杂化 ···185
4.5.3　对立与统一的深入化 ···186
4.5.4　安全相关系统的弹性化 ···187
4.6　网络弹性基本概念 ···188
4.6.1　网络弹性概念由来 ···189
4.6.2　网络弹性的内涵 ···190
4.7　网络弹性工程框架 ···192
4.7.1　网络弹性目的 ···193
4.7.2　网络弹性目标 ···194
4.7.3　网络弹性策略和设计原则 ···197
4.7.4　网络弹性技术 ···200
4.7.5　网络弹性构造方案 ···203
4.7.6　系统全生命周期中的网络弹性 ···205
4.7.7　网络弹性应用领域 ···207
4.8　网络弹性分析评估 ···210
4.8.1　网络弹性分析 ···210
4.8.2　网络弹性静态评估 ···211

　　4.8.3　网络弹性攻防评估 ……………………………………………………214
　4.9　现有网络弹性的挑战与不足 …………………………………………………215
　　4.9.1　回避未知攻击的思维视角存在重大硬缺陷 ……………………………215
　　4.9.2　缺乏架构统领的工程体系存在重大硬问题 ……………………………217
　　4.9.3　欠缺核心能力度量的评估存在重大硬挑战 ……………………………221
　4.10　本章小结 ……………………………………………………………………222
　参考文献 ……………………………………………………………………………223

第5章　内生安全赋能网络弹性工程框架　227
　5.1　内生安全赋能网络弹性概述 …………………………………………………227
　　5.1.1　新思维视角 ………………………………………………………………227
　　5.1.2　新理论基础 ………………………………………………………………230
　　5.1.3　新系统架构 ………………………………………………………………233
　　5.1.4　新评价机制 ………………………………………………………………235
　5.2　内生安全赋能网络弹性目的能力增量 …………………………………………238
　　5.2.1　见所未见 …………………………………………………………………241
　　5.2.2　拒止试错 …………………………………………………………………245
　　5.2.3　止损复原 …………………………………………………………………246
　　5.2.4　迭代升级 …………………………………………………………………247
　5.3　内生安全赋能网络弹性工程技术 ……………………………………………248
　　5.3.1　技术之树 …………………………………………………………………248
　　5.3.2　根技术 ……………………………………………………………………249
　　5.3.3　枝技术 ……………………………………………………………………250
　　5.3.4　叶技术 ……………………………………………………………………252
　5.4　内生安全赋能网络弹性设计原则 ……………………………………………255
　　5.4.1　防御要地设置原则 ………………………………………………………255
　　5.4.2　未知威胁分析原则 ………………………………………………………256
　　5.4.3　系统架构应用原则 ………………………………………………………257
　　5.4.4　安全技术协同原则 ………………………………………………………258
　　5.4.5　策略裁决反馈原则 ………………………………………………………261
　5.5　本章小结 ………………………………………………………………………268
　参考文献 ……………………………………………………………………………269

第 6 章　内生安全赋能网络弹性度量评估　271

6.1　内生安全架构赋能网络弹性评估新视角 ···271

6.1.1　现有网络弹性评估视角 ···271

6.1.2　基于系统架构的网络弹性评估视角 ·····························273

6.2　基于系统架构的网络弹性评估体系 ···274

6.2.1　评估框架 ···274

6.2.2　度量指标 ···279

6.2.3　系统架构评分 ···282

6.3　评估方法 ···284

6.3.1　概述 ···284

6.3.2　静态评估 ···287

6.3.3　对抗评估 ···291

6.3.4　破坏性评估 ···293

6.4　本章小结 ···297

参考文献 ···298

第 7 章　内生安全赋能典型领域工程应用　299

7.1　内生安全工程构造基线 ···299

7.2　内生安全赋能网络通信 ···300

7.2.1　内生安全路由交换设备 ···300

7.2.2　内生安全网络控制系统 ···309

7.3　内生安全赋能云计算 ···315

7.3.1　云计算与云原生 ···315

7.3.2　威胁分析 ···317

7.3.3　设计思路 ···319

7.3.4　架构设计 ···320

7.3.5　系统实践 ···322

7.4　内生安全赋能车联网系统 ···327

7.4.1　T-BOX 威胁分析 ··327

7.4.2　设计思路 ···330

7.4.3　系统架构设计 ···332

7.4.4　功能单元设计 ···335

7.4.5　可行性与安全性分析 ···342

7.4.6　攻防实例 ··343

7.5　内生安全赋能工业控制系统 ··347

7.5.1　威胁分析 ··347

7.5.2　设计思路 ··349

7.5.3　系统架构设计 ···350

7.5.4　功能单元设计 ···353

7.5.5　安全实践 ··357

7.6　本章小结 ···360

参考文献 ···361

第 8 章　内生安全赋能新兴领域探索　363

8.1　无线内生安全通信 ···363

8.1.1　无线通信发展范式 ···363

8.1.2　无线内生安全问题 ···368

8.1.3　无线内生安全属性与架构 ···369

8.1.4　无线内生系统和机制的设想 ···372

8.1.5　无线内生安全功能与技术 ···374

8.1.6　无线内生安全性能分析 ··376

8.2　内生安全赋能人工智能 ···379

8.2.1　人工智能应用系统简介 ··379

8.2.2　人工智能应用系统面临的安全威胁分析 ·······································380

8.2.3　人工智能内生安全防御框架设计 ··383

8.2.4　人工智能内生安全实验 ··386

8.3　内生安全芯片性能分析 ···396

8.3.1　内生安全芯片简介 ···396

8.3.2　内生安全芯片在软错误率评估中优势的不确定性 ·····························397

8.3.3　基于马尔可夫模型定量分析芯片安全性能 ·····································398

8.3.4　不同架构芯片的抗粒子翻转能力仿真与分析 ··································404

8.4　本章小结 ···407

参考文献 ···407

附录　412

第 1 章

网络空间内生安全问题

每当人们在尽情享受数字化、网络化、智能化技术给现代社会带来全新生活与工作感受的同时，网络空间安全问题却成为挥之不去的幽灵，时时刻刻威胁着数字世界的基本秩序和规则，毫无底线地践踏着人类社会的共同价值观和行为准则。人们在惴惴不安的焦虑和莫名其妙的恐惧中，一直纠结地思量这一切究竟是什么原因所致，为什么"兵来将挡，水来土掩"的"祖传战法"或基于全维感知、精准打击的现代防御战法都不再有效了，即使实施大纵深部署的防御阵地乃至采用"零信任架构"的技术部署，仍然时不时地被那些"鬼魅般"的网络黑客当作"秀肌肉"或随意登台表演的"竞技场"。特别是，当今主流的、建立在先验知识和各种知识库基础之上的安全防御技术路线，"封门补漏"的补丁方法论和"尽力而为、保镖式服务"的实践规范所构成的网络安全防御范式，越来越无力应对基于数字设施未知漏洞后门等的高级可持续网络攻击（Advanced Persistent Threat, APT）。换言之，如何防范已跨越了当前网络安全防御范式边界条件之"未知的"人为攻击，已成为数字社会信息物理系统（Cyber-Physical Systems, CPS）发展不得不正视的严峻挑战。

网络时代有一个非常奇葩又熟视无睹的现象，这就是所有数字设备或信息物理系统设计都"选择性地无视"网络安全问题，至少在与本征功能鲁棒性或功能弹性强相关的设计中，完全没有考虑未知网络攻击可能造成的破坏性影响。致使市场上销售的所有软硬件产品，包括声称为"网络安全守护神"的各种"外挂"或附加式安全产品，从来不会给出与其网络安全品质相关的技术指标，甚至连起码的警示性提示都没有。好像网络安全问题就如同信息安全问题那样，只是用户使用中的隐私信息或服务功能保护措施不到位的缘故，与数字产品本身的设计与制造质量完全无关，因而软硬件生产厂家完全不必为产品全生命周期内可能发生的有形或无形(乃至财产和生命)损失承担任何法律意义上的责任，最多是在事后发布一些免费的软件补丁或承诺在后续升级版本中加以改进等。更为荒谬的是，人类沉醉于各种数字产品带来神奇体验的同时，似乎已然接受了这种没有网络安全品质的承诺，需要用户自掏腰包解决数字设施"保镖服务"的现状。网络攻击问题早已成为盘旋于"人机物"深度融合世界中"挥之不去的幽灵"。我们不禁要问 "保镖式防护"的网络安全技术路线为什么迄今为止都无法逆转这一令人沮丧的网络安全态势？究其原因，作者认为，长久以来，人们并未认识到网络空间安全问题在很大程度上是由于信息技术固有的内生性或内源性(Endogenous)矛盾所致。按照辩证唯物主义的观点，矛盾可以演进转化或和解，有可能达成对立统一关系但绝不可能彻底消除，试图用打补丁(Patch)或附加防护的方式分割处理内生性安全矛盾，注定无法达到穷尽诸如软硬件设计缺陷或 Bug 等网络安全问题的目的。为此，根据矛盾性质，我们将网络安全问题，划分为内生安全问题域和非内生安全问题域，前者属于内源性矛盾问题域，包括共性与个性两个问题子域，如图 1.1 所示。

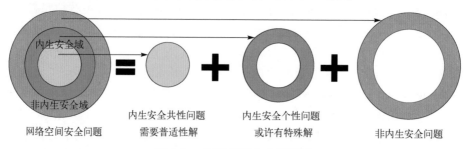

图 1.1　网络空间安全问题域

　　共性问题一般涉及面大、影响范围广，通常需要寻找普适解，而个性问题往往需要研究特殊解。例如，软硬件代码设计缺陷(漏洞)或通过供应链植入后门、陷门等就属于共性问题，亟待普适性的解决方案；而基于神经网络算法的人工智能，结果的不可解释性、不可预判性和不可推理性则属于个性化问题，需要特殊的解决办法。本书将主要关注内生性矛盾导致的网络安全问题，重点讨论如何从理论和技术层面演进转化或和解网络内生安全共性矛盾，并在给定条件下达成对立统一关系。

1.1 内生安全问题一般概念

德国哲学大师黑格尔曾经说过，"一切事物本身都自在地是矛盾的，而矛盾则是一切运动和生命力的根源[1]"。从一般哲学意义上讲：自然界或人工系统中不存在逻辑或数学意义上的"当且仅当的功能"，即不存在没有矛盾或缺陷的事物；从经典可靠性和传统功能弹性理论出发：没有一个人工设计与制造的物理或逻辑实体是"完美无缺"的，总会出现例外的情况，有限的设计规则及其链式组合不足以应对各种事先无法预计的例外，在各种干扰或扰动因素作用下，其全生命周期内总存在不同前提、不同程度的功能失效问题[2]。因此，任何事物，如果在本征功能外还存在不良（或非期望）的副作用或未知的未知（unknown unknown）暗功能，或者一个系统或模型内存在由构造决定的互为依存又有矛盾关系的"内生或内源性因素"问题，称为内生安全问题[3]（Endogenous Safety Problem, ESP）。故而，网络安全问题又可以划分为结构性和非结构性安全问题两个域，如图 1.2 所示。

图 1.2　结构性与非结构性问题分类

按照唯物辩证主义的对立统一观点，内生安全问题本质上是事物内部两个或多个对立面之间互相依赖又互相排斥关系的外部表现，是事物自身不可分割的一部分[4]。由此可知，内生安全问题是结构性矛盾决定，不可能割裂处理更不可能从根本上被消除，只能不断演进转化或和解（通常所谓的矛盾解决，并非说矛盾与它的对立面就不存在了，而是说它们在和解中存在或者以一种对立统一的关系呈现）。例如，通过技术和工艺的不断改良可以逐步减少但不可能完全避免燃煤、燃油发电碳排放量仍然超过大自然循环净化能力的问题，如果将化石燃料发电转化为核能发电可从根本上解决碳排放对大气层污染问题，但核废料的深井或大洋海沟填埋处理造成的核物质泄漏污染又会成为新的环境问题。同理，为了保证网络信息的机密性、可用性和完整性，数字加密认证就成为不可或缺的技术措施，然而这也会给数字资源及相关服务的便利使用带来诸多不便，尤其是对有记忆性缺陷的人群或者上了年纪的老年人相关使用或操作界面就显得非常不友好。再比如，智能手机能为人们在电话通信、互联网浏览、在线观赏视频节目、电子游戏、旅行导航或者网络购物、电子支付等方面带来极大便利，但是网络安全问题也会带来敏感信息泄露或私有财产方面的损失。需要强调的是，任何矛盾的演进转化或和解过程一定是要付出额外代价的。例如，用风能、太阳能等可再生能源取代化石燃料或核能发电，大气、地表或海洋污染矛盾就会转化为利用这些能源必须配置代价高昂的复杂电力存储和智能送配电系统的技术经济性及网络安全问题；网络物理隔离技术虽然使我们可以切断（事实上很难实现完美切断）有隐私或功能保护要求的专用网络与外网的物理或逻辑连接，但是也会给信息或数据使用带来严重的"孤岛效应"，等等。只不过与主要矛盾转化或和解的效果相比，只要利远大于弊，相关投入和代价就是可接受的。例如，为了防止网络攻击，人们愿意在自己的终端或服务器上增加防火墙、入侵检测、"杀毒灭马"或加密认证等附加安全防护设施类的投资，并能承受相关安全产品全生命周期内的维护升级服务费用。再比如，智能网联汽车，具有一体化解决功能安全和网络安全交织问题[5]的产品市场销售价，肯定要高于没有相关功能保障的产品，但是它能给用户带来后者所不具备的驾驶或乘坐安全感。

总之，内生安全问题的哲学本质是目标对象的结构性矛盾所致，事物的多面性决定了内生安全问题存在的必然性和普遍性。从图 1.1 可知，诸如"飞来横祸"等未构成内在矛盾关系的事件，就不属于内生安全问题范畴。正如，化石燃料造成大气污染是内生安全问题，但燃煤电站与核辐射或核污染之间却不存在结构性矛盾。

需要强调的是，无论内生安全问题与非内生安全问题还是结构性矛盾与非结构性矛盾之间绝非毫无关联。实际上存在局部与全局性问题关系或者主要与次要矛盾的关系，尤其是问题前提或目标对象发生变化时，两者间还存在转化关系。譬如，就地球环境全局而言，无论是化石燃料还是核燃料发电都存在不同性质、不同程度的污染，即便是水力发电或者是太阳能、风能发电都会给局部生态环境带来短期甚至长期的负面影响。

1.2　内生安全问题基本特征

1) 矛盾普遍性

事物除了本征功能外，还存在衍生、派生、显式表达的矛盾性功能。即矛盾双方一定是相互依赖的，且矛盾一方的存在和发展前提必须是矛盾另一方也存在相应的变化，彼此互为依赖，互为前提。例如，核能发电就存在核泄漏和核废料处理等显式、矛盾性的内生安全问题。此外，从普遍而不是个别意义上说，内生安全问题属于构造性矛盾，存在不可分割关系，对立统一是其必然表达。譬如，智能手机内的软硬件设计缺陷只能在大规模或长期的使用过程中，逐渐暴露，演进式解决，没有办法一劳永逸地消除。因此，我们在对待网络安全问题时，一定要分析事物的矛盾性质，研究主次矛盾的存在条件及可能的转化关系，科学地认识和处理之，以避免陷入事倍功半的困境。

2) 潜在危害性

常言道"明枪易躲暗箭难防"。显式表达的问题尚有可能采取一些预先性的防范或规避措施，但隐式表达的内生安全矛盾往往因其隐匿性和未知属性而更具威胁或破坏性。例如，药品显式副作用无论是否具有毒性，产品说明书通常可以告知，但无法给出任何潜在毒副作用的信息。再比如，开源软硬件自身是否存在漏洞后门、可信计算的可信根是否可信、机密计算平台是否属于"受信任执行环境(Trusted Executive Environment, TEE)"等网络安全领域的"灵魂拷问"问题都属于潜在威胁或破坏的范畴。

3) 多重表现性

如同所有矛盾问题一样，内生安全问题既有个性化表现，也有共性化表达，更有混合方式的呈现(如图 1.3 所示)。在不同场景或前提下总存在主要与次要矛盾、结构性或非结构性矛盾、全局性和局部性矛盾等区别。个性化问题属于局部问题，是否存在特殊解，往往需要具体问题具体分析，但共性化问题倘若长期找不到普适性的通解将导致严重的全局性影响。

内生安全问题　　内生安全共性问题　　内生安全个性问题

图 1.3　内生安全问题多重性

4）外部作用性

内生安全问题是内在的结构性或构造性矛盾，通常需要在外部触发因素成立情况下才可能导致内生安全问题产生实质性的不良后果，即只有"两个巴掌才能拍得响"。哲学层面的诠释是："内因是事物的变化根源，外因是事物变化的条件，外因通过内因起作用"[4]。煤炭燃烧过程中肯定会产生二氧化碳气体，但是如果没有点燃因素和氧气助燃等外部条件影响，煤炭本身不会自动释放出二氧化碳气体。同理，未知的软硬件设计缺陷，如果没有外部因素扰动或出现设计与测试集之外的事件驱动，缺陷本身不会自动成为预期功能之外的故障。换言之，内生安全问题与安全事件之间并非存在必然联系。

1.3　网络空间内生安全问题

众所周知，数学家艾伦·麦席森·图灵提出了一种抽象计算模型——图灵机，回答了什么是可计算问题，数学家约翰·冯·诺依曼提出了存储程序体系结构解决了"如何控制程序走向的计算问题"，随后一代又一代的计算机科学家与工程师们都致力于如何提高计算可靠性、处理性能和降低使用门槛、改善人机功效的研究与实践，而微电子科学与工艺的进步则开创了人类社会数字化、计算机化、网络化和智能化的新时代，生生创建出一个基于计算机控制的、无所不在的网络空间——Cyberspace。然而，计算机体系构造或内源性的安全问题被科技与产业界"长期选择性地忽视"，近些年发现的熔断（Meltdown）、幽灵（Specter）、骑士（VoltJockey）硬件漏洞更令人尴尬，这类涉及计算机经典架构的设计缺陷似乎不太可能用纯软件的方法来完美补救。而尽管人们很早就认识到软件设计的脆弱性问题并为之进行了不懈努力，但至今也没有找到理想的解决途径。内生安全问题的概念指出，任何给定或设计的功能总存在显式的副作用或隐式的暗功能（如图1.4所示）。

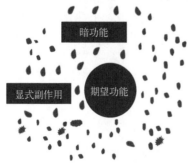

图1.4　伴生的副作用和暗功能

当下主流的基于知识库积淀的感知型防御或者基于主动探测的积极防御等手段，都旨在通过"尽力而为，亡羊补牢"的技术路线，达成"知其然并知其所以然"的防御目标。即便是基于移动目标原理的动态防御（Moving Target Defense, MTD）和基于加密认证的积极防护措施，也从未考虑过基于"构造决定安全"的系统工程技术路线，即利用目标对象内在的构造效应，从体制机制上管控或规避此类威胁和破坏的理论与方法。换言之，就是设法使目标对象的系统构造，在一定程度上具有对抗随机性或不确定性扰动的品质鲁棒性[3]。例如，欧氏空间三角形构造就具有天然的几何稳定性（如图 1.5 所示）；碳原子的排列构造使得石墨和金刚石具有迥然不同的材料硬度，（如图 1.6(a)、图 1.6(b)所示）；脊椎类动物特有的免疫机理几乎完全免疫非脊椎类动物的疾病。

图 1.5　三角形具有几何稳定性

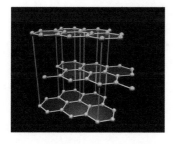
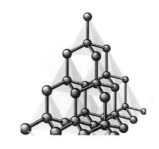

(a) 石墨碳原子排列结构图 　　　　(b) 金刚石碳原子排列结构

图 1.6　碳原子不同的排列结构

事实上，网络世界虚拟空间与现实世界物理空间既有相同的哲学本质也有不同的问题空间与个性化的基本特征[6]。从网络空间现象观察：一个确定功能的软硬件实体总存在着显式副作用或隐式暗功能（包括蓄意设置的后门或不经意间引入的陷门等）；从网络空间工程实践规范可知：无论采用何种设计方法或技术措施都不可能获得一个没有伴生或衍生功能的"纯净功能"[3]。换言之，数学意义上的"当且仅当"功能在物理域中是不可能存在的；从网络空间功能安全角度观察：既存在软硬件内生安全问题因随机性或不确定性扰动而导致的系统功能不可靠表现，也存在内生安全问题被人为蓄意利用导致的系统非期望功效。我们将这些基于软硬件内生安全问题或结构性矛盾，通过人为或非人为因素，随机或不确定呈现的非期望功能表达，定义为网络空间内生安全问题（Endogenous Security & Safety Problem, ESSP）[6]（以下简称网络内生安全问题或 ESSP），ESSP 域如图 1.7 所示。

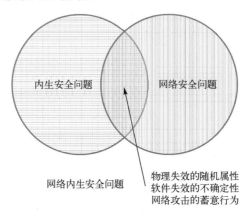

图 1.7　网络空间内生安全问题

　　显然，ESSP 与一般内生安全问题一样，也具有矛盾普遍性、潜在危害性、多重表现性和外部作用性等基本特征，但受网络空间泛在性、虚实世界关联性、技术与产业供应链格局和"人机物网"多元融合等特殊因素影响，网络内生安全问题的成因机理及交织性表现形式更为复杂，具有一些特殊性状。尤其是，漏洞和后门作为网络空间内生安全共性问题的最主要来源，其造成的影响几乎遍及数字世界的每一个角落，成为信息时代社会管理的"麻烦策源地"。

1.3.1　漏洞后门相关概念

　　关于漏洞，学术和产业界、国际组织及机构在不同历史阶段、从不同角度给出过不同的定义，但至今尚未形成广泛共识。曾经有过基于访问控制的定义[7]、基于状态迁移的定义[8]、基于安全策略违背的定义[9]、基于脆弱点或者可被利用弱点的定义[10-12]等。其中一个易于理解、较为广泛接受的说法[13]为：漏洞（vulnerability）是指软件系统或信息产品在设计、实现、配置、运行等过程中，由操作实体有意或无意产生的缺陷、瑕疵或错误，它们以不同形式存在于信息系统的各个层次和环节之中，且随着信息系统的变化而改变。漏洞一旦被恶意主体所利用，就会造成对信息系统的安全损害，从而影响构建于信息系统之上正常服务的运行，危害信息系统及信息的安全属性。应该说，这个定义较好地从软件与系统的角度对漏洞的概念进行了阐述。但要充分理解今天所面临的计算泛在、物件联网、复杂系统条件下的漏洞概念可能还需要在内涵与外延上作更深入的探讨。

在计算机出现之前，人们是较少谈到"漏洞"这个概念的。如果从计算的角度去理解漏洞，也许可以更本质化、更一般化地理解漏洞的含义。计算（computation）被认为是基于给定的基本规则进行演化的过程[14]。计算其实是在探索事物之间的等价关系，或者说同一性，而计算机则是一种利用电子学原理，根据一系列指令对数据进行处理的工具。从这种意义上说，可以将漏洞理解为计算实现中的某种"瑕疵"，这种瑕疵既能表现为逻辑意义上的"暗功能"，又能以技术实现中的特定"错误"形式呈现。漏洞的存在与形态，与计算技术发展范式、信息技术、系统应用、攻击者能力与资源有着直接的关系，也随之发展变化而衍生伴随。同时，漏洞具备持久性与时效性、一般性与具体性、可利用性与可修复性等对立统一的特点。后门（backdoor）一般是指那些绕过安全性控制措施而获取对程序或系统访问权的程序方法。后门是一种进入系统的方法，它不仅绕过系统已有的安全设置，而且能挫败系统上各种增强的安全设置。基于上述对于漏洞的理解，可以将后门阐述为有意识地创建了计算实现中具有逻辑意义的"暗功能"或"不公开告知"的本征功能。于是，主动漏洞发现就变成主动寻找计算的"暗功能"或者找出有可能改变计算原意的某种"错误"的过程。

本书所指的漏洞后门主要基于这样的理解。后门问题往往是数字技术后进国家和国际市场依赖者尚不可回避的问题，也是当今开放式产业链与开源式创新链等全球化或多极化条件下供应链可信性不能确保的根本原因之一。

由于硬件工艺的不断提升，单个芯片上已经可以集成数亿、数十亿乃至上百亿只晶体管；软件系统复杂性逐渐增加，操作系统代码量已超过亿行，一些应用系统的代码量动辄数十万、数百万甚至数千万行乃至更多；一些新型开发和生产工具技术的推广应用，例如面向应用领域的可执行文件的自动生成技术使得人们并不需要关心具体的编程或编码问题，可重用（reuse）技术的推广应用使得软硬件工程师也不用关心标准模块、中间件、IP（intellectual property）核或厂家工艺库等具体逻辑实现问题。这使得在全球化或多极化的创新链、生产链、供应链和服务链环境中隐藏后门或隐匿漏洞变得更加容易。随着网络攻击技术的发展，后门的核心技术已经从依赖于关键漏洞的利用技术，发展到不依赖于漏洞的利用技术。

1.3.2　漏洞后门基本性质

在全球化或多极化大背景下，随着软硬件信息产品越来越丰富，功能越来越复杂，供应链越来越开放，设计缺陷会越来越多，各种隐匿漏洞和预置后门也将层出不穷。实践表明，存在这样的一个规律，即对于同一个系统，其漏洞会随着时间的推移不断出现，而不是一次性全部被发现。这是由人们的安全认知水平和技术能力具有时代局限性所致，因而一些漏洞在当前认知水平和时间尺度下不会被及时发现或暴露，需要随着人们认知水平和技术能力的提高而逐步被发现。同理，由于不同群体或者不同个体的认知水平、技术能力和资源掌控程度大不相同，因而漏洞的暴露范围也同样具有局限性。

与漏洞的无意性质及被利用性前提不同，后门是蓄意设计或预留的隐匿功能(尤其是硬件后门)。通常具有很强的伪装性和指向明确的功能目标，且触发或注入方式多种多样，除了可以利用宿主系统正常的输入输出通道激活和升级功能外，还可以利用声波、光波、电磁波、红外辐射等非传统的侧信道方式穿透物理隔离屏障实现内外部信息的隐秘交互。其"里应外合"式的协同攻击特性往往使得传统的安全防护体系如同虚设或使目标系统"被单向透明"，甚至可以轻易对宿主系统造成"一击毙命"的永久性破坏。无论在防御难度或直接破坏能力方面都远远高于依赖注入技术的漏洞的影响。

总之，未知漏洞后门就像一个个不知道埋藏位置、不知道引爆方式的地雷一样，始终是高悬网络空间安全之上的"达摩克利斯剑"。

1. 存在的必然性

自从进入网络时代，漏洞和后门总是时不时地被人们发现，从来也没有间断过。根据统计规律来看，漏洞的数量与代码数量存在一定的比例关系，随着系统复杂性的增加、代码数量的增大，漏洞数量也必然随之增加。因为各类软硬件工程师在编写代码的过程中，每个人的思维存在差异，对设计规则的理解不可能完全一致，在合作过程中也会出现一定的认识偏差；另外，每个工程师都会有自己的编程习惯和思维，因此随着代码数量的增加和系统功能的复杂化，逻辑漏洞、配置漏洞和编码漏洞等各种各样的漏洞都可能被带入最终的应用系统。同时，由于全球化或多极化经济的发展和产业分工的专门化、精细化，集成创新或制造成为普遍的生产组织模式，各种产品的设计链、工具链、生产链、配套链、服务链等供应链条越来越长，涉及的范围和环节越来越广、越来越多，不可信或可信性难以精确掌控的供应链给安全管控带来了极大的挑战，也给隐匿漏洞和预置后门提供了众多的机会。这些非主观因素引入系统的漏洞或人为预埋进入系统的后门，不论从技术发展角度还是从利益博弈角度来解释，其出现都是必然的，且难以避免。

1) 复杂性与可验证性的矛盾

现代软硬件产业的发展，为了保证产品质量，测试环节在软硬件生命周期中所占的地位已经得到了普遍重视。在一些著名的大型软件和系统公司中，测试环节所耗费的资源甚至已经超过了开发阶段。即便如此，不论从理论上还是工程上都没有任何人敢声称杜绝了软硬件中所有的逻辑缺陷。一方面，代码数量和复杂性持续增长，导致对验证能力的需求急剧上升，然而现阶段所具备的验证能力还不足以跟上代码复杂性导致的算力增长需求；另一方面，代码验证对未知且不可预期的安全风险也不具备验证能力，而越是复杂的代码，其出现不可预知漏洞的可能性就越大，因而导致了代码复杂性与可验证性之间的矛盾。此外，验证规则自身的完备性设计在理论上也未能得到根本性突破，而且随着验证对象代码量的急剧膨胀，验证规则的全局实施在工程上往往变得难以实现。

(1) 代码复杂性增加了漏洞存在的可能性。软硬件的漏洞数量与代码行的数量等特性相关，一般认为代码规模越大，功能越复杂，漏洞数量就会越多[15]。首先，从直观上来说，代码行数的显著增加通常会导致代码结构更加复杂，潜在的漏洞数量增多。其次，从程序逻辑上来看，复杂代码相比简单代码逻辑关系更加错综复杂，出现逻辑漏洞和配置漏洞的概率会更大。例如，在浏览器、操作系统内核、CPU、复杂 ASIC 这样的代码中，经常被发现在复杂的同步和异步事件处理上出现竞态问题。最后，复杂或者更为庞大的程序开发对设计人员驾驭复杂代码的能力提出了更高的挑战，开发人员技术与经验水平参差不齐，在架构设计、算法分析、编码实现中难免出现漏洞。

(2) 有限的验证能力难以应对。目前的验证能力存在至少三个方面的问题：一是漏洞类型复杂多样，精确建模、统一表达存在相应困难，在漏洞特征要素的归纳、提取、建模、匹配等各方面的能力尚有待提升。二是从分析问题的可计算性、实现算法的可伸缩性上看，现有代码程序分析方法在满足路径敏感、过程间分析、上下文相关的条件要求下，对代码程序进行路径遍历、状态搜索的过程中普遍遇到"路径爆炸"或"状态空间爆炸"等问题，从而难以达成高水平的代码覆盖率、遍历测试的分析目标。三是随着信息系统日趋复杂，系统间复杂层次关联、动态配置管理、演化衍生伴随等特点带来的各种新问题，对于系统漏洞的发现、分析、验证提出了更高的挑战。在这三个方面因素的综合作用下，复杂性持续增加与可验证能力有限之间的"剪刀差"矛盾更为凸显，漏洞后门的查找发现也更为困难。

2) 供应链管理的难题

经济全球化或多极化和生产分工精细化大背景下，"设计、制造、生产、维护、升级"等环节被作为完整供应链来安排和部署。整个供应链上的每一个环节都可视为构成最终产品的一块"木板",但是最终产品的安全性却会因为其中的一块"短板"而出现问题。随着全球化或多极化的快速发展和生产分工越来越精细,产品供应链的链条越来越长,涉及范围越来越广,供应链的管理显得越来越重要却又越来越困难。由于供应链涉及的链条环节众多,所以供应链也就成为暴露攻击面最多的地方,备受攻击者的青睐,如社会工程学攻击、漏洞攻击、后门预埋等各种各样的攻击方式都可以在供应链中找到实施的地方。如苹果公司的 XcodeGhost 事件,由于 Xcode 的某版本编译器被预埋了后门,导致由该版本编译器编译产生的所有程序都具有预置的漏洞,使得漏洞开发人员能够随意地控制运行这些程序的系统。2020 年底的 SolarWinds 事件也是由于供应链问题导致的安全事件。该事件由于 SolarWinds 旗下的 Orion 基础设施管理平台的发布环境遭到黑客组织入侵,黑客篡改其中某个组件源码,添加了后门代码,其爆发之迅猛,波及面之大,社会影响之深,潜在威胁之严重,令世界为之震惊,堪称近十年来最重大的网络安全事件。

因此,如何保证来自全球化或多极化市场、商用等级、非可信源构件可信性成为非常棘手的问题。

(1)供应链安全的重要性。随着越来越多的涉及国计民生的数字产品和服务依赖于网络提供与发布,国家安全与网络安全越发密不可分。因此各类网络产品及其供应链的安全,特别是信息物理系统或网络与数字基础设施产品及其供应链的安全,对网络空间乃至国家安全都具有至关重要的作用。例如,在美国的"量子"项目中,正是利用自身在 IT 供应链上的先行者角色和市场先发优势及垄断地位,在全球布控其监视系统。"棱镜门"事件不断曝光的材料显示,美国利用其在芯片、网络设备和技术等领域的核心竞争优势,在出口的电子信息产品中预埋漏洞、后门或控制、隐匿漏洞信息传播,实现对全球的网络入侵和情报获取,增强其全球布控和监视能力。2020 年 2 月,西方媒体爆料,从 20世纪 70 年代开始,美国中央情报局(Central Intelligence Agency, CIA)和德国联邦情报局秘密收购了瑞士加密公司 Crypto AG,该公司为大约 120 个国家提供通信加密设备,美国从窃听行动中获取了大量情报。由此可见,如果一个国家能够掌握产品供应链更多的环节,尤其是不可替代的核心环节,则其在网络空间安全上就能占据战略主动权包括制网权,至少现实状况可以支持这一论点。

(2)供应链管理的困难。供应链难于管理的地方主要在于链条的开放性并且涉及环节众多,不可能采取理想的封闭模式实施精确管控。在全球化或多极化和生产分工精细化趋势不可逆转的今天,供应链只会越来越长,涉及的范围会越来越广，可管理性的挑战会越来越大。环节越多、涉及范围越广，暴露的攻击面也就越大，不可控因素也就越多，风险随之相应增加。因此，供应链安全要求缩短产品供应链的环节和范围，理论上封闭的供应链才能保证供应链的攻击面尽可能少暴露。但是，随着人类生产方式的发展，全球化或多极化趋势不可阻挡，一切自给自足意味着封闭落后。同时，随着科学技术的不断发展和知识的快速累积，人们很难做到对知识和技术的全面掌握，因此专业化和社会分工的精细化也就成为必然。全球化、专业化和分工精细化必然导致供应链的开放性、多元性、协作性和可信性不能确保的基本态势。

美国在其发布的《全球供应链安全国家战略》里提到，信息技术和网络的发展是供应链风险发生的一个重要原因。美国国家标准与技术研究院(National Institute of Standards and Technology, NIST)在《网络空间供应链风险管理最佳实践》里提到，基础设施安全是供应链风险管理的重要对象。电子信息技术和互联网技术的发展，解决了人们社会交往受地域限制的局限，处于世界各个角落的人们可以便利地实时互动；随着物联网的发展，商品从研发、生产、运输、存储、销售到使用维护的全过程都越来越依赖于网络；工业互联网的兴起，从产品市场需求分析、产品设计定型到生产工艺设计、流程规划组织和质量控制等全过程都将随网络与数字元素的导入而发生革命性改变。因此，网络基础设施作为现代社会几乎一切活动的基础，需要高度的可控性与可信性。然而，网络基础设施自身就属于软硬件类的信息物理系统产品，其设计、生产、销售和服务等整个过程与其他产品一样，安全性受制于供应链的可信性，很难设想以可信性不能确保的软硬构件搭建的数字设施能够保证其上层应用的安全性。当前技术条件下，供应链的开放性与数字产品的安全可信本质是相互矛盾的。

3) 现有理论与工程水平限制

从认识论角度观察，漏洞似乎是信息技术与生俱来的，必然与信息物理系统全生命周期终生纠缠。局限于现有科学理论与工程技术水平，漏洞的发现还缺乏系统性的理论和完备的工程基础，往往是后知后觉，还无法做到对所有漏洞的预先发现和处理。软件出现漏洞的概率目前尚无法评估，卡内基·梅隆大学的 Humphrey[16]曾经对近 13000 个程序进行了多年研究，认为通常专业程序员每编写一千行的代码，就会产生 100～150 个错误。按照这个数据推论，具有 160 万行代码的 Windows NT 4 操作系统，就可能产生不低于 16 万个错误。许多错误可能非常微小以至于没有任何影响，但是其中大概数千个错误会带来严重的安全问题。

(1)程序证明的困境。基于形式化方法的程序验证和分析是确保软件正确、具有可信性的重要手段。相比软件测试，基于定理证明的程序验证具有语法和语义的严格性以及与属性相关的完备性。通过程序分析的方式来证明一个软件的安全属性也是学术界研究了很长时间的问题，旨在将程序验证系统的可靠性和正确性完全建立在严格的数理逻辑基础之上。但是，现在面临的难题很多都已被证明属于停机问题，如经典的指向分析、别名分析等。随着软件规模的急剧膨胀和功能的日趋复杂，程序正确性证明理论和方法既难以应对复杂软件的完备性分析，也无法对给定软件做出安全可信的证明，定理证明路径陷入困境。同理，硬件代码的程序证明也面临一样或类似的问题。除了证明自身安全性之外，还有两个问题也很棘手，即如何证明补丁后的程序修复漏洞的正确性；如何证明源代码与编译后的可执行代码在安全属性上的一致性问题。例如，2011年微软发布的补丁 MS11-010 是对 2010 年补丁 MS10-011 的再次修补，其原因就在于漏洞的修补并不完全，还可以构造逻辑条件再次触发此漏洞。遗憾的是，截止到今天，此类问题仍未得到满意的解决或有效管控。

(2) 软硬件测试的局限。作为一种检测程序安全性的分析手段，软硬件测试能够真实有效地发现代码中的各类错误，但软硬件测试也有两个方面的明显不足，就是"测不到，测不全"问题。首先，就一般性而言，考虑所有可能输入值和它们的组合，并结合所有不同的测试前置条件进行穷尽测试几乎是件不可能完成的任务。实际上，若要对软硬件进行穷尽测试往往会产生天文数字的测试用例。通常情况下，每个测试都只能是抽样测试。因此，必须根据风险和优先级，控制测试工作量。其次，程序测试很难自动覆盖整体代码，并且随着代码数量的增加和功能结构复杂化的影响，代码分支路径会爆炸性增长，在有限的计算资源与时间条件的约束下，程序测试的优良性变得越发难以保证。传统的白盒测试，即使走过了某条路径，也不代表这条路径上的相关问题得到了较好的测试。未覆盖的代码部分也就成为"测试盲区"，无法对该部分代码的安全性给出正确结论。即便对于已经覆盖到的代码，无论对通常使用的模糊测试还是符号执行技术，测试过程也只是对于已覆盖路径在某些特定条件下的验证，并非完全性验证。最后，也是最关键的一点，测试可以证明缺陷存在，但不能证明缺陷一定不存在。

(3) 安全编程的困惑。为了提高代码安全性、减小漏洞出现概率并有效指导工程师进行安全实践，安全编程规范应运而生。作为最佳安全实践的手段之一，毋庸置疑，安全编程规范的出现促进了编码安全水平的整体提升，但其实际应用中也有很多不足。首先，作为编程安全问题的经验传承，其自身的总结、丰富、完善有一个过程，新问题的模板化会有一定的时延性，从而带来推广的滞后性，这种滞后性导致在较长时间内该类安全问题仍会在大量的编程实践中被引入。其次，编程人员水平参差不齐，刻意培养训练存在不足。有的具体规约对代码具有较为严格的逻辑和时序要求，这对于编程者了解掌握与熟练应用提出了更高的要求。最后，互联网时代行业竞争导致软硬件追求快速的版本迭代，一般而言，开发团队对于功能开发的重视程度普遍高于安全编程，甚至是选择性地忽视后者，因而出现代码安全质量问题的概率也在迅速增大。

（4）自动化水平的制约。现有的静态分析工具包括 Coverity、Fortify 等自动查错的产品，也有 Peach 等 Fuzzing 测试套装工具。自动化工具的主要优点在于可以实现程序分析的自动化从而免去人工代码审计的巨大工作量。从目前看，自动化分析主要基于模式匹配，具有较多的误报和漏报现象，而漏洞发现是一个高度依赖经验积累的工作，大多数的自动化工具仅能作为漏洞发现的辅助工具使用。在人机交互与自动分析精度之间取得平衡，也是自动化工具面临的一个难题。此外，漏洞发现还往往依赖于穷举算法下可以提供的处理能力，即使技术经济条件许可，处理时间也会达到令人完全无法忍受的程度。

综上所述，现有的漏洞发现理论和工程技术大多是针对已知漏洞特征的分析、发现和解决，不可能全面彻底地解决软件漏洞问题。尤其在未知漏洞问题的解决上，目前的理论和工程技术要么效费比甚微，要么完全无效。因此，漏洞问题的解决不能指望现有的基于特征提取的被动防御思维方式，需要发展不依赖特征的主动防御理论和技术，使信息系统具备内生的安全防御属性，通过增加漏洞后门利用难度而不是杜绝漏洞后门方式，颠覆易攻难守的战略格局。

2．呈现的偶然性

如前所述，漏洞要么是因为编码人员的思维局限性或者编码习惯上的问题而引入系统，要么由某些利益攸关方通过各种手段预置到系统中。因此，其呈现也必然具有偶然性。从认识论关于事物总是可以认识的观点出发，漏洞的存在和发现都属于必然事件，但是具体在什么时间、什么系统上和以什么样的方式呈现出来却是偶然的。这其中既有对漏洞认识的时间或时代局限性问题，也有对复杂代码完备性检查的理论与技术能力问题。

1）呈现时间的偶然性

如图 1.8 所示，每一个漏洞后门都具有生命周期，自其被带入系统那一天起，其发现、公开、修复、最终消亡发生的时间点、各阶段时间窗口的长度，均受到理论方法发展水平、技术工具成熟度情况、研究处置人员技能水平等多种因素的影响，具有一定的偶然性。在漏洞类型从代码漏洞、逻辑漏洞到组合漏洞的不断演进过程中，也曾发生过很多有意思的历史拐点。新的漏洞与新的漏洞类型往往是由于某个天才的灵光一闪而发现的，而新的防御方法与机制的出现又催生了新的对抗方式及漏洞类型出现。

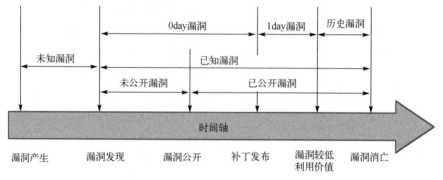

图 1.8　漏洞在各个时间阶段的名称[17]

"潜伏或蛰伏"于程序中的漏洞有时会历经十年以上没有被曝光(业内又称长老漏洞)，但可能因为一次意外而暴露出来，也可能随着分析工具增强了对"更深层次"路径的分析能力而被发现，也可能是一段大家都没有关注到的代码被别人偶然看到所致等。从表 1.1 可以看到，有的漏洞甚至存在了近 20 年之久才被发现，这些漏洞具有显著的"高龄"特点，反映了其在发现时间上具有很大的随机性。

表 1.1　"高龄"漏洞存在时间表

漏洞名称	漏洞编号	漏洞类型	发现时间	存在时间	影响危害
LZO 漏洞	CVE-2014-4608	缓冲区溢出	2014 年 7 月	20 年	远程攻击者可利用该漏洞造成拒绝服务(内存损坏)
长老漏洞	MS11-011	权限提升	2011 年 2 月	19 年	获得系统最高权限
本地提权漏洞	MS10-048	权限提升	2010 年 1 月	17 年	获得系统最高权限
MY 动力系统"暴库"漏洞		SQL 注入	2012 年 3 月	10 年	可导致数据库地址流出,造成网站用户隐私泄露
破壳漏洞	CVE-2014-6271	操作系统命令注入	2014 年 9 月	10 年	远程攻击者可借助特制环境变量执行任意代码
脏牛漏洞	CVE-2016-5195	竞争条件	2016 年 10 月	9 年	恶意用户可利用此漏洞来获取高权限
Phoenix Talon	CVE-2017-8890、CVE-2017-9075、CVE-2017-9076、CVE-2017-9077	远程代码执行	2017 年 5 月	11 年	可被攻击者利用来发起 DOS 攻击,且在符合一定利用条件的情况下可导致远程代码执行,包括传输层的 TCP、DCCP、SCTP 以及网络层的 IPv4 和 IPv6 协议均受影响

续表

漏洞名称	漏洞编号	漏洞类型	发现时间	存在时间	影响危害
WinRAR 目录穿越漏洞	CVE-2018-20250	远程代码执行	2019 年 2 月	19 年	解压处理过程中允许解压过程写入文件至开机启动项，导致代码执行，攻击者可完全控制受害者计算机

漏洞呈现的时间特性反映了人们对漏洞认知的发展过程和知识积累过程。漏洞也许伴随一个错误的出现而被发现，也许是通过某个理论被证明而发现，即漏洞的最终呈现往往是偶然的。以漏洞类型为公众所知(发表文献或早期漏洞编号)的时间为参考标准，图 1.9 给出了 Web 和二进制代码两方面最为常见的 9 种典型漏洞类型发现时间，说明了漏洞呈现时间偶然性的特点。其中，缓冲区溢出漏洞[18]发现时间最早，位于 20 世纪 80 年代，90 年代后相继发现竞态漏洞[19]、SQL 注入漏洞[20]、格式化字符串漏洞[21]，进入 21 世纪后，新型漏洞仍然层出不穷，如整型溢出漏洞[22]、XSS 漏洞[23]、服务端请求伪造漏洞[24]、PHP 反序列化漏洞[25]、释放后重用漏洞[26]。

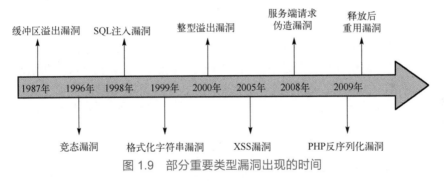

图 1.9　部分重要类型漏洞出现的时间

2) 呈现方式的偶然性

在漏洞分布的统计规律和发现暴露的时机场合等具体呈现方式上，漏洞的出现往往具有较大的偶然性。漏洞分布情况会受到来自研究热点、新品发布、技术突破、产品流行甚至经济利益等多重因素的影响，其在数量变化、类型分布、比例大小等统计特征上呈现出不规律现象。图 1.10 统计了国家信息安全漏洞共享平台(China National Vulnerability Database, CNVD)从 2012～2022 年收录的漏洞，其收录的漏洞总数为 163476 个，可以看到每年发现漏洞的数量在统计数值上具有起伏变化。

此外，漏洞以何种方式被曝光、何时被曝光也存在极大的不确定性。从暴

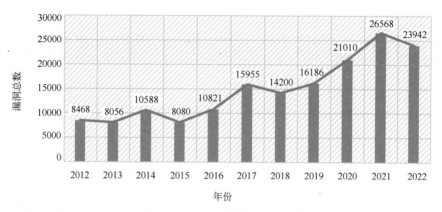

图 1.10　2012～2022 年 CNVD 收录的漏洞分布图（数据来自 CNVD 官网）

露方式上看，存在攻击样本捕获后分析、APT 攻击遭曝光而暴露、研究者自行公布（往往也称作不负责任的披露）、厂商公告修复、比赛中参赛选手使用曝光（如 PWN 类比赛展现的 0day 漏洞）等多种方式，因而一个具体漏洞的暴露方式具有较大的不可预知性。

3. 认知的时空特性

人们的认知是一个积累的过程，无论是约束条件下的个体认知积累，还是时间长河中人类整体认知的积淀。正如牛顿所说的，我们之所以成功是因为我们站在巨人的肩膀上。每个人的认知都具有一定的范围局限，特别是在这个数据爆炸、信息爆炸和知识爆炸的时代，没有一个人能够掌握所有方面的知识。因此，人类社会需要形成一个有层次、分领域的认知格局，才能在不同领域、不同专业方向上进行持续深入的研究，才能不断地提升人类对自然界的整体认知水平。正是这样一个从个体到整体、"以有涯随无涯"的过程使得认知具有时空特性，也决定了漏洞呈现的时空性质。今天认为安全的系统，明天未必安全；"我"认为安全的系统，在"他"眼里未必安全；在环境 A 里面安全的系统，放到 B 环境中未必安全。这就是漏洞因认知而呈现的时空差异。

1）量变到质变的积累过程

漏洞是一直存在的，但是漏洞的发现则具有时间属性，需要随着认知不断积累到一定程度才能使漏洞呈现出来。以 2014 年震惊世界的 Rowhammer 漏洞[27]问题为例，最初该漏洞只是由从事集成电路研究的卡内基·梅隆大学的研究人员发现的一个现象。重复性使用机器码指令 CLFLUSH 或 Cache Line Flush，能够清除缓存并强制进行读取和更新。研究人员发现，如果利用这种技术迫使内存反复读取并给一排电容充电，将会引起大量的比特产生翻转，即所谓的 Rowhammer 现象。谷歌的 Project Zero 团队作为一个安全研究团体关注到这一成果并进行深入研究发现，恶意程序可以利用比特翻转的 Rowhammering 运行未经授权的代码，该团队设计出如何使 CPU 重定向，从错误的内存地址运行代码，利用 Rowhammering 改变操作系统的内存映射的内容。来自阿姆斯特丹自由大学的四位研究人员已经在 Windows 10 上使用 Rowhammering 与新发现的一种存储重复数据删除矢量相结合的方法成功实现攻击。即使系统的补丁完全修复，并运行着各种安全加固措施，此种方式还是可以使攻击者控制操作系统。硬件供应商都试图在 DDR4 架构中引入防止或减少 Rowhammering 漏洞的缓解措施或功能，但谷歌公司以及 Third I/O 公司的研究表明，DDR4 也不能免疫 Rowhammering。量变到质变还体现在某类信息系统应用的日趋广泛或者某类漏洞数量的增多会引起人们更多的关注，从而发现此类信息系统的新问题，或者对某类漏洞的利用研究更加深入，引起利用技术的变革，导致该类漏洞的攻击更为流行。例如，云计算广为人们采用，于是就有人针对多租户、虚拟化特点寻找虚拟主机穿透、虚拟主机分配算法的漏洞等[28]。以数组越界为例，20 世纪 70 年代人们从不检查数组越界问题，因为数组越界一般被认为是 C 语言的数据完整性错误，在给定计算能力条件下，自动检查这个问题会降低程序执行效力。考虑到效费比，通常的做法是将此问题留给程序员自行解决，并没有认识到数组越界可能会造成严重的安全危害。直到 80 年代，莫里斯蠕虫的爆发，才使人们意识到这个问题的严重性。这正好说明堆栈溢出漏洞一直存在于程序中，只是受制于人们对堆栈溢出的认知局限，只有当认知随时间发展到一定阶段，能够认识到堆栈溢出如何产生、如何造成安全危害的时候，堆栈溢出漏洞才得以呈现出来。

2）绝对和相对的依存转化

漏洞与 Bug 转化的相对性：在软硬件工程中，人们经常谈到代码 Bug 的概念。一般认为，Bug 与漏洞的联系在于与安全相关的 Bug 才被认为是漏洞。然而，判断一个 Bug 是否与安全相关既取决于该代码运行的环境，也带有一定的主观性。也就是说对于一个 Bug 而言，存在这样的情况，在一定条件下属于 Bug，而在另外一些条件下，则属于漏洞。

此外，不存在绝对可以利用的漏洞，也不存在无法利用的漏洞。即使漏洞绝对存在也可以通过技术手段降低漏洞利用的可靠性，这已成为当今主动防御的一个重要研究方向。同理，有些漏洞目前可能没有好的利用办法，随着技术的发展，不代表未来不可以利用；有些漏洞在给定系统环境下不可以利用，不代表在另外的运行环境中不可以利用；有些漏洞单独看是不可以利用的，但在组合条件下有可能获得新生。例如，大多数内存破坏型漏洞遭遇到地址空间布局随机化（Address Space Layout Randomization, ASLR）防护机制就难以奏效，但是如果结合一些芯片实现中的问题，这些漏洞又可以利用了。例如，2017年初，阿姆斯特丹的 VUSec 团队[29]打造了一个 JavaScript 程序，可以轻松绕过 Intel、AMD、NVIDIA 等品牌的 22 款处理器 ASLR 保护。VUSec 所展示的这次攻击，就是利用了芯片与内存交互方式的漏洞，芯片有一个名为内存管理单元（Memory Management Unit, MMU）的部件，专门负责映射计算机在内存中存储程序的地址。为了跟踪那些地址，MMU 会不断地检查一个名为页表（page table）的目录。通常设备会将页表存储在处理器缓存中，让最常访问的信息随时可被计算内核程序调用到一小块内存。但是，网页上运行的一段恶意 JavaScript 代码，同样可以写入那块缓存。最关键的是，它还能同时查看 MMU 的工作速度，通过密切监视 MMU，JavaScript 代码可以找出其自身地址，于是他们打造了名为 ASLR ⊕ Cache（AnC）的旁路攻击程序，可在 MMU 进行页表搜寻时侦测页表位置。

3)特定性和一般性的对立统一

漏洞存在于特定的环境中，脱离具体环境谈漏洞是不科学的。每个漏洞的呈现需要特定的环境和特定的条件，例如一个远程溢出漏洞，如果在一个隔离的环境中，该漏洞就会因为不具备呈现环境而不会对系统产生影响。这就是在环境 A 里面安全的系统，放到 B 环境中未必安全的原因。一种漏洞类型或模式，源自特定系统或者软件代码，也是关于这一类型或模式普遍存在的问题。漏洞同时也具有一般性。例如，Windows 操作系统同一版本中的漏洞肯定存在于安装这一版本的所有应用系统中，对于相似或相同的运行环境存在相似或相同的可利用条件。但是，漏洞的存在性与可利用性并不总是一致的，运行环境的差异就可能造成漏洞的不可利用性，也就是说漏洞不可利用不等于漏洞不存在。一个 Bug 失去一定条件，可能不会成为漏洞。一个漏洞若失去依附的环境可能会失去可利用性，漏洞也就未必是漏洞了。这一对立统一性是不依赖特征提取的内生防御机理有效性保证的重要基础。

1.3.3　漏洞的基本问题

关于漏洞，存在四个方面的基本问题值得研究：准确定义、合理分类、无法预知、有效消除。

1)漏洞的准确定义问题

由于计算范式的不断演化、信息技术的不断发展、新型应用的不断部署，导致漏洞的内涵和外延仍在不断发生变化，准确定义漏洞较为困难。Tesler[30]给出了从计算机出现至 1991 年，从批处理（batch）到分时共享到桌面系统乃至网络 4 种计算范式。自 20 世纪 90 年代以来，又先后出现了云计算、分子计算、量子计算等范式。在单用户、多用户、多租户等不同条件下，在分布式、集中式计算等不同计算环境下漏洞各不相同。不同系统对于安全的需求不同，对于漏洞的认定就会有所不同，有的系统中认为是漏洞，有的系统中可能构不成漏洞。同样的漏洞在有的系统中危害程度高，有的系统中危害程度低。对于漏洞的危害程度是很难统一定义的。在不同系统或不同环境下，同一个漏洞的危害级别就不一致。特别是人为因素的介入使得漏洞问题有可能成为不确定扰动问题。软硬件设计的脆弱性在拥有不同资源和能力的攻击者面前，有的可能成为漏洞，有的则不然。随着时间维度的变化，人们对于漏洞的理解也在变化。从最初的基于访问控制的定义发展到现阶段的涉及系统安全建模、系统设计、实施、内部控制等全过程的定义，随着信息技术的发展，人们对于漏洞的认知会更加深刻，可能还会对漏洞赋予更为准确的含义甚至重新划定范畴。

2）漏洞的合理分类问题

瑞典科学家林奈阐述过：“通过有条理的分类和确切的命名，我们可在认识客观物体时将其区分开来……分类和命名是科学的基础。”漏洞广泛存在于各类信息系统之中，且数量日益增多、种类各异。为了更好地了解漏洞的具体信息、统一管理漏洞资源，需要研究漏洞的分类方法。漏洞的分类指对于数量巨大的漏洞按照成因、表现形式、后果等要素进行划分、存储，以便于索引、查找和使用。由于目前对漏洞本质的认识还不全面，要做到用科学性、穷尽性、排他性原则来合理分类有一定难度。早期研究中，漏洞分类主要是出于消除操作系统中编程错误的需要，因此分类依据更关注于漏洞形成的原因，今天来看的确存在一定的局限性，不能全面深入地反映漏洞的本质。这些分类包括安全操作系统（Research Into Secure Operating System, RISOS）分类法[31]、保护分析（Protection Analysis, PA）分类法[32]等。美国普渡大学 COAST 实验室的 Aslam[33]针对 UNIX 系统提出了基于产生原因的错误分类法。随着研究的深入，研究者已经注意到漏洞生命周期的概念，同时网络攻击也给系统安全带来了严重的威胁影响，因此这一阶段研究者开始关注于漏洞的危害与影响，并将此引入分类依据中，这一分类研究包括：Neumann[34]提出了一种基于风险来源的漏洞分类方法；Cohen[35]提出了面向攻击方式的漏洞分类法，Krsul 等[36]提出了面向影响的漏洞分类法等。随着认识的进一步深入，研究人员逐渐将漏洞与信息系统的关系、漏洞自身的属性特点、漏洞利用与修复方式等方面的理解，以多维度、多因素的划分依据融入分类中，从而更加准确地刻画漏洞的属性和关联程度。这些研究包括：Landwher[37]提出了三维属性分类法，按照漏洞的来源、形成时间和位置建立三种分类模型；加利福尼亚大学戴维斯分校的 Bishop[38]提出了一种六维分类法，将漏洞从成因、时间、利用方式、作用域、漏洞利用组件数和代码缺陷六个方面将漏洞分为不同类别；Du 等[39]提出将漏洞的生命周期定义为"引入—破坏—修复"的过程，根据引入原因、直接影响和修复方式对漏洞进行分类；Jiwnani 等[40]提出了基于原因、位置和影响的分类法。随着漏洞越来越成为一个影响广泛的安全问题，出现了专业的机构对漏洞的专业性和社会性问题进行管理，于是有关漏洞库的管理机构应运而生。漏洞库作为对漏洞进行综合管理和发布的机构，也对漏洞的命名和分类制定了严格的标准。美国国家漏洞库(National Vulnerability Database, NVD)提供了常见的公共漏洞和暴露(Common Vulnerabilities and Exposures, CVE)的列表。中国国家信息安全漏洞库(China National Vulnerability Database of Information Security, CNNVD)、国家信息安全漏洞共享平台(China National Vulnerability Database, CNVD)、开源漏洞库(Open Source Vulnerability Database, OSVDB)、BugTraq 漏洞库、Secunia 漏洞库，以及大量的商业公司漏洞库都有自己的分类方法。中国也出台了信息安全技术安全漏洞相关规范，如国家标准《信息安全技术　网络安全漏洞管理规范》(GB/T 30276-2020)。

遗憾的是，目前这些分类方法至今仍没有一种分类被广泛接受。应该说，在揭示漏洞事物本身的特点、发展规律以及彼此差异和内在联系，以及人的因素在漏洞形成与利用方面的闭环作用仍然存在理论研究与实践分析不足的问题。

3)漏洞无法预知的问题

关于漏洞的无法预知问题，可以概括为 4W 问题，即人们不知道什么时候(when)、会在什么地方(where)、由谁(who)、发现什么样(what)的漏洞。这里，未知漏洞包含未知类型的漏洞和已知类型的未知漏洞。目前人类无法预测新的漏洞类型，也做不到对特定类型漏洞的穷尽。

漏洞类型从最初的简单口令问题，发展到缓冲区溢出、结构化查询语言(Structured Query Language, SQL)注入、跨站脚本(Cross-site Scripting, XSS)、竞态漏洞(Race Condition)到复杂的组合漏洞问题。各类软件、组件、固件都出现了相应的漏洞，甚至出现了利用系统与固件配合的关联漏洞。漏洞的成因与机理也变得越来越复杂。有一些"极客"追求高度的自我认同，致力于寻求未被发现的新型漏洞，而不再满足于追求已知类型的漏洞。谷歌公司旗下顶尖安全人员组成的安全团队 Project Zero 发布的报告显示[41]，2020 年公开披露的在野攻击活动中利用的 0day 漏洞总共有 25 个，2021 年公开披露的在野攻击活动中利用的 0day 漏洞总共有 58 个，从趋势上看，未来针对浏览器和移动设备的攻击案例会越来越多。黑客使用未知软件漏洞数量快速增长，再次表明网络犯罪和网络间谍活动的技术正变得越来越先进。计算机程序内的秘密漏洞尤其被犯罪团伙、执法部门和间谍看重，因为软件厂商在没有收到警告的情况下不会发布修复补丁。2021 年，苹果公司首次在发布说明中提到在野 0day 情况。2021 年共有 5 个 iOS 在野 0day，其中包含首个公开已知的 macOS 在野 0day（CVE-2021-30869）。软件厂商开发和发布补丁，要么直接宣布漏洞，要么在公布补丁时披露相关漏洞。

4）漏洞有效消除问题

随着软件系统越来越复杂，软件的安全漏洞长期存在而且难以避免，这已经是一个共识。造成这一现状的原因固然很多，但大体而言，这与软件行业的特性和传统观念有关。软件的开发是为了与硬件匹配实现特定的功能，因而其功能实现是第一要务。至于软件的安全问题，是在功能实现之后才考虑的。而且由于软件更新快，竞争激烈，抢先推出可用的软件占领市场远比安全问题的考虑更为重要。

人们逐渐认识到，软件实现过程中会存在 Bug（错误），而这些 Bug 会影响到程序的稳定性和功能的正常使用。随着系统和设备不断地接入网络，人们发现 Bug 有可能会与安全强相关，这些与安全有关的漏洞会影响软件自身乃至系统的安全。早期，人们还比较乐观，试图通过定理证明的方法来确保软件的安全，然而事实上这样一劳永逸的事情是无法做到的。接着，人们开始对 Bug 或者漏洞进行分类，试图研究特定漏洞的消除方法。令人失望的是，抽象解释、静态符号执行这些建立在程序分析基础上的分析方法都遇到了瓶颈，静态分析技巧遇到了过程间分析准确性低、指向分析难度大等一系列问题，这些问题被证明在可计算性上属于停机问题。20 世纪 80 年代以来，模型检测技术可以较好地用于时序问题的检测，然而随之而来的是状态爆炸问题，至今这也是困扰模型检测技术发展的重要障碍。20 世纪 90 年代后期，工业界为了应对软件开发的安全需要，在等不及上述学术成果应用的前提下，开始逐渐采用一种称为 Fuzzing 测试（模糊测试）的手段来帮助产品进行漏洞发现。Fuzzing 测试是一种通过随机构造样本的方式来试图触发程序内在错误的方法。由于摩尔定律的持续有效以及软硬件设计方法的趋同性发展，硬件系统的复杂性也陡然增加。与软件系统相同，其设计缺陷以及可能导致的安全漏洞也长期存在且往往难以修复。例如，Intel 公司过去若干年内的 CPU 产品中的 Meltdown 和 Spectre 就属于此类漏洞。事实上，后来技术与产业界陆续发现，凡是采用分支预测流水线技术的 CPU 产品大都存在同样性质的漏洞问题。

1.3.4　漏洞后门威胁

20 世纪 90 年代以来，互联网不仅呈现出异乎寻常的指数增长趋势，而且爆炸性地向经济和社会各个领域进行广泛的渗透与扩张，尤其近十年基于"万物互联"或"人机物网深度融合"概念提出的物联网，使得网络空间信息通信基础设施上的联网设备大幅增加，工业控制系统、人工智能、云计算/云服务、移动支付等新型应用领域澎湃兴起。值得欣慰的是，互联网正在给人类社会带来巨大的财富，按照梅特卡夫定律（$V=K\times N^2$），"网络的价值等于网络节点数的平方，或网络的价值与联网用户数的平方成正比"。

然而令人不安的是，网络空间的安全风险越来越大，各种信息安全事件层出不穷，且愈演愈烈，严重影响到人类社会活动和发展的方方面面。可以说，网络安全威胁从未像今天这样距离我们每一个人的生活如此之近。作为当前网络信息技术发展的重要组成部分，信息物理系统软硬件中的安全漏洞也就成了直接影响系统安全性的决定性因素。实践证明，绝大部分的信息安全或网络安全事件都是攻击者借助软硬件漏洞发起的。挖掘软硬件漏洞，利用漏洞开发后门或设计者蓄意留有后门，对目标进行攻击和控制，是一种成熟的攻击模式。随着攻击者技术水平的快速提升，漏洞后门的危害也就越来越大。

（1）勒索病毒（WannaCry）席卷全球。2017 年 5 月 12 日，一起大规模信息安全攻击波及了 150 个国家，20 万台终端被感染。此次网络攻击涉及一个名为 WannaCry 的勒索软件，这种病毒在感染电脑后能够迅速扩散，被感染的电脑的文件将被加密，用户只有交纳比特币（一种难以追踪的网络货币）作为赎金才能将文件解密。英国十余家医院，以及联邦快递和西班牙电信等大公司成为被攻击的目标。我国众多高校纷纷中招，中石油 2 万座加油站断网近 2 天。

（2）安全人员的不眠夜。2021 年 12 月 9 日，Apache 官方发布了紧急安全更新以修复 Apache Log4j2 远程代码执行漏洞，但更新后的 Apache Log4j 2.15.0-rc1 版本被发现仍存在漏洞绕过，多家安全应急响应团队发布二次漏洞预警。12 月 10 日凌晨 2 点，Apache 官方紧急发布 Log4j-2.15.0-rc2 版本，以修复 Apache Log4j-2.15.0-rc1 版本远程代码执行漏洞修复不完善导致的漏洞绕过。该漏洞影响范围极大，且利用方式十分简单，攻击者仅需向目标输入一段代码，不需要用户执行任何多余操作即可触发该漏洞，使攻击者可以远程控制用户受害者服务器，90%以上基于 Java 开发的应用平台都会受到影响！

(3)德国政府遭冠状病毒主题钓鱼攻击损失数千万欧元。2020 年 4 月,德国西部北莱茵威斯特法伦州政府网站遭遇钓鱼攻击,粗略估计至少造成 3150 万欧元的损失。黑客创建了官方网站副本,利用钓鱼电子邮件吸引用户注册以收集详细信息,随后黑客代表真实用户向政府提出援助请求并替换汇款银行账户。据外媒报道,发现黑客累计伪造了 3500 至 4000 份资金请求,此次黑客行动从 2020 年 3 月中旬持续到了 4 月 9 日,事件被发现后,北威州政府立刻暂停向用户付款并关闭了其网站。

(4)区块链的智能合约安全。2020 年 4 月 19 日,去中性化借贷协议 Lendf.Me 遭遇黑客攻击,合约内价值 2500 万美元的资产被洗劫一空,直接原因在于产品本身的可重入问题和特殊的 ERC-777 类型代币 imBTC 组合之后引入的新的安全风险。同时因为此问题被攻击的还有 Uniswap 去中心化交易所。

(5)德国主要燃料储存供应商遭网络攻击。2022 年 1 月 28 日,德国主要石油储存公司 Oiltanking GmbH Group 遭到网络攻击。此次网络攻击影响了 Oiltanking 以及矿物油贸易公司 Mabanaft 的 IT 系统。两家公司都隶属于总部位于汉堡的 Marquard & Bahls 集团,该集团是世界上最大的能源供应公司之一。2022 年 2 月 1 日,受攻击事件影响,欧洲西北部地区馏分柴油价格略微上涨。

相比以往,网络安全事件呈现出以下四大新的趋势。

(1)金融网络安全引发普遍担忧。2021 年 3 月美国保险巨头安盛集团花 4000 万美元解密数据。2021 年 8 月,日本最大财险公司东京海上控股遭勒索软件攻击。2021 年 9 月,加密货币交易所 Liquid 遭黑客入侵造成至少价值 9400 万美元的加密资产被窃取。2022 年 4 月,巴西里约热内卢州的财政系统遭到 LockBit 勒索软件攻击,420GB 数据遭窃取。这批数据窃取自 Sefaz-RJ 系统中,约占州财政部门全部数据存储量的 0.05%。自 2022 年以来,黑客利用当前最流行的勒索软件即服务平台 LockBit 攻击了至少 650 个目标组织。

(2)人工智能、云计算等新兴领域的安全问题进入大众视野。2019 年,黑客通过入侵智能汽车 App 并改写程序和数据,盗走包含奔驰等品牌的一百多辆智能汽车。2022 年 3 月,世界第二大智能汽车产品制造商日本电装株式会社遭遇黑客攻击事件,造成该公司 15.7 万份订购单、电子邮件和设计图纸等共 1.4TB 的数据资料外泄。2022 年 6 月,由于 AWS S3 存储桶的配置错误,土耳其低成本航空公司飞马航空公司(Pegasus Airlines)泄露了约 6.5 TB 的数据。2022 年 10 月,同样由于 Azure Blob Storage 存储桶的配置错误,分属 100 多个国家的 65000 多家公司的 2.4TB 微软客户数据外泄,造成了严重的社会影响。

(3)关键基础设施成为黑客攻击的新目标。2021 年 4 月,以色列针对伊朗核设施进行破坏性网络攻击导致核设施断电。2022 年 3 月德国风电整机制造商巨头 Enercon 遭受网络攻击造成欧洲卫星通信中断，直接影响了中欧和东欧近 6000 台装机容量总计 11GW 的风力发电机组的监控和控制。回顾近年来发生的重大网络安全事件，黑客关注的不仅仅是各种核心数据的窃取，更多的是针对一些关键性基础设施，政府、金融机构、能源行业都成为黑客攻击的新目标。

(4)有政治背景的黑客行动越来越多。2019 年 4 月，俄罗斯黑客组织"奇幻熊(Fancy Bear)"通过散发恶意文档进行网络攻击，干扰乌克兰大选。2020 年 2 月，印度黑客组织在我国新型冠状病毒疫情期间，利用肺炎疫情相关题材作为诱饵文档，对抗击疫情的医疗工作领域发动 APT 攻击。从近年来发生的诸多网络安全事件可以看出，有国家支持的政治黑客行动越来越多，未来的网络安全必定会影响到一个国家的稳定，网络安全上升到国家安全高度已成定局，接下来就要看各国如何应对了。

究其根源，所有这些信息和网络安全事件都存在一个共同点，那就是信息系统或软硬件自身存在基于漏洞后门等的内生安全问题，这使得信息物理系统或数字设施必然会给国民经济、国家安全、社会稳定等带来严重威胁。

1. 广泛存在引发的安全威胁

理论上讲，所有的信息系统或设备都存在设计、实现或者配置上的漏洞，漏洞具有泛在性特点。万物互联已经成为当今乃至未来时代的大趋势，越来越多的个体将被接入同一网络体系内，不仅包括智能穿戴、智能家居等生活中经常接触的物品，未来还将涉及商贸流通、能源交通、社会事业、城市管理等多个领域。全球领先的数据分析与商业咨询公司 Strategy Analytics 预测[42]，到 2025 年将有 386 亿台联网设备，到 2030 年将有 500 亿台联网设备。数量庞大的联网设备成为漏洞广泛存在的物理基础。

"软件定义"之风在 IT 业界越刮越猛，从软件定义功能、软件定义计算(SDC)、软件定义硬件(SDH)、软件定义网络(SDN)、软件定义架构(SDA)、软件定义存储(SDS)、软件定义互连(SDI)到软件定义数据中心(SDDC)、软件定义基础设施(SDI)等，各种产品和技术纷纷贴上"软件定义"标签，甚至有人提出"软件定义一切(SDX)""软件定义世界""一切皆软件"，"软件定义"俨然成为最先进技术的代名词，未来将会看到越来越多的计算、存储、传输与交换乃至整个 IT 基础设施正在变成软件定义的。而随着软件定义的普及，软件中存在的漏洞后门必然向相关应用领域扩散，形成各种各样的潜在漏洞。"软件定义"成为软件自身内生安全问题的"放大器"，从一定程度上带来了更为广泛的安全威胁或破坏。

相比软件内生安全问题,硬件内生安全问题引发的安全威胁影响范围更大,造成的危害或破坏也更为严重。近年来硬件漏洞的频频发布,从侧面证明了在芯片、设备和系统等硬件层面都存在大量的漏洞,其中芯片微体系架构和硬件安全防护机制成为硬件内生安全问题的"重灾区"。此外,随着工业控制系统等原有封闭系统的数字化、网络化和智能化,其固有的内生安全问题逐渐暴露,大量的软硬件漏洞对工业控制系统安全形成了严重威胁。

1) 硬件自身存在漏洞导致威胁

硬件漏洞是硬件体系中硬件单元的状态元素和控制元素的特定组合,这种组合在某些时间点、某种工作状态以及特定的环境条件等外在情况下有可能导致硬件单元违背既定的工作机制,从而可能导致系统中某种行为违背既定的信息安全目标以及安全保护机制,甚至产生局部或整体的功能性故障,或者致使关键数据的安全性受到威胁[43]。

硬件漏洞的产生有许多原因,主要有以下几个方面:一是出于提升性能目的而增加的硬件单元或机制破坏了原有的稳定状态,导致硬件中产生不确定性,如芯片微体系结构漏洞。二是出于安全目的引入的硬件安全机制自身存在漏洞,从而导致更为严重的安全威胁,如 TPM 芯片的 RSA 加密漏洞。三是由于生产过程的复杂性,硬件设计中难免会使用第三方 IP 或协议规范,这些模块或协议规范中可能存在常规测试无法覆盖的漏洞,如微控制器中蓝牙等通信模块的漏洞。四是从跨域视角观察,硬件漏洞的出现存在一定的必然性。改变硬件的工作条件可以导致原本安全的硬件出现可利用的漏洞,如通过电压故障注入攻击诱发"星链"终端的认证绕过漏洞。下面对这三类漏洞分别进行举例说明。

(1) 硬件安全机制存在漏洞。

TPM(Trusted Platform Module) 芯片为计算机提供可信根,旨在系统安全受到威胁时保护敏感信息免受侵害。TPM 可以分为 dTPM(独立的硬件 TPM)和 fTPM(固件模拟的 TPM)两类,而两类 TPM 都曾被曝出存在相应的安全漏洞。

2017 年,捷克 Masaryk 大学的安全研究人员发现德国英飞凌(Infineon)公司的 TPM 存在一处高危漏洞 ROCA(CVE-2017-15361),该 RSA 加密漏洞允许攻击者进行因数分解攻击的同时,通过目标系统的公钥反向计算私有 RSA 加密密钥。该种攻击手段影响了该公司 2012 年之前生产的所有加密智能卡、安全令牌以及其他安全硬件芯片等,数十亿设备存在遭受攻击的可能。

2019 年研究人员发现 TPM 上的椭圆曲线签名操作很容易受到时序泄露问题的影响,这意味着能够通过测量 TPM 设备内部操作的执行时间得到私钥。

Intel 处理器的 fTPM(CVE-2019-11090)和意法半导体的 TPM 芯片 (CVE-2019-16863)都存在类似漏洞,对应设计的 TPM-Fail 攻击[44]利用时序侧信道攻击恢复密钥,如果攻击者直接操作设备,大约需要花费 4～20 分钟就可以获取 ECDSA 密钥,时间长短取决于访问等级。如果攻击者发动远程攻击,通过网络连接仅定时进行 45000 次身份验证握手,攻击者就可以获取密钥。密钥一旦泄露,攻击者就可以伪造数字签名,窃取或更改加密信息,绕过操作系统安全功能或破坏依赖于密钥完整性的应用程序。

该漏洞的发现导致了采用英特尔 TPM 的联想、戴尔和惠普等众多 PC 制造商的计算机产品暴露于攻击威胁之下。值得注意的是,这些漏洞在通过了 FIPS 140-2 Level 2 和 Common Criteria(CC) EAL 4+的设备中也存在,后者是 CC 认证中国际公认的最高安全级别。这意味着上述认证目前也存在漏洞,没有任何产品是绝对安全的,也没有任何测试可以检查出所有问题。

2022 年 6 月,麻省理工学院计算机科学与人工智能实验室的研究人员发现苹果 M1 系列芯片使用的硬件安全机制——指针验证码(Pointer Authentication Code, PAC)中存在漏洞,并利用该漏洞设计了 PACMAN 攻击[45]。PACMAN 攻击猜测 PAC 值,并通过侧信道信息判断猜测是否正确。PACMAN 攻击能通过指针认证,从而进一步窃取数据,获得对操作系统内核的完全访问权。由于 PAC 已添加到 ARM v8.3-A 规范中,因此可能影响到大量 ARM SoC 的安全性。

(2)第三方 IP 或协议规范引入漏洞。

第三方 IP 或协议规范设计中的缺陷也导致了芯片漏洞的广泛存在,如 BrakTooth 蓝牙漏洞[46]。2021 年新加坡科技设计大学自动化系统安全 (Automated Systems Security, ASSET)研究小组披露了商用蓝牙协议中存在的一组新的安全漏洞,并发布了概念性验证攻击程序。BrakTooth 漏洞包含了一系列共 16 个安全漏洞,涉及 Espressif Systems、英特尔、高通、德州仪器、英飞凌、三星、联发科等 11 家芯片生产商的 13 款蓝牙芯片组,涵盖了包括笔记本电脑、智能手机、可编程逻辑控制器和物联网设备等 1400 种商业产品。其中,Espressif 公司 ESP32 SoC 芯片中存在高危漏洞 CVE-2021-28139,该漏洞允许使攻击者执行任意代码,具有极高的风险。

(3)跨域主动攻击诱发漏洞。

一些物理域攻击形式,如硬件故障注入,能够使原本在信息域看似安全的系统或设备也呈现出可供利用的漏洞或后门。2022 年 11 月的 Black Hat 年度安全会议上,比利时鲁汶大学的 Wouters 首次发布一种针对"星链(Star Link)"终端的电压故障注入攻击方法[47]。星链互联网系统由星链卫星、网关和星链终端组成。星链终端即用户购买安装的在用户住宅和建筑物顶部的相控阵碟形卫星天线 (Dishy McFlatface 天线)。Wouters 将名为 Modchip 的嵌入式开发板连接到星链终端的 PCB 板上，在星链终端的启动引导阶段，使用 Modchip 电路板实施电压故障注入攻击。主动攻击导致星链终端暂时短路以绕开星链的固件签名验证机制。在此之后，攻击者就能成功更新固件并在终端上运行自定义代码。该漏洞发布后 Space X 对其软件进行了更新，更新版本使攻击变得困难，但由于漏洞存在于硬件，安全问题尚无法从根本上得到解决。目前，星链在全球拥有超过 50 万名用户，星链服务已在 36 个国家和地区使用。由于星链在全球的普及性，该漏洞导致的黑客攻击可能引发国际安全问题。

除了上述三种类型的漏洞，硬件漏洞还包括芯片微体系结构漏洞。芯片微体系结构漏洞是目前影响最大的硬件漏洞类型，大部分 CPU 漏洞属于芯片微体系结构漏洞。

2) 近期频出的 CPU 漏洞成为热议话题

随着 Intel 被曝出几乎影响全球计算机的 CPU 漏洞后，该研究领域引起了安全界的广泛关注。自 1994 年第一个 CPU 漏洞出现以来，CPU 漏洞的危害从最初的拒绝服务直到可以被用来实现信息窃取，其危害程度不断加深、漏洞利用的技巧性也逐步提升。第一个 CPU 漏洞 "奔腾浮点除错误 (Pentium FDIV bug)" [48] 出现在 Intel 奔腾处理器中，于 1994 年被 Lynchburg 大学 Thomas 教授发现。出现该漏洞的原因是 Intel 为提高运算速度，将整个乘法表刻录在处理器内部，但是在 2048 个乘法数字中，有 5 个刻录错误，因此在进行特殊数字的运算时会出错。后续 "CPU F00F 漏洞" [49]，同样出现在 Intel 处理器中，影响所有基于 P5 微架构的 CPU。之后 AMD 处理器被曝出 TLB 漏洞，在受影响的 Phenom 处理器中，TLB 会导致 CPU 读取页表出错，出现死机等拒绝服务现象。2017 年，Intel 处理器出现 ME (Management Engine) 漏洞 [50] 成为 CPU 漏洞演变的转折点，ME 是 Intel 在 CPU 中内置的低功耗子系统，可以协助专业人员远程管理计算机，设计的初衷是用于远程维护，但由于存在漏洞反而使得攻击者可以通过 ME 后门进而控制计算机。

高危影响的代表性 CPU 漏洞是 Meltdown [51] 和 Spectre [52] 漏洞，2018 年 1 月由 Google Project Zero 团队、Cyberus 技术公司及国外多所高校联合发现，1995 年之后的 Intel 处理器均受影响。Meltdown 漏洞 "熔化" 了用户态与操作系统内核态之间的硬件隔离边界，攻击者利用该漏洞可以从低权限的用户态突破系统权限的限制，"越界" 读取系统内核的内存信息，造成数据泄露。与 Meltdown 漏洞类似，Spectre "幽灵" 漏洞破坏了不同应用程序之间的隔离。攻击者利用

CPU 预测执行机制对系统进行攻击，通过恶意程序控制目标程序的某个变量或者寄存器，窃取应该被隔离的私有数据。2018 年 8 月 15 日英国金融时报报道，Intel 公司新近披露了其芯片的最新漏洞"L1 终端故障 L1TF"，昵称"预兆"（Foreshadow），它可能让黑客获取内存数据。该漏洞被比利时鲁汶大学和美国密歇根大学以及澳大利亚德莱德大学的团队分别发现。美国政府计算机应急准备小组（Computer Emergency Readiness Team, CERT）警告称，攻击者可能利用该漏洞获取包括密钥、密码在内的敏感信息。据专家称，相比一般漏洞，"预兆"漏洞的利用难度较高。2019 年 12 月 11 日，Intel 官方正式确认并发布了清华大学汪东升、吕勇强、邱朋飞和马里兰大学 Gang Qu 等发现的"骑士漏洞（VoltJockey）"，该漏洞将影响 Intel 公司第 6、7、8、9 和第 10 代 CoreTM 核心处理器，以及"至强"处理器 E3v5&v6 和 E-2100&E-2200 等系列处理器，该漏洞是因为现代主流处理器微体系架构设计时采用的动态电源管理模块 DVFS 存在安全隐患，利用该漏洞可以从 Intel 的 CPU 可信区 SGX 或 ARM 的 CPU 可信区 TrustZone 获得密钥，并无须借助任何专门的硬件技术，可以直接用纯软件的方法从网上远程攻击获取。2020 年 Intel 官方正式确认并发布了 CacheOut 漏洞公告，漏洞编号为：CVE-2020-0549。Intel 将该漏洞称为 L1D Eviction Sampling。某些微体系结构的某些处理器上，最近清除的修改过的 L1D 高速缓存行可能会传播到未使用的（无效的）L1D 填充缓冲区中。在受 MDS （Microarchitecture Data Samping）或 TAA （Transactional Asynchronous Abort）影响的处理器上，可以使用这些侧信道方法之一推断来自 L1D 填充缓冲区的数据。结合这两个漏洞，攻击者就有可能从修改过的高速缓存行中推断出数据值，此漏洞影响 Intel 从 2015 年到 2019 年发布的所有 CPU。2022 年来自苏黎世联邦理工学院的研究人员研究发现，Intel 和 AMD 的某些微处理器容易受到与 Spectre Variant 2 相关的新推测执行攻击。攻击可能用于从内核内存泄漏数据，研究人员将这些漏洞命名为"Retbleed"。这些攻击利用了 Retpoline 中的漏洞，Retpoline 是 2018 年引入的一种缓解措施，旨在缓解某些推测性执行攻击。而缓解措施可能会导致开销并影响已修补系统的性能。此漏洞会影响英特尔酷睿第 6 至 8 代处理器，以及 AMD Zen 1、Zen 1+和 Zen 2 处理器。2022 年 8 月，罗马第一大学的研究人员在英特尔 CPU 中发现了一个名为 ÆPIC 的新漏洞，该漏洞使攻击者能够从处理器中获取加密密钥和其他机密信息。ÆPIC （CVE-2022-21233 ）是第一个架构上的 CPU 错误，它可能导致敏感数据泄露并影响大多数第 10 代、第 11 代和第 12 代 Intel CPU。表 1.2 列出了近几年具有代表性的处理器漏洞的相关信息。CPU 漏洞的成因有设计逻辑问题和具体实现问题两种，以设计逻辑问题居多，例如 Meltdown、Spectre、VoltJockey 和 ME 漏洞等均是在设计 CPU 功能时对于可能存在的安全隐患没有考虑充分导致权限隔离失效、非授权访问等漏洞。具体实现问题则是由于各厂商在 CPU 的实现细节上出现了安全隐患所导致的，例如 FDIV 漏洞、F00F 漏洞等。

表 1.2　处理器的代表性漏洞

厂商	漏洞名称或编号	漏洞类型	漏洞详情	受影响产品
Intel	CVE-2012-0217	本地提权	sysret 指令存在漏洞	2012 年前生产的 Intel 处理器
Intel	Memory Sinkhole	本地提权	可在处理器"系统管理模式"中安装 rootkit	1997～2010 年生产的 Intel x86 处理器
Broadcom	CVE-2017-6975	代码执行	处于同一 Wi-Fi 网络中的攻击者可利用该漏洞在设备使用的博通 Wi-Fi 芯片(SoC)上远程执行恶意代码	iPhone5-7、Google 的 Nexus 5、6/6P 及三星的 Galaxy S7、S7 Edge、S6 Edge 等大量设备
Intel	CVE-2017-5689	权限提升	可以远程加载执行任意程序，读写文件	Intel 管理固件版本包括 6.x、7.x、8.x 9.x、10.x、11.0、11.5 和 11.6
Intel	CVE-2017-5754	越权访问	低权限用户可以访问内核的内容，获取本地操作系统底层的信息	1995 年之后除 2013 之前的安腾、凌动之外的全系 Intel 处理器
Intel/AMD	CVE-2017-5753/CVE-2017-5715	信息泄露	在云服务场景中，利用 Spectre 可以突破用户间的隔离，窃取其他用户的数据	1995 年之后除 2013 之前的安腾、凌动之外的全系 Intel 处理器及 AMD、ARM、英伟达的芯片产品
Intel	TLBleed	信息泄露	可允许攻击者监听到 TLB 信息，然后还原密钥	Skylake、Coffee Lake、Broadwell 等 CPU 系列
ARM/Intel	Spectre-NG	代码执行信息泄露	允许攻击者访问并利用虚拟机(VM)执行恶意代码，进而读取主机的数据，窃取诸如密码和数字密钥之类的敏感数据,甚至完全接管主机系统	影响型号范围未准确披露

不仅通用微处理器存在大量漏洞，嵌入式微处理器也无法幸免。2022 年 5 月，伊利诺伊大学厄巴纳-香槟分校、特拉维夫大学和华盛顿大学的联合研究小组发现了苹果 M1 和 A14 芯片中数据内存依赖预取器(Data Memory-Dependent Prefetcher, DMP)的漏洞 Augury[53]，证明 DMP 微架构漏洞会泄露静态数据。与 Spectre 和 Meltdown 漏洞泄露正在使用的数据不同，苹果的 Augury 漏洞可能会泄露整个内存中的内容，即使这些数据没有被主动访问过。不仅苹果的 M1、M1 Max 和 A14 使用 DMP 进行预取， M1 Pro 和较旧的 A 系列芯片也容易受到 Augury 漏洞的影响。

由于 CPU 处于计算机的底层核心，因此其漏洞具有隐蔽性强、危害性大、损害面广的特点。

隐蔽性强：CPU 是最底层的计算执行终端，其内部结构对上层是透明的，因此其中的漏洞隐蔽性很强，非从事 CPU 安全的人员很难捕捉到该类漏洞。

危害性大：由于操作系统构建于 CPU 之上，因此利用 CPU 漏洞可以获得比操作系统漏洞更高的权限。特别是在互联网"云"概念普及的时代，利用 CPU 漏洞可以实现诸如虚拟机逃逸、突破虚拟机隔离等危害性更大的操作。

损害面广：由于 CPU 是计算的基本组件，因此计算设备，如 IOT 设备、PC、服务器、嵌入式设备等都需要 CPU 组件，通常一个 CPU 漏洞会危及大量的设备，实现跨行业、跨领域的损害。

3）工业控制系统漏洞爆发式增长

2021 年 9 月 1 日，国家《关键信息基础设施安全保护条例》（以下简称《条例》）正式施行。《条例》的出台标志着关键信息基础设施安全保护法律制度体系的进一步健全，信息基础设施已经被视为国家的重要战略资源[54]。但是，关键信息基础设施网络安全形势却日趋严峻，网络攻击威胁日益上升。

工业控制系统遭受攻击的事件近年来不断被曝出，其中最具代表性的是 2010 年震网病毒(Stuxnet)的暴发，Stuxnet 是首个针对工业控制系统的蠕虫病毒，利用西门子公司控制系统(SIMATIC WinCC/Step7)存在的漏洞感染数据采集与监控系统(Supervisory Control and Data Acquisition, SCADA)。该病毒以破坏伊朗布什尔核电站设备为目标。Stuxnet 同时利用微软和西门子公司产品的 7 个最新漏洞进行攻击，最终造成伊朗的布什尔核电站推迟启动。类似的事件还包括 2016 年 12 月，黑客利用 Industroyer 病毒袭击了乌克兰电网控制系统，造成乌克兰首都基辅断电超过一小时，数百万户家庭被迫供电中断，电力设施损毁严重。攻击者利用西门子 SIPROTEC 设备中的漏洞 CVE-2015-5374，使目标设备拒绝服务，无法响应请求。2019 年 3 月，委内瑞拉发生大规模停电事故，包括首都加拉加斯在内的 23 个州有约 20 个州都出现了电力供应中断，国民生产生活陷入瘫痪，国家接近崩溃边缘，目前事故原因尚无定论，委内瑞拉总统公开指责美国使用高技术武器攻击能源供应系统。2021 年 5 月，欧洲能源技术供应商业务系统被迫关闭。挪威一家专为欧洲能源及基础设施企业提供技术方案的厂商，遭遇勒索软件攻击，为挪威 200 个城市水处理设施提供的基础设施应用被迫全部关闭，覆盖全国约 85% 的居民。为了防止勒索软件进一步传播至其他计算机系统，该公司不得不关闭了所托管的其他多种应用程序，并将约 200 名员工使用的设备尽数隔离。

2021 年 5 月 9 日，美国最大燃油运输管道商科洛尼尔(Colonial)受勒索软件攻击影响被迫暂停燃料输送业务，这直接导致了美国政府首次因为遭受网络攻击而宣布进入国家紧急状态。科洛尼尔公司不得不向勒索软件交付巨额赎金，直到 13 日才逐步恢复运营。

工业控制系统漏洞呈现出行业覆盖面广、漏洞种类多、危险系数高、漏洞个数日益增多的趋势。截至 2020 年 2 月，CNVD 共收录了工业控制系统行业漏洞 2340 多个，其中大部分漏洞来源于通信协议、操作系统、应用软件和现场控制层设备，包含缓冲区溢出、硬编码凭证、身份验证绕过、跨站点脚本等多种类型的常见漏洞，图 1.11 给出了该平台从 2012～2022 年收录的工业控制系统漏洞统计数据。自 2010 年的震网事件发生后，工业控制系统行业漏洞呈现爆发式增长趋势，CNVD 收录的漏洞从 2010 年的 32 个急剧增长到 2020 年的 652 个。而 2021 年开始，CNVD 收录的漏洞数量出现了明显的下降，可能的原因是：一方面，由于新冠疫情在全球反复暴发，大量从业人员线上办公，工控产业活力低下，导致工控攻击目标的数量与类型较往年有所减少，工控漏洞的产生和发现可能会因此减少；另一方面，随着工控信息安全政策、体系、法规的不断完善，工控安全方面的产品体系和解决方案愈发健全，客观上漏洞数量下降应在情理之中。

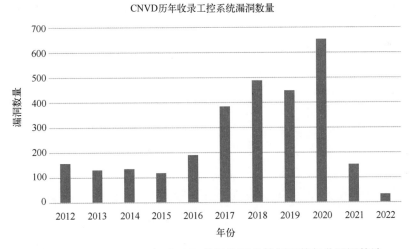

图 1.11　2012～2022 年 CNVD 收录的工业控制系统行业漏洞统计

2．过度同质化带来生态危机

1) 同构导致环境相似

尽管多年的研究都警示软硬件单质化(software monoculture)或单一性会造

成很大的安全风险，但是现在部署的大多数信息系统仍然采用一个相对静态的固定架构和大致相似的运行机制。这使得在一个系统上起作用的攻击可以既容易又快捷地适用于所有相同环境或类似配置的系统。

图灵-冯·诺依曼可计算架构或等效架构是网络空间占绝对统治地位的处理架构，市场经济法则、垄断行为又造成网络空间多样性匮乏，导致网络空间技术和系统架构同质化倾向严重，数字设施架构体制和运行机制的静态性、确定性、透明性和相似性成了最大的"安全黑洞"，因为一旦存在的"漏洞或后门"被攻击者利用就会造成持续的安全威胁。在全球化或多极化的大环境下，网络空间生态环境非常脆弱，信息物理系统对未知技术缺陷或漏洞后门特别敏感，现有的基于精确感知的防御体系一旦缺乏先验知识就无法应对"未知漏洞"的威胁。即使是基于大规模用户"共识机制"的区块链技术可能也未曾考虑到，Wintel 联盟占有桌面终端和操作系统 80%以上的市场，Google 公司的 Android 系统占有 70%以上的移动终端市场等产业或市场割据方面的因素。一旦这些软硬件的漏洞后门被蓄意利用，加之授时定位服务的全球覆盖，突破"51%的共识门限"并非是不可逾越的屏障。

2) 重用导致基因相似

代码重用至少包含集成第三方程序库、借鉴开源代码以及自身历史代码的继承等三种方式。

心脏出血漏洞(Heartbleed)，是一个出现在加密程序库 OpenSSL 的程序错误，首次于 2014 年 4 月披露，该程序库广泛用于实现互联网的传输层安全(Transport Layer Security, TLS)协议，包括中国的阿里巴巴、腾讯、百度等大型网站纷纷中招。许多国产浏览器，如 360、傲游、世界之窗、UC、搜狗等都使用开源内核，因此一旦开源内核发现漏洞，国产浏览器也将面临安全风险。具体统计信息见表 1.3。

表 1.3　采用开源内核的浏览器

国产浏览器	开源内核
猎豹安全浏览器	1.0～4.2 版本为 Trident+Webkit，4.3 版本为 Trident+Blink
360 安全浏览器	1.0～5.0 为 Trident，6.0 为 Trident+Webkit，7.0 为 Trident+Blink
傲游浏览器	傲游 1.x、2.x 为 IE 内核，3.x 为 IE 与 Webkit 双核
世界之窗浏览器	最初为 IE 内核，2013 年采用 Chrome+IE 内核
搜狗高速浏览器	1.x 为 Trident，2.0 及以后版本为 Trident+Webkit
UC 浏览器	Blink 内核+Trident 内核

由于操作系统代码注重向后兼容，导致一段漏洞代码片段所涉及或可能影响的版本更加广泛，时间跨度更为长久。诸如 Windows 操作系统的"长老漏洞"以及 Linux 操作系统的"破壳漏洞"等。

长老漏洞：Windows 操作系统自 1992 年开始就存在着一个本地提权漏洞，可使黑客攻击者获得系统最高控制权，从而轻易破坏和禁用任何安全软件，包括反病毒软件、防火墙、主动防御软件、沙箱和还原系统等，也可以用于绕过 Windows Vista/Windows 7 的使用者账户控制 (User Account Control, UAC) 保护，或者在服务器网站上提升操作权限，控制整个网络服务器，直接威胁到政府、企业、网吧以及个人计算机用户的信息安全。该漏洞潜伏了 18 年之久，影响包括 Windows NT 4.0、Windows 2000、Windows XP、Windows 2003、Windows Vista、Windows 7、Windows Server 2008 等在内的所有 Windows 操作系统版本。

破壳漏洞：2014 年 9 月 24 日 Bash 被公布存在远程代码执行漏洞，该漏洞可能会潜伏 10 年以上，影响到目前主流的 Linux 和 Mac OS X 操作系统平台，包括但不限于 Redhat、CentOS、Ubuntu、Debian、Fedora、Amazon Linux、OS X 10.10 等平台。该漏洞可以通过构造环境变量的值来执行想要执行的攻击代码脚本，漏洞会影响到与 Bash 交互的多种应用，包括超文本传输协议 (HyperText Transfer Protocol, HTTP)、OpenSSH、动态主机配置协议 (Dynamic Host Configuration Protocol, DHCP) 等。这个漏洞将严重影响网络基础设施的安全，包括但不限于网络设备、网络安全设备、云和大数据中心等。特别是 Bash 广泛地分布和存在于设备中，其消除过程具有"长尾效应"，且易于利用其编写蠕虫代码进行自动化传播，同时也将促进僵尸网络的发展。

Linux kernel SCSI (Small Computer System Interface，小计算机接口) 组件中发现了 3 个安全漏洞，分别是：CVE-2021-27363、CVE-2021-27364、CVE-2021-27365。第一个漏洞 CVE-2021-27365 是 iSCSI 子系统中的堆缓存溢出漏洞。通过设置 iSCSI string 属性为大于 1 页的值，然后读取该值就可以触发该漏洞。第二个漏洞 CVE-2021-27363 也是一个堆溢出漏洞，研究人员发现 kernel 指针泄露可以用来确定 iscsi_transport 结构的地址。第二个漏洞的影响稍微小一些，可以用于潜在的信息泄露。第三个漏洞 CVE-2021-27364 是 libiscsi 模块 (drivers/scsi/libiscsi.c) 中的一个越界 kernel 读取漏洞。与第一个漏洞类似，非特权用户可以通过构造制定缓存大小的 netlink 消息来触发受控的越界读操作。其中多个用户控制的值是没有经过验证的，包括前一个 header 的大小的计算。该漏洞可以引发数据泄露，被利用后可以触发 DoS 条件。这些漏洞自 2006 年开始就存在于系统中了，攻击者利用该漏洞可以从基本用户权限提升到 root

权限。此外，攻击者利用这些漏洞可以绕过 Kernel Address Space Layout Randomization（KASLR）、Supervisor Mode Execution Protection（SMEP）、Supervisor Mode Access Prevention（SMAP）、Kernel Page-Table Isolation（KPTI）等安全特征。漏洞影响 scsi_transport_iscsi kernel 模块加载的所有 Linux 发行版。

1.3.5 内生安全问题举例

为了更好地理解网络内生安全概念和内涵，本节列举了大数据、人工智能、区块链、零信任架构、数字加密与认证等当前"热门"技术存在的个性化或共性化或宿主依赖型的内生安全问题。

（1）大数据技术能够根据算法和非抽样数据集发现未知的规律或特征，而蓄意污染数据样本、恶意触发算法设计缺陷也能使人们误入歧途[55]，结果的不可解释性（或黑盒效应）是大数据技术个性化的内生安全问题，而其算法实现或宿主系统中存在的软硬件漏洞后门问题则是无法回避的内生安全共性问题。

（2）当前基于神经网络算法的人工智能技术靠大数据、大算力、深度学习算法获得前行动力，而结果的不可解释性、不可预判性、不可推论性则是当前主流 AI 技术个性化的内生安全问题[56]，其算法实现或宿主系统同样存在内生安全共性问题。

（3）区块链技术开辟了无中心记账方式的新纪元，但其共识机制却不能避免市场占有率大于51%的相同软硬件产品中的同一漏洞后门问题，例如，若有51%以上的记账节点都使用 x86CPU 或 Windows、Linux 操作系统或 Oracle 数据库，一旦这些软硬件产品中存在的未知漏洞后门被蓄意利用，>51%的共识机制无法有效保护数据资产。区块链 1.0 技术由于未考虑节点软硬件环境同质化因素影响，因而同时存在内生安全个性与共性问题。

（4）基于分布式逐级认证体制的零信任安全架构，对任何访问主体（人/设备/应用等），在访问被允许之前，都必须要经过身份认证和授权，避免过度的信任；访问主体对资源的访问权限是动态的（非静止不动的），逻辑上具有很强的开放性与安全性，但实践中如果相关认证节点或宿主系统中若存在可被利用的软硬件漏洞[57]，则也存在宿主依赖型的内生安全共性问题。

（5）计算机体系结构中的分支预测（branch prediction）是一种解决 CPU 处理分支指令（if-then-else）导致流水线失败的数据处理优化方法。然而，幽灵漏洞（Specter）正是这种降低内存延迟、加快执行速度的"预测执行"之副作用或暗功能，可能造成受害进程保存的敏感数据被识别的信息泄露事件[52]。属于典型的内生安全个性化问题。

(6)云计算/数据中心技术改变了信息或数据服务提供方式，提升了资源利用效率，但是敏感数据泄露、数据完整性缺陷、服务功能中断以及服务性能劣化等网络攻击问题[58]，使人们极度担心"鸡蛋放在一个篮子里"的安全性。属于典型的宿主依赖型内生安全问题。

(7)即使数字加密或认证算法在数学意义上可能已经足够强大，但是执行加密认证算法的软硬件执行环境中若存在漏洞后门并可被利用的话[59]，那将导致灾难性后果。因此，加密认证也属于典型的宿主依赖型内生安全问题。

(8)既有的附加式或内嵌式网络安全软件功能无一不是通过代码设计方式实现的，在为目标对象提供附加安全防御功能的同时，却难以避免由于自身设计缺陷给目标系统引入新的安全漏洞，这是内生安全共性问题所致。

(9)基于云平台/边缘计算等技术的 5G 服务网络，因为云和边缘计算系统软硬件中存在未知的设计缺陷或后门陷门等内生安全共性问题，网络攻击很可能造成信息泄露、数据资源被控或系统服务"宕机"问题等[60]。

(10)图灵机只是回答了什么是理论层面的可计算问题，冯·诺依曼计算结构也只是解决了什么条件下可计算问题能够以工程化方式实现的问题，但计算机从机理上却无法区分什么是善意或恶意的计算与处理。

以上例子都属于网络空间"内生不安全技术"的范畴，尽管有的具有典型的个性化特征(例如大数据、人工智能等)，但由前文所述，网络空间中所有技术架构或算法的实现都要以各种软硬件为基础，因而不可避免会存在个性化、共性化以及宿主依赖型内生安全问题的多重或混合呈现形态。

1.4　网络内生安全共性问题

1.4.1　共性问题定义

正如网络内生安全问题定义那样，网络世界(Cyber)本质上是由综合了计算、网络、传感和物理环境的信息物理系统所构成的，而信息物理系统(Cyber Physical Systems, CPS)的"基础建筑材料"则是由各种软件、硬件代码表达的实体组成。按照矛盾论的说法，网络空间任何事物都存在矛盾，人为设计和制造的软硬件中存在缺陷或漏洞问题也概莫能外。从哲学层面上说，共性(Generality、Ubiquity)特征，就是某个领域或行业内普遍或泛在化的某些特性，它是内在的而不是外在的、普遍的而不是特殊的、群体的而不是个体的。于是，我们将网络空间内生安全问题域中，基于软硬件设计缺陷以及人为或非人为扰动问题称为"网络空间内生安全共性问题（Common Problem of ESSP）"，其问题域和解题域如图 1.12 所示。需要强调的是，个性问题和共性问题间存在一个叠加问题域，且叠加区域随着数字化、网络化和智能化技术的泛在化应用呈不断扩大的趋势。例如，基于神经网络算法的人工智能既存在结果的不可解释、不可预判和不可推理等内生的个性化问题，其算法实现过程中的宿主或信息物理系统因为不具备"受信任执行环境（TEE）"的属性，所以无法防止软硬件漏洞后门等共性化问题的影响；核电站除了核泄漏、核污染等个性化问题外，其控制装置或系统也无法避免漏洞后门及相关人为扰动的网络安全威胁；智能网联汽车除了机械性故障之外，其成千上万行软硬件代码组成的复杂控制系统不可能杜绝基于漏洞后门的网络攻击等。

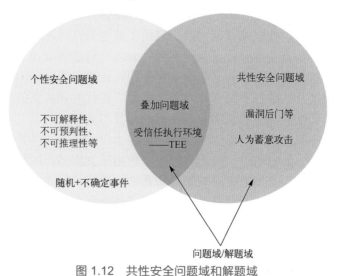

图 1.12　共性安全问题域和解题域

1.4.2　共性问题成因

1）认知能力桎梏

人类科技发展和认知水平的阶段性或局部性特征导致软硬件代码设计脆弱性或漏洞问题不以人们意志转移，也就不存在彻底避免的可能。例如，计算机分支预测方法发明者，肯定想不到几十年后这一经典技术方法会成为"幽灵""熔断"攻击的本因问题；再比如，许多年前人类发明了塑料技术，但当时绝不可能意识到塑料废料或垃圾释放出的微颗粒会严重污染整个地球生态链。同样的问题，诸如"666"农药的发明绝没料到广泛应用后会导致巨大的生态灾难；抗生素的发明也没有考虑到滥用后会使人类直接面临"超级细菌"的威胁。

2）生态环境依赖

经济全球化是人类社会生产模式里程碑式的进步（尽管目前正面临国际政治格局的严峻挑战，出现一定程度的发展不确定性）。然而，基于专业化分工形成的生产与经贸关系、"你中有我、我中有你"的技术链、供应链、服务链等全产业链基本格局不可能被根本逆转。于是，在某一领域或某一行业存在技术链和供应链的路径依赖问题不可避免（也许有依赖程度上的差别），使得软硬件产品在设计、制造、加工、营销和售后服务等环节中"隐匿漏洞、植入后门、陷门泛滥"成为难以杜绝的"结构性"矛盾问题。

3）验证能力限制

就当今人类工程技术能力而言，即使是对几百万乃至几亿行代码的软件系统，或者是几千万乃至上百亿只晶体管构成的硬件芯片充其量只能针对预期设计功能完备性进行检查或验证，工程技术上不仅存在高难度的挑战而且要花费极大的人力、物力和时间代价，若还想要彻查"幽灵般"的漏洞后门等暗功能，且不说现有的科技水平是否能够设计出规模庞大、极其复杂且没有任何缺陷的测试规范和相应的工具软件，仅就克服"状态或路径爆炸"这一棘手问题，在可以预见的将来，仍然是难以逾越的工程技术壁垒。

4）人类逐利本性

只要网络空间信息设施或 CPS 系统及相关产品在开发、设计、生产、制造、营销、售后等环节中存在软硬件代码设计漏洞或蓄意植入后门或无意间引入陷门（诸如芯片 IP 核或开源代码中的后门）等问题，利益攸关方就可借此途径不择手段追逐各种显式或隐式的好处，只要是有利可图的（无论是政治的、军事的、经济的或技术的动机），网络空间的攻击行为就不可能自动消失。

5）不受约束行动

在万物互联时代，任何一个 CPS 系统或数字设备只要存在一个高危漏洞或被植入或引入一个后门（陷门），网络攻击者就可以不受地域、时间、法律、行为准则、道德规范等约束，造成目标对象服务功能失效，甚至会侵犯用户信息或数据资源的完整性、机密性与可用性。

综上所述，软硬件或算法或协议等设计、开发、加工、制造、销售、应用、售后服务等全产业链诸多环节中，存在的漏洞后门及潜在恶意攻击必然会成为网络空间内生安全共性问题，尤其是同质化的数字设施或信息物理系统之内生安全共性问题造成的威胁更为广泛，破坏性后果更加严重，是数字经济或数字社会治理中最大的"公害问题"（也许其本身就可能是最大的麻烦制造者）！不幸的是，迄今为止人类对基于网络空间内生安全共性问题的未知攻击几乎无计可施。更为糟糕的是，长期以来整个信息领域及相关行业软硬件产品的安全性都无法给出可量化设计、可验证度量的技术指标[61]，包括声称"网络空间安全守护神"的既有网络安全或防御产品。这不仅有违人们对现代商品经济产品质量保证体系的认知，数字设施软硬件 ESSP 也大有发展为网络空间"永恒之痛"的趋势。

1.4.3 共性问题基本性质

1）存在的泛在性

无论从哲学意义还是技术意义上说，只要是由软硬件构成的 CPS 系统或数字设施等都不可避免地存在"已知的未知或未知的未知"内生安全问题，尤其是与漏洞后门等相关的共性安全问题遍及整个网络空间；

2）内外因协同性

内生安全共性问题不是所有条件下都能成为网络攻击的可利用资源，也不是所有情况下都能导致安全事故。例如当网络攻击不可达或漏洞后门无法注入攻击代码时，内生安全共性问题通常不会自动成为网络安全事件[6]。按照攻击表面（Attack Surface, AS）理论，一个目标系统的攻击表面是指攻击者可以用于发动攻击的系统资源的子集（如图 1.13 所示）。攻击者可以利用目标对象的方法、通道和执行环境中数据和软硬件来实现攻击目的，攻击表面内的漏洞后门等内在资源是不可或缺的攻击资源；

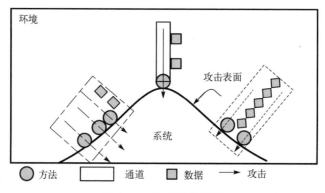

图 1.13　攻击表面模型

3) 矛盾的转移性

任何在目标系统上外挂或嵌入或内置各种基于软硬件的安全防护措施，由于这些附加安全技术产品自身的软硬件设计或制造过程中无法彻底排除内生安全共性问题，从而导致化解一个已知的安全问题的同时可能会引入新的未知的、呈现形式不同的安全问题，也就是在转化或和解一个矛盾时不可避免地会导入其他或关联的内生安全共性问题。换言之，任何附加安全措施如果不能将主要矛盾转化为其他领域(空间)的问题或者相对次要的矛盾(例如,将安全性矛盾转化为经济性问题，将不确定性威胁转化为可用概率表达的随机性问题等)，只是一味地在同一目标对象内部作相同矛盾性质的不同表达，内生安全共性矛盾就不可能达成对立统一的和解状态。例如，传统安全技术常常采用"封门补漏"方法，一旦发现目标对象存在软硬件漏洞就用打补丁的方式"堵上"，但是"补丁上"或"补丁后"如果还存在未知漏洞甚至后门岂不是成了"无解的安全问题"吗？事实上，所有在线杀毒软件都需要获得操作系统特权进程才能发挥预期的功效，但是无论是卡巴斯基(Kaspersky)还是赛门铁克(Symantec)，安全防护软件如何证明自身不存在内生安全问题呢？于是，封门补漏的技术路线在机理上就无法避免逻辑悖论问题！简单推论，不难得到更一般性的结论，即只要是以附加方式内置或内嵌到信息物理系统或机密计算执行环境中的安全防护组件，不论短时间效果如何都会陷入没完没了的可信性质疑困境。

4) 问题的交织性

随着信息技术、网络技术与智能技术以及人为攻击因素不断渗透传统功能安全或可靠性领域，网络空间内生安全共性问题使得基于随机性或"已知的未知"非人为扰动的弹性控制理论前提条件不再成立，功能安全问题不可避免地演进为网络安全与功能安全(Security-Safety)相互交织或复合叠加问题，有时我们会称之为广义鲁棒控制问题(Generalized Robust Control Problem, GRCP)。与信息安全只关注用户数据资源的私密性、完整性及可用性不同，功能安全更关注服务功能的柔韧性或健壮性。然而，网络安全与功能安全问题的交织或叠加性质，往往要求 CPS 系统或受信任执行环境(TEE)必须同时满足信息安全和功能安全双重标准。换句话说，欲解决交织性安全问题，目标对象就必须具有一体化的广义鲁棒控制或网络弹性/韧性[5](Cyber Resilience/Toughness)功能。

综上所述，基于漏洞后门的内生安全共性问题是网络空间安全领域最本质的问题之一，如何有效应对"已知的未知或未知的未知"攻击则是网络安全防御领域亟待解决的优先问题。然而，当前基于"亡羊补牢"的思维视角，陷入逻辑悖论的"补丁"方法论和"尽力而为、保镖式服务"的实践规范之网络安全防御范式，对网络攻击已越发力不从心，急需思维视角、方法论和实践规范层面的变革。

1.5 广义功能安全问题

1.5.1 广义功能安全问题定义

我们知道，人们对安全的关注往往集中在跟人身安全(Safety)紧密相关的领域，随着电气/电子/可编程电子系统(Electrical/Electronic/Programmable Electronic Systems, E/E/PES)在工业控制、电力系统、汽车工业、机器人、医疗设备等跟人身安全紧密相关行业的广泛应用，功能安全所围绕的"Safety 问题"，日益成为相关行业的重大现实需求。以汽车制造领域为例，2011 年发布了针对汽车功能安全的专用标准 ISO26262，主要涉及如何将汽车电子电气系统故障失效导致的安全风险降低到可接受的范围。当人机物三元融合、智能网联时代来临之时，网络安全所围绕的"Security 问题"愈加凸显，并且正在对传统功能安全领域形成巨大冲击。还以汽车行业为例，智能网联汽车的网络安全问题已快速渗透到传统功能安全领域。有数据显示[62]，自 2016 年到 2020 年，全球汽车网络安全事件数量增长了 605%(超过 6 倍)，仅在 2019 年一年就增长了 1 倍以上，动辄几千万甚至数亿行的汽车软硬件代码中不可避免地存在大量漏洞后门，使得攻击者有足够的可利用资源及可乘之机，造成包括恶意控制车辆等在内的新型安全风险，与隐私信息或敏感数据泄露风险不同，前者直接关系到司乘人员的生命财产安全，属于使用者的"零容忍"问题。

不难得出这样的认知，在信息世界和物理世界深度融合时代，不可避免地存在着一种极为矛盾的表达：一方面是许多数字基础设施和智能化设备等直接变身为具有智能网联属性的信息物理系统(CPS)；另一方面是 CPS 的软硬件实体总存在显式副作用或隐式暗功能(包括漏洞、后门和陷门等)。这使得传统可靠性或功能安全理论与实践规范正面临人机物深度融合的智能互联时代新挑战：既存在因随机性或自然因素引发不确定性扰动而导致的系统功能不可靠，也存在因内生安全问题被人为蓄意利用而导致的系统非正常功效表达。

如果目标系统内部既存在某些传统类型技术、工艺和材料等缺陷被非人为因素扰动影响(例如随机性硬件失效、系统故障等导致的功能安全问题)，也存在基于目标软硬件漏洞后门等人为攻击带来的功能安全问题，则可将自然或非人为因素引发的故障所导致的功能安全问题以及蓄意网络攻击所引发的功能安全乃至信息安全新问题，合并称为功能安全和网络安全(信息安全)交织问题(Security and Safety Intertwine Problems, SSIP)，简称广义功能安全问题。需要指出的是，这里的"广义"是强调问题本身既超出了传统功能安全问题范畴又跨越了经典网络安全问题边界，还涉及信息存储和机密计算等交叉领域。

读者不难发现，广义功能安全(SSIP)问题既然包含网络安全问题就自然而然涉及网络空间内生安全问题。同时，SSIP 问题域也是广义鲁棒控制(GRCP)的解题域。

1.5.2　广义功能安全问题特点

广义功能安全问题具有以下显著特点。

1. 多重关系交织

随着"功能安全""网络安全"乃至"信息安全"之间原有的界限正以超出我们想象的速度"崩塌或坍塌"，Security 和 Safety 问题相互交织后的"聚变"效应日益凸显。对网络攻击可达的功能安全与信息安全相关系统来说，功能安全、网络安全乃至信息安全往往具有多重或高维复杂关系。

(1)相互依赖。例如，功能安全若得不到很好的保障，安全事故的发生及事故导致的灾难可能会严重削弱网络安全防御能力并危及数字社会正常秩序，不择手段的网络攻击行为会极度泛滥。反之，网络安全若得不到很好的保障，网络攻击不仅会导致目标系统可用性遭受损失或破坏，也会影响数据资源存储和处理的机密性、可用性及完整性，带来功能安全和信息安全双重风险或破坏。

(2)相互增强。有时候功能安全与网络安全问题的应对措施还可以相互增强，例如对系统的全面测试和检测，不仅能发现许多潜在的故障点，还可能有助于漏洞后门等潜在威胁的发现，能够同时增强功能安全和网络安全。

(3)相互矛盾。已有的应对措施还存在相互矛盾关系。例如，为了增强智能网联系统内部网络的安全性(security)，可能需要对内部网络相关通信过程进行认证和数据加密，但是，认证和加密技术的实施却可能损害相关系统功能处理的实时性，而为保障功能安全角度实施或增加的许多技术措施(诸如各种冗余结构)，也可能会增大网络攻击面，加大了网络安全防御的压力。

功能安全与网络安全乃至信息安全之间多种关系的交织变化、反馈叠加，使系统的安全问题更加错综复杂，造成一种"剪不断理还乱"的状况。各自领域的技术安排很多时候都会"牵一发动全身"，依靠任何一种技术措施都无法解决这一交织问题，如图 1.14 所示。交织区域所代表的 CPS 系统既存在软硬件故障导致的功能安全风险，也存在网络攻击可达且网络攻击能影响功能安全(抑或信息安全)的威胁，是针对一个目标系统的两种不同属性的复杂交织安全风险，无法分而治之。

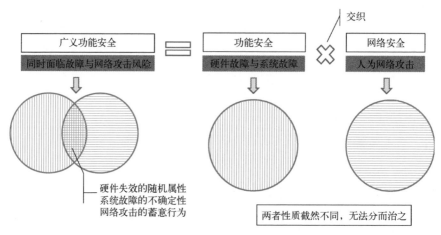

图 1.14　交织问题无法分而治之

2. 物理信息空间叠加

如图 1.15 所示，若某 CPS 承担了安全相关功能，则在网络攻击可达的条件下，该 CPS 在信息空间产生的错误既可能是由非人为的随机故障或系统故障导致，也可能是由蓄意行为的网络攻击导致。对该信息物理系统而言，信息空间发生的错误也可能会导致物理空间人身或环境的伤害，从而造成双重(甚至三重)安全问题。因此，CPS 广义功能安全问题既是功能安全与网络安全间的依赖、冲突、增强关系的复杂交织问题，也是在此基础上的物理与信息空间的叠加问题。单纯以随机性失效为前提条件的经典功能弹性理论与方法不可能独立解决该问题，而以知识库积累和精准感知为前提的"打补丁"网络安全理论与方法同样不能独立解决问题。换言之，广义功能安全问题的多重关系交织特点和物理信息空间叠加特点，决定了需要有创新的理论、方法和实践规范才可能应对之。

此外，广义功能安全问题域与网络空间内生安全共性问题在本质上具有相同的问题性质，都是由于针对 CPS 系统未知漏洞后门等的网络攻击导致的不确定性使传统功能安全问题更加复杂。

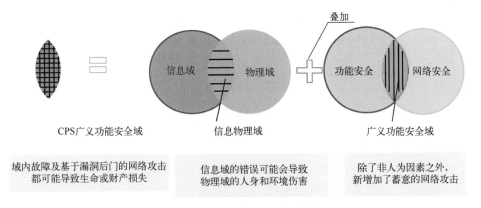

图 1.15 广义功能安全叠加性质

3. 危害级联放大

首先，功能安全与网络安全的交织使系统的安全风险大幅增加，面临的危害更具破坏性。比如，传统的通信网络、电力网络、燃气网络、输油网络、供水网络等事关民生和社会保障的基础设施，故障导致功能失效带来的破坏性总体上可控，恢复起来也相对容易些。但是，网络安全问题造成的风险或威胁却具有极强的不确定性和破坏力，往往是"一处破防、全域非伤即毁"，甚至很可能导致"多米诺骨牌"似的社会性灾难。

其次，功能安全与网络安全问题的交织和物理信息空间的叠加，可能造成事故危害性的级联放大。当前，CPS 正在工业过程控制、智能交通、城际高铁、智慧医疗、智能家居、核工业、机器人、智能制造等安全相关行业发挥着无可替代的作用。攻击者从信息层面对这些目标系统发动的网络攻击，不仅可以将危害作用于物理空间，而且还可能存在一条攻击路径同时作用于成千上万个同类目标，甚至还会在物理空间和信息空间相互"叠加"并产生级联放大效应：功能安全领域中的各种失效造成的事故和危害可能给网络攻击者带来更多可乘之机，而更多的网络攻击又可能给系统造成更大的失效问题，如此循环反馈，最终可能在物理空间或现实世界造成类似电力供应"断网停服"、城市交通"致瘫致乱"等严重后果，进而引发基于信息安全的社会性灾难或次生灾难，部分情况下有可能产生超过核武器破坏力的"社会性停摆"效应。

4. 持续扩展态势

21 世纪以来，越来越多的安全相关系统成为集成计算、通信与控制于一体的信息物理系统（CPS），为物理世界和信息世界的互动提供了一种渠道。例如，工业领域的安全相关系统通过实时监控生产设备和环境的相关参数，并将其反馈到信息世界进行计算和分析，得以获得安全态势并发现安全问题，然后采取安全缓解、防护或保护措施并反馈到物理世界中。自动驾驶汽车以实时采集的雷达、摄像头、GPS 等传感器数据和高精度地图信息作为输入，经过信息世界一系列计算和处理，对物理世界的道路和周边环境进行精确感知，然后根据决策规划出目标轨迹，并通过横向控制和纵向控制使车辆在物理世界中能够准确、安全、稳定地到达目的地。类似的还包括医疗领域中的心脏起搏器，工业机器人，智能家居设备和天然气管道阀门的计算机控制系统等。这些为人类生产生活提供服务的基础设施作为计算进程和物理进程的统一体，通过环境感知、嵌入式计算、网络通信和网络控制等系统工程，使 CPS 具有了计算、通信、精确控制、远程协作和自治等功能。

随着数字化、智能化、网联化技术的泛在化应用，CPS 作为新型数字基础设施的关键支撑，所涉及的广义功能安全问题的广度和深度都将持续呈现扩展态势，如图 1.16 所示。从广度上看，无疑将有越来越多种类和数量的 CPS 不仅受物理或逻辑性故障失效事件影响，而且会受到基于数字设施软硬件漏洞后门的网络空间攻击行为影响。从深度上看，CPS 网联化水平的不断提升很大程度上意味着为网络攻击提供更为广泛的可达性，而 CPS 智能化的不断增强往往也需要更多的软硬件来支撑，这又意味着更多的漏洞后门风险将被同时导入。

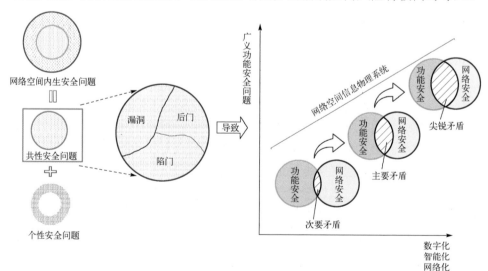

图 1.16　广义功能安全问题域持续扩张

面对泛在化的广义功能安全问题，CPS 究竟能否在人为或非人为、随机或不确定扰动情况下确保期望的功能性能，正日益成为系统设计和网络安全发展过程中面临的一个很大的困惑或疑问，同时，也对既有的信息技术发展范式和人类社会数字化进程提出了更为严峻的挑战。

1.5.3　广义功能安全问题挑战

首先，对网络攻击可达的许多安全相关 CPS 来说，既有信息域和物理域两种空间域的属性，同时还具有功能安全和网络安全两种安全域属性。其内生的功能安全和网络安全交织性问题，包括基于未知设计缺陷或未知漏洞后门可能导致的网络攻击问题，都能使信息物理系统在信息域出现错误或失效，而失效作用一旦"叠加"到物理域就可能对生命或财产造成直接危害。按照功能安全的新近定义，这些都属于网络弹性或韧性的风险管理范畴。毋庸置疑，网络攻击因素的导入从根本上改变了传统功能安全理论与方法的前提条件，或者说，正在颠覆相应的工程设计和技术实现准则。

其次，CPS 广义功能安全问题，使得功能安全不仅存在随机性与不确定性两种数学性质迥然不同的可靠性问题，同时还存在非人为与人为两类不同属性、更加复杂多维的扰动或威胁因素影响。功能安全的内涵与外延，已经突破了一般性故障导致错误、错误引发失效、失效带来安全风险的基本规律，对迄今为止遵循的功能安全理论方法和实践规范也提出了前所未有的挑战。

再者，在网络安全领域，安全性或安全质量无法量化设计、难以验证度量是一个公认的世界难题。当网络攻击作为一种同样能对系统功能进行扰动的因素加入后，即使功能安全领域中的各种非人为因素故障带来的扰动可以用概率的方法来描述(事实上，软件的不确定性故障迄今为止仍旧无法量化表达)，整个系统面临的广义不确定扰动(各种故障带来的摄动或网络攻击带来的扰动)也会变得很难用概率工具来表征。目前，全球范围内关于 CPS 的功能安全设计标准中，均无法精确量化描述基于"未知的未知"网络攻击对目标系统功能的影响问题，而且，针对未知漏洞后门等的网络攻击往往会使诸如 CPS 之类的复杂系统可靠性或功能安全设计直接陷入"花瓶式摆设"的窘境。即攻击未能得手时，目标系统的功能安全性或许可以达到 99.99%乃至更高的设计指标，可是一旦攻击成功，系统功能可靠性也许立刻变成"非 1 即 0"问题。

最后，虽然功能安全与网络安全理论和技术各自经历了很长一段时间的发展，并分别演化成了不同的学科、技术、理念和文化，但随着安全相关系统的数字化、智能化、网联化技术发展，功能安全与网络安全需求将越来越多地集中于同一个智能网联数字系统中，需要建立一套综合的安全体系，一体化地解决广义功能安全问题。但现实情况却是，两种风险、两种机理和成因、两类技术措施甚至两种文化与语言体系，两方力量尚处于寻求共识、考虑协同的初级阶段，许多基础理论缺失，各个阶段支撑性的前沿技术亟待突破。面临的挑战来自多个方面，包括相关标准缺乏，技术缺乏、工具缺乏、验证方法缺乏等。

尽管广义功能安全问题会给信息基础设施或各种信息物理系统设计制造带来前所未有的挑战，但未来在该问题上率先取得突破的研究或开发机构将获得无与伦比的开拓者地位，先行先试的制造企业在更加复杂的智能互联世界中有机会成为广义功能安全领域产品与市场的引领者。

1.5.4　广义功能安全定义

如果存在一种鲁棒性构造模型，既能在某些传统意义的随机性因素或已知的未知因素摄动下保持给定模型功能在可量化设计的安全阈值内，也能在基于模型内未知的软硬件漏洞后门等网络攻击作用下确保模型功能的安全性，则称该模型具有广义功能安全(Generalized Safety and Security, GSS)属性。不难证明，用广义可靠性量纲能够量化表述广义功能安全性指标。

显然，广义功能安全本质上需要靠"构造决定安全"的内在特性来获得，其问题域是功能安全、网络安全甚至信息安全的三重交织区(如图 1.17 所示)，其解题域是如何既能在软硬件随机性失效和不确定摄动条件下，也能在基于已知或未知内生安全共性问题的人为攻击扰动下，通过信息物理系统内生构造效应保证系统功能具有"可量化设计、可验证度量"的鲁棒性或网络弹性(韧性)，以及作为机密计算或可信计算的"受信任执行环境(trusted execution environment)"功能。

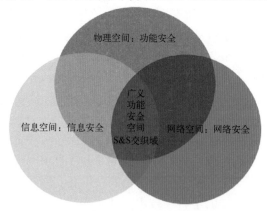

图 1.17　广义功能安全三重问题域

众所周知，现有安全防御范式的思维视角就是以威胁感知、特征提取等先验知识积累（知识库）为基础，能够对已知甚至"已知的未知"安全威胁提供针对性很强的安全防护，但无法有效应对基于内生安全共性问题乃至内生安全问题的"未知的未知"网络攻击；以漏洞后门、病毒木马的精确分析定位和相关利用机理及行为特征为基本手段，遵从"头痛医头脚痛医脚""封门补漏"的补丁方法论，尽管可以通过持续的演进迭代（Debug）有条件地降低基于已知漏洞后门或病毒木马等问题的网络威胁或攻击，但却对"补丁上、补丁后"或添加或附加的针对性防御措施自身的内生安全共性问题，以及由此可能在目标对象内部产生新的内生安全问题，则完全无能为力；其"尽力而为"的工程实践规范，无论从理论还是实践上都不可能为目标系统给出可量化设计、可验证度量的安全性指标，即便是引入主动感知和行为画像及智能预测技术（借助人工智能方法分析基于沙箱、蜜罐、入侵检测、预埋探针等内置手段获取的数据），对攻击行为的判定仍然与目标系统软硬件环境精确认知及防御者过往经验和知识积累强相关，虽然对特征或机理明确的攻击能给出定量或半定量的安全性指标（不排除虚警或误警等识别误差的影响），但对知识库未记录到或不能进行有效推理的未知网络攻击，理论层面就无法有效应对，更不要说从工程技术上获得可量化设计与验证度量的功能安全性质量指标了。

由此可见，亟待对当下主流的网络安全防御范式和经典的功能安全规范进行革命性变革，提出解决问题的新视角、新方法论和新的实践规范，建立新的理论与方法体系，通过"构造决定安全"的系统工程技术路线，获得一体化处理功能安全与网络安全乃至信息安全交织问题的广义功能安全属性。

1.6 网络空间内生安全问题防御难题

1.6.1 高可持续威胁攻击难以抵御

APT（Advanced Persistent Threat）攻击，中文译作"高级持续性威胁"，它是一种智能化的网络攻击，是指相关组织或者团体利用先进的计算机网络攻击和社会工程学攻击的手段，对特定高价值数据目标或功能平台进行长期持续性侵害。APT 是由美国空军的信息安全分析师于 2006 年创造的术语，一般来说，APT 具备以下三个特点。

高级：攻击者为黑客入侵技术方面的专家，能够自主地开发攻击工具或者挖掘漏洞，并通过结合多种攻击方法和工具，达成预期的攻击目的。

持续性渗透：攻击者会针对确定的攻击目标，进行长期的渗透。在尽可能不被发现的情况下，持续攻击以获得最大的效果。

威胁：这是一个由组织者进行协调和指挥的人为攻击。入侵团队会有一个具体的目标，这个团队训练有素、有组织性、有充足的资金，同时有充分的政治、经济或军事动机。

表 1.4 列出了主要的 APT 攻击的漏洞利用情况。

表 1.4　APT 事件与漏洞

序号	APT 事件	漏洞利用情况	发生时间	影响
1	摩诃草行动	CVE-2013-3906 CVE-2014-4414 CVE-2017-8570	2009 年 11 月 2018 年 3 月甚至更早	主要窃取科研教育、政府机构领域的数据
2	蔓灵花行动	CVE-2012-0158 CVE-2017-12824 微软公式编辑器漏洞	2013 年 11 月 2018 年初	窃取国内某部委以及大型能源央企、巴基斯坦政府和人员情报
3	方程式组织	CVE-2016-6366 CVE-2016-6367	2016 年	受控 IP 及域名分布在 49 个国家，主要集中在亚太地区
4	丰收行动	CVE-2015-1641 CVE-2012-0507 CVE-2013-0640	2015 年 3 月甚至更早	窃取部分大使馆通讯录和军事外交相关的文件
5	Petya 勒索病毒事件	CVE-2017-0199	2017 年 6 月	加密文件甚至导致系统崩溃
6	Darkhotel 组织	CVE-2018-8174 CVE-2018-8242 CVE-2018-8373	2018 年 5 月	窃取中国企业高管、国防工业、电子工业等重要人员和机构情报
7	Android 0day 漏洞事件	Android 媒体驱动程序 v412 中的 1 个 0day 漏洞	2019 年 9 月	超过 10 亿的三星、华为、LG 和索尼智能手机易受攻击，攻击者能够使用短信完全访问设备上的电子邮件
8	Solarwinds 软件供应链攻击事件	SolarWinds Orion 软件更新包中被黑客植入后门 SUNBURST	2020 年 12 月	美国境内政府机构、关键基础设施以及一些私有企业部门，甚至包括美国国土安全部 (DHS) 的计算机网络
9	佛罗里达水厂系统投毒事件	盗用 TeamViewer 凭证	2021 年 2 月	佛州水务行业相关的私人公司，上调了氢氧化钠碱液的水平进行投毒
10	乌克兰政府和银行网站遭大规模网络攻击事件	针对网络设备的 DDos 漏洞	2022 年 2 月	乌克兰境内多个政府机构已经银行进入瘫痪状态

可以看出，每一次 APT 中几乎都带有 0day 漏洞，当然也包括一些 N-day 漏洞。说明漏洞已然成为 APT 所依赖的重要手段，在网络攻防中扮演着关键的角色，是撬动攻防双方博弈非对称性的重要杠杆。

1.6.2　不确定的未知威胁无法预知

美国前国防部部长唐纳德·拉姆斯菲尔德有一句名言：(我们知道)**有已知的已知，有些事情我们知道我们知道，我们也知道，有已知的未知，也就是说，有些事，我们现在知道我们不知道。但是，同样存在未知的未知——有些事，我们不知道我们不知道**(There are known knowns; there are things we know we know. We also know there are known unknowns; that is to say we know there are some things we do not know. But there are also unknown unknowns — the ones we don't know we don't know)。

文献[63]和[64]根据对模型和数据的掌握程度，把不同类别的知识分为四个象限：已知的已知、已知的未知、未知的已知和未知的未知，如表 1.5 所示。

表 1.5　知识的象限分类

	有数据	无数据
有模型	已知的已知 Known Knowns (已有知识)	未知的已知 Unknown Knowns (未开发知识) 研究方法：逻辑推理、仿真模拟
无模型	已知的未知 Known Unknowns (不完全知识) 研究方法：统计分析、机器学习	未知的未知 Unknown Unknowns (不确定性)

"**已知的已知**"(有模型、有数据)：代表了系统所拥有的知识，即关于其自身和环境的已知和独立的可验证的事实。配备了"已知的已知"的系统能够探测、解释其在环境中的观测结果和采取行动。值得指出的是，即使拥有良好的模型和优秀的数据，也不能保证能够有效地预测系统的全部行为。每个模型都有一定的适用性边界，没有一个数据集是完全完整的，也有某些类型的不准确性。在这个象限中，学习包括对现有知识的改进，包括检测和删除不正确或过时的知识，以确保更好的决策。

"**已知的未知**"(没有模型，但有数据)：这是最常见的情况，指的是在事实知识或专业知识方面的差距，由于其自身行为和状态的模糊性，可能会对系统构成威胁。例如，一个系统可能有大量观察到的数据(关于它自身及其环境)，但可能无法解释它，需要在此基础上利用统计分析等构建一个模型，或者归纳总结为一个可解释性的模型，或者通过人工智能训练生成相应的模型，能够对后续的观察数据进行推断、预测和观察。在这个象限中，有学习的空间（从观察中），因此不仅可以检测系统行为，而且还可以解释它。

"**未知的已知**"（有模型，没有数据）：这种分类似乎有些矛盾和悖论，其实是指未开发的（或隐性的）知识，如果被解锁，就可以提高决策的质量。一个系统可以通过共享知识从"未知的已知"向"已知的已知"迁移。实际上，关于隐性变得明确的过程，没有什么特别神秘的地方，因为它是数学知识的核心。在数学中，我们从一组公理开始，使用逻辑推理的工具，一步一步地来证明（即显式的）这些公理中隐含的内容。另外一种可能性是计算机模拟，通过在计算机中构建一个模拟的世界，然后在这个电子世界中创造不同的环境，并检查这些变化的条件的后果。模拟通常会产生意想不到的行为（突发属性），这些行为明确了场景所施加的规则和背景约束中隐含的内容。这里的模型是场景的结构和规则（可以说是公理），但是没有数据，这些数据实际上必须由模拟器在探索构成模拟的公理的过程中生成。

"**未知的未知**"（没有模型，也没有数据）：指潜在的不确定性，即系统所不知道的不确定性。在这里，我们进入了真正的未知领域。人们怎么能真正想象一个严格来说是未知的未知呢？系统如何在这个象限中学习？一种可能的方法是通过探索，考虑对已知事件（已发生的事件）的变化，观察那些看不见的变化的结果（包括积极的和消极的），并从中学习。例如，如果我们考虑实际已经发生的事件类型，然后考虑那些从未见过的事件的变体，我们就开始逐渐进入未知的未知领域。需要强调的是，从认识论逻辑解释"未知的未知"是无解问题（除非拥有上帝视角或超能力）。但是，从工程技术意义上说，有时即使不知道问题的成因和性质，如果知道其结果或表现也是技术上可以处置的。例如，目前我们不知道大数据或人工智能这些"黑盒算法"分析结论的因果关系（不意味放弃探索），但不妨碍运用这些结论去解决其他的一些问题。

在网络空间，已知威胁是指具有明显特征的攻击类型，可以被标签化，是可以检测到的。当然，已知威胁初始都是未知威胁。包括跨站脚本攻击、暴力破解、错误配置、勒索软件、水坑攻击、钓鱼攻击、SQL 注入攻击、DDoS 等。

在基于邮件 APT 的攻击中，攻击者从前期踩点、扫描，到利用 Flash、Excel 等漏洞控制目标。在整个攻击过程中，前期的踩点和扫描均是已知威胁，工业界和学术界提出了很多种防御方法；利用漏洞的环节，其使用的 0day 漏洞和后门属于已知的未知威胁。漏洞类型已知，利用手段也不新颖，但是所利用的漏洞是未知的，这类威胁一般难以检测和防御，但通常仍然可以对其威胁进行建模并阻止。而未知的未知威胁更多情况下是指后门和未知类型漏洞。据路透社报道，根据斯诺登泄露的文件称，受美国国家标准与技术研究院批准，美国国家安全局(National Security Agency, NSA)和加密公司(RSA)达成了价值超过1000 万美元的协议，要求在移动终端中广泛使用的加密技术中放置后门，能够让 NSA 通过随机数生成算法 Bsafe 的后门程序轻易破解各种加密数据。如果报道属实，那么 NSA 所放置的后门可看作未知的未知威胁。因为在一个数学上已经证明是安全的算法实现中植入后门，是完全无法被预测的。同时也可看到，移动平台现在已经成为 APT 攻击的一个常规渠道。2021 年 9 月，苹果公司发布紧急安全更新修复两个 0day 漏洞，漏洞编号分别为 CVE-2021-30860、CVE-2021-30858，此前曾出现多起利用这些漏洞攻击 iPhone 及 Mac 设备的事件，此外通过利用该漏洞，攻击者可以在目标 iPhone 上安装 Pegasus 间谍软件，在监听使用 iPhone 的关键人物方面威力巨大。

漏洞后门作为一种非对称的网络威慑能力，是网络技术先进国家刻意追求、蓄意设计、精心储备的战略资源。这些国家必定将网络空间的科研优势适时转换为技术和产业优势，并通过技术出口、产品供给、渠道分发、服务提供和市场垄断获得"种植后门"和"隐匿漏洞"的卖方优势，进而在网络空间取得"信息单向透明和行动绝对自由"的战略优势。

随着开源社区的发展，创设后门往往选择针对开源代码加入后门，OpenBSD、OpenSSL 都受到了这些质疑，以 Heartbleed 漏洞为例，这些漏洞的设置非常隐蔽、难以发掘。其次，随着软硬件技术的发展，在硬固件中设置漏洞无论是可利用资源情况还是已有技术状况都不难支撑，2021 年美国安防摄像头公司 Verkada 确认遭大规模黑客攻击。在此次事件中，黑客通过厂商预留的维护后门，以超级管理员身份登录用户摄像头，访问并公布了来自特斯拉和Cloudflare 等机构的实时视频源。不仅如此，黑客还可以通过预留的后门执行任意的 shell 指令。这意味着，在过去的数年时间里，相关数字产品制造商随时都可以通过该后门，在用户不知情的状态下执行任意动作[65]。

1.6.3 传统的"围堵修补"作用有限

过去对于漏洞后门的防御手段，是以"围堵修补"为特征的。

1. 开发过程尽量减少漏洞引入，但疏漏在所难免

为了在开发阶段尽可能减少漏洞引入，微软提出安全开发周期(Security Development Lifecycle, SDL)的管理模式来指导软件开发过程。SDL 是一个安全

保证的过程，它在开发的所有阶段都引入了安全和隐私的原则。并且从 2004 年起，SDL 一直都是微软在全公司实施的强制性策略。但是 SDL 的实施、运维成本十分昂贵，目前只有巨头公司实际在用。

除 SDL 方法以外，人们还开发了一些轻量级的工具来帮助减少编码时引入一些常见漏洞，包括诸如 Clang Static Analyzer 之类的基于编译器的源码分析工具。该工具是开源编译器前端 Clang 中内置的针对 C、C++和 Objective-C 源代码的静态分析工具，能提供涵盖常规安全漏洞(缓冲区溢出、格式化字符串等)的检查。另外，gcc 编译器支持-Wformat-security 选项，可用于检测源码中的格式化字符串漏洞。运行这些插件选项的编译器一旦检测到漏洞，就会发出警告，通知软件开发人员可疑漏洞位置，然后开发者对可疑代码进行查找定位、分析确认后，可修改并消除漏洞。

当然，无论采取上述哪种手段或方法，这种在开发阶段对漏洞的"围堵"确实能够有效减少部分问题，但内生安全矛盾不可能彻底消除，"漏网之鱼"肯定是无法避免的。

2. 在测试阶段运用挖掘手段自查，但仍疲于补洞

漏洞挖掘经历了人工挖掘、模糊测试、符号执行、智能挖掘等技术的发展。早期，漏洞挖掘主要依赖于人工逆向分析，耗时耗力、难以规模化。接下来，模糊测试方法通过随机变异生成样本来测试程序，提高了漏洞挖掘的自动化程度，成为工业界普遍接受的方法。目前著名的模糊测试工具有 AFL、Libfuzzer、honggfuzz 等。面向高代码覆盖率的测试要求，针对模糊测试固有的盲目性问题，安全人员又提出了符号执行的技术[66-69]，符号执行技术将输入符号化，通过符号表达式来模拟程序的执行，遇到条件分支时，收集约束条件并求解出两个分支对应的输入，从而获得输入与路径的对应关系，并且有效提高了测试过程的代码覆盖率。代表性的工具有 SAGE(Scalable Autorated Guided Execution)[70]、KLEE[71]、angr[72]等。近期，随着机器学习等技术的发展，智能化方法在漏洞挖掘领域的应用成为近年来的研究热点。例如，针对污点传播类型的漏洞，德国的 Yamaguchi 等[73]提出利用机器学习自动提取漏洞模式；针对高代码覆盖率的样本构造问题，微软提出利用深度学习来加强模糊测试方法，该实验结果表明与 AFL 相比，针对 ELF 和 PNG 的解析器测试覆盖率提高了 10%。

尽管厂商和安全研究人员致力于不断提升自身的漏洞挖掘能力，并在测试阶段采取了自行"查缺补漏"的模式。但是，在软件发布后厂商经常面临不少

第三方提交的漏洞等待修补。此外，近年来出现了很多野外漏洞利用工具进行定向攻击的案例，大量 0day 漏洞在地下广为流传。

3. 不断完善漏洞利用缓解措施，但对抗从未停止

既然无法根除漏洞，安全人员试图采取缓解措施，增加漏洞利用的难度。漏洞利用与缓解技术一直是漏洞攻防研究的热点，但是在漏洞攻防领域往往是"道高一尺魔高一丈"。一种缓解措施产生，往往会催生一种绕过技术。以 Windows 平台栈保护技术攻防两端的对抗过程为例，如表 1.6 所示。最早在 Visual Studio 2002 引入 GS 保护 1.0 版本，在函数 prologue 中插入安全 cookie，然后在 epilogue 中检查 cookie，如果发现不一致则终止程序的执行。2003 年 Litchfield[74]提出通过结构化异常处理(Structured Exception Handing, SEH)覆盖旁路的办法。随后在 Visual Studio 2003 开始引入 GS 保护选项 1.1 版本，加入 SafeSEH 保护机制。2010 年 Berre 等提出伪造 SEH 链表方式绕过 SafeSEH 保护。为了防止栈中的 ShellCode 执行，引入了数据执行保护(Data Execution Prevention, DEP)[75]，若执行的代码位于不可执行内存页，将抛出异常，终止进程。为了绕过 DEP 保护，催生了返回导向编程(Return Oriented Programming, ROP)[76]技术，即通过利用代码段已有的代码片段来实现 ShellCode 的功能。为了防止攻击者准确找到 ROP gadgets, Windows 引入 ASLR 机制，将 DLL 加载基地址随机化。为了精确定位，攻击者发明了信息泄露的方法，泄露出 DLL 加载基地址以后再精确定位 ROP gadgets。

在近年来的 Pwn2Own 黑客大赛中，不断进行漏洞缓解措施加固的最新版本的 Windows、MacOS 和 Ubuntu 操作系统，仍然可以被黑客绕过防护并获得系统最高权限。说明虽然漏洞缓解措施增加了漏洞利用的难度，但是仍然无法彻底阻挡漏洞利用成功。

表 1.6　Windows 平台栈保护攻防博弈

漏洞缓解措施	绕过技术
GS cookie 保护	覆盖 SEH handler 的方法
SafeSEH 保护	伪造 SEH 链表的方法
DEP 保护	ROP 技术
ASLR 技术	信息泄露方法

4. 精心设计白名单等检测机制，但绕过防护案例时有发生

除了在降低漏洞数量、增加漏洞利用难度等方面不断发力，安全人员还希望对漏洞利用主体进行限制。精心设计的白名单是一种基于特征的检测机制，

在默认情况下，未进入白名单的程序不能运行，数据也不能通过，但随之也出现了许多白名单的绕过技术。

例如，从 Vista 起，Windows 引入了用户访问控制机制(User Access Control, UAC)，当程序对计算机进行更改时需要用户进行确认。UAC 采用白名单机制选择信任的应用程序，但在 Windows 7 上，攻击者可以利用已进入白名单程序的 DLL 劫持漏洞来绕过 UAC 保护。Windows 8.1 限制了部分 DLL 劫持，但又找到了新的可被劫持的 DLL。Windows 10 对更多的 DLL 劫持进行限制，但仍不能完全杜绝，又出现了通过程序卸载接口绕过 UAC 的方法。还有一些安全防护软件，也采用白名单策略，只允许白名单中的应用在终端上运行。如 Bit9，采用白名单策略，即只允许白名单中的应用在终端上运行以保护系统的安全，但其自身易受攻击，Metasploit 曾发布针对 Bit9 Parity 6.0.x 的 DLL 注入攻击载荷，除此以外，Bit9 等厂商曾经遭受过入侵，导致密钥泄露，使得自身的数字签名证书被绕过。同样，在 Windows7 引入的 AppLocker，即"应用程序控制策略"同样使用应用程序白名单的方式来保护系统安全，但其本身却存在安全漏洞，可以通过 regsrv32.exe、presentationhost.exe 等绕过其白名单机制。

5. 以打补丁方式对漏洞及时进行修复，但"补不好"的情况时有发生

漏洞在修补后可能存在修补不完善或者引入更大漏洞的风险。2021 年 12 月 Apache log4j 漏洞的爆发让所有安全人员陷入巨大的恐慌。Apache 官方紧急发布补丁修复 Log4j2.15.0 版本的 Log4Shell 漏洞。但是，仓促上线的补丁中也存在漏洞，在特定的情况下可导致拒绝服务(DoS)攻击。补丁引入的新漏洞编号为 CVE-2021-45046，可能允许攻击者控制线程上下文映射(MDC)输入数据，在某些情况下使用 Java 命名和目录接口(JNDI)查找模式制作恶意输入数据，从而导致 DoS 攻击。为此官方人员只能继续对 Log 进行更新，解决由于补丁引入的新漏洞。但是这也不意味着 Log4j 的安全影响至此结束，研究人员对当前到底存在多少与 Log4Shell 相关的漏洞，以及它们如何相互关联，感到十分困扰。随着原始漏洞被越来越多攻击者持续研究，新的 Log4j 漏洞可能会在未来一段时间带来安全威胁。

2021 年 6 月底，安全研究人员还在讨论 Windows 服务"打印后台处理程序"中存在的一个漏洞，他们将其命名为 PrintNightmare(打印噩梦)。PrintNightmar 涉及两个漏洞，CVE-2021-1675 和 CVE-2021-34527。最初，Windows Print Spooler 服务中存在安全漏洞 CVE-2021-1675，攻击者可以在存在漏洞的机器上完成账户提权。工作人员在发布了针对 CVE-2021-1675 漏洞

的修复补丁后，本以为事件已经结束了，但后续出现了更为严重的 CVE-2021-34527 漏洞，该漏洞被曝出不仅可以用于账户提权，还可以实现远程代码执行。同一个产品多次出现的安全漏洞，让安全维护人员补不胜补、防不胜防。

1.7　本章小结

如果说内生安全问题的本质是事物内在矛盾性的表达，那么网络空间内生安全问题的本质就是信息系统或信息物理系统内在安全性矛盾的表达，具有存在的必然性、呈现的偶然性和认知的时空局限性等基本特征，其突出表现是构成信息系统或信息物理系统基础的软硬件元素存在内生安全"基因缺陷"。尤其是遍及网络空间各个角落的内生安全共性问题之泛在性、内外因可协同性、矛盾转移性及多重交织性等固有特质，使得与软硬件漏洞后门等相关的内生安全共性问题成为数字产品最为普遍且最为棘手的广义功能安全问题。需要特别指出的是，漏洞后门及相关问题与信息或信息物理系统在安全层面的矛盾属性，致使内生安全问题只可能通过演进转化或和解方式达成对立统一关系，不可能彻底消除矛盾本身。换言之，任何有违矛盾同一性和斗争性的安全技术发展路线，以及试图用"Debug"方式穷尽或归零漏洞后门问题的工程技术方法或措施，在哲学层面不可避免地会陷入逻辑悖论。当前主流的附加或外挂式安全防御路线，之所以无法跳出基于先验知识的"亡羊补牢"思维定式禁锢，很大程度上由于未能充分认清内生安全问题的矛盾性本质，因而所遵循的"封门补漏"方法论在机理上就不可能有效应对未知的、不确定性的网络攻击，修补一个确定漏洞的同时没有办法保证不会引入新的潜在漏洞，导致"按下葫芦浮起瓢"的无解困局。正因为如此，"尽力而为"的实践规范就更不可能达成安全性可量化设计、可验证度量的工程技术目标。所以，人们对数字技术产品为什么可以没有广义功能安全性承诺的质疑，也就有了看似荒谬但却是十分心安理得的回答——"因为理论方法层面上的缺位，所以工程技术上只能选择性地忽视！"

目前，由"亡羊补牢"的思维视角，"封门补漏"的方法论和"尽力而为"的实践规范构成的网络安全防御范式，对基于内生安全问题的"未知的未知"网络攻击不仅存在防御体制和机制上的基因缺陷，而且在工程技术层面也很难摆脱事倍功半、徒劳努力的困境，且在可预见的将来，人类试图在工程技术层面通过种种附加、内置、嵌入或外科手术方式给予根本性修补，理论层面就不存在任何可行性。如何能在缺乏先验知识的情况下有效切断内外因间的相互作用关系，尽可能地防止未知安全问题被转变为未知安全事件，需要发展创造性的理论和颠覆性的技术，才能使数字技术产品具备应对人为或非人为、随机性或不确定性扰动乃至蓄意攻击等任何潜在威胁和破坏的一体化内生安全功能，因而亟待对传统的网络安全发展范式进行思维视角、方法论和实践规范层面的变革。

参 考 文 献

[1]   Hegel G, Wallace W. The Logic of Hegel[M]. Oxford: Oxford University Press, 1975.

[2]   Birolini A. Quality and Reliability of Technical Systems[M]. Berlin: Springer Berlin Heidelberg, 1994.

[3]   邬江兴. 网络空间内生安全——拟态防御与广义鲁棒控制[M]. 北京: 科学出版社, 2020.

[4]   肖前, 李秀林, 汪永祥. 辩证唯物主义原理[M]. 第一版. 北京: 人民出版社, 1981.

[5]   Wu J X. Problems and solutions regarding generalized functional safety in cyberspace[J]. Security and Safety, 2022, 1(1): 1-13.

[6]   邬江兴. 论网络空间内生安全问题及对策[J]. 中国科学: 信息科学, 2022, 52(10): 1929-1937.

[7]   Dorothy E. Cryptography and Data Security[M]. New Jersey: Addison-Wesley, 1982.

[8]   Bishop M, Bailey D. A critical analysis of vulnerability taxonomies[R]. University of California, Davis, 1996, 1-14.

[9]   Krsul I V. Software Vulnerability Analysis[R]. Purdue University, 1998.

[10]   Shirey R. Internet Security Glossary[M]. USA: IETF, 2007.

[11]   Stoneburner G, Goguen A, Feringa A, et al. Risk Management Guide for Information Technology Systems[M]. USA: National Institute of Standards and Technology, 2002.

[12]   Gattiker U E. The Information Security Dictionary[M]. New York: Springer, 2004.

[13]   吴世忠, 郭涛, 董国伟, 等. 软件漏洞分析技术[M]. 北京: 科学出版社, 2014.

[14]   Wikipedia. Computation [EB/OL]. 2016. https://en.wikipedia.org/wiki/Computation.

[15]   聂楚江, 赵险峰, 陈恺等. 一种微观漏洞数量预测模型[J]. 计算机研究与发展, 2011, 48(7): 1279-1287.

[16]   Marciniak J J. Encyclopedia of Software Engineering[M], New York: John Wiley & Sons Inc, 2002.

[17]   ff_good. 软件漏洞分析 [EB/OL]. 2020. https://blog.csdn.net/fufu_good/article/details/104154318

[18] Pincus J, Baker B. Beyond stack smashing: Recent advances in exploiting buffer overruns[J]. IEEE Security & Privacy, 2004, 2(4): 20-27.

[19] Bishop M, Dilger M. Checking for race conditions in file accesses[J]. Computing Systems. 1996, 9(2): 131-152.

[20] Halfond W G, Viegas J, Orso A. F. A classification of SQL-injection attacks and countermeasures[C]. IEEE International Symposium on Secure Software Engineering, Washington, 2006: 13-15.

[21] Shankar U, Talwar K, Foster J S, et al. Detecting format string vulnerabilities with type qualifiers[C]. USENIX Security Symposium, 2001,10(16): 201-220.

[22] Wang T, Wei T, Lin Z, et al. IntScope: automatically detecting integer overflow vulnerability in x86 binary using symbolic execution[C]. Network and Distributed System Security Symposium, San Diego, 2009: 1-14.

[23] Duchene F, Groz R, Rawat S, et al. XSS vulnerability detection using model inference assisted evolutionary fuzzing[C]. 2012 IEEE Fifth International Conference on Software Testing, Verification and Validation (ICST), Montreal, 2012: 815-817.

[24] Heiland D. Web portals, gateway to information or hole in our perimeter defenses[EB/OL]. 2020. https://www.doc88.com/p-384368730132.html.

[25] CVE. Zend framework zend_log_writer_mail 类 shutdown 函数权限许可和访问控制漏洞 [EB/OL]. 2016. http://cve.scap.org.cn/CVE-2009-4417.html.

[26] Feist J, Mounier L, Potet M L. Statically detecting use after free on binary code[J]. Journal of Computer Virology and Hacking Techniques, 2014, 10(3): 211-217.

[27] Kim Y, Daly R, Kim J, et al. Flipping bits in memory without accessing them[J]. ACM SIGARCH Computer Architecture News, 2014, 42(3): 361-372.

[28] Ristenpart T, Tromer E, Shacham H, et al. Hey, you, get off of my cloud: Exploring information leakage in third-party compute clouds [C]. Proceedings of ACM Conference on Computer and Communications Security, Chicago, 2009: 199-212.

[29] Gras B, Razavi K, Bosman E, et al. ASLR on the line: Practical cache attacks on the MMU[C]. NDSS, 2017, 42(3): 1-15.

[30] Tesler L G. Networked computing in the 1990s[J]. Scientific American, 1991, 265(3): 86-93.

[31] Abbott R P, Chin J S, Donnelley J E, et al. Security Analysis and Enhancements of Computer Operating Systems[M]. Washington: National Bureau of Standards, 1976.

[32] Bisbey R, Hollingsworth D. Protection Analysis Project Final Report[M]. USA: Southern

California University Information Sciences Institute, 1978.

[33] Aslam T. A Taxonomy of Security Faults in the UNIX Operating System[M]. West Lafayette: Purdue University, 1995.

[34] Neumann P G. Computer-Related Risks[M]. New Jersey: Addison-Wesley, 1995.

[35] Cohen F B. Information system attacks: A preliminary classification scheme[J]. Computers and Security, 1997, 16(1): 26-49.

[36] Krsul I, Spafford E, Tripunitara M, et al. Computer vulnerability analysis[R]. Coast Laboratory, 1998.

[37] Landwehr C E. A taxonomy of computer program security flaws[J]. ACM Computing Surveys, 1994, 26(3): 211-254.

[38] Bishop M. A Taxonomy of UNIX System and Network Vulnerabilities[M]. California: Davis,1995.

[39] Du W, Mathur A P. Categorization of software errors that led to security breaches[EB/OL]. 1997. https://www.semanticscholar.org/paper/Categorization-of-Software-Errors-that-led-Du/b5a98424b12c9af6b6cd706ec13b3b0366e7da2d.

[40] Jiwnani K, Zelkowitz M. Susceptibility matrix: A new aid to software auditing[J]. IEEE Security & Privacy, 2004, 2(2):16-21.

[41] Project Zero. 2021 年 0-day 漏洞利用全球趋势 [EB/OL]. 2022. https://www.freebuf.com/vuls/331078.html.

[42] 暴走通信. 物联网和联网设备达到 220 亿台，但收益在哪里？[EB/OL]. 2020. https://baijiahao.baidu.com/s?id=1634289492007203002&wfr=spider&for=pc.

[43] 张朋辉. 计算机硬件漏洞分析方法研究[D]. 长沙：国防科学技术大学，2016.

[44] Moghimi D, Sunar B, Eisenbarth T, et al. TPM-FAIL: TPM meets timing and lattice attacks[EB/OL]. 2019. https://arxiv.org/abs/1911.05673.

[45] Ravichandran J, Na W, Lang J, et al. PACMAN: Attacking ARM pointer authentication with speculative execution[C]. Proceedings of the 49th Annual International Symposium on Computer Architecture. New York, 2022: 685-698.

[46] Garbelini M, BediV, Chattopadhyay S, et al. BrakTooth: Causing havoc on bluetooth link manager via directed fuzzing[C]. Security Symposium, Singapore, 2022: 1-18.

[47] Lennert W. Glitched on earth by humans: a black-box security evaluation of the SpaceX Starlink user terminal[EB/OL]. 2023. https://i.blackhat.com/USA-22/Wednesday/US-22-Wouters- Glitched-On-Earth.pdf.

[48] Wikipedia. Pentium FDIV bug[EB/OL]. 2016. https://en.wikipedia.org/wiki/Pentium_

FDIV_bug.

[49]　Wikipedia. Pentium F00F bug[EB/OL]. 2016. https://en.wikipedia.org/wiki/Pentium_ F00F_bug.

[50]　INTEL-SA-00075[EB/OL]. 2016. https://www.intel.com/content/www/us/en/security-center/ advisory/intel-sa-00075.html.

[51]　Lipp M, Schwarz M, Gruss D, et al. Meltdown [EB/OL]. 2018. https://graz.pure.elsevier.com/ en/publications/meltdown-reading-kernel-memory-from-user-space.

[52]　Kocher P, Genkin D, Gruss D, et al. Spectre attacks: Exploiting speculative execution[C]. Proceedings of 2019 IEEE Symposium on Security and Privacy（SP）, San Francisco, 2019: 1-10.

[53]　Vicarte J, Flanders M, Paccagnella R, et al. Augury: Using data memory-dependent prefetchers to leak data at rest[C]. Proceedings of 2022 IEEE Symposium on Security and Privacy, New York, 2022: 1491-1505.

[54]　人民日报. 关键信息基础设施安全保护条例 [EB/OL]. 2022. https://www.gjbmj. gov.cn/n1/2021/0818/c409080-32197544.html.

[55]　Goodfellow I, Pouget-Abadie J, Mirza M, et al. Generative Adversarial Nets[EB/OL]. 2014. https://arxiv.org/abs/1406.2661.

[56]　Yampolskiy R V, Spellchecker M S. Artificial intelligence safety and cybersecurity: A timeline of AI failures[EB/OL]. 2016. https://arxiv.org/abs/1610.07997.

[57]　邬江兴. 网络空间内生安全发展范式[J].中国科学:信息科学, 2022, 52（2）: 189-204.

[58]　俞能海, 郝卓, 徐甲甲, 等. 云安全研究进展综述[J]. 电子学报, 2013, 41（2）: 371-381.

[59]　Wang X, Yin Y L, Yu H. Finding collisions in the full SHA-1[J]. Crypto, 2005, 3621（10）: 17-36.

[60]　Ahmad I, Kumar T, Liyanage M, et al. Overview of 5G security challenges and solutions[J]. IEEE Communications Standards Magazine, 2018, 2（1）: 36-43.

[61]　Cadar C, Dunbar D, Engler D R. Klee: Unassisted and automatic generation of high-coverage tests for complex systems programs[C]. Proceedings of the 8th USENIX Conference on Operating Systems Design and Implementation, California, 2008: 209-224.

[62]　Upstream. Upstream security's 2020 global automotive cybersecurity report[EB/OL]. 2020. https://upstream.auto/upstream-security-global-automotive-cybersecurity-report-2020/.

[63]　Chhetri M B, Uzunov A, Vo B et al. Self-Improving autonomic systems for antifragile cyber defence: Challenges and opportunitie[C]. Proceedings of 2019 IEEE International Conference on Autonomic Computing, Sweden, 2019: 18-23.

[64] Casti J. Four faces of tomorrow[EB/OL]. https://www.oecd.org/governance/risk/46890038.pdf.

[65] 安全客. 警惕 IoT 设备后门安全问题[EB/OL]. 2022. https://www.51cto.com/article/650042.html.

[66] Boyer R S, Elspas B, Levitt K N. SELECT: A formal system for testing and debugging programs by symbolic execution[J]. ACM SigPlan Notices, 1975, 10(6): 234-245.

[67] Clarke L A. A program testing system[C]. Proceedings of the 1976 Annual Conference, ACM. Houston Texas, 1976: 488-491.

[68] Moura D L, Rner N. Satisfiability modulo theories: Introduction and applications[J]. Communications of the ACM, 2011, 54(9):69-77.

[69] Cadar C, Engler D. Execution generated test cases: How to make systems code crash itself[C]. Proceedings of 20th ACM Symposium on Operating Systems Principle, 2005, 1-14.

[70] Godefroid P, Levin M Y, Molnar D. SAGE: Whitebox fuzzing for security testing[J]. Practice, 2012, 55(3): 40-44.

[71] Cadar C, Dunbar D, Engler D R. Klee: Unassisted and automatic generation of high-coverage tests for complex systems programs[C]. OSDI. Berkeley, 2008: 209-224.

[72] Wang F, Shoshitaishvili Y. Angr-the next generation of binary analysis[C]. 2017 IEEE Cybersecurity Development (SecDev), 2017: 8-9.

[73] Yamaguchi F, Maier A, Gascon H, et al. Automatic inference of search patterns for taint-style vulnerabilities[C]. 2015 IEEE Symposium on Security and Privacy (SP), 2015: 797-812.

[74] Litchfield D. Defeating the stack based buffer overflow prevention mechanism of microsoft Windows 2003 server[EB/OL]. 2003. https://www.semanticscholar.org/paper/Defeating-the-Stack-Based-Buffer-Overflow-Mechanism-Litchfield/69d3d6c113bd78f4b1d214314f4b aba6ed72f085.

[75] Andersen S, Abella V. Data execution prevention[EB/OL]. 2004. http://h10032. www1.hp.com/ctg/Manual/c00317515.pdf.

[76] Andersen S, Abella V. Part 3: Memory protection technologies[EB/OL]. 2009. http://technet. microsoft.com/en-us/library/bb457155.aspx.

第2章

网络内生安全防御愿景

由于信息物理系统是连接物理世界、数字世界和人类活动的桥梁，广泛存在于公共通信和信息服务、能源、交通、水利、金融、公共服务、电子政务、国防科技工业等重要行业和领域，关系到现代社会的方方面面，并且随着软硬件产品越来越丰富，网络空间智慧服务功能越来越高级，软硬件代码的数量越来越庞大，复杂性呈指数量级增长，信息物理系统应用规模日新月异，网络内生安全问题更是层出不穷，如同高悬数字社会之上的"达摩克利斯利剑"。与一般信息系统不同，信息物理系统一旦遭受攻击，将直接或间接导致无法预知和估量的物理损害。尤其是与漏洞后门等相关的网络攻击问题已然成为所有信息物理系统功能安全之殇，网络内生安全共性问题就像"挥之不去的幽灵"几乎渗透到网络空间每一个角落，深刻危及大众生命和财产安全，给人类维护或保障数字化社会可持续健康发展带来前所未有的挑战[1]。

大量的网络安全事件表明，网络空间绝大部分安全威胁是由人为攻击这个外因，通过目标对象自身存在的内生安全个性或共性问题之内因的相互作用而形成的。遗憾的是，迄今为止，传统的网络安全思维模式和技术路线很少能跳出依赖先验知识积淀的"亡羊补牢、尽力而为"之惯性思维[1]，甚至未能充分认识到网络安全领域"内生安全矛盾只能演进转化或和解，而不可能彻底消除"的科学本质，试图靠挖漏洞、打补丁、封门补漏、查毒杀马等工程技术迭代方式穷尽漏洞后门问题，或者指望设蜜罐、布沙箱、放探针、加密认证、入侵检测、移动目标等非体系化或构造化的防御措施早期发现并破坏攻击链，抑或通过"堆砌"各种附加防护措施、内置或内嵌层次化的安全监测机制（借鉴生物学的内共生思想）或基于大数据/人工智能等威胁感知手段来解决内生安全问题，往往会落得事倍功半、徒劳努力的结局。这些在同一时空维度上做矛盾的同质化转移措施，在哲学层面就无法保证修补安全缺陷或引入"外挂附加"安全功能的同时不会导入新的内生安全共性问题，陷入安全矛盾同质化循环转移的逻辑悖论总是不可避免的。怎样才能在不依赖先验知识或知识库的前提下，破解基于网络内生安全问题（特别是未知网络攻击）的不确定威胁或破坏影响，如果不能在理论层面实现突破就不可能在技术层面获得颠覆性创新。

更为糟糕的是，一味地在用户侧或应用侧堆砌各种附加或外挂或内置或内嵌安全技术不仅不能从根本上跳出当前网络空间安全困局，而且随着系统复杂度的急速提升，用户系统全生命周期内的技术经济性严重劣化，系统稳定性和有效性会持续不断的遭遇"从未见识过"的漏洞后门攻击挑战。具有讽刺意味的是，一方面软硬件产品设计与制造侧因为"选择性地无视"内生安全问题或刻意回避网络安全质量承诺，在推卸责任的同时更给用户侧带来"无尽烦恼与祸害"，另一方面又以惊人的增长速度每年推出数十亿量级的数字产品和差不多规模的软件代码，致使传统网络安全防御那么一丁点"漏洞挖掘、封门补漏、查毒杀马、威胁感知"的技术进步就如同"蚍蜉撼树"般的苍白与无助。

幸运的是人们终于认识到，即使采用最严格安全措施设计的软硬件代码也无法避免所有的漏洞问题，必须将网络安全责任转移到那些"选择性无视"软硬件产品内生安全问题的制造商头上，即便他们有追逐产品卓越功能和性能的创新自由，但当他们不愿或有意忽视对消费者、企业或关键基础设施运营商履行安全承诺时，必须以法律形式和市场准入方式强制他们承担起应有的社会责任。这样做将推动市场生产更安全的软硬件产品，提供有可信保障的功能性能，最终实现网络空间的"共享共治"。

本章根据范式的理论框架，对既往的网络安全技术进行了基于范式的分类，指出当前的网络安全防御在范式层面就不可能有效应对"已知的未知""未知的未知"等人为或蓄意网络攻击；提出"未知威胁防御不可能三角"通用解构分析模型——不完全交集原理（Incomplete Intersection Principle, IIP），能够定性地分析和诠释现有大多数网络安全技术为什么不能摆脱依赖先验知识困境的原因；提出了网络内生安全防御愿景以及相关的体制、机制和特征，并创建了网络内生安全防御范式的思维视角、方法论和实践规范。

2.1　当前安全防御范式问题

2.1.1　范式概念

范式(Paradigm)的概念和理论是美国著名科学哲学家托马斯·库恩(Thomas Kuhn)提出并在 1962 年出版的《科学革命的结构》(The Structure of Scientific Revolutions)中系统阐述的。他指出范式从本质上讲是一种理论体系、理论框架，在该框架内的理论、法则、定律具有普适性，是开展科学研究、建立科学体系、运用科学思想的坐标、参照系和基本方式。范式有三个基本特点：一是范式在一定的范围内具有公认性；二是范式是一种由基本定律、理论、应用及相关仪器装备等构成的整体；三是范式能为科研与技术开发贡献可重现的成功模板。

作者以为，范式是科学技术发展阶段的世界观和方法论，是提出和解决问题的方法之方法。与库恩的看法有所不同，范式间虽有思维方式、理论方法和技术路径方面的显著区别，但也不应该是"改朝换代"式的取代关系，相互间固然存在思维视角和前提条件的不同但也应该是共生并存、继承或迭代发展的关系，就如同宏观世界的宇称守恒定律与微观世界的宇称不守恒定律一样，都是人类认识世界的基础理论。但是，有一点毋庸置疑，范式的变革往往发生在原有范式无法解决问题时才会应运而生。由此，网络空间安全技术的演变历史就如同科学研究历史一样既存在演进发展过程又存在变革式发展阶段。

1998 年图灵奖获得者美国科学家吉姆·格雷(Jim Gray)，在 2007 年 "科学方法的革命"演讲中，提出将科学研究分为四类范式，这种范式分类现已成为接受度很高的共识[2]。在吉姆·格雷看来：

科学第一范式是试验/实验或测量，主要以记录和描述自然现象为特征，代表性的事件有化学元素和电磁现象、光电效应、天体运行和基本粒子发现等，但这些研究显然受当时实验条件限制影响，很难完成对自然现象更精确的理解。

科学第二范式是理论分析，代表性成果有牛顿的三大定律、达尔文的生物进化、麦克斯韦的电磁学、普朗克的量子理论、爱因斯坦的相对论等，随着验证理论的难度和代价越来越高，既有的科学实验已显得力不从心。

科学第三范式是数值模拟与仿真，就是在计算机上实现一个特定计算，非常类似于一个物理实验,简言之就是对实验对象进行数学建模(当下时髦的翻新概念就是数字孪生 Digital-Twin、元宇宙 Metaverse)，然后借助计算机来做模拟与仿真。例如，对天体运动规律、数值气象预报、核武器效应等难以通过真实物理场景开展的实验研究，但受制于计算机算法和算力提升速度的影响。

科学的第四范式就是基于大数据和智能计算的科学研究，用以发现海量、异构、多元化数据中隐藏的新规律，揭示新机制，识别目标对象特征和行为，也称为大数据和人工智能驱动的科学(BD/AI for science)，它的主要特征是不再一味地关注因果关系和成因机理的研究，取而代之的是关注事物本身特征或相互间的内在联系。然而，这一说法迄今尚未取得学术界的共识。

事实上，不论何种发展范式，其思维视角和方法论都是独特的，其实践规范在一定范围乃至相当长的时期内都具有普适意义，可以相互借鉴、迭代演进，并能够继承与发展。

2.1.2　网络安全范式分类

尽管网络安全界至今对当下乃至以往是否存在过"发展范式"的说法尚无共识，但笔者分析认为，网络安全客观上确实存在过三个里程碑式的发展阶段。本节尝试用范式分类方法从思维层次和基本概念角度来重新审视或诠释这三个发展阶段的基本特征。

(1)基于冗余配置与大数表决的功能安全发展范式(简称第一范式)。其思维视角是解决网络空间终端、节点和网络系统软硬件物理或逻辑性失效问题。假设前提为，无论是物理还是逻辑失效都是随机性的且具有概率的属性，即使存在软件的不确定性表现也不存在人为因素的蓄意扰动问题；其理论基础是建立在统计学之上的功能可靠性与鲁棒性[3]；方法论则是在关键路径或通道、节点或部件、体系架构等层面引入重复处理的时间冗余、主备用或负载分担的空间冗余、基于大数表决的同构或异构冗余；实践规范是基于冗余架构的、可用概率工具量化或半定量表达的弹性功能设计，重点防范不确定共模扰动带来的影响。但是，随着数字化、网络化、智能化技术对传统功能安全领域的不断渗透，特别是软件定义硬件(Software Defined Hardware, SDH)技术的兴起[4]，单纯的硬件物理性随机失效假设条件不仅难以成立，而且同样具有软件那样的不确定性，更因为基于漏洞后门等"已知的未知"安全威胁和"未知的未知"网络攻击，使得传统半定量表达的功能安全(乃至近些年来流行起来的网络弹性/韧性)范式面临严峻挑战[5]。

(2)基于加密与认证的授权安全发展范式(简称第二范式)。其思维视角是不依赖任何的先验知识，用授权管理或加密认证等方式保证合法用户合规操作，安全使用软硬件设施或信息服务或数据资源[6]；其假设前提是加密和认证算法在数学意义上是安全可信的，相关算法依托的宿主软硬件执行环境是可靠的；

其实践规范是基于密码工程理论和密钥分配方法，对网络设施、信息服务、数据资源实施私密性、完整性和可用性等权限管理；其工程模式是相对受保护的信息或信息物理系统核心资源，需要附加相关的加密认证软硬件设施；其挑战性问题是加密认证算法的"受信任执行环境"之漏洞后门导致的"内外协同"攻击问题。香农信息论提出的"一次一密"的"完美保密"，如果没有"完美安全"的宿主系统保证则很难在工程技术上成立(详见第3章)。

(3)基于检测与分析的网络安全发展范式(简称第三范式)。历史上曾有过三个聚焦阶段，即病毒木马查杀阶段、软硬件漏洞发现与修补阶段、攻击行为特征感知与阻断阶段。不同阶段的焦点目标分别是：①基于知识库的检测并清除网络空间终端、节点或系统软件中插入/植入的恶意代码，常态化地迭代更新恶意代码知识库；②用补丁方式修补目标系统软硬件代码设计中发现的安全缺陷，建立漏洞库及相应的查询与入库机制，引入不同层次、不同类别的主/被动防御技术，扰乱病毒木马的注入或降低目标对象未知漏洞后门的可利用性；③采用攻击行为精准感知和特征画像技术，通过沙箱、蜜罐、防火墙和入侵感知等现场分析手段发现或拒止网络攻击，基于迭代知识库的智能检测(包括大数据和人工智能)等非实时手段，尽可能早期感知或预警异常威胁和攻击态势，增加攻击链建立的难度或降低攻击链的可靠性。

三个阶段的理论与技术前提分别是：①病毒木马等问题代码及其运行特征是已知的或拥有相关先验知识，或能够作想定特征的推断与假设；②可能的攻击范围或攻击面及可利用的攻击资源具有静态性、确定性和相似性；③清楚攻击行为的相关特征，了解被保护对象所有的合法身份及合规行为。

对应的实践规范分别是：①设法自动检出恶意代码并删除、报警/隔离或提请人工介入，引进入侵检测与容忍技术，建立并迭代病毒木马或恶意行为特征库等；②建立并完善关于漏洞后门等的知识库、制定软硬件代码安全设计和工程规范、开发脆弱性分析与定位技术，主动挖掘或发现漏洞，设法降低攻击表面可达性或攻击资源可利用性等；③运用内置探针、蜜罐、沙箱和运行日志等实时或非实时方法尽可能地收集疑似问题场景数据，建立全局性的威胁感知认知体系，借助黑/白名单、大数据和人工智能等新技术发现、抑制或预防可能的攻击行为等[7]。

共同的处理原则是，相对于被保护系统，需要附加或外挂检测或防护设施。

上述三种网络安全发展范式的共同难题是，在缺乏先验知识的条件下，如何有效应对网络空间基于未知漏洞后门、病毒木马等"内外协同"的未知网络攻击，如何给出可量化设计、可验证度量的广义功能安全性能。

近些年来人们逐渐认识到，在越来越先进的 APT 攻击下，既做不到"万无一失"的防御，也很难坚守"系统不破防"的底线。于是，工作重点再次锁定到强化"使命确保"的方向上来，提出数字系统本身不仅要能应对随机性或不确定性扰动的影响，而且还要具有关注任何潜在威胁和破坏的能力；不仅在非人为因素干扰下可以获得"弹性功能"，而且在网络攻击条件也可获得"网络弹性"功能。然而，就该共识目标而言，如果没有理论上的突破，工程技术上仍然无法应对基因缺陷问题。本书将重点讨论此问题并提出针对性解决方案。

2.1.3　防御范式亟待变革

由于网络内生安全问题特别是内生安全共性问题已成为困扰网络时代数字社会的最大"公害"（没有之一），即便认为是现代社会治理中的"麻烦制造策源地"也不过分，而当前主流的网络安全防御范式对此则显得毫无指导性意义。

1) 思维视角陈旧

除了加密认证类的保护措施外，主要是建立在威胁感知、特征提取等先验知识积累基础上的"亡羊补牢"式被动防御（也包括蜜罐、沙箱、入侵检测等主动或积极防御）。尽管可以对已知甚至"已知的未知"安全威胁（对可能发生的风险已知，但对风险发生的时机和可能产生的危害程度未知）提供有效的安全防护，但是针对信息或信息物理系统内生安全共性问题的"未知的未知攻击"（发生什么样的攻击未知，发生时机和影响范围也未知），尤其是基于未知后门的"里应外合或内外协同"式的网络攻击，当前在"知其然也要知其所以然"思维视角下的"问题归零"技术路线，且不说在工程实践上能否做到穷尽未知性质的威胁和破坏，就是理论层面也无法做到逻辑自洽。

2) 方法论禁锢

当前基于各种知识库的"打补丁"或"附加防御"方法论，试图在工程技术层面通过持续的演进迭代，以"附加的"安全防护或"保镖式"的服务或"Debug"的手段来降低甚至彻底消除基于漏洞后门等网络攻击的危害，理论和实践上不仅无法排除"附加的"安全防御设施自身潜在的安全缺陷，而且由于"补丁上或补丁后"形成新的内生安全共性问题也可能会造成预料之外的安全威胁或破坏。"补丁"方法论旨在同一个目标对象的物理或逻辑空间内作安全矛盾的循环迁移，常常会陷入补上一个已知漏洞后又产生了若干新的未知漏洞之窘境，且矛盾性质乃至表达空间都未发生任何改变，因而明显有悖于矛盾演进转化与和解的哲学本质。即使引入诸如动态性（随机性）、多样性（异构性）和冗余性元素的移动目标防御（MTD）类的主动安全技术，仍然对基于内外部协同的未知网络威胁或攻击毫无办法。需要指出的是，基于密码技术的"完美保密"虽然能对非里应外合的网络攻击提供不依赖先验知识的安全防护，但仍无法解决包括功能安全和网络安全甚至信息安全三重交织问题在内的"完美安全"问题（详见第 3 章）。

3）安全性无法量化

因为附加或外挂式防御规范建立在应对已知或"已知的未知"威胁基础上，使得"亡羊补牢"的弹性工程技术目标，不仅需要能准确地感知攻击行为，而且还必须搞清楚或充分理解攻击链是如何建立的、究竟利用了哪些软硬件资源、攻击机理是什么、如何才能定位问题代码段、能否重现整个攻击场景等"补丁"工程所必需的全部已知条件，以及工程实施中的有效性评估方法和系统相关功能的回归性测试等。这一过程中并非总能做到"知其然也知其所以然"，所以"亡羊未必一定能补牢"，"吃一堑也未必能长一智"，"尽力而为"只能是万般无奈情景下的可选项之一，如此实践规范不可能对未知的网络攻击获得任何实质性的安全防御效果，更谈不上给出可量化设计与验证度量的安全性指标了。

由此，也引发出一系列科学难题。诸如，如何才能证明这种 "打补丁/叠罗汉"式的附加安全防护是安全可信的？如何才能证明"打上去或叠上去"的每一个"补丁或罗汉"其自身是安全可信的？由于内生安全共性问题的存在，既有的安全技术怎样才能自证清白？如何证明机密计算或可信计算所需的"受信任执行环境"是可信的？等等[7]。

理论和实践表明，有些内生安全矛盾虽然不能消除但可能和解或者达成某种程度的折中或形成一定的对立统一关系。例如，实施严格的网络物理隔离（包括切断声、光、电、磁、红外等所有可能的外联途径），使外网攻击不可能触发内网中的未知漏洞后门等安全问题，即寻求"攻击不可达的防御效果"。不过，诸如"封门补漏""主动探测""加密认证"等主流的附加式安全防御措施，无论采用"外挂""内置""嵌入"或其他何种技术接驳或植入方式，总是将内生安全问题或矛盾在同一目标对象、同一时空维度、同一资源环境内作"面多了加水，水多了添面"不变性质和时空位置的循环迁移，或者非一体化地利用随机性、多样性和动态性等基础安全（或可靠性）元素实施系统开销很大的"移动目标防御（Moving Targets Defense, MTD）" [8]。即便如此，所有这样的技术安排既无法从根本上应对"未知的未知"安全威胁（尤其是对"里应外合、内外协同"的网络攻击更显得束手无策），也没法避免持续追加的目标系统防御开销导致全生命周期技术经济性能不断劣化的结局。

2.2 未知威胁防御不可能三角

就一般性而言，所谓"不可能三角"，本质上是目标系统的三元解构，是一种通用分析技术模型，可被广泛用来定性分析任何事物或目标对象核心功能的可达性问题。通俗地说，"不可能三角"指出无法在不做出任何妥协或者放弃一部分收益的情况下，实现所有的目标和需求[9]。此外，文氏图和三元交集公式通常用来表达集合及其关系的直观图形和计算。

本节借助上述工具，在网络安全领域创建了一个针对未知安全威胁或破坏防御（以下简称未知威胁防御）是否有效的"不可能三角"解构模型（或文氏图表达），以便揭示迄今为止的网络安全技术为什么不能有效防御基于"未知的未知"的"内外协同"网络攻击之内在原因。基本方法是，首先定性分析安全防御的三要素，动态性/随机性（**D**ynamics/randomness）、多样性/异构性（**V**ariety/heterogeneity）和冗余性（**R**edundancy）对未知威胁防御都有哪些技术意义。其次，将这三个功能性元素作为"不可能三角"顶点元素 D、V、R，再定性分析三个顶角（两两相交）功能对未知威胁防御有何作用，存在什么主要问题。然后，进一步观察分析，可以得出一个结论：**三个元素间只要是三角形构造关系肯定不具有应对未知威胁的防御能力**。换言之，我们能直观地导出"DVR 交集"是否存在内生安全性的猜想。即三个功能元素之间也许存在某种"构造决定安全"的关系，看看能否获得"1+1+1>3"的系统工程增益。为了便于理解这个方法，我们先从克鲁格曼不可能三角原理和分布式系统不可能三角定理导入，进而提出不完全交集原理并结合有代表性的网络安全防御技术进行定性分析。

2.2.1 克鲁格曼不可能三角

不可能三角（Impossible trangle/Impossble trinity theory）概念最初源于一个经济学概念[10]。1999 年，由美国麻省理工学院经济学教授保罗·克鲁格曼在蒙代尔-弗莱明模型的基础上，结合对亚洲金融危机的实证分析创立，如图 2.1 所示。三角形的三个顶点分别表示资本自由流动、货币政策独立性和汇率稳定。

基本内涵是指："一个国家不可能同时实现资本流动自由，货币政策的独立和汇率的稳定性"。也就是说，一个国家只能拥有其中的两项，而不可能同时拥有三项。如果一个国家既想允许资本自由流动，又要求拥有独立的货币政策，那么就难以保持汇率的稳定性。如果要求汇率稳定和资本流动，就必须放弃独立的货币政策[10,11]。蒙代尔-弗莱明模型要求必须具备两个最重要的条件：一是

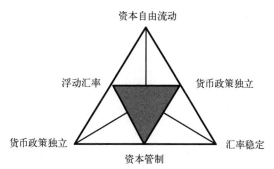

图 2.1　克鲁格曼不可能三角

货币政策必须独立于财政政策;二是本国必须具备发达的资本市场和货币市场。

　　根据"不可能三角",一国在资本自由流动、货币政策独立性和汇率稳定之间只能选择三种政策组合。一是保持资本自由流动和货币政策独立性,必须牺牲汇率稳定;二是保持汇率稳定和货币政策独立性,必须限制资本的自由流动;三是保持资本自由流动和汇率稳定,必须放弃货币政策独立性。

　　其理论局限性在于,建立在严格假设条件基础上,即完全的资本自由流动、完全的货币独立性和完全的汇率稳定,同时还隐含的假设是一国拥有发达的资本市场和货币市场,这对绝大多数国家而言显然不适用[11]。

2.2.2　布鲁尔不可能三角

　　布鲁尔不可能三角又称分布式系统不可能三角,也叫 CAP(Consistency, Availability, Partition Tolerance)定理或原理,由埃里克·布鲁尔(Eric Brewer)基于自己的工程实践,2000 年,在 ACM 组织的 PODC(Principles of Dsitributed Computing)研讨会上提出的一个猜想(如图 2.2 所示),两年后,麻省理工学院的赛斯·吉尔伯特和南希·林奇(Nancy Lynch)等学者对其进行了理论证明,此后成为分布式计算领域公认定理。

　　CAP 不可能三角定理的名称取自一致性(Consistency)、可用性(Availability)、分区容忍性(Partition Tolerance)三者英文单词或词组首字母。

　　•一致性(Consistency)是指:在一个有着 m 个节点的分布式系统中,所有节点在同一时间具有相同的数据。

　　•可用性(Availability)是指:当 m 个节点均处于可用状态时,都能在给定时间内对服务请求做出相应的回答。

　　•分区容忍性(Partition Tolerance)是指:容错性,即系统中任意信息的丢失或消息传递的失败或节点的宕机都不会影响系统的继续运作。

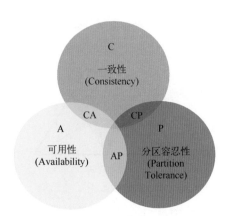

图 2.2　分布式系统不可能三角(文氏图)

CAP 定理指出：从严格的时间意义上说，一个分布式系统中 C、A、P 三者无法同时存在。换言之，一致性(C)、可用性(A)和分区容忍性(P)三个指标在分布式系统中不可兼得，最多只能在三个指标中选择两个。定性分析如下：

(1)拥有 AP 的时候为什么不能实现 C？假设一个分布式系统内有 m 个可用节点(即 P 有保证)，如果要做数据备份，需在 m 个节点上都备份同样的数据，以保持数据的一致性，这需要消耗节点的处理时间。于是，在数据备份时间内，服务的可用性不能保证。换言之，在保证任意时刻服务请求都能在给定时间内做出响应，就不能保证所有节点上的数据始终是一致性的。

(2)拥有 CP 的时候为什么不能实现 A？在一个拥有 m 个节点的分布式系统中，如果要始终保持数据的一致性，就无法在任意时刻都能满足服务响应时间，即可用性不能保证。

(3)拥有 CA 的时候为什么没有意义？一方面，因为始终保证 m 个节点上数据一致性的要求，与任意时刻都能保证服务请求能在给定时间内得到响应的要求是相互矛盾的；另一方面，一个没有容错功能和性能的分布式系统在工程实践上没有任何意义。

(4)为什么分布式系统中 P 是必要的？按照现在的软硬件能力肯定存在网络消息丢包或传输错误以及节点宕机的情况，而分布式系统在遇到某个节点或网络分区故障时又要求对外提供满足一致性和可用性的服务，于是，容错能力 P 就成为必要性能。

(5)为什么分布式系统中 C 或 A 选取一个都可以？因为 AP 组合不能保证任意时刻 m 个节点上的数据始终是一致的，而 CP 组合不能保证服务响应时延在任何时间上都是一样的。

CAP 定理的工程意义：相较此前单纯的"低时延和顺序一致性不能被同时满足"的结论[12]，CAP 分析更具体，有助于工程师们在设计分布式系统时，仔细斟酌、反复权衡关键功能性能指标，而不是浪费时间去构建一个理想系统。

2.2.3　网络安全防御三要素

图 2.3 为网络攻击链示意。显然，攻击链的有效性与可靠性十分依赖目标系统的静态性、确定性和相似性，其间任一环节的变化都可能使网络攻击无法达成预期的目的。换言之，攻击链其实也十分脆弱。例如，在系统探测、漏洞挖掘、系统突破等阶段导入随机性、动态性和多样机制就能有效地对抗隐蔽渗透；在系统控制、信息获取、系统毁损等阶段导入异构冗余择多判决机制就能应对潜伏或蛰伏攻击。可见，动态性/随机性、多样性/异构性、冗余性/判决性是防御（包括可靠性）系统的核心机制，也是最重要的三个要素。我们不仅要研究各个要素的防御作用，还要清楚要素间的各种组合形态的安全性质以及适用的前提与存在的缺陷，认清当前各种安全技术能够在什么样的条件下，有效防范什么样的故障或攻击，解决未知安全威胁防御问题这三个元素是否够用，能否通过构造效应获得涌现性的安全防御增益，以及不可能三角解构分析工具能否用于网络安全技术定性分析等问题。归根到底，就是要搞清网络空间究竟是否存在内源或内生性"抗体"问题。也就是，最终要回答网络空间内生安全概念在理论层面是否可以成立的问题。

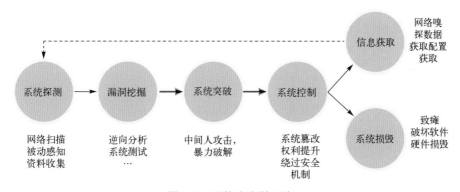

图 2.3　网络攻击链示意

1）动态性带来不确定性

由于传统信息或信息物理系统（CPS）的确定性、静态性和相似性特征，一方面使得攻击者具备时间和空间优势，能够针对目标系统的内生安全问题进行反复地嗅探分析和渗透测试，甚至借助社会工程手段找到突破目标系统防御的途径。另一方面使得攻击者具备成本不对称优势，可以运用同样的攻击手段规模化地作用于类似或相同的目标对象。最具代表性的动态防御技术有，美国科学技术委员会(NITRD)提出的《网络空间动态目标防御》(Moving Target Defense, MTD)，旨在通过多样的、不断变化的构建、评价和部署机制及策略来增加攻击者难度与代价，有效限制脆弱性暴露及被攻击机会[8]。换言之，就是要尽可能地提高攻击者视角下目标对象环境的不确定性。MTD可以在目标对象的不同层面、以不同的方式实现，大体上可以分为五大类：动态运行环境、动态软件、动态网络、动态数据和动态平台。其核心技术包括IP地址可变、通道数可变、路由安全和IP协议可变、网络和主机身份的随机性、地址空间的随机性、指令集合的随机性、数据的随机性等。

应当说明的是，随机现象本质上是一种没有规律可循的、理论上的动态运动现象，常常指事前不可预料或预言的现象。也就是说，在相同条件下重复进行试验，每次的结果未必相同，或即使知道事物过去的状况，未来的发展却不能完全肯定，如同抛掷硬币游戏那样的结果。随机性是动态性的一种理想呈现。其实，动态防御的思想由来已久，《孙子兵法·虚实篇》就有"攻而必取者，攻其所不守也；守而必固者，守其所不攻也。故善攻者，敌不知其所守也，善守者，敌不知其所攻"的论述，指出动态变化对于控制战局的重要性。

2) 多样性带来非相似性

多样性在哲学意义上指的是"存有(beings)的多元性(plurality)，或是实在(reality)的繁杂性(manifoldness)"。恩培道格斯(Empedocles，490～430 B.C)等人主张一种质的多元论(qualitative piuralism)，认为"有"不是一元的，而是多元的，各个存有要素间有性质上的差异。

工程技术界认为，一种功能既可以有多种技术实现方法，也可以通过多种宿主载体来表达。俗话说"条条大道通罗马"指的就是这个意思。

生物界存在一种多样性迷雾，又称拟态伪装。1998年，澳洲墨尔本大学的马克·诺曼，在印度尼西亚苏拉威西岛水域发现了一种新的章鱼物种，学名条纹章鱼，又称拟态章鱼，是迄今为止，生物界已发现的顶级拟态伪装高手。研究表明，它不仅能主动地改变自身体色和纹理，还能模仿其他生物的形状和行为方式，在砂砾海底和珊瑚礁环境中完全隐身，条纹章鱼在不依赖附加伪装物的条件下，至少可以模拟15种海洋生物。它以本体构造相近或相似的参照物，用色彩、纹理、外观和行为的仿真或模拟来隐匿本征体的外在表象(包括形态和行为等)，用视在的特征或功能造成掠食对象的认知困境或认知误区，以此获得生存优势和安全保障[1]。

总之，事物的多样性表现常常会使人们陷入认知困境。同理，目标对象的视在多样性表达会给网络攻击者造成很大的感知或认知障碍。所以，多样化机制的运用就是要改变目标系统环境的相似性，使攻击者无法定位和利用漏洞后门、病毒木马等攻击资源，以及简单地将某些成功的攻击经验直接运用到相似场景目标的攻击中。

需要强调的是，一般而言，多元性与多样性之间的一个重要差异就是功能等价但非同源。通常情况下，多样性是指同一实体的多种表现形态，也称同一实体的多种变体，变体之间的相同点较多，生物界的拟态现象就是这一形态的经典表征。而多元性的实体间虽然存在等价的功能，但是相同的元素很少甚至不存在同源组分，例如 Windows 操作系统与 Linux 操作系统几乎完全不存在相同的漏洞[13]。多样性和多元性最终表现为构件元素实现算法上的相异性高低。对攻击者来说，在多元体之间发现相同或共模漏洞的难度，远远高于在多变体之间寻找同源漏洞的难度。

3)冗余度带来可靠性

冗余在工程技术领域是指，用多于一种的途径或方法来完成一个规定的功能，或者在不同时间段上重复执行同一种操作。空间冗余设计又称余度设计技术，一般是在系统或设备完成任务起关键作用的地方或环节，增加一套以上能完成相同功能的通道、工作元件或部件，以保证当该部分发生错误或失效时，系统或设备仍能正常工作或继续提供服务，以便降低系统进入不能工作的故障状态的概率，提高系统或部件的可靠性。从这一层意义上说，冗余设计既是一种容错设计也是一种"结构决定安全"的技术方法。其应用场景有如下特点：

(1)通过提高部件或元件或材料质量和基本可靠性等常规方法仍不能满足系统任务可靠性要求的场景(俗称天花板场景)；

(2)由于采用新材料、新工艺或用于未知环境条件下，因系统任务可靠性难以准确估计、验证时的场景；

(3)对系统任务成败可靠性具有决定性意义的环节或关键部位；

(4)一个复杂系统当处理结果正确与否无法判定时,用多个功能等价系统或同一系统在不同时间段上的处理结果进行择多或大数判决。

总而言之，冗余设计不仅能改善"已知的未知"场景可靠性，也能在一定条件下通过相对性判识机制获得"未知的"差模场景辨识度。

在功能安全和网络安全甚至信息安全领域，动态性、多样性和冗余性三要素常常是组合应用的，但实践中几乎没有全要素一体化组合的应用场景，这是因为工程技术上很难直接实现三个要素的完全相交。

2.2.4 不完全交集原理

正如上节所述，网络安全防御领域存在三个核心的技术要素（D、V、R），即动态性/随机性、多样性/异构性、冗余性，对于增加不确定性和防范未知安全威胁或破坏至关重要。其中，随机性可以视为动态性的一种特例。同样，异构性也可视为多样性的一种特例。遗憾的是，长期以来功能安全、网络安全还有信息安全业界，对如何利用三要素的组合关系实现未知威胁防范功能方面缺乏系统性的理论认知，既不知道什么样的组合形态是获得内生安全性的充分必要条件，也不明白什么样的逻辑架构可以获得不依赖（但不排斥）先验知识的内生安全功能。本小节，作者将运用基于文氏图和三元交集表述的"不可能三角"通用解构分析模型，对上述科学问题进行三元解构分析，运用所创建的"未知威胁防范不可能三角"——不完全交集原理（Incomplete Intersection Principle，IIP），分析探讨现有的网络安全技术为什么不能一体化地做到既可以有效应对人为或非人为扰动影响，也能实时拒止"已知的未知"或"未知的未知"网络攻击。

不完全交集原理指出：如果 D、V、R 不存在任何交集或只存在任意两两的交集，则不能应对基于目标对象内部未知漏洞后门等里应外合式网络攻击。换言之，在不依赖先验知识的条件下，只要 DVR 三元素不能完全相交，就无法防范网络空间未知安全威胁问题。图 2.4 给出了 DVR 三元解构模型（文氏图）。

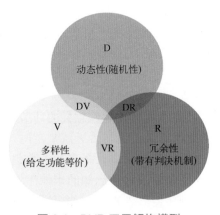

图 2.4 DVR 三元解构模型

以下是运用 IIP 原理进行相关安全技术的定性分析：

1）DVR 之间不存在任何交集情况

此时，在动态性（D）、多样性（V）和冗余性（R）之间不存在任何交集的情况下，即 D、V、R 要素各自独立使用，此时：

D 域：只有单一目标对象的动态性虽然可以带来视在不确定性，但对防范基于目标对象未知漏洞后门或病毒木马等的内外协同攻击没有安全效力。

R 域：单纯冗余或同构冗余对防范基于未知共模漏洞后门攻击或共因故障以及试错攻击在机理上无效。

V 域：如果欠缺动态调度机制，多样性无法呈现安全防护作用。

2）DVR 只存在两两交集的情况

此时，仅存在 D∩V、D∩R 和 V∩R 的交集，定性分析如下：

（1）DV 交集。典型技术实践有：移动目标防御（Moving Target Defense, MTD[3]）。

①前提条件：

－ 存在功能等价的多样化目标对象。

－ 多样化目标对象中的漏洞后门等安全问题防御者未知。

②防御原理：随机性地选择功能等价目标对象提供当前对外服务功能。

③防御效果：增加攻击者对已知漏洞利用或未知漏洞探测的不确定性。

④主要问题：

－ 多样化目标对象中只要存在一个防御者未知的后门，通过内外协同方式，攻击者至少可以达成窃取或篡改敏感信息的攻击目的。

－ 理论上，漏洞探测或利用难度与可供利用的目标对象数量以及调度算法和场景变化强度相关，这意味着需要代价高昂的系统开销才能提供足够的不确定性，工程实践上往往难以承受。

（2）DR 交集。典型技术有动态同构冗余，这也是突破可靠性"天花板"的传统方法。

①前提条件和工作原理：

－ 只是针对自然因素扰动下的随机性失效或不确定性错误。

－ 目标对象由 n 个构造和功能完全相同的冗余体组成。

－ 判决或共识机制能够区别并屏蔽差模表现的冗余体。

－ 动态调度机制可以切换或移除差模表现的冗余体。

②防御效果：在满足 $f \leqslant (n-1)/2$ 条件下（n 为余度数，f 为允许同时存在的

差模问题冗余体数量)，只要目标对象中存在差模表现冗余体都可以被屏蔽。

③存在问题：对基于多数冗余体未知共模漏洞后门等的网络攻击或共因故障(尽管自然条件下发生概率较低)，防御的有效性在机理上无法成立。

(3) VR 交集。典型技术有非相似余度构造(Dissimilar Redunancy Structure, DRS[3])，在可靠性领域也称为异构冗余构造(Heterogenouse Redundancy, HR)。

①前提条件：

- 目标对象由多个功能等价非相似或异构的冗余体构成。
- 冗余体中的漏洞后门对攻击者和防御者而言，均为黑盒。
- 任何时刻构造不可用时冗余体的数量为冗余体总数。

②防御原理：多个异构冗余体以择多判决机制并行工作，但凡发现差模表现的冗余体，不论问题原委和产生机理，一概在不中断当前服务情况下屏蔽。

③防御效果：相对同构冗余，共因故障的发生概率要低得多。

④存在问题：

- 由于目标系统的异构冗余体数量和部署方案是静态的、确定的和相似的，进而攻击表面也是确定的和相似的。
- 如果多个冗余体上分布存在攻击者已知但防御者未知的漏洞后门时，攻击者可以采用逐个"爆破"方式，使当前可用冗余体的数量无法满足择多判决的最低条件，系统只能进入宕机状态；也可以采用逐个"渗透"方式实现任意功能的"蛰伏待机"攻击。换言之，VR 在基于防御者未知漏洞后门的攻击下，不具有稳定鲁棒性和品质鲁棒性[14]。

以上分析表明：一个防御系统中，如果缺失动态性(D)、多样性(V)和冗余性(R)任何一种要素，或者 DVR 要素之间关系始终处于不完全相交状态，该系统一定不具备防御基于内部未知安全问题的内外协同攻击的能力。

不难推论，不完全交集原理作为一种通用三元解构分析工具，可以定性考察任何一个目标对象或技术产品，在不依赖先验知识条件下是否具有防范未知安全威胁的广义功能安全能力，尤其是能否具有应对基于目标对象内生安全问题的里应外合式网络攻击能力。

2.2.5 现有安全技术 IIP 分析举例

1) 加密/认证(Encryption authentication)

任何加密/认证算法都属于 DVR 域上的一个子集，尽管算法本身可以是静态的，但是密钥一定是动态的，遵循"一次一密""完美保密"的理论原则且具有不依赖先验知识的安全防御特性。此外，多组密钥间既是异构的也是冗余的，尽可能遵循随机性原理。所以，一个好的加密算法本身应当具有内生安全属性。需要强调指出的是，尽管加密/认证算法本身的安全性不依赖任何先验知识，但不等于其实现或执行载体或受信任执行环境(TEE)也具有内生安全的性质，宿主软硬件内生安全共性问题往往是加密/认证算法的最大隐患，例如，任何高级算法都无法应对基于执行环境中漏洞后门等内外协同式"旁路"攻击。

2) 区块链技术(Blockchain)

基于分布式、无中心、共识机制的区块链技术从算法本身来说，也属于 DVR 域上的一个子集。因为，理论上，区块链的节点数量不是固定不变的，允许动态加入或退出；节点间既不强调同构性也没有多样性要求；分布式节点间采用基于冗余的共识机制。所以，区块链作为一种内生安全的算法也许在理论层面是成立的，但是实践层面则很难保证区块链各节点的软硬件宿主系统也具有内生安全性。例如，如果超过 51%以上的节点采用同样的 x86 或 ARM 架构 CPU，或 Windows、Linux 等操作系统，或某种开源社区同源代码的中间件，则这些软硬件中的内生安全共性问题理论上可能导致"拜占庭将军"共识算法无效。此外，分布式系统不可能三角——CAP 原理对区块链规模化应用也是一个不小的挑战。

3) 零信任技术(Zero trust)

零信任技术自从诞生之日起就备受关注，甚至被认为是网络安全领域颠覆性的创新理念。本质上，零信任是建立在先验知识库基础上的一种方法、一种架构、一种策略、一种体系化的安排和一个持续的安全防护目标，也属于 DVR 域上的一个子集。由于技术架构和部署策略一旦确定就具有静态性、相似性和确定性，虽然各级信任认证环节的实现不排除多样性或异构性，但理论上不具有冗余性。于是，DR 元素的缺乏使得其有效性与先验知识丰富度强相关，机理上就不可能应对"未知的未知"安全威胁或破坏。此外，各认证环节的软硬件宿主系统中如果存在内生安全共性问题，尤其是在使用单一来源软硬构件的情况下(例如，多数环节使用同一种带有防御者未知漏洞后门的 CPU 或操作系统时，共模安全问题无法忽略)，一个针对隐匿或未知的同源漏洞后门的未知攻击，不难重创看似层层设防但以碎片化表达的零信任安全体系。

4) 可信/机密计算(Trusted computing/Confidential calculation)

理论上，可信计算/机密计算不属于 DVR 域内的技术实例。因为其有效性以拥有完备或比较完备的知识库、不可或缺的软硬件证书认证机制以及私有的系统启动与加载机制为前提，所以，无法应对"未知的未知"安全威胁。此外，冗余元素 R 也不具有功能等价性，同时还缺乏动态性元素 D 和多样性元素 V。更为尴尬的是，该技术自诞生以来就存在一个无法回避的"灵魂拷问"——如何证明可信根及其相关控制系统或 TEE 软硬件环境实现中不存在内生安全共性问题，也就是极其依赖"安全飞地——Enclave"的可信性。

5）各种附加、内置、内嵌或本质安全等传统技术

除了加密技术外，几乎所有传统安全技术的有效性都需依赖先验知识库的积淀或积累，理论上无法应对"未知的未知"威胁或攻击。因此，这些技术不属于 DVR 域内需要讨论的问题。此外，在相关技术软硬件实现方面，如何保证不存在内生安全个性和共性问题，迄今为止，理论和技术都无法做到逻辑自洽！

总之，不完全交集原理的提出，有助于对各种安全算法（概念、方案）和实现载体（软硬件技术），给出是否可以在不依赖先验知识条件下，有效应对基于"已知的未知"或"未知的未知"安全威胁或内外协同攻击的定性分析结论。需要再次强调指出的是：即使算法或方法具有内生安全性，也绝不表明其软硬件实现载体/宿主一定具有未知威胁或破坏防御能力，这是两个不同范畴的问题。

毫无疑问，IIP 原理是迄今为止，能够作为目标对象是否具有内生安全性质的唯一判定准则，从而使我们拥有了可靠的解构分析方法，不难区别各种形形色色、贴有五花八门"内生安全"标签的滥竽充数之数字技术产品。

2.3 网络空间内生安全防御愿景

作为一种自然的推论，如果我们能将当前网络安全防御范式的思维视角从"亡羊补牢"的被动防御变换为不依赖（但不排斥）先验知识或能针对"未知"威胁和破坏的内生安全防御，从"封门补漏"的方法论转变为基于"构造决定安全"或"拟态伪装"赋能的系统工程论，从"尽力而为"的实践规范跃迁为安全性可量化设计、可验证度量的工程化目标。倘若上述推论能够成立，我们就可能彻底摆脱被各种漏洞后门及形形色色相关安全问题无尽纠缠的烦恼，在新创建的认知空间和问题域，采用新的方法论和实践规范，量化求解包括功能安全、网络安全和信息安全交织问题在内的网络空间内生安全共性问题，从根本上突破当下网络安全防御范式的禁锢，获得如同生物界脊椎动物那样的非特异性及特异性双重免疫功能[15]，既能提供不依赖获得性知识的"面防御"能力，也具备在精准识别抗原基础上的"点防御"能力，即原生的（Protogenetic）或内源性的（Endogenic）安全。此外，也期望能以一种构造赋能方式，使得信息物理系统或数字技术产品能够获得基于体系构造的内生安全增益，达成具有"钢筋

混凝土般质地"的网络弹性工程目标。我们将这种期望的安全功能，称为"网络空间内生安全(Cyberspace Endogenous Safety and Security, CESS)"，本书后续章节如果不加特殊声明，一般简称为"网络内生安全或内生安全或 ESS"。

2.3.1　期望的内生安全构造

内生安全的愿景是通过构建安全的系统体系来获得基于构造的安全增益，因此,我们对内生安全构造应具有的性质或属性有如下的憧憬:

(1)内生安全构造应当具有开放性,基于该构造可同时实现任何信息或信息物理系统非安全相关(任务或服务等)功能和安全相关功能,并允许架构内存在"已知的未知"或"未知的未知"内生安全共性问题中,架构的固有属性及安全效应对于转化或和解系统内生安全矛盾,达成对立统一关系具有普适意义。

(2)内生安全构造应当能以一体化形态获得结构化的安全增益,为解决数字系统包括功能安全、网络安全和信息安全三重交织问题在内的广义功能安全问题，提供高可靠、高可用、高可信三位一体可量化设计与验证度量解决方案。

(3)内生安全构造应能将多样性、动态性和冗余性等防御要素或功能，以不可分割的一体化方式赋予数字产品或信息物理系统内生安全的网络弹性。

(4)内生安全构造应当能从机理上有效瓦解任何差模形式的试错攻击或盲攻击，能为信息物理系统或数字产品服务功能带来稳定鲁棒性与品质鲁棒性。

(5)内生安全构造对数字技术产品应能起到"钢筋混凝土骨架"的作用,可以"砼料"方式自然地接纳已有或未来可能拥有的、以附加或内置或内嵌方式差异化(或策略性)部署的专业化的安全防护技术,使目标系统具备"钢筋混凝土般质地"的网络弹性,并能给出一体化的量化设计与验证指标。

(6)内生安全构造应当对架构内存在的软硬件漏洞后门等广义功能安全问题的具体细节不敏感。理论上，构造效应能在机理上抑制构造内以差模形态存在的功能安全、网络安全和信息安全事件且与数量多少无关，即使攻击者试图利用构造内共模形态的安全漏洞，也极难实现非配合条件下的盲协同逃逸。

2.3.2　期望的内生安全机制

内生安全愿景期望的安全机制似应具备如下特点:

(1)内生安全机制应当能够将随机性或不确定性失效、人为或非人为因素导致的安全事件通过合适的算法变换成为 DVR 域上"只知其然不知所以然"性质的、简单的、可用概率工具表达的差模或有感共模摄动，且可运用成熟的可靠性理论与技术克服之,并无须关心架构内广义不确定扰动的具体成因和机理。

(2)内生安全机制不企图从根本上消除架构内存在的内生安全结构性矛盾，也不奢望能使构造内的安全问题可以"彻底归零"，只是期盼能从机理上自动将当前运行环境内出现的异常扰动或摄动场景，迭代变换为对当前扰动行为不敏感的服务场景(此时无须关注其他场景下的表现)；或通过改变运行状态、资源重配、环境清洗、系统重构、异构防御元素导入等措施破坏当前攻击链的有效性和稳定性，达成"兵来将挡水来土掩"的目的。

(3)内生安全机制有效性应当不依赖(但不排斥)关于攻击者的任何先验知识(库)的丰富度，包括安全问题成因、触发机制、行为特征及可利用资源等已知信息，以及附加、内置、内嵌等其他安全措施的可靠性与有效性，且能给任何的"内外部协同攻击"带来破译拟态伪装的难度。

(4)内生安全机制赋能的广义功能安全应能为信息物理系统或数字产品提供高可靠、高可信、高可用三位一体的非安全功能和安全相关的网络弹性功能，并具有可量化设计、可验证度量的稳定鲁棒性和品质鲁棒性，其安全效力与运维管理者的技术能力、过往经验丰富度和维护操作的实时性弱相关。

2.3.3 期望的内生安全特征

愿景期望的内生安全特征如下：

(1)内生安全具备的构造赋能特征,应如同化合键的作用那样可以决定碳基材料的硬度,应具有与脊椎生物非特异性和特异性免疫机制类似的"点面融合"式防御功能[15]，与信息物理系统或数字产品本征服务功能在构造层面具有不可分割的一体化特征。

(2)内生安全赋能架构内，任何基于漏洞后门、病毒木马等的网络攻击问题及随机性故障或不确定失效问题，都可以通过架构固有的降维机制变换成为既有的可靠性与自动控制理论和方法可以实时处理的问题，也不依赖(但不排斥)关于漏洞后门、病毒木马等任何先验知识的支持，并对摄动或扰动及成因没有实时的精准感知和精确定位的前提要求。

(3)内生安全技术设计与实现过程中对软硬构件自身应当没有过于苛刻的安全性约束，允许使用开放市场商品级的多样化(多样性)的软硬构件。不仅能经济地支持增量市场对内生安全赋能数字产品性价比的要求，而且能有效地支持存量市场非内生安全设备或系统的改造升级。内生安全赋能系统的加性成本，应显著优于传统信息或信息物理系统全寿命周期功能安全和网络安全总的投资成本，在安全使用维护方面应具有更好的性价比优势。

(4)内生安全应能在结构化的技术环境中自然地融合或接纳各种附加式网

络安全技术，使得架构赋能系统能够经济地获得"钢筋骨架"+"混凝土砼料"般的内生安全网络弹性能力，且对除传统质量指标之外的"网络混凝土砼料"没有苛刻的安全要求。

(5) 内生安全应能借助构造技术巧妙地利用动态性、多样性和冗余性要素之间的互补关系以降低目标系统技术实现复杂度，避免单纯强调某一要素作用而影响整体技术经济性指标，能用局部动态异构冗余机制有效取代传统的全局静态异构冗余机制。

(6) 内生安全架构赋能作用相比传统安全技术手段应能给网络弹性工程赋予可量化设计、可验证度量的安全性指标，能有效应对未知威胁和破坏的能力。

2.4 网络内生安全防御范式

上一章我们用了整章篇幅提出了内生安全问题一般概念、基本特征、问题定义和内生安全共性问题及广义功能安全问题，还包括内生安全问题防御难题。本节将借助范式理论和概念，旨在以往"貌似堆积无序"的网络安全技术路线基础上，建构出一个关于"范式"的结构，从而发现"内生安全新构造"。

2.4.1 前提与约束条件

1) 内生安全问题仅是网络安全问题域的子集

网络内生安全问题仅指与目标对象本征功能直接关联并具有显式或隐式副作用的矛盾双方问题，凡是与本征功能不构成矛盾关系的问题不属于内生安全涉及或讨论的范畴。换句话说，即使能解决内生安全所有问题也不可能解决整个网络空间的安全问题。

2) 内生安全防御聚焦共性问题求解

由前文可知，因为需要找到普适性解，内生安全防御域与内生安全共性问题求解域高度重合。换言之，内生安全防御核心就是发现内生安全共性问题的普适性解，而内生安全问题域中的个性问题，则不属于共性问题讨论范畴，但不影响共性问题解的衍生或"他山之石可以攻玉"之作用，如图 2.5 所示。此外，所有内生安全界或攻击表面[16]之外的安全问题，也就是内生安全构架之外的防御功效是不确定的(可能有效也可能无效)。例如，内生安全赋能的密码机可以为加密或认证算法提供"受信任执行环境（Trusted Execution Environment, TEE）"且与环境中是否存在安全问题弱相关甚至无关，但对密码算法自身设计上的安全缺陷则爱莫能助。然而，将多个本征功能等价且存在不同程度设计缺陷的软件版本，比如，将基于多种模型的 AI 软件版本，冗余部署在内生安全的"受信任执行环境"内，理论上，也可以应对人工智能大模型中的内生安全个性问题带来的潜在安全风险。以此类推，纯粹功能设计层面的个性化之未知安全缺陷，通过多种服务功能等价的软硬件版本差异化部署，在内生安全架构内应该能获得与脊椎动物相似的非特异性和特异性免疫功能。

需要声明的是，内生安全架构不仅可赋能部件、节点、网元、装置和设备提供安全防御或广义鲁棒功能，同样也可以赋能系统、平台、网络乃至更大服务体系的内生安全功能。

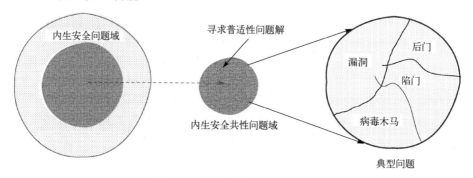

图 2.5　内生安全共性问题求解

3) 广义功能安全问题域与解题域

广义功能安全问题定义指出，功能安全问题、网络安全问题与信息安全问题交织区就是广义功能安全问题域(交织区之外的问题属于功能安全、网络安全和信息安全各自关心的问题)，如图 2.6 所示。由于网络安全本身对于目标系统内基于未知漏洞后门等的网络攻击就没有找到可靠的解决方法，因而在功能安全领域应用数字化、智能化和网络化技术时就不可避免地会引入网络内生安全共性问题[17]。于是，破解内生安全共性问题与解决广义功能安全问题具有共同的技术目标。换言之，功能安全、网络安全和信息安全交织问题一般很难独立求解，从这个意义上说，网络空间内生安全防御目标与广义功能安全目标具有高度的契合性。

4) 不依赖但不排斥先验知识和传统安全技术

对于防御者来说，之所以存在"已知的未知"不确定扰动或"未知的未知"网络攻击，都是相对事先积累的先验知识(库)而言。由于内生安全防御理论能将随机性或不确定性失效、人为蓄意或非主观原因导致的复杂扰动都转换为

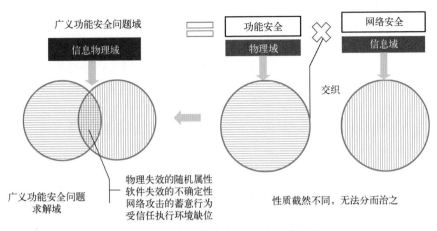

图 2.6　广义功能安全问题域与求解域

DVR 空间内可用概率表达的、简单性质的差模或共模扰动事件，所以在机理上无须以各种知识库的积淀丰度为有效防御前提，因而可以实施不依赖或独立于先验知识的功能安全防护。需要强调的是，DVR 域内差模或有感共模(以差模形态表达的共模)摄动，并不需要实时地关心摄动产生的原因或机理，即使其后的纠错处理机制也只要满足"知其然"前提条件即可。不过，内生安全防御并不拒绝从"知其然"阶段向"也知所以然"阶段的演进。实际上，借助大数据和人工智能在线或后台分析等技术"顺藤摸瓜"，不仅可以精准发现一些"含金量"很高的"0day"漏洞后门或病毒木马等问题[18]，而且通过学习分析得到的知识可以实现问题场景的精准替换，减少动态反馈迭代的收敛时间以提高系统的稳定鲁棒性和品质鲁棒性。此外，传统安全技术的差异化部署可以显著增强 DVR 域内的异构度，后续章节中我们将看到异构度与内生安全增益之间的指数量级关系。

　　5) 可量化设计度量安全性的适用范围

　　需要强调指出的是，内生安全防御的有效性与鲁棒性以及执行环境可信性，仅在构造或模型涵盖的区域内才具有可量化设计、可验证度量的安全性指标体系。如果安全防御体系将内生安全赋能系统部署在隘口或要地，则也可因合理的防御部署而获得体系方面的安全增益。换言之，构造既可以是节点赋能也可以是体系赋能。例如，本书第 6 章关于内生安全原生云应用的介绍，就是一种点面结合的赋能，对资源管理、数据库管理和维护管理等核心部件采用节点赋能，而对配置数量相对大量的服务器和数据存储器则采用平台层面的体系赋能，当然还是以这些服务功能等价的多样化资源的异构部署为前提条件(这一要求在当今多样化的供给市场中并非苛刻)。

2.4.2　思维视角变换

如何能在不依赖(但不排斥)攻击者先验知识或精确感知与行为分析信息的前提下，有效抑制基于内生安全共性问题的"已知的未知"随机性摄动以及包括网络攻击在内的"未知的未知"不确定扰动影响，尤其是要能应对"内外协同式"的未知网络攻击，这是内生安全防御范式与传统网络安全防御范式思维视角的根本区别所在，二者完全不在同一个研究层级上。

著名科学家钱学森在系统工程论[19]中指出："从复杂问题的总体入手，认为总体大于各部分之和，各部分虽较劣但总体可以优化"。当人们在常规可靠性提升手段遭遇"天花板"问题时，发现硬件的随机性失效和软件的不确定性错误，只要不会同时触发多数冗余部件共因失效的前提能够成立，则通常情况下同构冗余构造就能大幅度地提升目标系统可靠性与可用性水平。当然，同构冗余系统共因失效在理论和工程上仍然是不能选择性无视的问题，于是，能显著降低共因失效概率的异构冗余构造便被发明出来，尽管工程技术层面为实现异构冗余需要付出不菲的设计和维护代价。

异构冗余构造的启示性意义在于：**当面对随机性失效或不确定错误时，异构冗余构造可以有效应对自然或非人为因素导致的"已知的未知"或"未知的未知"扰动。但是，在应对网络攻击时异构冗余构造的有效性前提条件往往难以成立。**究其原因，从网络安全角度视之，异构冗余构造存在固有的静态性、确定性和相似性等基因缺陷，只要攻击者能够了解相关冗余部件的软硬件漏洞后门等信息，并有能力利用这些攻击资源，就可以通过逐一"爆破"或"渗透"等试错方式，造成目标系统功能性宕机或达成蛰伏待机式的共模逃逸。这就是为什么经典非相似余度构造(Dissimilar Redundancy Structure, DRS)只能作为入侵容忍(Intrusion Tolerance)系统"拦截漏网之鱼的最后一道屏障"而不是"最后底线"的原因。从 GSPN(Generalized Stochastic Petri Net)模型的定量分析中不难得到这样的结论：DRS 构造在人为攻击条件下不具备稳定鲁棒性和品质鲁棒性[3]。但是从全局视角观之，非相似余度构造的确能在非人为因素前提下，将构造内随机性摄动和不确定性扰动转换为差模或有感共模形态表达的故障；也能在未知的网络攻击条件下，将构造内人为因素导致的不确定扰动转化为简单性质的差模或共模事件，尽管这种转换功能尚缺乏必要的鲁棒性。为此，我们将非相似余度构造称为"不完美"的广义功能安全构造。

2.4.3　方法论创新

发展功能等价异构冗余构造及相关策略裁决与反馈迭代机制(详见第 3 章),可以将个体层面的不确定摄动或未知网络攻击转化为群体层面,具有"已知的未知"概率属性的差模(或有感共模)形态的可靠性事件,尽管在此情况下我们还不能实时地确定差模扰动的内在原因或机理(理论上,通过后台或脱机处理方式不难分析之)。换句话说,在异构冗余空间内我们只需实时感知差模扰动场景即可开展场景迭代变换或重置防御环境,其有效性与差模扰动的随机性或不确定性弱相关甚至不相关。理论和实践可以证明[20],基于策略裁决反馈控制的 DVR 交集构造(详见第 3 章),不仅能在缺乏先验知识条件下感知个体层面以差模形态表达的"已知的未知"扰动或"未知的未知"网络攻击,而且通过各种纠错屏蔽或清洗重构或策略裁决或反馈迭代等技术的综合运用,能将当前运行环境内的差模扰动场景作时空维度的迁移或变换,从而可有效应对包括 APT(或蛰伏待机)在内的协同性质的试错攻击或共模逃逸,并能确保变换功能具有品质鲁棒性和稳定鲁棒性。下一章我们将详细介绍内生安全防御范式之方法论的核心构造,并说明为什么这种 DVR 技术构造可以成为信息物理系统或数字产品网络弹性的赋能架构。

2.4.4　更新实践规范

不同于以往"尽力而为"的传统网络安全实践规范,新范式的工程技术目标强调不论是"已知的未知"或"未知的未知"差模摄动影响,还是人为或非人为因素导致的差模扰动,DVR 完全相交构造都应能够给出"可量化设计与验证度量"的安全性指标。理论上,假如能保证 DVR 交集构造"绝对异构",且攻击者又无法实时地掌握当前运行环境内多数执行体安全缺陷的话,则可以百分之百地抑制差模事件的影响,并使共模逃逸概率趋于零[10]。但是,世界上不存在绝对化的事物,因此"绝对异构"也不可能成为"完美安全"实践追求的目标。作为一种合理折中,只要当前运行环境内的相关部件能够满足局部安全性要求,加之清洗恢复、智能重构、基于裁决的动态反馈控制等工作状态转换或场景迁移技术,可以有效破坏或影响攻击链的可构建性及有效性与可靠性,不难获得基于自适应智能快速收敛算法的迭代效果。正如前面反复提到过的那样,如果在 DVR 完全交集构造环境内策略性地部署不同防御机理的附加式网络安全产品,则可以显著降低异构冗余构造的工程实现复杂度、提高产品的技术经济性、获得指数量级安全性与可靠性增益[1],且无须对相关软硬件本身的安全性或可信度提出过于苛刻的要求，这一自然的、非排他的融合性质是 DVR 交集所特有的。显然，新的实践规范正是要以 DVR 交集构造作为各种 CPS 系统或数字设施的"钢筋混凝土骨架"，以相关本征功能技术和现有或未来的网络安全技术作为"混凝土砼料"，铸造可量化设计与验证度量的"钢筋混凝土般质地"的网络弹性服务系统。

需要指出的是，内生安全的 DVR 技术构造，天然是一个无须"绝对安全可信根"保障的"受信任执行环境"，且与其是否拥有安全防御先验知识无关。换言之，如果有一个可支持跨平台运行的高安全等级应用软件(例如某些加密算法、敏感信息处理等可信任的代码程序)，需要一个不会影响其安全运行的机密计算或可信计算平台，那么内生安全构造的处理系统由于能够完全屏蔽自身的任何安全问题，因而可以成为比较"完美的受信任执行环境"。

2.4.5　拒止试错攻击

在可靠性或传统功能安全的前提条件下，一般无需"对任何潜在的破坏都要关注对抗性"的网络弹性要求[20]，而在现代 CPS 系统或数字产品中这恰恰是不可或缺的网络弹性功能。不幸的是，传统功能安全的"王炸"——非相似余度构造 DRS，因为缺乏稳定鲁棒性和品质鲁棒性，无法承受 APT 类的持续不断的试错或盲攻击。与之相反，DVR 完全交集构造却可能从机理上颠覆试错攻击所必须的背景不变前提，使任何试错算法(包括 APT 攻击等)在理论上无法获得"熵减"效果。这种视在的"试错不收敛"效应是 DVR 构造所特有的。

需要特别强调的是，DVR 交集构造的安全区域仅限于给定的边界内，在此区域可有效管控架构内存在的内生安全共性问题(一定条件下也包括某些个性问题)，但对架构外的安全威胁或破坏之防御效果则不确定，其攻击表面(Attack Surface, AS)就是它的安全边界。换言之，DVR 的"拟态伪装"只是对目标对象中除本征功能之外的所有"暗功能"进行了结构层面的加密伪装，形成所谓的"双盲效应"。对目标系统本征功能或服务而言是"透明"的且无须作任何解密处理，但对潜在的"暗功能"来说，攻击者若不能解密拟态伪装就无法达成利用之目的(详见第 3 章)。由此可知，本征功能自身如果存在安全缺陷则 DVR 安全功效不确定。例如，即使我们可以管控承载加密算法的"受信任执行环境"中漏洞后门或病毒木马等安全威胁，但仍然无法解决加密算法自身的设计缺陷。就一般意义而言，**本征功能设计上的内生安全缺陷不可能通**

过其实现结构的内生安全设计解决之。因为，再高明的法官也无法实时纠正法律层面的设计瑕疵。

2.5 本 章 小 结

网络空间内生安全共性问题几乎无处不在，其矛盾性质使得内生安全问题只可能演进转化或和解而不可能从根本上消除。遗憾的是，当前主流的网络安全防御范式因为思维视角、方法论和实践规范方面的缺陷，无法有效管控基于网络空间内生安全共性问题的不确定扰动影响。关键是其思维视角无法摆脱依赖威胁感知或相关知识库积累的"亡羊补牢"之理论框架约束；核心是"补丁方法论"在解决漏洞后门问题的过程中并未改变主要矛盾的基本性质，只是从一个问题转移到另一个性质相同的其他问题而已，难以在时空维度上形成对立统一关系；其"尽力而为"的工程实践规范，不可能对"未知的未知"扰动达成安全性可量化设计、可验证度量的目标。

运用创新的未知威胁防御不可能三角原理——IIP 定理，不仅使我们能够定性的分析给定网络安全技术实例是否具有内生安全属性，而且还可以概略地了解目标对象在不依赖(但不排斥)先验知识条件下，能否具有应对包括里应外合式的未知网络攻击在内的广义不确定扰动能力。

提出的网络内生安全防御愿景从体制构造、安全机制和基本特征三个层次做了明确定义和诠释，回答了内生安全是什么，具有哪些不同于当前安全技术的特征，以及期望达成什么样的理论和技术目标。创立的网络内生安全防御范式，给出了广义不确定扰动防御新视角，为应对"未知的未知"网络攻击这一世界性难题提供了新的方法论，为克服目前网络弹性工程缺乏一体化构造增益问题提供了创新的解决方案，同时也为信息安全提供了即使"受信任执行环境"存在不可信因素，通过 DVR 完全交集构造可以提供机密计算或可信计算所需的"安全飞地——Enclave"。在下一章中我们将看到，内生安全防御范式如何为新一代信息技术及具有网络弹性功能的数字产品指明可持续发展新方向，如何从根本上化解网络时代存在的"开放性与安全性、先进性与可靠性、自主可控与安全可信、功能安全与网络安全或信息安全"等尖锐矛盾，如何从理论方法和工程技术层面彻底扭转当前网络空间"易攻难守"的战略预势。

参 考 文 献

[1] 邬江兴. 网络空间内生安全——拟态防御与广义鲁棒控制[M]. 北京: 科学出版社, 2020.

[2] Hey A, Tansley S, Tolle K. Jim gray on escience: A transformed scientific method [EB/OL]. 2009. https: //www.semanticscholar.org/paper/Jim-Gray-on-eScience%3A-a-transformed-scientific-Hey-Tansley/80fa526c43dbb2fcbf725dcfd579cb214788624e.

[3] 邬江兴. 网络空间内生安全发展范式[J]. 中国科学: 信息科学, 2022, 52(2): 189-204.

[4] Kreutz. D, Ramos F M V, Verissimo P E, et al. Software-defined networking: A comprehensive survey[J]. Proceedings of the IEEE, 2015, 103(1): 14-76.

[5] 邬江兴. 新型网络技术发展思考[J]. 中国科学: 信息科学, 2018, 11(8): 1102-1111.

[6] 李海泉, 李健. 计算机网络安全与加密技术[M]. 北京: 科学出版社, 2001.

[7] 于成丽, 安青邦, 周丽丽. 人工智能在网络安全领域的应用和发展新趋势[J]. 保密科学技术, 2017, 14(11): 10-14.

[8] Jajodia S, Ghosh A K, Swarup V, et al. Advances in Information Security[M]. New York: Springer, 2011.

[9] Gilbert S, Lynch N. Brewer's conjecture and the feasibility of consistent, available, partition-tolerant web services[EB/OL]. 2002. https: //dl.acm.org/doi/10.1145/564585.564601.

[10] 高玉伟. 国际金融热点解读: 政策目标的"不可能三角"[EB/OL]. 2013. https: //www.boc.cn/aboutboc/ab8/201303/t20130328_2210231.html.

[11] 百度百科. 不可能三角[EB/OL]. https: //baike.baidu.com/item/%E4%B8%8D%E5%8F%AF%E8%83%BD%E4%B8%89%E8%A7%92/8396713.

[12] Lioyd W, Freedman M J, Kaminsky M, et al. Don't settle for eventual: scalable causal consistency for wide-area storage with COPS[EB/OL]. 2011. DOI:/0.1145/2043556.2043593.

[13] Garcia M, Bessani A, Gashi I, et al. Analysis of OS diversity for intrusion tolerance[J]. Software: Practice and Experience. 2013, 44(6): 735-770.

[14] Ren Q, Wu J X, He L. Performance modeling based on GSPN for cyberspace mimic DNS[J]. Chinese Journal of Electronics, 2020, 29(4): 738-749.

[15] Wu J X. Cyberspace endogenous safety and security[J]. Engineering, 2022, 15(8): 179-185.

[16] 邬江兴. 网络空间拟态防御原理——内生安全与广义鲁棒控制[M]. 北京: 科学出版社, 2018.

[17] Wu J X. Problems and solutions regarding generalized functional safety in cyberspace[J]. Safety & Security, 2022, 1(2): 1-13.

[18] 王清. 0day 安全: 软件漏洞分析技术[M]. 北京: 电子工业出版社, 2011.

[19] 钱学森. 论系统工程[M]. 上海: 上海交通大学出版社, 2007.

[20] Ross R, Pillitteri V, Graubart R, et al. Developing cyber-resilient systems: A systems security engineering approach[EB/OL]. 2021. https: //csrc.nist.gov/publications/detail/sp/800-160/vol-2-rev-1/final.

第3章

网络内生安全原理与构造

　　从上一章内容可知，不完全交集原理(IIP)指出，一个网络安全防御系统中如果 DVR 功能不能完全相交的话，就一定不具备防范未知安全威胁(特别是里应外合式的网络攻击)所需的"构造决定安全"的能力。换言之，不论在目标系统中附加什么样的安全技术或者部署多少内置、内嵌、内共生等非一体化的防御措施，理论上都不可能有效抵御"未知的未知"安全威胁或"内外协同"式的网络攻击。本章需要证明，"DVR 完全相交"原理能否将广义不确定扰动变换为 DVR 域内能够用概率工具描述的差模或共模性质的安全事件，即需要从理论层面分析证明这种"DVR 变换"是否具有网络内生安全愿景中提及的基本属性。从更一般意义上说，就是要证明"构造决定安全"的推论在理论层面是否成立。然后，还要讨论什么样的模型或算法才能在技术上使 DVR 完全相交。研究发现，在非相似余度构造基础上导入状态或输出反馈控制机理，能够使DVR 构造内的各环节、各要素或各变量间构成前后相连、首尾相顾、因果相关的反馈环，任何一个环节或要素的变化，都会引起其他环节或要素的变化，从而形成反馈回路和控制运动。因此，反馈控制在机理上能够通过迭代收敛的动态性(D)来实时调节多样性(V)和冗余度(R)，从而可以满足 DVR 完全相交模型要求。鉴于此，作者发明出"构造决定安全"的动态异构冗余架构(Dynamic Hetergeneous Redundancy, DHR)(有时也称为拟态架构或拟态防御或拟态(Mimicry Architecture, MA))[1]，能以一体化的构造效应解决架构内未知威胁或网络攻击等功能安全和网络安全乃至信息安全三重交织问题。接着详细介绍了

DHR 架构组成与功能、内生安全机理、加密的攻击表面(Attack Surface, AS)以及内生安全的工程技术表达，并从密码学的角度证明，不依赖任何先验知识的 DHR 理想模型相较于信息论提出的"完美保密"模型，本质是一种通过基于"结构编码"的"构造加密"方式获得"完美安全"功能的创新方法，丰富了内生安全理论内涵及外延。最后给出了内生安全功能及性能的一般性测试与度量方法——白盒插桩注入式方法。

3.1　DVR 完全交集性质猜想

假定，一个系统拥有一个 D∩V∩R 交集(如图 3.1 所示)的构造(以下简称 DVR 完全交集)，并满足以下前提条件：

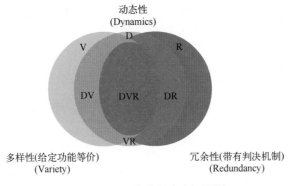

图 3.1　DVR 完全相交(文氏图)

(1)不依赖关于攻击者的任何先验知识；

(2)基于完全异构的多样性(仅在理论层面成立)；

(3)$f \leqslant (n-1)/2$(注：n 指任意时刻可用执行体的数量，f 指任意时刻允许存在差模故障的冗余体总数)。

不难推论，该构造对 DVR 域内如下差模(包括有感共模)性质问题具有不依赖任何先验知识的内生安全防御能力：

(1)无论随机或不确定性扰动引发的差模安全问题；

(2)无论人为或非人为因素导致的差模安全问题；

(3)功能安全、网络安全乃至信息安全问题交织形成的任何差模问题。

需要强调指出：理论上，假设 DVR 域内在任何时刻都能保证冗余部件之间具有足够高的异构度，则域内通常不可能产生共模性质的扰动问题。工程实践中，非人为因素导致的硬件随机性失效和软件不确定性错误在大概率上可以支持这种假设。然而，特殊或极端条件下，人为因素导致的网络攻击则有可能造成共模(有感或无感)性质的扰动或逃逸事件：

(1)构造内功能等价的各异构冗余部件中都存在攻击者预先植入、具有相同功能的后门或只有攻击者知晓的陷门；

(2)攻击者掌握或了解构造内多数(≥择多判决门限)异构冗余部件中的差模漏洞后门等攻击资源，并有能力通过攻击表面动态协同地利用这些资源实现跨异构冗余体或执行场景的共模逃逸；

(3)构造内多个异构冗余部件中存在相同逻辑功能的软硬件代码设计缺陷且防御方不知晓(例如开源软硬件代码或跨平台多样化版本中的未知安全问题)。

于是，DVR 完全相交猜想(Complete Intersection Conjecture, CIC)可以表达如下：一个信息物理系统中如果存在防御者未知的功能安全或网络安全(乃至信息安全)威胁，不论是否源于随机性或不确定性摄动，还是源于人为或非人为因素扰动，总是可以表达为 DVR 域内差模或共模性质的安全事件。

3.2 内生安全存在性与 DVR 变换

1)内生安全存在性猜想(ESS-Existence Conjecture, ESS-EC)

如果一种构造或算法同时具备动态性(D)、多样性(V)和冗余性(R)三要素的完全相交表达，则即使在缺乏先验知识条件下，也能够基于构造的内源性效应管控构造内基于任何未知漏洞后门、病毒木马等的差模攻击，以及抑制随机性或不确定性因素引发的差模性质扰动。本章 3.3 节将证明 DVR 完全交集猜想(CIC)与内生安全存在性猜想在理论上成立，且具有相同性。

2)DVR 变换

内生安全存在性猜想指出，倘若 D、V、R 完全相交或 D∩V∩R 交集的构造能将内部存在的各种网络安全与功能安全问题之扰动或摄动，变换为 DVR 交集在四维空间上的差模或共模表达，则可以在不依赖任何先验知识的情况下，一体化地解决构造内功能安全、网络安全甚至信息安全三重交织问题。图 3.2 给出了这种动态变换映射关系示意，其中 *XYZT* 表示 DVR 交集下三维实体+时间的四维空间。

需要强调指出：DVR 变换旨在将功能安全及网络安全问题域内摄动或扰动事件的多样性和复杂性成因及机理隐去，使得映射到 DVR 域内的安全事件只

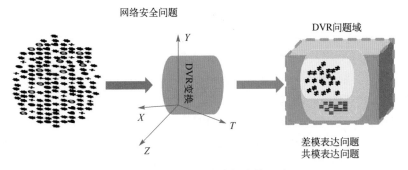

图 3.2　DVR 四维空间变换示意

有差模或共模(严格上说,又有无感和有感之区别)两种简单性质的动态表达,这种降维处理方式可以借助成熟的弹性功能和自动控制理论与方法,实时地处理人为或非人为、随机或不确定等差模/共模扰动或网络攻击。在此情形下,只需聚焦于如何用最短时间获得大数或择多判决算法给出的大概率差模结果,并实时地做出基于多样性和冗余性变化以及执行环境或状态改变的处理响应,而将精准定位和精确分析等严重依赖先验知识及复杂分析能力的高难度问题,放到比较次要的位置甚至可以脱机方式进行后台处理。

　　然而,内生安全存在性猜想(ESS-EC)仅是一种推测,假定存在某种算法模型或构造能将基于未知内生安全共性问题的扰动或摄动,变换为 DVR 域内以差模或共模形态表达的事件,则内生安全存在性在理论上应当可以成立。然而,即便在理论上能够得以证明,但 DVR 变换算法或构造的模型是什么、技术物理构造是什么、工程技术上能否实现、共模问题有无解决方法等问题,迄今为止仍没有任何现成的答案。因此,有必要聚焦如何将动态、异构和冗余功能集合通过一体化的构造形式有机关联起来,就成为需要深入思考和研究的问题。受物理学研究方法的启迪,如果在当前空间维度上确认无解的话,则借助增维求解方式有望获得解决问题的新途径。下一节,我们将研究创建可实现 DVR完全相交集合的理论模型。

3.3　从异构冗余导出 DVR 变换构造

　　由于信息物理系统或数字产品内生安全问题特别是内生安全共性问题,既不以人们主观意志或意识形态而转变,也不能仅靠供应链安全策略就可以完全破解,"不可信供应链"中的后门陷门等问题也绝非是自主可控路径能够彻底杜绝的。因此，需要创立"构造决定安全"的内生安全防御范式。正如欧几里得空间三角形具有几何意义上的稳定性一样，DVR 变换就是要在结构层面建构出一种能将动态性、多样性和冗余性有机融合、具有一体化安全增益表达的算法模型，可以把复杂、多变又无法预知或预测的功能安全、网络安全和信息安全三重交织问题变换为种类单调、性质简单、可用概率工具表达、易于借用成熟理论方法处理的技术问题。

我们已经知道，非相似余度构造(DRS)可以将随机性失效和不确定性错误、已知和未知安全摄动以及人为和非人为扰动等内生安全问题，变换为 VR 域内以差模或共模性质表达的概率事件。不过，由于其构造固有的静态性、确定性和相似性，因而无力应对网络空间基于内外协同的未知攻击或持续性盲攻击。换言之，异构冗余构造不具有 DVR 完全相交集合的稳定鲁棒性质。尽管如此，研究经典异构冗余构造的非相似余度(DRS)机理，有助于发现满足 DVR 完全交集(D∩V∩R)要求的新构造模型。

3.3.1　相对正确公理与非相似余度架构

"相对正确公理[2]"（也有研究者称之为共识机制）是指"人人都存在这样或那样的缺点，但极少出现独立完成同样任务时，多数人在同一个地点、同一时间、犯完全一样错误的情形"。相对正确公理在可靠性或弹性工程领域的成功应用，是 20 世纪 70 年代首先在飞行控制器领域提出的非相似余度构造 DRS，也称为异构冗余(Heterogeneous Redundancy, HR)，其抽象模型如图 3.3 所示。基于该构造的目标系统在一定的前提或约束条件下，即使其软硬构件存在分布形式各异的随机性故障，或者存在未知设计缺陷或错误导致统计意义上的不确定失效，都可以被择多或大数表决机制变换为能用概率表达的差模或共模事件，从而使工程师们不仅能通过改进材料性质、提高构件质量、发展新工艺等方式提高目标系统可靠性，也能通过系统架构技术的创新来突破可靠性、可用性之"天花板"的禁锢。

理论上，如果能满足冗余执行体间"绝对异构"条件，且构造或模型内的扰动与摄动均为随机性质的，则 DRS 构造内只可能存在差模形态安全事件的表达。然而，"绝对异构"在工程实践上不可能成立，而且异构度如何量化设计与评估问题至今仍未取得理论和方法层面的根本突破。美国波音公司在其B-777 型双发宽体飞机自动驾驶控制系统的开发中，采用技术背景不同的多个设计团队和"背靠背"的研发方式，试图以工程管理和设计规范区别对待的"非相似余度"方式取代"绝对异构"的苛刻条件。实践表明，此举的确收到了预期效果，但也付出了不菲的经济成本和全生命周期多版本维护的高昂代价[3]。

　　长期的工程实践还发现，尽管异构冗余与同构冗余都存在共因失效问题，但是物理性的随机扰动在统计意义上确实很难同时触发多个独立物理实体之共模缺陷造成完全相同的共因故障或失效；即使同一软件版本的设计缺陷（Bug）在同构冗余环境内，由于工作状态或环境不同（例如处于主从或负载分担或冷热备份模式下），出现共因故障的概率仍然处于大多数应用场景可承受的范围内。于是，技术实现难度较低的同构冗余就成为主流的功能安全赋能构造，而异构冗余 HR 乃至非相似冗余的 DRS 构造除了一些高安全等级、对全生命周期运行成本不敏感的特殊应用场合（例如民用航空器、宇航系统、高技术武器装备等）外，就只能处于"阳春白雪、曲高和寡"的尴尬境地。

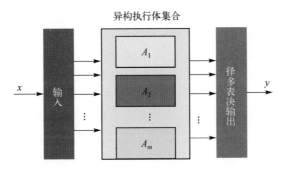

图 3.3　DRS 架构的抽象模型

3.3.2　非相似余度架构抗未知攻击定性分析

　　20 世纪末，有研究提出将 DRS 构造作为入侵容忍技术（Intrusion Tolerance）[4]"对付漏网之鱼的最后一道防线"。这里不妨定性考察一下 DRS 构造在网络安全防御方面的效果。

　　为了方便起见，首先假定构造内的 m 个执行体元素间满足"绝对异构"的前提条件，其次假定任意 A_i 中都存在内生安全共性问题，然后再假定基于执行体漏洞后门的未知网络攻击不可避免，且攻击表面位于 x,y 端。于是，至少可能出现以下三种情况：

　　（1）x 端的某一输入序列可能使 m 个执行体中的元素 A_i 产生与其他元素不同的输出响应，择多判决认为这是一个差模事件可以屏蔽其输出。此刻，DRS 架构其实并不知晓 x 端存在什么样的攻击序列，导致执行体 A_i 产生差模状态的原因和机理也更不清楚。此时，存在两种可能：一是 A_i 执行体的未知设计缺陷被非人为因素随机扰动触发，表现为差模性质的错误或故障；二是未知设计缺陷被网络攻击蓄意触发，表现为出现差模形态的攻击响应。然而，分析 DRS 运行机理，可以发现它并不关心 A_i 的设计缺陷是已知还是未知的，也不关心 x 端的输入序列是合规操作序列还是隐匿的攻击序列，只要能感知到构造内存在差模输出响应的执行体 A_i 即可。换句话说，m 个执行体元素中不论存在哪些差模性质的内生安全共性问题，也不论扰动是随机或不确定的、已知或未知的、人为或非人为的，且不管 x 输入序列的合规性如何，只要执行体 A_i 以差模输出形态表达就能被择多或大数表决机制发现并屏蔽。

(2)倘若攻击者能掌握多个(≥择多判决门限)执行体中以差模形态存在的内生安全共性缺陷，按照上述方法并在问题执行体清洗恢复操作前，采用逐个"爆破"攻击方式使 $f \leqslant (m-1)/2$ (f 为差模输出执行体个数，m 为异构执行体总数)前提条件不再成立，基于 DRS 构造的目标系统就无法避免宕机风险。

(3)x 端的某一输入序列可能使某个执行体元素 A_i 中蛰伏的后门陷门等攻击资源被激活(例如执行一些敏感数据打包待发送操作)，但不表现出与其他执行体相异的输出响应，此时择多判决器完全无感。同理，假定攻击者能掌控多数执行体中的共模性质后门功能，按照前述步骤分别完成相同的蛰伏待机操作，然后再利用 x 端某一个合规输入序列指令同时激活处于蛰伏待机状态的执行体。此时，攻击者可以利用择多判决盲区，通过"判决器侧信道(Side-channel)攻击"模式达成期望的攻击目的[5]。需要指出的是，因为实际工程上，m 个执行体间的"绝对异构"假设难以成立，所以择多判决盲区中的共模逃逸问题绝对无法忽视。

不难看出，尽管基于 DRS 构造的入侵容忍"最后一道防线"，确实能够抑制针对构造内差模性质的内生安全共性问题影响，但总体上来看，DRS 架构内各异构执行体运行环境以及相关漏洞后门等网络攻击可利用资源条件仍然是静态的、确定的和相似的，且执行体的并行部署方式通常不会改变攻击表面的可达性。因而，在具备必要先验知识的条件下，对 DRS 系统可以采取逐个精准破击的方式使之难以维持 $f \leqslant (m-1)/2$ 的使命确保前提条件，或者实现基于"蛰伏待机"式的敏感信息共模逃逸，且攻击成功经验具有可继承性，方法具有可复现性，攻击效果具有可持续利用价值。换言之，DRS 架构静态性和确定性在面对基于内生安全共性问题的网络攻击时，因为无法突破不完全交集原理的禁锢或者不具备 DVR 变换所要求的完全相交属性，故而不可避免地存在构造或算法层面的基因缺陷，在应对未知网络攻击时不可能具备稳定鲁棒性[5]。

3.3.3　启迪与发现

尽管 DRS 架构在对抗未知的网络攻击方面不具备稳定(时间)鲁棒性和品质鲁棒性，但基于以上分析并不妨碍我们获得以下三点具有启迪意义的认知：

(1)DRS 架构可以将 A_i 中形形色色的内生安全共性问题及复杂多变的广义不确定扰动情况，映射为静态异构冗余(VR)空间中具有概率属性的差模或共模问题(如图 3.4 所示)，且不必以精确了解内生安全共性问题的成因机理以及不确定扰动和攻击特征为前提条件，从而为不依赖漏洞(后门)知识库、病毒木马库和攻击特征库积淀的网络安全防御，开辟一条基于"构造决定安全"的新途径(例如石墨和金刚石的硬度就是由碳原子间的化合键构造决定的)。但是,DRS架构显然未能达到 DVR 变换所期望的内生安全目标。

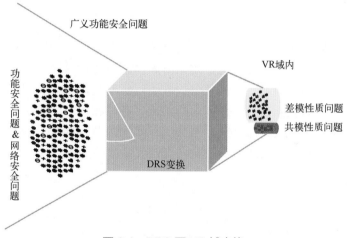

图 3.4　DRS 至 VR 域变换

(2)在不能保证"绝对异构"前提下，攻击者倘若事先能掌握一定的攻击资源，当余度数为 n 时，仍然可以利用择多判决机制无法甄别 $(n-1):1$ 或 $1:(n-1)$ 究竟是"真差模"问题还是"有感共模逃逸"的判识盲区，采取持续渗透的蛰伏待机或内外部协同攻击策略，不难实现基于判决器侧信道攻击[6]的敏感信息无感窃取或攻击者期望的其他操作，不仅能直接威胁目标系统的"使命确保"功能，还能对 DRS 构造内的存储或处理的数据资源的机密性、完整性与可用性构成信息安全层面的威胁或破坏。

(3)由于 DRS 架构的静态性、运行机制和攻击表面的确定性，以及工程实践上难以实现全局性的静态异构要求，使得攻击者可以根据事先掌握的多数执行体的内生安全共性问题，且当执行体的平均恢复/清洗操作时间大于试错攻击间隔时，采用基于概率的试错攻击方式可以逐一"瘫痪"相应执行体实现系统宕机。如果用信息熵[7]的概念表述，因为 DRS 构造静态性使得初始信息熵没有任何的自维持机制，从而在持续性的试错或盲攻击下只能作熵减少运动，直至初始信息熵低至攻击链能够可靠地发挥期望作用时，构造的本征功能或安全功效就会彻底丧失。例如，假定攻击者事先已掌握架构内多数执行体的内生安全缺陷，并在差模执行体完成清洗恢复操作之前达成 $f \geq (n-1)/2$ 状态，宕机崩溃不可避免[8]，也无法抑制"蛰伏待机"式的信息安全攻击。

(4) 尽管判决器能够发现构造内的差模或有感共模扰动问题，倘若不能实时地改变或重置当前运行环境内的多样性或冗余性场景，扰动现象不会自行消除。换言之，需要有基于运行环境认知的执行体场景动态调配/清洗机制。

3.3.4　发现反馈控制可使 DVR 完全相交

反馈控制原理指出：一个反馈控制系统中，控制装置对被控对象施加的控制作用，取自被控量的反馈信息，用来不断修正被控量与输入量之间的偏差，从而实现对被控对象进行控制的任务。其运行机制是，使得控制装置与被控对象构成各环节、各要素或各变量间前后相连、首尾相顾、因果相关的反馈环，其中任何一个环节或要素的变化，都会引起其他环节或要素的变化，从而形成反馈回路和控制运动，因此反馈控制具有迭代收敛的动态属性，如图 3.5 所示。

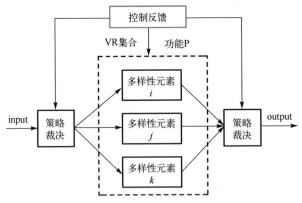

图 3.5　反馈控制可以构成 DVR 完全相交集合

经典输出反馈(output feedback)控制意义在于，以输出作为反馈量来构成反馈律，实现对系统的闭环控制，从而达到期望的系统性能指标；状态反馈(state feedback) 控制意义在于，将系统的每一状态变量乘以相应的反馈系数，反馈到输入端与参考输入相加，其和作为被控系统的控制信号；模糊输出反馈 (fuzzy output feedback) 控制意义在于，利用模糊 T-S 模型对不确定非线性系统进行描述和建模，进而实现系统控制的设计。例如，对一类不确定非线性时滞系统进行模糊建模，得到模糊状态反馈控制和基于观测器的动态输出反馈控制设计，通过模糊控制器来证明不确定模糊时滞系统是渐进稳定的。

不难推论：如果在非相似余度架构中导入基于输出反馈控制的异构冗余场景动态调度机制，并以策略判决状态作为反馈量构成反馈控制律，无疑能够改变 DRS 架构静态性与确定性之固有缺陷，并在多样性、冗余性和动态性之间构成因果相关的反馈环，使得原本独立或分散存在的 DVR 要素形成互补关系。

但是，本推论至少还要解决以下三个棘手的工程实现问题：

一是，仅仅依靠 DRS 的大数表决或择多判决策略，无法区别是"真差模"问题还是"有感共模逃逸"，也就是存在前述的"判识盲区"问题。例如，一个三余度 (TMR) 的 DRS 系统，在自然因素摄动下，判决器发现执行体输出结果中存在少数不一样的情景，此时，大概率情况下可以认为是差模事件影响。但是，人为因素扰动下就无法排除差模攻击或有感共模逃逸的可能了，尤其是攻击者只要能掌握 2 个执行体中的漏洞后门就不难使 DRS 系统进入"蛰伏待机"状态，通过对共享输入通道合规序列的编排或配合完全可以实现任何期望的协同攻击或共模逃逸。为此，有必要引入多重相对性迭代判决机制。例如，将各执行体历史表现权重、软硬件安全设计等级、系统安全防护等级以及当前软件版本号等，归一化为可供迭代判决使用的参量。

二是，由于异构冗余（即使同构冗余）运行环境差异，使得各执行体输出响应不可能获得严格意义上的时间同步。换言之，各执行体尽管功能等价但相对输入激励，输出响应时间上也存在参差不齐的情况。因而，在输出响应时间苛刻条件下，很难保证判决器能够实时地给出反馈控制参数或确定某一执行体输出作为系统响应输出。此外，执行体在运行中还可能会产生提示性或保护性的告警，且往往发生在输出判决前，因而判决器还要根据这些归一化处理后的信息进行策略性裁决。例如，注入攻击可能产生非法指令告警，溢出攻击可能引发程序或数据空间溢出告警，隐匿攻击不当可能造成非法进程告警，执行文件安全证书认证告警，执行体上差异化部署的各类安全软件相关告警信息，以及操作系统给出的软硬件故障告警或提示等。此外，一些利用随机性参数的软件，诸如 TCP 协议的初始序列号、加密认证、系统函数调用等，都与执行体软硬件配置或运行环境强相关，各执行体即使运行同一源程序生成的多样化版本，也无法完全避免不一致但并非任何扰动导致的差模输出结果，故而单纯运用基于输出裁决的反馈控制机制还存在不少工程实现方面的挑战。

三是，无论采用何种反馈控制机制，一旦被激活，就会发出改变当前运行环境状态或资源配置等命令，例如，指令问题执行体清洗运行环境或改变当前运行状态，甚至实施迁移替换操作。这里不仅存在多种选择方案以及如何才能达成最优化问题(涉及反馈收敛时间或系统安全降级持续时间)，而且执行体只要是承载基于状态机的服务，一旦被改变就会产生数据文件一致性或程序状态"追赶"问题，而且在"同步"跟上其他执行体之前，系统安全始终处于 $N–1$ 降级状态(N 为异构冗余体或运行场景的数量)，尽管这纯粹属于分布计算系统的 CAP 问题。

总之，导入反馈控制机制很可能是实现 D、V、R 三要素完全相交的唯一机制(仍有待理论层面的进一步证明)，并能显著增加 DVR 完全交集的视在不确定性(也可以认为是一种构造层面的加密效果，详见 3.6 节)，同时也会带来工程技术实现层面许多新的棘手问题。

3.3.5　发现 DVR 变换构造

综上所述，如果能在异构冗余或非相似余度架构(DRS)中导入保障初始信息熵动态平衡的输出状态反馈控制机制，就能从很大程度上避免或缓解其在网络攻击条件下缺乏稳定鲁棒性和品质鲁棒性的问题。换言之，不仅要导入策略裁决、反馈控制、可迭代收敛等动态反馈控制机制以期获得熵不减特性，而且还要能自然地接纳和差异化地部署杀毒灭马、封门补漏、加密认证、入侵检测、入侵预防等附加安全防御元素，以便显著地降低异构设计带来的工程实现难度，技术经济地增强执行体集合内的异构度，以期获得指数量级的安全增益。如此这般，理论上，应当能从根本上改变 DRS 运行环境的静态性和确定性之基因缺陷，使得攻击者既无法完整了解赋能对象的内生安全共性缺陷，也很难实时掌握和利用当前运行环境中的可利用攻击资源，更难形成"非配合条件下，动态异构冗余环境内协同一致的共模逃逸"。构造的纠错或屏蔽机制应能使攻击者很难感知或认知目标环境和评价攻击效果；构造的清洗恢复、动态重构和运行场景的策略迭代机制应能使防御方可以"在合适的时间，用合适的运行场景，有效应对当前的广义不确定扰动"，达成"兵来将挡水来土掩"的自适应防御目标；构造的反馈控制机制应该能在多样性、冗余性和动态性之间构成因果相关的反馈环，使得原本独立或分散存在的各安全要素形成互补增强关系，并能有效降低工程实现复杂度；期望这种创新的内生安全赋能构造具备可量化设计、可验证度量的广义功能安全特性。作者将这种安全赋能构造命名为动态异构冗余架构（Dynamic Heterogeneous Redundancy, DHR）[9]，如图 3.6 所示。显而易见，DHR 架构属于 DVR 变换算法之一（目前尚不能证明其唯一性），如图 3.2 所示。下面我们将基于 DHR 构造模型和香农的信道编码理论推导出内生安全结构编码或加密理论，并给出内生安全存在性证明。

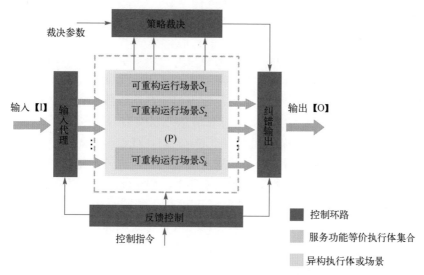

图 3.6　动态异构冗余 DHR 构造模型

3.4　内生安全结构编码存在性原理

从"结构决定功能、结构决定性能、结构决定效能"的公理出发，能否证明"结构决定安全"的推论。换言之，在网络空间安全方面需要证明，是否存在不依赖先验知识和附加安全措施的条件下，可有效对抗"已知的未知"或"未知的未知"威胁或破坏的结构或构造问题。1949 年香农提出著名的信道编码定理[10]之前，有噪声条件下的可靠通信问题是典型的"已知（噪声所导致通信错误数据）的未知（纠错编码模型）"问题，香农可靠通信模型如图 3.7 所示。香农第二定理（有噪信道编码定理）在无记忆信道和随机噪声导致随机错误这两个假设前提下，证明通过在拟传输的原始消息中添加适当设计的冗余编码，然后在接收器处来重建（译码）原始消息的方法，能够实现消息的可靠传递。该定理还证明了存在通信出错概率可以无限趋于 0 的通信方法，开辟了基于信道编/译码的现代可靠通信新方向或新途径。

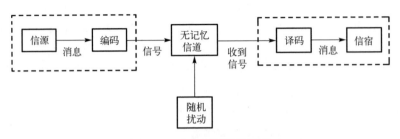

图 3.7　香农可靠通信模型

　　基于网络内生安全共性问题导致的随机或不确定性摄动、人为或非人为扰动事件可以描述为信息系统对信息的可靠/持续正确处理问题，其中信息处理包括对信息的计算、存储和通信等。为了便于讨论，这里我们将图 3.6 动态异构冗余 DHR 构造模型转换为内生安全可靠信息处理模型，并假定模型功能 P 是 n 个异构元信道 (x) 结构编码的函数，即 $P = f(x) = f(x_i) = f(x_1 \bigcup x_2 \cdots \bigcup x_n)$，且 $x_1 \neq x_2 \cdots \neq x_n$，如图 3.8 所示。与香农可靠通信模型中的无记忆信道和随机扰动错误假设不同，一方面，网络空间信息系统一般具有计算、存储和通信能力，可以被抽象为一种存在内生安全问题、有记忆的信道或通用图灵机；另一方面，我们将随机通信噪声、随机物理失效、网络攻击等统称为广义扰动，广义扰动可以导致已知或未知的、随机或非随机的错误。

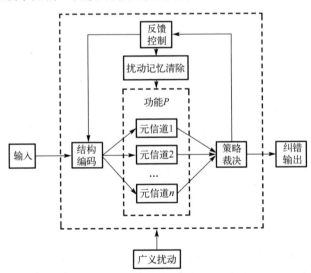

图 3.8　内生安全可靠信息处理模型

　　网络空间内生安全问题在信息系统中造成的影响表现为各种已知和未知故

障，当故障被广义扰动激活时产生随机或非随机的错误或失效。针对目标对象的攻击通常不是独立发生的随机性事件，在数学意义上表现为布尔量而非概率值，这使得抗攻击性的传统分析很难借助随机过程工具来描述。但是，对于满足 DVR 完全交集要求的系统而言，针对广义扰动激活执行体漏洞后门、病毒木马、可靠性故障等所导致的确定或不确定性错误，在不依赖任何先验知识和附加安全措施的前提下，能够在系统层面将其变换为某种分布形式的差模/共模概率事件，通过动态调整 DVR 参量配置，可以将系统失效影响控制在可以接受的范围内。换言之，目标系统通过 DVR 变换，能够将对系统元信道的攻击影响及可靠性错误在系统层面归一化为具有概率性质的差模或共模问题，从而使一体化地解决功能安全和网络安全(甚至信息安全)交织问题成为可能，并可运用成熟的概率论与统计方法进行量化分析。

如果从香农的冗余编码理论视之，DVR 结构在时空上可以展开为一种基于动态异构冗余构造的"结构编码(Structural Code)"，也可视为一种"结构加密(Structure Encryption)"，目的是从结构层面对抗与信道噪声类似的随机或非随机的"结构扰动噪声"的影响(Structure Disturbances Noise, SDN)。但是，香农信道编码理论的分析对象是"随机扰动错误、无记忆且无处理能力信道"，而 DVR 的异构冗余反馈控制场景则相当于"随机或非随机扰动错误、有记忆且有处理能力信道"。因此，不能直接运用香农理论及方法来量化分析 DVR 构造的安全性或广义鲁棒性，需要从纠错编码理论发展出一种满足 DVR 完全相交要求的结构纠错编码理论，并从理论上证明在广义扰动条件下，针对特定的有缺陷、有记忆信道，通过创建合适的结构编码来提供可靠的、持续正确的信息处理服务问题。所谓"可靠/持续正确"的概念就是采用适当的结构编码与解码步骤，在具有内生安全属性的信息物理系统或数字设施架构内，当存在随机或人为加性干扰时，信息处理的稳态错误概率足够小。简而言之，内生安全结构编码存在性理论是由内生安全结构编码存在性引理、定理及数学证明构成，从而开创了一种能够在广义扰动条件下解决有内生安全问题、有记忆信道/通用图灵机对信息"可靠/持续正确"处理问题的新方法，从这个意义上说，香农第二定理只是其在"随机扰动错误、无记忆信道"条件下实现可靠通信的一个特例。

3.4.1　内生安全结构编码概念

一个典型信息系统具有五个基本属性：功能性(Functionality)、可用性(Usability)、性能(Performance)、成本(Cost)和可靠性(Dependability)。其中，

可靠性是一个元件、设备或系统在预定时间内，在规定的条件下完成规定功能的能力。

从可靠性和鲁棒控制角度，给出本章的安全相关定义如下：

定义 3.1：广义扰动(Generalized Disturbances)，是可能引起系统功能安全和网络安全特性或参数变化的内外部因素互动结果，包括随机和非随机摄动、人为或非人为扰动，例如通信噪声、软硬件失效、网络攻击等。

定义 3.2：故障(Fault)，故障是指系统部件不能完成设计规范要求功能的一种状态，是产生错误的原因。当一个故障导致错误时，它是活动的，否则它是休眠的。

定义 3.3：错误(Error)，是系统部件故障被激活时的一种表现或状态，当错误到达系统服务接口并更改了服务时导致系统失效。

定义 3.4：失效(Failure)，是当系统所提供服务偏离正确服务时的一种状态。

定义 3.5：安全性(Security)，安全是一个很大的概念，本章安全性特指在广义扰动情况下目标系统可以继续提供能够被合理信任的服务能力，可以用系统正确服务概率或系统失效概率来进行量化评价。

定义 3.6：元信道(Meta-channel)，是指系统内具备同等功能和性能且具有传输与处理能力的子信道。

定义 3.7：结构编码(Structural Code)，是指为实现特定功能、性能而满足某种结构要求的编码方案。

定义 3.8：策略裁决(Error Correction Decode)，是指采用一组基于相对性算法和参数以及相关信息进行的策略性裁决。

定义 3.9：反馈控制(Feedback Control)，是指系统根据策略裁决的结果，结合通道内给定的算法和参数或通过动态迭代机制形成相应的鲁棒控制策略，并作用于结构编码、记忆消除以及纠错输出等相关环节。

定义 3.10：记忆消除(Memory Elimination)，是指系统通过反馈控制策略，适时消除信道由于通信噪声、可靠性失效以及人为扰动等造成的具有记忆效应的错误或失效。

定义 3.11：内生安全结构编码(Code of Endogenous Security Structure)，是一种满足内生安全结构/构造要求，利用多个元信道组合编码方式来纠正有记忆元信道上不确定扰动所导致错误或失效的安全防御编码方案，其中主要包含结构编码、元信道、策略裁决、纠错译码(输出)、反馈控制、记忆消除等功能单元。

定义 3.12：可靠性扰动(Reliability Disturbance)，是指由于环境或设备老化因素导致的随机性物理故障、错误或软件不确定性失效。

定义 3.13：攻击扰动(Attack Disturbance)，是指攻击方通过触发系统内生安全问题而导致的随机或非随机故障、错误或失效。为了分析方便，假定当攻击方可准确定位和利用系统构造上的漏洞后门时，攻击扰动为非随机的(实际情况也是如此)；当攻击方需要实施试错或盲攻击时，扰动为随机的。

本节的安全性定义涵盖了设备可靠性、服务可靠性和系统抗攻击性，是一种度量广义扰动抑制能力的安全性指标。对于网络空间的一般信息系统，从环境中的广义扰动，到系统故障、部件错误、服务失效的作用链如图 3.9 所示，广义扰动可能激活系统故障导致部件错误，当错误传递到系统服务接口并影响对外服务的正确性时产生了系统失效，并可能进一步导致其他关联信息系统的故障。由于扰动、故障和错误不可能完全避免，因此基于内生安全结构编码的防御路线是在不依赖先验知识和附加安全措施的前提下，通过在 DVR 域内创建一种结构性编码方式，以纠正广义扰动所导致的局部错误，阻断广义扰动所引发的从故障到错误/失效的发展链条，最终降低系统失效概率，一体化地解决系统功能安全、网络安全(乃至信息安全)交织问题。下一节，将在本节给出的定义基础上，具体研究网络安全防御与可靠性保证之间的相同点和不同点，并基于可靠性及相关理论提出一种能够解决内生安全问题的结构纠错编码新方法。

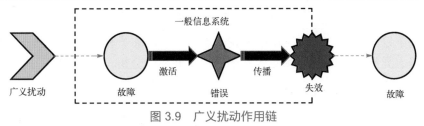

图 3.9　广义扰动作用链

3.4.2　内生安全防御数学模型

本节以系统被攻击出错概率(失效概率)/可用概率为核心指标，通过 DVR 不完全相交原理(IIP)对应模型，在未知安全威胁防范条件下进行安全性的定量分析，从而导出 DVR 完全相交构造安全防御方案并给出相应的量化分析结论。

1. 模型假设与定义

针对网络空间信息系统的整个安全防御过程给出如下假设：

假设 3.1：对于系统中的单个可利用漏洞，攻击方通过扰动激活漏洞并产生输出错误需要的时间 $T_s > 0$，即单个漏洞利用需要一定的时间；对于多个漏洞的利用，考虑到执行体的异构性，攻击方需要时间 $T_i > 0$ 来协同利用这些漏洞并产生共模输出错误。

假设 3.2：系统中存在能够主动联系攻击方的后门，后门被激活导致系统错误需要的时间 $T_s = 0$，即后门利用无须时间；对于需要内外协同才能利用的后门，考虑执行体的异构性，攻击方需要时间 $T_i > 0$ 来产生输出错误，即后门协同利用需要一定的时间。

假设 3.3：系统中实现各种功能/服务的系统部件称之为执行体，对于执行体，假设其中可能同时存在漏洞后门，对广义扰动造成的执行体输出错误/失效可以是有记忆或无记忆(即执行体遭受攻击后的效果可以累积或不可累积)，对广义扰动造成执行体输出错误/失效的记忆可清除。

假设 3.4：对于单一执行体的攻击扰动非随机到达，广义扰动以一定规律干扰执行体(如攻击方利用漏洞实现攻击以负指数分布到达，并随时间不断提高干扰成功率，又或者攻击方利用后门以概率 1 到达)。

假设 3.5：当系统未清洗修复，执行体遭受攻击后的效果可以累积。

定义 3.14：执行体被攻击成功的概率 $P_s(t)$ 与时间 t 的数学表达式为：

$$P_s(t) = \begin{cases} p = 1 - \dfrac{1 - \mathrm{e}^{(-t+T_s)}}{1 - \mathrm{e}^{T_s}}, & 0 \leqslant t \leqslant T_s \\ 1, & t > T_s \end{cases} \tag{3-1}$$

基于以上假设，本节将在广义扰动条件下对动态异构非冗余、动态同构冗余、静态异构冗余以及动态异构冗余模型展开数学分析。

2. 动态异构非冗余模型分析

当攻击者已知执行体 i 中可利用漏洞 $v_i \in Z_v^i$，Z_v^i 为执行体 i 的可利用漏洞集，$Z_v^i \in Z_v = \{Z_v^1, Z_v^2, \cdots, Z_v^m\}$，动态变换空间为 m，有：

$\forall$ 时刻 $t > 0$，攻击命中出错概率 $P_e(t) = \dfrac{1}{m} P_s(t)$。

针对执行体中存在与外界主动勾连的后门，无论空间 m 多大，

$\forall$ 时刻 $t > 0$，攻击命中出错概率 $P_e(t) = 1$。

3. 动态同构冗余模型分析

当攻击者已知执行体中可利用漏洞 $v_k \in Z_v^k$，Z_v^k 为执行体 k 的可利用漏洞集，$Z_v = \{Z_v^1, Z_v^2, \cdots, Z_v^k, \cdots, Z_v^n\}$，动态变换空间为 m，有：

$\forall$ 时刻 $t > 0$，攻击命中判决出错概率 $P_e(t) = \dfrac{1}{m} P_s(t)$。

针对执行体中存在与外界主动勾连的后门，无论空间 m 多大，同构冗余漏洞通过协同无视判决机制，有：

$\forall$ 时刻 $t > 0$，攻击命中出错概率 $P_e(t) = 1$。

4．静态异构冗余模型分析

根据定义 3.14，攻击者以概率 $P_s(t)$ 实施漏洞或后门协同攻击，对于执行体 r 中可利用漏洞被成功利用的时间为 T_s^r，有：

$\exists$ 时刻 $t = T_s^r$，攻击到达，$\forall$ 时刻 $t > T_s^r$，未引入反馈修复的架构输出出错的概率 $P_e(t) = 1$。

于是当攻击者对 m 个执行体进行逐个攻击，执行体 i 失效时间 $T_s^i \in T_s = \{T_s^1, T_s^2, \cdots, T_s^m\}$，有：

$\exists$ 时刻 $t = T_s^f$，$T_s^f \in T_s$ 使得判决失效，或 $T_s^f = \max\{T_s^1, T_s^2, \cdots, T_s^m\}$ 使得所有执行体失效。

因此，当 $t > T_s^f$，攻击协同出错概率 $P_e(t) = 1$。

5．内生安全构造模型分析

通过上述对 D 域、V 域或 R 域不完全交集对应的安全防御方案分析，针对未知安全问题的防范必然朝向动态性、多样性与冗余性三者融合的方向发展。下面将对 D 域、V 域与 R 域完全相交的内生安全构造进行安全定量分析。图 3.10 是根据图 3.6 动态异构冗余 DHR 构造模型创建的内生安全传输与处理构造的数学模型。

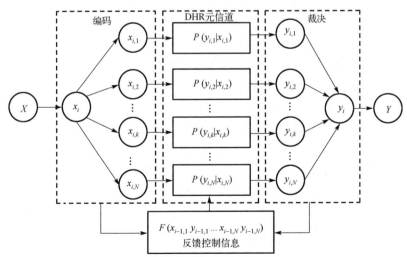

图 3.10　内生安全传输与处理构造的数学模型

假定攻击以速率 $\lambda(t) > 0$ 到达，针对 $k \geq 1$ 组需要对异构元信道进行协同触发漏洞后门机制部署的元信道组合，假定存在以下三类执行体被时间协同攻击成功概率 $P_c(t)$ 与时间 t 的数学表达式：

$$P_c(t) = \begin{cases} p = 1 - \dfrac{1 - e^{(t-T_c)}}{1 - e^{-T_c}}, & t \leq T_c \\ 1, & t > T_c \end{cases} \quad (3\text{-}2)$$

$$P_c(t) = \begin{cases} p = 1 - \dfrac{1 - e^{(T_c-t)}}{1 - e^{T_c}}, & t \leq T_c \\ 1, & t > T_c \end{cases} \quad (3\text{-}3)$$

$$P_c(t) = \begin{cases} p = \dfrac{t}{T_c}, & t \leq T_c \\ 1, & t > T_c \end{cases} \quad (3\text{-}4)$$

不妨首次以概率 $P = \dfrac{k}{C_M^N}$ 部署差模元信道。

可以证明基于动态异构冗余与反馈控制的内生安全构造方案使得系统结构与记忆具有不确定性，保证了系统在整个时域上的失效率具有随机性[1]。

3.4.3 内生安全结构编码存在性定理

内生安全需要在广义扰动条件下，在一个存在内生安全问题、有记忆、有计算能力的信道上可靠或持续正确地处理信息。其中，内生安全问题包括系统已知/未知的漏洞后门、可靠性故障等，广义扰动包括人为攻击、自然环境影响和不确定失效等随机/非随机性扰动，广义扰动激活内生安全问题所导致错误包括随机/非随机性错误。对于满足 DVR 完全相交要求的有记忆信道，下文中内生安全结构编码引理 3.1 和引理 3.2 分别证明了随机/非随机广义扰动所导致错误在系统层面上的随机性。内生安全结构编码定理 3.1 证明了在随机扰动无记忆元信道条件下，该定理与香农第二定理的等价性。在随机/非随机扰动有记忆元信道条件下，香农第二定理不再成立，内生安全结构编码定理 3.2 证明了在该条件下内生安全的存在性，即存在一种满足 DVR 完全相交要求的有记忆信道结构编码方法，可使广义扰动条件下的系统输出平均出错概率任意小（扰动成功概率无限趋于 0，系统可用概率无限趋于 1）。

1. 随机扰动有记忆信道随机性引理

已经证明基于动态异构冗余与反馈控制的内生安全构造方案使得系统结构

与记忆具有不确定性[1]，保证了系统在整个时域上的失效具有随机性。

有记忆信道随机性引理如下：

引理 3.1：针对随机扰动有记忆元信道条件，对内生安全构造的失效随机性进行分析：

元信道的扰动随机到达，有：

$\forall$ 时刻 t，扰动成功造成元信道输出出错的概率 $0 < P_e < 1$。

$\exists$ 时刻 $t = T_s$，随机扰动成功造成元信道输出出错，加之元信道有记忆，则有：

$\forall$ 时刻 $t > T_s$，元信道输出出错的概率 $P_e = 1$。

可以证明基于动态异构冗余与反馈控制的内生安全构造方案能够保证随机扰动有记忆元信道条件下系统在整个时域上的失效具有随机性[1]。

2. 非随机扰动有记忆信道随机性引理

针对非随机扰动（人为扰动）有记忆元信道条件，对 DHR 构造信道的失效随机性进行如下分析。

引理 3.2：元信道的扰动非随机到达，有：

$\forall$ 时刻 $t > T_e$，扰动成功造成元信道输出出错的概率 $P_e = 1$。

$\exists$ 时刻 $t = T_s$，随机扰动成功造成元信道输出出错，加之元信道有记忆，则有

$\forall$ 时刻 $t > T_s$，元信道输出出错的概率 $P_e = 1$。

可以证明基于动态异构冗余与反馈控制的内生安全构造方案能够保证非随机扰动有记忆元信道条件下系统在整个时域上的失效具有随机性[1]。

3. 内生安全结构编码存在性第一定理

元信道的广义扰动随机到达，对于任意随机扰动，元信道输出出错的概率 $P_e < 1$。加之元信道的无记忆性，对于任意时刻 t 的随机扰动，使元信道输出出错的概率 $P_e(t) < 1$。因此，在随机扰动无记忆元信道条件下，内生安全构造中 n 个元信道构造满足香农第二定理信道噪声随机且信道 n 次扩展无记忆条件的约束前提[10]。

针对输入请求 X 的样本空间为 $x = \{0, 1\}$，输出响应 Y 的样本空间为 $y = \{0, 1\}$，基于概率论与数理统计方法可以证明内生安全第一定理[1]。

定理 3.1：扰动（噪声）随机到达，离散无记忆执行体（元信道）$[P(y|x)]$，执行体处理容量为 C，若输入请求传输速率 $R < C$，则只要执行体构造数 n 足够大，总能在输入编码集 X^n 中找到 $M = 2^{nR}$ 个处理效率均为 R 的序列构成的输入处理集合，在一定裁决规则下，可使输出的平均出错概率任意小。

在随机扰动无记忆信道下，信道噪声随机，构造的元信道均为无记忆元信道。香农第二定理要求信道进行 n 次无记忆扩展，各扩展信道的噪声随机，均为无记忆信道。因此，随机扰动无记忆元信道条件下内生安全第一定理与随机扰动无记忆信道条件下香农第二定理满足条件等同[1,10]。

4．内生安全结构编码存在性第二定理

定理 3.2：扰动随机或非随机到达，动态异构冗余与反馈控制构造的离散有记忆元信道[$P(ys'|xs)$]，元信道处理容量 $C(t) > 0$，$\forall t > 0, C(t) \in [C_s, C_0]$，若 t 时刻输入请求传输速率 $R(t) < C(t)$，则只要执行体(元信道)构造数 n 足够大，总能在输入编码集 X^n 中找到 $M = 2^{nR(t)}$ 个处理效率均为 $R(t)$ 的序列构成输入处理集合，在一定裁决规则下，可使输出平均出错概率任意小。

内生安全结构编码第一定理、第二定理及 2 个引理，共同构成内生安全存在性原理(ESS-Existence Theorem, ESS-ET)，该原理提出并证明了能够使得广义扰动成功率无限小的内生安全结构纠错编码的存在性。

在包括人为攻击在内的广义扰动条件下，采用概率和统计数学方法，内生安全结构编码存在性理论，证明了基于 DHR 结构纠错编码，实现系统服务可靠性基本方法的可行性。因此，内生安全结构编码是一种广义可靠性编码，这启示我们对于内生安全系统的量化设计、测试和评估，可以借鉴传统可靠性的相关方法和指标。可以推论，广义扰动条件下的可用概率是内生安全系统的统领性指标，进一步可以提出内生安全功能(未知威胁感知和防御功能等)和性能(内生安全服务质量等)相关的支撑性指标，然后可以采用自上而下、逐层分解的方法量化设计信息系统的内生安全性，或者采用自下而上、加权汇聚的白盒注入式测试方法量化评估信息系统的内生安全性。总之，内生安全结构编码存在性理论为网络空间未知威胁防御奠定了数学理论基础，为内生安全系统的量化设计、测试和评估指明了发展方向。

3.4.4　策略裁决反馈控制与共模扰动

DVR 构造在随机扰动条件下通过异构执行体自身的初始化或清洗等操作可以消除随机扰动效果，而在人为扰动条件下，若共模攻击效果被攻击方获取，共模攻击成功率便可累增，即一旦下次随机出现同样的异构执行体集合，攻击方在一定时间范围内能以同样方式重现共模攻击效果。下面针对 DVR 构造在抗未知威胁存在的局限性进行数学分析。

1．DVR 模型与共模分析

不妨假定攻击者以概率：

$$P_s^i(t) = 1 - \frac{1 - e^{(-t + T_s^i)}}{1 - e^{T_s^i}} \tag{3-5}$$

对 DVR 构造内执行体 i 实施漏洞或后门协同攻击，异构执行体总数为 $m > 2n+1$，服务数为 $2n+1$，有：

∃时刻 $t = T_s^r$，攻击到达，$\forall$ 时刻 $t > T_s^r$，有执行体 r 输出出错概率 $P_s^r(t) = 1$。

于是当攻击者对 $2n+1$ 个服务执行体进行累积攻击，执行体 i 失效时间 $T_s^i \in T_s = \{T_s^1, T_s^2, \cdots, T_s^{2n+1}\}$，有：

∃时刻 $t = T_s^f$，$T_s^f \in T_s$ 使得当前服务执行体判决结果出错，或 $T_s^f = \max\{T_s^1, T_s^2, \cdots, T_s^{2n+1}\}$ 使得所有服务执行体出错导致结果出错。

于是当动态变换时间 $T \geq T_s^f$ 时，当前共模攻击效果可累积，攻击者下次攻击 DVR 构造的成功率：

$$P_e(t) \geq \frac{C_{n+1}^{n+1} C_{m-n-1}^n}{C_m^{2n+1}} = \frac{(m-n-1)!(2n+1)!}{m!n!} \tag{3-6}$$

当服务数 $2n+1=3$ 且总数 m 分别取 $4,5,6,10$ 时，一旦成功出现 1 次共模攻击，攻击者便能分别以 $P_e(t) \geq 0.5, 0.333, 0.2, 0.067$ 的较高概率成功实现下次共模攻击。

不妨假定攻击者以概率 $p_c = \omega$ 对余度为 $2n+1$ 的 DVR 构造成功实施共模攻击，ω 为任意大于 0 的正数，于是经过 r 次攻击出现共模事件的概率 $P_c = 1 - (1-\omega)^r$。当 r 足够大时，$P_c \to 1$，因此，q 轮 r 次攻击后 $P_c^q = (1 - (1-\omega)^r)^q \to 1^q$，其中 q 为大于 0 的整数。可以看到对于动态变换总数为 m（m 为任意大于 1 的整数），任意服务余度 $2n+1 < m$，任意共模扰动概率 $p_c > 0$ 的 DVR 构造在整个时域内有较大概率出现 q 轮共模累积事件。

一旦攻击者能力足够强，通过 q 轮累积可使完全共模出错概率趋于 $\frac{q}{C_m^{2n+1}}$，于是存在 $q > 0$，使得 $\frac{q}{C_m^{2n+1}} > \delta$，其中 δ 为系统错误可接受概率，因此 DVR 构造无法解决共模攻击效果可累积问题，该方案难以满足系统高安全性需求。

为了解决 DVR 构造存在的局限性，通过分析 DVR 构造中的动态性、多样性、冗余性以及裁决特性发现，唯有基于策略裁决的反馈控制（Feedback Control based on Strategy Ruling, SR-FC)具有对已知/未知扰动效果的感知与定位能力，进而实现对攻击的免疫与防护，于是存在以下论证。

2. SR-FC 是 DVR 构造解决未知扰动的充要条件及证明

命题： 当且仅当 DVR 构造具备基于策略裁决的反馈控制功能时，DVR 构造才具备未知差模和共模攻击问题一并解决能力。

充分性： 当 DVR 构造具备基于策略裁决的反馈控制功能时，则 DVR 构造具备未知差模和共模攻击问题一并解决能力。

论证： 若 DVR 构造具备基于策略裁决的反馈控制功能时，通过反馈未知威胁效果可以消除攻击效果可累积的情况，从而保证系统在遭受未知差模或共模攻击时具备高抗攻击能力，相关证明已在 3.4.3 节内生安全定理证明给出。例如，单纯差模状态可以通过反馈控制消除；可感知的 $n-1$ 共模状态可通过策略调度识别与反馈控制消除；n 模状态则可以由外部随机性扰动指令强制激活系统环路，再通过多次反馈控制(从 n 模降到 $n-1$ 模再降到差模直到裁决器回到稳定状态)进行识别与消除。因此，充分性成立。

必要性： 当 DVR 构造具备未知差模和共模攻击问题一并解决能力时，则 DVR 构造具备基于策略裁决的反馈控制功能。(逆否命题：DVR 构造不具备基于策略裁决的反馈控制功能，则 DVR 构造不具备未知差模和共模攻击问题一并解决能力)。

论证： 必要性论证可以对原命题进行定性分析论证或者通过对逆否命题进行定量分析论证。

原命题： 当 DVR 构造具备差模和共模攻击问题一并解决能力时，DVR 构造必须对差模和共模攻击事件进行感知与处理，显然单独的 D 域或 V 域无法实现感知，而 R 域的感知又分为执行体自身感知与裁决感知。执行体自身感知需要引入附加的防护功能如防火墙、入侵检测功能等，这些导入的功能严重依赖已知的先验知识，从而无法实现对未知威胁的感知与有效防护。执行体裁决感知则是利用多个功能等价的异构执行体对未知差模或共模攻击效果的相对性差异实现感知，该功能不依赖先验知识，因此基于相对性算法的策略裁决感知是必要的。基于策略裁决的 DVR 构造一旦识别出未知差模和有感共模攻击，DVR 构造必然将裁决器状态信息反馈给异构冗余调度模块，从而能有效屏蔽攻击并消除攻击累积影响，因此基于策略裁决的反馈控制功能是必要的，即必要性成立。

逆否命题： 当 DVR 构造不具备基于策略裁决的反馈控制功能，3.4.2 节开篇部分针对 DVR 构造在抗未知威胁存在的局限性数学分析中已经论证 DVR 构造通过改变自身的动态变换空间、同构共模扰动率与冗余度方面，无法解决基于未知漏洞后门差模或共模攻击累积导致的安全性无法保证问题。因此，必要性成立。

综上所述，当且仅当 DVR 构造具备基于策略裁决的反馈控制功能时，DVR 构造才具备一并解决未知差模和共模攻击问题的能力。

3.5　动态异构冗余构造 DHR

3.5.1　DHR 架构前提条件

在阐述 DHR 构造原理之前明确假设前提条件是必要的：①因为既要能够应对非人为的随机性扰动和不确定摄动影响，又要能有效抑制任何未知的网络攻击，所以内生安全存在性的必要条件之一是，具有能使 DVR 三要素完全相交的反馈控制机制；②理论上如果能保证输入分配部件任何潜在攻击资源都不可能被成功利用，则构造内所有软硬构件或运行场景内都允许存在以差模形态呈现的内生安全共性问题；③网络攻击既包含基于构造内漏洞后门等的外部攻击，也包括由蛰伏内部的病毒木马等暗功能主动发起的内外部协同攻击；④可重构或可配置运行场景（执行体）间不存在任何形式的可交互的通信链路和连接方式，相互间具有物理或逻辑空间上的独立性；⑤策略裁决器输出状态除非是期望状态，否则反馈控制环路总是力图通过变换当前运行场景、裁决算法或执行体构造或资源配置方式使裁决器状态恢复到初始平衡状态，或者设计允许的波动范围内；⑥给定攻击条件下，只要裁决器能感知到当前运行场景中的输出矢量或相关状态间存在差模表达，通过迭代更换多样化运行场景总能找到置换当前问题场景的合适对象；⑦反馈控制响应时间或者多样化防御场景迭代收敛时间通常小于攻击间隔时间；⑧由输入代理和纠错输出构成的物理或逻辑边界为 DHR 构造的攻击表面。

考虑到表述简洁的关系，本书后续章节凡涉及 DHR 架构时，一般默认满足上述前提条件，除非另有说明。

3.5.2　DHR 架构与工作原理

DHR 架构抽象模型如图 3.6 所示。假定一个 DHR 构造内，拥有 M 个等价功能为 P 的异构执行体构成的分布式资源池，其中等价功能异构执行体的组合形成运行场景（本质上对应可重构或状态可改变系统的一种物理或逻辑、实体或虚体、集中或分散组态）。如果每个分布式运行环境内有 k 个 $(k<M)$ 异构执行体，则资源池内就有 C_M^k 个运行场景可供策略调度；凡是当前承载或提供目标对象服务功能 P 的分布式运行环境，称为当前运行环境，由 k 个等价功能为 P 的异构执行体组成的异构执行体集合 S，L 为能增加 S 多样性但不改变 S 功能的构件集合，并满足：$P = f(S) = f(S_1 \cup S_2 \cdots \cup S_k) = f((S_1 \cup L_1) \cup (S_2 \cup L_2) \cdots \cup (S_k \cup L_k))$，且 $S_1 \neq S_2 \cdots \neq S_k$，$L_1 \neq L_2 \cdots \neq L_k$，但 L_i 可以为空，又有 $P = P_i = f(S_i) = (P_1 \cup P_2 \cdots \cup P_k)$，且 $P_i \neq f(L_i) \neq f(L_1 \cup L_2 \cdots L_k)$。从数学意义上说，功能 P 是当前执行体集合 S 的构造函数，所有 C_M^k 个集合 S 都具有等价的功能 P。需要强调指出的是，在构造 S 中无论是添加或减少构造 L 都不会影响功能 P 的表达但会改变当前运行环境或 S 的视在构造。

在 DHR 构造中，输入代理或分发环节可以采用集中控制方式也可以采用分布式处理方式实现（为了降低漏洞可利用性也可以使用硬布线或离线式可编程逻辑），需要根据反馈控制器的指令将输入序列分发到等价功能为 P 的可重构执行体集合 S；该集合中每一个功能为 P 的异构执行体 S_i，大概率下应当能够独立完成技术设计赋予信息物理系统或数字产品的功能/性能，且可产生满足给定语义、语法甚至语用的多模输出矢量或相关状态。需要强调的是：①这里所指的多模输出矢量或状态是广义的，也就是说在当前运行环境内，执行体集合 S 内产生的任何直接或间接的响应信息，或处理过程与环境状态强相关的检测/探测告警信息都可以用作输出矢量（本书后续章节除非有必要，一般不再赘述）；②策略裁决环节既可以采用集中处理方式也可以采用分布处理方式，依据系统赋予的参数和算法生成当前裁决策略，判定多模执行体的输出矢量内容或状态的合规性情况并指令纠错输出部件形成输出响应序列，一旦发现非期望的裁决状态就会激活反馈控制环节；③反馈控制环节只要被激活将根据控制参数（控制律）生成的控制算法，决定是否要向输入代理或分发环节发送替换迁移当前"差模状态"执行体的指令，或者指示疑似问题执行体实施在线/离线清洗恢复操作，包括触发相关的后台处理功能等，或者对异常执行体本身进行功能等价条件下基于软硬构件的重组/重构/重置等多样化操作，这一反馈控制过程直至当前输出矢量不合规状态在策略裁决环节消失，或此类情况发生频度低于给定阈值时暂停；④动态迭代收敛过程中也包括有意识或主动地更换策略裁决算法，以便能多维度地印证或验证因为无感共模逃逸 $(n:0)$ 导致的裁决盲区问题影响判决结果的相对正确性；⑤DHR 架构的相对性裁决机制在原理上并不排除输出矢量相同的多数执行体，在低概率下仍然存在裁决环节可感知的有感共因故障或共模逃逸情况（即裁决器认为是差模问题而实际上是共模问题），因此有必要采用基于迭代机制的多样化策略裁决，而不是仅局限于简单的择多或大数判定算法；⑥之所以要对"问题执行体"策略性地选择下线清洗恢复，或通过重组重构、迭代更替等手段实现当前运行环境的多样化改变，一是要强制性地破坏或改变当前运行场景中的攻击链状态；二是要将同类性质的安全矛盾在多样化运行环境内作时空维度的转移或变换。换言之，不论可否实时地发现产生差模状态的原因或机理，理论上只要能实现"一次差模呈现就对当前运行环境做一次服务功能等价条件下的构造变换或加密"，即在 $P=P_1\cup P_2\cdots\cup P_k$，$S=S_1\cup S_2\cdots\cup S_k$ 条件下，对任意 S_i 的调度(或重置、重构、重配等)或增减对功能 P 无关的构造 L 都可以视为是对当前运行环境构造的再次加密，尽管内生安全共性问题不可能因 S_i 的调度而完全消失；⑦为了防止有感或无感共模逃逸成为稳态事件(尽管属于小概率或极小概率事件)，有必要增加后向验证机制及适宜的解脱机制，力图获得"即使攻击成功也许只是一次或持续时间在可以容忍的范围内"的网络弹性反应。

通常情况下可以认为，DHR 架构的稳定工作状态(如图 3.11 所示)与 DRS 运行环境具有相同或相似的可靠性与抗攻击性能。但当感知到差模状态时，DHR 架构会自动进入暂稳态(如图 3.12 所示)，动态迭代与收敛的反馈控制机制被激活，对当前运行环境进行"构造加密"处理，直到策略裁决环节不再发现异常状态，系统重新回到稳定工作状态。换句话说，不论何种原因，DHR 架

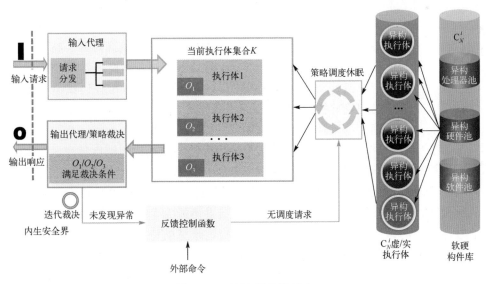

图 3.11　DHR 架构稳定态

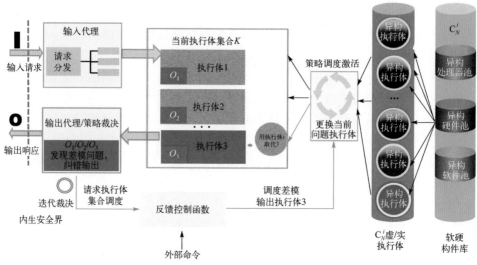

图 3.12　DHR 架构暂稳态

构一旦感知到当前运行环境内存在差模(也包括有感共模)输出状态,反馈控制机制就试图策略性地调度当前执行体集合中的元素,或对问题执行体本身做清洗恢复、重置重启等改变运行状态的操作,或激活功能等价条件下的多维动态重构机制,自动选择合适的执行体元素(或运行场景)以消除裁决器上的差模表达,这一过程相当于对当前运行环境内的实现构造进行了一次或多次"再加密"操作,产生的"双盲效应"可以维持构造内的熵不减状态,因而 DHR 架构从机理上就具备内生安全的属性。显然,DHR 作为一种集高可靠、高可信和高可用三位一体的网络弹性赋能构造,不仅能显著增加攻击链创建与使用的不确定性,严重影响攻击行动的有效性和可靠性,还能彻底颠覆任何试错攻击必须保证背景不变的理论前提,并能为任何信息物理系统或数字设备带来内生的、普适性的"使命确保"以及"受信任执行环境"的功能。

　　需要指出的是,DHR 还具备根据内外部控制参数形成的调度指令,强制触发反馈控制环路产生相应的运行场景调度操作(如图 3.13 所示),目的是扰乱或破坏攻击者利用策略裁决"叠加态"的判识盲区(纯粹的相对性判决不能发现共模逃逸,例如仅根据 $n:0$ 或 $0:n$ 判决结果不能完全排除共模逃逸的可能),通过已植入的病毒木马等实施隐匿的且可稳定维持的待机式协同逃逸状态,例如隧道穿越问题[11]。指令性扰动后反馈控制机制被强行激活,当前运行环境被构造性地重置或重组,如果存在隐匿逃逸状态就会被发现并执行弹性恢复操作。这其中,外部或内部的控制参数可以源自某一随机函数发生器,也可取自目标系统内部不确定状态信息形成的哈希值，例如当前活跃进程数、CPU 占用情况、内存分配情况或输入/出流量统计值等。期望指令性扰动显得不那么有规律而已。

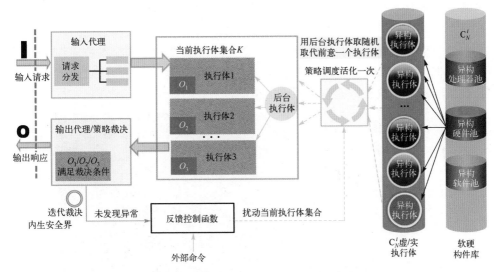

图 3.13　DHR 架构被外部命令强制扰动

至此，读者不难发现，DHR 架构不仅继承了 DRS 原有的入侵容忍和错误容忍属性，而且有效避免了后者缺乏动态性和策略裁决的基因缺陷，还能在冗余执行体或运行场景中差异化地部署既有或附加的网络安全技术措施，指数量级地增强架构自身的网络弹性功能与抗未知网络攻击性能[5]，并迫使攻击复杂度从 DRS 架构的"非配合条件下的静态异构多元目标协同一致攻击"门槛，抬升到"非配合条件下的动态异构多元目标协同一致攻击"高度，指数级提升的"盲协同"攻击难度令攻击者或渗透者很难用智能试错、模糊排除或隧道穿越等高级手段找到可靠的共模逃逸途径。

尤其是攻击者视角下的不确定构造效应(类似于海森堡不确定性原理：在同一时刻以相同的精度测定量子的位置与动量是不可能的，只能精确测定两者之一)，迫使基于 DHR 构造内生安全共性问题的试错攻击除非能"一击成功"，否则策略裁决环节只要感知到当前运行环境中存在差模输出状态，反馈控制机制将实时地改变当前运行环境(包括暗功能交集)，t 时刻获得的场景信息或者攻击取得的阶段性成果，在 $t+x$ 时刻就不再具有可利用或可继承的价值。

换言之，DHR 在屏蔽任何差模输出状态的同时，理论上(并非技术实践上)要根据给定的策略以动态迭代收敛方式改变当前的运行(或服务)环境，造成一种类似自然界存在的拟态伪装迷雾[9](如图 3.14 所示)，使得任何试错战术的运用既无法评估 t 时刻的攻击效果也无法满足环境不变性的试错前提。由于动态性和随机性最易破坏或干扰具有一致性或协同性要求的攻击行动(特别是在非配合条件下或缺乏同步机制的情况下尤为如此)，所以 DHR 构造的闭环反馈控制机制，可以使动态性、随机性和多样性等基本安全元素的交织叠加作用得到充分发挥，并能有效避免 DRS 构造择多判决盲区问题，从而在应对试错或蛰伏待机或隧道穿越攻击方面有着不可比拟的优势。

模仿得是毫无破绽

图 3.14　条纹章鱼——拟态伪装迷雾

3.5.3　DHR 构造攻击表面

如图 3.15 所示，DHR 构造的攻击表面由输入请求分发通道以及纠错输出通道构成，其他部件属于攻击不可达或间接可达。通常情况下，攻击者(即使产品设计者)很难掌握当前运行环境内有哪些并行工作的异构执行体以及软硬件资源的具体配置情况，更不了解后台还有多少可供调度的执行体或可重构的运行场景；策略裁决的迭代机制使得攻击者既不知道裁决算法也不清楚裁决参数；攻击者也无法通过扫描和嗅探的方式了解反馈控制算法和调度策略以及差模或共模状态的处理机制；甚至攻击者对当前运行环境究竟使用了哪几种 CPU、操作系统、数据库、中间件等软硬件资源，以及是否配置了入侵检测、防火墙、蜜罐沙箱、查毒杀毒、威胁感知等附加安全软件等问题都很难搞清楚。总之，攻击表面内部呈现出一种攻击者不可预测或难以确定的视在表达。例如，利用

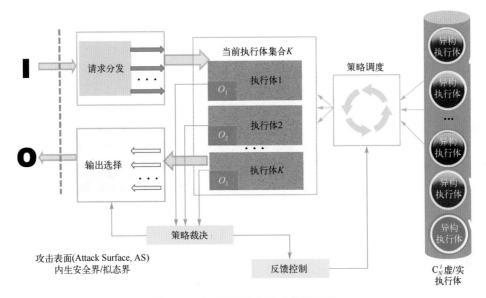

图 3.15　DHR 架构与攻击表面示意

多元虚拟化技术形成多个功能等价的异构虚拟机(Virtual Machine, VM)；或者由多个功能等价的非同源软硬件元素组成的构件池，通过随机抽取、动态调用和随机组合等策略选择或生成当前服务集所需的执行体或多样化的运行场景等。即使攻击者对目标对象拥有某些先验知识，但由于当前运行环境内的软硬件资源存在时空维度上的多元性或多样性变化，使得攻击者可以利用的资源在时空维度上既存在不确定性又存在难以区分的纠缠性，宏观上表现为攻击表面在做基于纠缠状态的不规则移动。图 3.16 示意了当前运行环境中软硬资源配置情况会随着策略裁决的差模状态感知频度而动态变化，使得目标系统视在攻击表面存在"构造编码或构造加密"性质的不确定改变。

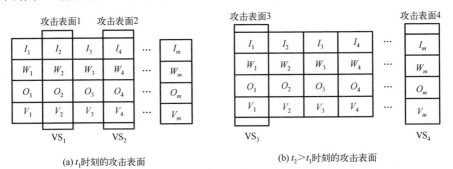

(a) t_1 时刻的攻击表面　　　　　　　　(b) $t_2 > t_1$ 时刻的攻击表面

图 3.16　DHR 架构"移动攻击表面"示例

DHR 架构的这种"结构编码或结构加密"效果，可以归纳如下：

(1)在 DHR 构造中，系统在整体上呈现出不规则改变的攻击表面和难以预测的攻击通道。某一时刻或者时间段，攻击者根据某种先验知识"锁定"的某一个攻击表面或可能利用的攻击通道"不在线或不可达"，也可能是请求分发环节将探测/攻击数据包导向到了非目标执行体。因而，攻击者必须通过解密或解构"结构加密或结构编码"方式才能锁定攻击通道，瞄准可利用资源。如此这般，企图靠传统网络攻击理论和手段是难以达成的。

(2)限制零日漏洞(0day)或未知后门等可能造成的危害。DHR 的迭代收敛机制使得针对当前运行环境中某一执行体的"里应外合或内外协同"式网络攻击,既无法实现差模或有感共模逃逸也很难利用相对性判识盲区维持共模逃逸，因为基于策略裁决的反馈控制机制一旦发现当前运行环境内出现差模状态，相关执行体场景甚至整个运行环境都可能按某种策略实施清洗恢复或状态重置或者场景更替。即使未出现异常状况，系统也会根据某种预防性策略对当前运行环境实施周期或非周期性的动态清洗、重组、重构等操作，阻断极端情况下的无感共模逃逸。换言之，即使攻击者能够基于架构内的某些"0day 或 Nday"漏洞后门等"撒手锏级"攻击资源构建起攻击链，但由于难以突破结构编码或结构加密机制获得跨执行体或服务场景的"盲"协同攻击效果，而失去任何的可利用价值。这一效果可以通过 3.8 节"白盒插桩测试"来验证。

(3)不同于仅仅关注系统内部或构件中某一特定方面的动态性或随机性的防御方法(例如指令随机化、地址/端口动态化等)，DHR 利用策略裁决条件下，基于多维动态重构和调度的可迭代收敛控制机制，能使多样化技术产品或开放的 COTS 级软硬构件通过架构效应达成动态性、多样性和随机性一体化呈现的广义鲁棒控制效果，使得架构内无论是软硬件代码设计缺陷还是蓄意植入的软硬件攻击代码，都会因为结构加密而难以成为攻击者可协同一致利用的资源。

(4)因为存在基于策略裁决的反馈控制机制，DHR 系统总是会充分利用策略调度和多维动态重构的"结构加密"手段,最大限度地发挥广义动态化作用，以期使当前运行环境内差模状态出现频度控制在设定的阈值内。与之相对应，DHR 系统攻击表面会随着被激活的反馈控制机制做可收敛的移动，直至达到预期的暂稳态状态。反馈环内对任何"故障摄动或攻击扰动或外部命令"的行动结果都会最终趋向这一状态，因此 DHR 攻击表面的移动规律也与上述扰动因素强相关，既存在攻击者视角下的不确定效应，也存在难以分离的纠缠性质。

由于 DHR 架构的攻击表面内实际上构造了多个叠加态(如同重叠图像那样)的攻击表面，理论上似乎是增大了目标对象整体攻击面，好像与"缩小攻击表面有利于安全性"的攻击表面(AS)理论相悖。但是，其迭代收敛的反馈控制机制又使得这些攻击表面在宏观上表现为平行移动或动态混淆的攻击表面，其请求分发与策略裁决控制的纠错输出机制又使得多个攻击表面在时空维度上呈现出结构加密的性质，实际上又等效为"极大地缩小了攻击表面"。所以，DHR 架构打破了经典 AS 评测理论"攻击表面保持不变"以及攻击表面内具有静态性、确定性和相似性的假设前提，其次是攻击者无法控制攻击数据包(上传病毒木马或交互信息)正确导向到目标执行体，也就是很难满足"目标攻击面对于攻击者而言总是可达"假设前提。再者，DHR 基于策略裁决的反馈收敛机制，要求攻击者必须具有非配合条件下协调多个异构移动攻击表面实现无感逃逸的盲协同能力[1]。换言之，如果不具备破解"一次差模状态感知就作一次运行环境加密"算法的能力，探讨任何网络攻击的努力在理论上似乎都是徒劳的。

3.5.4　滤波器效应与双盲表达

DHR 架构的内生安全性也可以表达为：本征功能的透明性与非期望功能的"黑盒"效应。基于策略裁决的反馈控制环路与可重构冗余执行体组成的 DHR 架构，理论上也可等效为通信电路中的"带通滤波器"，如图 3.17 所示。按照定义，带通滤波器是指一个允许特定频段通过同时屏蔽其他频段的装置。

由于本征功能或服务相当于可以通过 DHR 滤波器的带通信号，非期望的功能或服务将被 DHR 滤波器视为带外信号而阻断，这其中既包括可重构执行体硬件可能发生的随机性错误信号以及执行体软件可能存在的不确定错误或故障信号，也包括攻击者基于执行体内部漏洞后门、病毒木马实施的网络攻击或扰动信号。因此，对处于滤波器视角的防御者而言，只需知道能让什么频段的信号通过，而无须关心那些非本征功能信号的产生原委；对处于 in 位置的攻击者而言，无论是否知晓滤波器的具体结构或设计参数，只知道这是个除了本征功能信号外，其他信号都无法通过的"黑盒"。显然，对于攻击者和防御者来说，这种"双盲"滤波效应与彼此是否掌握或拥有对方先验知识无关。这也意味着，即使某一 DHR 架构信息物理系统的设计者或制造者有意或无意泄露了产品的敏感信息，攻击者仍然无法利用这些先验知识达成期望的攻击目的，如同商用密码机那样，所有购买者都难以指望利用手中的产品破解其他客户的密码信息。

下一节我们将看到，不依赖先验知识的 DHR 具有密码学意义上的结构加

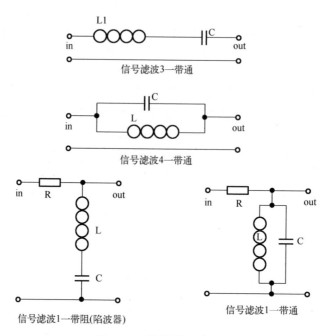

图 3.17　带通/带阻滤波器

密性质(不难证明，凡是不依赖先验知识的安全防御技术都具有加密性质)，这使得 DHR 架构赋能的内生安全目标系统，除了"本征服务是透明的"外，其他的"非期望功能"都会被结构加密屏蔽。理论上，当 DHR 构造内出现差模或有感共模状态时，当前运行环境将作类似"一次一密"的"一次差模一次重构"的"完美安全"变换。攻击表面除了"以明文形态呈现的本征服务"恒定不变外，当前运行环境内所有可资利用的软硬件资源，包括防御者未知或攻击者已知的漏洞后门、病毒木马等，也许会因为不知原因的"一次差模扰动"而无一例外地再次实施"结构变换"操作。从而使攻击者无法找到比穷举试错更好的破解方法，然而，DHR 的抗试错机制还使得穷举试错几乎不可能达成可收敛目的。

3.6　基于密码学的内生安全性分析

3.6.1　完美保密的启示

　　本节考虑的主要目标是研究如何在不依赖先验知识的条件下，解决基于目标对象未知内生安全问题的网络攻击问题，进而一体化解决功能安全、网络安全乃至信息安全交织问题[12]。

　　一个显而易见的结论是，目标对象的视在多样性表达会给攻击者造成很大的认知障碍[13]，达成如同"瞎子摸象"般的离散场景表达。这说明，如果能够使信息物理系统或数字产品本征功能不变或"透明"，而内部构造及运行环境对外呈现出随机性或不确定性，就有可能使防御者在面对"未知的未知"安全威胁或破坏时逆转攻击者可能拥有的单向透明优势，即使缺乏任何先验知识也能使攻击者陷入由于不能认知"目标系统构造"而无法创建有针对性的攻击链，进而发起任何有效或满足预期攻击目标的困境。显然，如果一个目标系统能够通过自身的内源性构造属性(即内生安全属性)，使得"历史攻击结果"与"下一次攻击结果"无关，那么无论获得多少关于"历史攻击结果"的信息，对于攻击者认知系统构造进而控制"下一次攻击结果"都是没有帮助的。这就是内生安全所期望获得的安全效应，即：

$$\Pr(下一次攻击结果|历史攻击结果)=\Pr(下一次攻击结果) \tag{3-7}$$

其中，Pr 为概率。该式蕴含了：①"下一次攻击结果"和"历史攻击结果"是统计独立的；②"下一次攻击结果"和"历史攻击结果"之间互信息为 0；③无法通过分析"历史攻击结果"推导出"下一次攻击结果"，也就是知晓"历史攻击结果"之后的后验概率等于未知"历史攻击结果"时的先验概率。

　　不难发现，内生安全机制所期望的"无法认知系统构造"与密码学中定义的完美保密[7,10]十分相似，两者都具有"A 与 B 相互独立"以及"无须先验知识支撑"等相同的内涵，这说明内生安全机制的某些特性可能与经典密码学是相通的，在满足一定条件下可能获得与经典密码学相似的安全效果。为了探讨这一问题，首先需要研究完美保密的定义。

　　定义 3.15：完美保密性(Perfect Secrecy)[7,10]：对于明文空间为 $\mathcal{M}$ 的加密方案，当以任意分布从 $\mathcal{M}$ 中选择明文，并且选出的任意明文 $m \in \mathcal{M}$ 和得到的任意密文 $c \in \mathcal{C}$（$\Pr(C=c)>0$）都满足下式时，该加密方案是完美保密方案：

$$\Pr(M=m \,|\, C=c) = \Pr(M=m) \tag{3-8}$$

该定义与式(3-7)在形式和概念上是一致的。明显的启示是：构造一个"下一次攻击结果与历史攻击结果无关的系统"与构造一个"明文与密文无关的加密方案"在原理上很可能是相通的。

　　完美保密的定义告诉我们，当无法从"密文"中获得任何关于"明文"的信息时，没有比"盲猜明文"更好的破译方法。**注意，这并不意味着破译者100%猜错明文，而是意味着破译者无法找到比穷举更好的方法。**实际上，这正是完美保密的底层逻辑(核心含义)：通过完美地从密文中屏蔽掉明文信息，使得破译者分析密文纯属"无用功"，也就不存在比穷举攻击更好的手段[10]。

3.6.2　一个猜想

上述分析表明，完美保密与内生安全两者存在相同的前提假设，如"不依赖先验知识""无须考虑攻击者的能力、攻击方式"；也存在相同的期望目标，如式(3-7)和式(3-8)都蕴含了"无法从攻击目标(密文)中获得任何关于系统构造(明文)的信息"的安全效果，使攻击者陷入认知迷雾(拟态迷雾)。在此启发下，我们提出一种猜想：不依赖先验知识的内生安全与不依赖先验知识的完美加密之间存在某些相同或相似的性质。

如果猜想成立，则可提供一种用密码学基本原理对内生安全机理进行诠释的全新视角，更重要的是，在解决网络安全问题时可以借鉴信息安全的完美保密理念，探索一种"完美"的内生安全系统，能够在系统缺陷对于攻击者单向透明，而防御者在没有任何有关攻击者能力、攻击方式、缺陷样式和攻击效果等先验或后验知识的前提下，使攻击时面临的认知困境最大化(即随机性最大化)，获得的缺陷样式信息最小化，从而最大限度确保本征功能的实现。在面对这种"完美安全系统"时，攻击者即使具有目标系统缺陷集合的全部信息，也由于不清楚系统内部当前构造状态，只能通过无差别试错方式进行盲攻击。

这一目标可用如下公理概括：在目标系统非本征功能缺陷集合对于攻击者单向透明，且防御者在缺乏相关缺陷信息认知的前提下，若能够在实现本征功能的同时对攻击者完美地屏蔽缺陷样式信息，则攻击者没有比无差别试错更好的方式触发非本征功能缺陷。

为了证明上述猜想和公理，这里拟借助密码学的完美保密原理，将广义功能安全问题转化为密码域的完美保密问题，提出一种完美本征功能安全(Perfect Intrinisc Function Safety & Security, PIFS)，其核心思想在于"本征功能透明条件下"将系统重构作为一种加密方法，通过随机重构系统状态或资源配置，使得防御方能够在没有缺陷信息和攻击者先验知识的条件下完美屏蔽系统的内部缺陷样式，使输入输出间不存在稳定的映射关系，将攻击者的单向透明优势变换为攻防两方的双盲问题，从而导致攻击者无法从攻击输入、输出中获得有用信息(即缺陷样式的熵不减)，使其无法找出盲试错、穷举攻击之外更好的攻击方式。在此基础上，证明满足"一次一重构"性质的 DHR 架构可以实现完美本征功能安全，并给出 DHR 实现完美本征功能安全的充要条件。总体逻辑如图 3.18 所示。

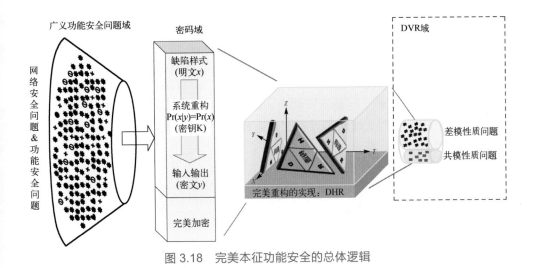

图 3.18　完美本征功能安全的总体逻辑

3.6.3　完美本征功能安全

在上述公理和猜想的基础上，本节给出了完美功能安全的数学模型、定义及物理解释。

1. 完美本征功能安全密码学模型

首先引入下列概念。

缺陷样式 S_t^q：将系统第 t 次输出时，单个或多个缺陷在系统各个组件上生存状态的分布样式的结构谱图，称为缺陷的结构样式（以下简称缺陷样式）。

缺陷样式空间 $\mathcal{S}_t^q$：缺陷样式 S_t^q 的取值空间。例如，假设缺陷样式有 S_t^q 有 a、b 和 c 三种，则 $\mathcal{S}_t^q = \{a,b,c\}$ 且 $|\mathcal{S}_t^q| = 3$。注意，系统的缺陷样式空间是可恢复的，即第 t 次输出时的 $\mathcal{S}_t^q$ 可以通过重构（包括重启、复位、清洗、重置、重构或更换等方法）恢复到第 $t{-}i$ 次输出时的 $\mathcal{S}_{t-i}^q$，即 $\mathcal{S}_{t-i}^q = \mathcal{S}_t^q$ 可通过缺陷样式的重构实现。

本征功能与非本征功能：对于某一输入，系统输出设计期望的功能时，称其输出为本征功能，此时的缺陷样式为 $S_t^q = s_{\text{本征功能}}^q$；否则，为非本征功能，缺陷样式为 $S_t^q = s_{\text{非本征功能}}^q$。

对于给定的输入，系统当前的缺陷样式唯一决定了是否输出非本征功能。如果系统状态变化使得缺陷的结构样式不确定，就对攻击者屏蔽了当前存在的缺陷的关键信息。

127

在上述前提下，当输入确定时缺陷样式 S_t^q 决定了系统的输出。由于我们无法对未知的缺陷样式、攻击者、攻击方式做出定义，因此不妨考虑一个尽可能恶劣的情况：系统的组件或执行体池如同开源社区那样全公开的，并且每个执行体的缺陷是单向透明的(对于攻击者是已知的，但对防御者仍是未知的)，一旦攻击者知道了 S_t^q 就一定能攻击成功。因此，尽管每个缺陷可以独立存在，但是多个缺陷的组合方式即缺陷以什么状态样式存在或表达则必须加密。

相应地，有如下推论：

(1)防御者想要保护的明文是缺陷样式 S_t^q。

(2)攻击者已知的密文是在攻击者发起本次攻击之前，过去任意 $t-i$ 时刻 $(i=1,2,\cdots,t)$ 的输入 x_{t-i} 和输出 y_{t-i}。

2. 完美本征功能安全定义

定义 3.16(完美本征功能安全，Perfect Intrinsic Function Safety & Security, PIFS)：

若对于给定的任意 ε（$0<\varepsilon<1$）和任意输入 $x\in\mathcal{X}$，系统在任意时刻 t 的缺陷样式都满足：

$$\Pr[S_t^q=s_{本征功能}^q]=1-\Pr[S_t^q=s_{非本征功能}^q]=1-\varepsilon_x\geq 1-\varepsilon \tag{3-9}$$

其中，ε_x 是输入为 x 时的非本征功能概率，满足 $0<\varepsilon_x\leq\varepsilon<1$。且对于任意 t 时刻的缺陷样式 $s_t^q\in\mathcal{S}_t^q$，以及任意 $t-i$, $i=1,2,\cdots,t$ 时刻的输入 x_{t-i} 和输出 y_{t-i}，都满足：

$$\Pr[S_t^q=s_t^q\,|\,x_{t-i},y_{t-i}]=\Pr[S_t^q=s_t^q] \tag{3-10}$$

则称该系统是参数为 ε 的完美本征功能安全系统。假设攻击者具有超强能力，能够从过去任意时刻的输入 x_{t-i} 和输出 y_{t-i} 中完全准确地获得当时的系统缺陷样式 $S_{t-i}^q\in\mathcal{S}_{t-i}^q$，上式可以转化为：

$$\Pr[S_t^q=s_t^q\,|\,S_{t-i}^q=s_{t-i}^q]=\Pr[S_t^q=s_t^q] \tag{3-11}$$

其中，$S_{t-i}^q\in\mathcal{S}_{t-i}^q$ 是任意 $t-i$, $i=1,2,\cdots,t$ 时刻的缺陷样式。

上述定义指出，即使超强攻击者能够控制 x_{t-i}，观测 y_{t-i}，甚至推测出系统缺陷样式 S_{t-i}^q，对于预测 S_t^q 也是没有实际意义的。

不难发现，实现上述定义的关键在于使缺陷样式 S_t^q 与 S_{t-i}^q 独立，即缺陷样式的独立重构。然而，式(3-10)是站在攻击者视角的呈现样式，对于防御者 e 而言缺陷样式是未知的，因此还需要站在防御者视角，找一种无需缺陷先验知识的"盲加密"方法：在不改变本征功能的条件下，利用系统构造状态或软硬件资源变化，拉动缺陷样式变化，使不同时刻的缺陷样式独立。这是因为 S_t^q 一般由系统构造决定，而系统重构对于防御者则是自主可控的，并且可以在随机重构的同时不影响本征功能的"透明性"和可靠性。

系统状态 S_t 和系统状态空间 $\mathcal{S}_t$：S_t 是系统第 t 次输出时的运行环境和构造，决定了缺陷样式 S_t^q。$\mathcal{S}_t$ 是 S_t 的取值空间。

状态控制密钥 K 和系统状态空间 $\mathcal{K}$：K 决定了 t 时刻的系统状态 S_t。$\mathcal{K}$ 是 K 的取值空间。

在此基础上，如果系统状态与缺陷状态是联动变化的，即满足如下关系：

假定 1：执行体变化与缺陷状态变化等价（调度机制控制异构度）。

假定 2：系统状态变化与执行体变化等价。

那么系统状态或资源配置变化就与缺陷样式变化等价，即缺陷样式与系统状态存在"一一映射"的关系，因此可由式（3-10）的缺陷样式 S_t^q 与 S_{t-i}^q 独立推出系统状态独立。对于防御者的意义在于，重构系统等价于重构缺陷状态、加密缺陷样式。相应地，攻击者的难度就由单纯的利用缺陷样式转换为先解译或辨识缺陷样式再利用的问题。由此，焦点从式（3-10）攻击者视角的缺陷样式转化为防御者可操作的系统状态约束：

$$\Pr[S_t = s_t \mid S_{t-i} = s_{t-i}] = \Pr[S_t = s_t] \tag{3-12}$$

即系统状态 S_t 与 S_{t-i} 独立，也称为系统状态的独立重构。

由此，可用面向防御者视角的式（3-12）等效替代定义 3.16 中的条件式（3-10）。

3. 分析与推论

上述定义 3.16 给出了一种能够使"攻击经验无效化"的完美安全系统，其关键在于使"历史攻击结果"到 "未来攻击结果"这一映射是"完美安全"的（或完全随机的）。其中：

（1）式（3-9）为系统的本征性条件，意味着本征功能的存在性和可靠性是前提。如果不考虑本征功能只考虑式（3-10）～式（3-12）条件下的完美安全，那么只要是能让攻击者"致盲"的随机重构系统都可以满足要求，但结果却是对所有人产生认知迷雾，丧失了本征功能。我们考虑的系统本征功能应该是"透明的"，也即"历史本征功能"到"未来本征功能"这一映射是"基本固定的"（即大概率不变），而不能像完美保密一样，任意明文和任意密文之间的映射都是完全随机的。这是由于系统安全与信息安全的应用场景条件及原始需求毕竟不可能完全相同。

为了使得系统在任意时刻都满足式(3-9)，可以通过系统重构(包括重启、复位、清洗、重置、重构或更替等方法)防止攻击者增加缺陷样式知悉度，使每一次重构前后的样式空间不变(或缺陷样式空间可恢复)，从而维持 ε 不变。

(2)式(3-10)～式(3-12)为系统的安全性条件，与完美保密的定义一致，意味着缺陷样式被状态控制密钥完美加密。由于系统构造决定了缺陷样式，因此也可概括为，系统构造被完美加密，使得："每次系统重构后的构造之间是各自独立的"，可看作是"ε 概率 0/1 分布的白系统"。所谓"白"源于经典的"Gauss 分布的白噪声信号"，不同时刻的噪声取值是各自独立的。由于带宽受限性等价于惯性存在性，带宽无穷大的白噪声意味着噪声信号没有任何惯性；同样地，白系统即"完全非惯性"系统才是安全意义上的完美，因为这将使得所有攻击经验由于攻击对象的非惯性变得毫无价值。这意味着建立在惯性系统前提基础上的攻击理论体系全面坍塌，相应的所有攻击方法都变成以 ε 为成功概率的盲试错或无差别攻击。

(3)在定义 3.16 中的参数 ε 是指系统产生非本征功能概率不高于 ε，而且 ε 可以通过冗余、异构等机制使其任意小(当然，这只是理论意义上的)，只要事先给定。换句话说，系统能够在未知的漏洞、攻击者、攻击方式的条件下，以 $1-\varepsilon$ 的概率通过独立重构实现本征功能，且攻击者无法从相互独立的攻击结果中获得有用信息以增大 ε。同样，系统过去的非人为故意的物理失效、软硬件错误或故障对于当前系统的运行状态不产生影响。在这一定义下，系统的可靠性可由系统输出本征功能的概率 $1-\varepsilon$ 刻画，ε 可以任意小意味着可靠性可以任意接近 1，即 CPS 的广义功能安全问题能够以"ε 完美"得到一体化解决。

(4)推论一：如果有系统满足定义 3.16，则证明了"以 ε 为量化设计指标的完美系统的存在性"。而且：①ε 可对应为广义功能安全系统中可量化的设计指标、可度量的测试指标。②根据内生安全性的定义[13]"如果一个系统或一个模型内，存在由系统或模型内源性构造或结构决定的可量化设计、可验证评估的功能安全与网络安全交织性质，则称该系统或模型具有内生安全特性"，如果 PIFS 系统能够实现(如证明 DHR 系统是 PIFS 系统)，则等价证明了内生安全的存在性。

(5)推论二：PIFS 具有系统状态和缺陷样式的熵不减效应。由式(3-11)可直接推出：

$$H(S_t^q \mid S_{t-i}^q) = H(S_t^q) \tag{3-13}$$

即在已知 S_{t-i}^q 的条件下，系统缺陷的条件熵 $H(S_t^q \mid S_{t-i}^q)$ 与原始熵 $H(S_t^q)$ 相等[10]，即缺陷样式的熵不减。同理根据式(3-11)可得：

$$H(S_t \mid S_{t-i}) = H(S_t) \tag{3-14}$$

即系统状态的熵不减。

4．PIFS 与信息完美保密系统的对应

综上，PIFS 系统可看作是"对系统构造信息完美保密"的系统，或"对本征功能透明的完美随机重构系统"。

(1)**"系统缺陷样式"对应"明文"和"密文"**：对于一个不加密的系统，显然攻击者能够根据以往获得的缺陷样式(密文)推测当前的缺陷样式(明文)。而对于一个系统构造被完美加密的系统，攻击者只知道当前缺陷样式的概率分布和缺陷样式空间(也即，知道明文的概率分布和明文空间)，但是不知道当前具体的缺陷样式是什么(不知道明文具体是什么)。

(2)**"系统重构"对应"加密"**：系统重构可以看作是一种对系统构造的加密，即对系统内软硬件包括广义功能安全问题进行了"动态结构加密"。**"一次一重构"对应"一次一密"**：系统在每次重构时更换一次状态控制密钥，对应加密器在每次加密时更换一次密钥。

(3)**"系统重构控制方式"对应"密钥"**：任意时刻的系统状态由可控制的构造迁移后的状态决定，而该密钥指的就是系统构造 S_{t-i}^q 到系统构造 S_t^q 的映射方式。

(4)**通过系统的独立重构实现系统缺陷样式的加密**。因此凡是构造赋能的系统都可被结构加密，加密效果可根据任意给定的指标 ε 保证。

(5)**"穷举攻击"对应"穷举破解"**："用输出/输入反推系统"的破解方法，对应密码学中的"用密文反推明文"。而对于一个完美系统，"其输入、输出"与"当前系统状态"无关，因此没有比"穷举输入"更好的攻击方式，与密码学的完美保密方案中没有比"穷举破解"更好的破译方式相对应。

(6)**PIFS 使得攻击者的单向透明优势被变换为攻防两方双盲问题**：防御者可以在不依赖攻击者任何先验知识的条件下，通过对构造内的广义功能安全问题进行"构造加密"，实现对任意攻击的"盲屏蔽"；攻击者在已知系统内部缺陷集合和载体等条件下，若想利用这些缺陷实施具有鲁棒效果的攻击，必须要能破译系统构造。

(7)**对于本征功能逻辑上是透明的、无迷雾的，等效于不加密**；而对于非本征功能是完美加扰的认知(拟态)迷雾。

(8)**完美本征功能系统只需要加密，无须解密。** PIFS 所保护的"明文"是系统缺陷样式，该信息并不需要向外界传递，也因此无须解密以及密钥分发，不用考虑密钥分发的安全性。

(9)**完美本征功能系统的"一次一重构"不仅重构了系统的缺陷样式，也令重构前后的缺陷样式空间维持不变，**即任意两个时刻的缺陷样式空间相等（如 $S_{t-i}^q = S_t^q$）可通过缺陷样式的重构实现。前者是通过"一次一密"使缺陷样式被屏蔽，后者是通过系统重构（包括重启、复位、清洗、重置、重构或更替等方法）恢复系统的缺陷样式空间（即防止攻击者增加缺陷）。

(10)**完美本征功能系统对于任意两次输入或任意两次输出都是"一次一重构"的，**因此能够应对某些只有输入无输出的注入漏洞式攻击，或某些只有输出无输入的后门类缺陷。从 PIFS 定义的角度，都可看作定义 3.16 中式(3-11)的特例。

5. PIFS 关键实现要素

在上述定义的基础上，如何实现完美本征功能安全是我们接下来讨论的内容。从前文分析不难看出，实现完美本征功能安全需要三个核心的技术要素，即动态性/随机性、多样性/异构性、冗余性[13]。其中，随机性可以视为动态性的一种特例。同样，异构性也可视为多样性的一种特例。进一步地，我们列举了实现完美本征功能安全的几种可能。

DV 交集：典型技术是移动目标防御（Moving Target Defense, MTD[14]），特点是随机选择目标对象提供服务功能。即便它确实是"一次一重构"的，满足定义 3.16 的式(3-11)～式(3-13)，但是由于缺失冗余性及对应的基于冗余度的裁决机制，导致本征功能是 ε 不能任意给定的 0/1 概率分布，即不满足条件式(3-10)。

DR 交集：典型技术是动态同构冗余[15]。但是由于是同构，即使是"一次一重构"，也不能改变缺陷样式，导致不满足条件式(3-11)～式(3-13)。

VR 交集：典型技术有非相似余度构造（Dissimilar Redundancy Structure, DRS[15]），是指多个冗余体以择多判决机制并行工作，但是由于重构方式不满足完美安全的随机性要求，导致其系统熵会随着攻击次数的增加而减小，即属于"耗散系统"，因此不满足条件式(3-11)～式(3-13)。

综上可得，尽管 D、V、R 都是完美本征安全的关键要素，但其任意两两组合均无法满足定义 3.16 的全部要求，因此，接下来探讨如何运用三个核心要素的完全交集实现完美安全。

3.6.4 DHR 系统是 PIFS 系统的条件及证明

1. DHR 系统一般性质

DHR 系统架构[1]将构造内复杂多变的广义功能安全问题变换为 DVR 域内差模或共模性质的简单问题，可作为完美本征功能安全系统的一种实现方式，如图 3.6 所示(见 3.3.5 节)，其主要特点为：①通过在信息物理系统或数字设施中引入基于反馈控制的动态性、异构性和冗余性，利用本征功能相同的异构执行体获得重构系统构造的内生安全能力，将包含系统内部的随机性或不确定扰动因素影响(例如随机性错误、失效、故障等可靠性问题)，以及人为地针对目标系统软硬件设计漏洞后门等"暗功能"的未知网络攻击在内的广义功能安全问题，变换成为 DVR 域上简单的、可用概率工具表达的差模或共模问题；②基于"相对正确"公理的策略裁决机制[16]，通过对本征功能相同的异构执行体的状态矢量裁决，自动感知和屏蔽"已知"与"未知"攻击威胁导致的系统出错，即使系统内部"有毒带菌"，也能保证本征功能正确提供；③无须任何关于广义功能安全问题和不确定扰动的先验知识，能够对抗任何形式的试错攻击或盲攻击，使攻击者的攻击经验不具有可继承性。

DHR 架构能够在面临传统类型的随机性或不确定扰动因素影响(例如随机性错误、失效、故障等可靠性问题)，和人为地针对目标系统软硬件设计漏洞后门等"暗功能"的未知网络攻击扰动的前提下，以大概率实现系统预期的本征功能。这是由于系统中的执行体是本征功能相同或等价的异构执行体，在"相对正确"策略裁决机制下，即使个别执行体存在异常，也能够大概率提供本征功能[13]。

由此，DHR 的性质可简要概括如下(可认为是已被证明了的)[13]：

DHR 性质 1 本征功能存在性(Seiendheit)：由于各执行体具有相同的本征功能，当某些执行体的非本征功能被触发时，由于存在相对正确策略裁决与反馈清洗机制，可保证系统以给定概率$(1-\varepsilon)$产生本征功能输出。

DHR 性质 2 差模扰动可判性(Determinability)：当某些执行体的非本征功能被触发但以差模形态呈现时，由于执行体集合的冗余/异构，因此其可被检测发现，转换为确定性事件。

DHR 性质 3 共模扰动逃逸性(Escapabilty)：当某些执行体的非本征功能被同时触发且通过相对正确策略裁决机制时，发生共模逃逸，出现非期望输出。

DHR 性质 4 构造状态的可重构性(Reconfigurability)：存在针对差模和共模

扰动的反馈控制与执行体定时清洗等机制，使系统运行状态或构造是动态可重构的。

DHR 架构策略裁决机制在原理上不排除输出矢量相同的多数执行体，仍然可能存在小概率情况下的共因缺陷或共模逃逸情况。只有尽可能使共模逃逸成为"极小概率事件"，并且攻击者无法从"这一事件"中获得有用信息，才能在最大程度上防止有感或无感共模逃逸成为常态[13]。因此，DHR 架构能否实现、如何实现完美本征功能是下面关注的重点。

2．DHR 完美本征功能安全定理

由上节性质可知 DHR 架构可满足定义 3.16 式(3-9)要求的系统本征性条件，所以下面考虑如何满足定义 3.16 的系统安全性条件。

为此，比照香农完美保密定理[10]的思路，引出 DHR 完美本征功能安全定理。

定理 3.3(香农完美保密定理)：一个明文空间为 $\mathcal{M}$ 且满足 $|\mathcal{K}|=|\mathcal{M}|=|\mathcal{C}|$ 的加密方案(Gen, Enc, Dec)是完美保密方案的充分必要条件如下：

(1)密钥发生器 Gen 以均匀分布(等可能地)从 $\mathcal{K}$ 中选取任意密钥，也即 $\Pr(K=k)=1/|\mathcal{K}|$。

(2)对于每一个明文和每一个密文，有且只有一个密钥使得该明文映射到该密文。

为对应香农完美保密定理，将 DHR 系统剖析如下：

(1)对于 DHR 系统，加密算法由执行体资源池、在线执行体个数、裁决策略、反馈机制[13]等组成。如密码学的加密方案一样，加密算法可以公开，但每次选择哪些执行体是由私密的状态控制密钥决定。

(2)对于 DHR 架构中本征功能相同的异构执行体[15]，其异构性质决定了不同执行体具有缺陷样式的多样性和差异化。因此，DHR 的系统构造与系统缺陷强关联，即缺陷样式与系统状态存在一一映射。

(3)由上述 DHR 性质 1～4 可知，DHR 架构的动态、异构、冗余和裁决等机制使得定义 3.16 中的 ε 可以任意小。其中，裁决机制能够在"相对正确"公理前提下通过自动感知和屏蔽"已知"和"未知"的缺陷，从而优化并降低 ε。

(4)定理 3.1 要求明文空间在每次加密时保持不变。对于 DHR 系统，可以通过每次重构(例如出现差模时)的重启、复位、清洗、重置或更替等方法使重构前后的系统状态空间 $\mathcal{S}_t$ 保持不变。在(2)的基础上，当输入和裁决机制固定时，$\mathcal{S}_t$ 不变意味着 ε 维持不变，从而满足定义 3.16 的式(3-9)。

香农完美保密定理的逻辑是：只针对 $|\mathcal{K}|=|\mathcal{M}|=|\mathcal{C}|$ 加密方案，即密文空间、明文空间和密钥空间相等的加密方案；且该加密方案要满足两个充分必要条件。对应到 DHR 系统，其本身就满足 $|\mathcal{S}_t|=|\mathcal{S}_{t-i}|$，因为系统状态空间与时间无关[13]。只需要将控制系统状态的密钥空间 $|\mathcal{K}|$ 进行规范，使得对于任意 t 和 i，在 $t-i$ 时刻的每一种系统状态 s_{t-i} 和 t 时刻的每一种系统状态 s_t，有且只有一种状态控制密钥 k 使得 s_{t-i} 转化到 s_t，并且同样也有且只有一种状态控制密钥 k 使得 s_t 转化到 s_{t-i}，即可满足 $|\mathcal{S}_t|=|\mathcal{S}_{t-i}|=|\mathcal{K}|$。

至此，比照定理 3.1 的逻辑及其条件，在一般性 DHR 基础上实现完美本征功能安全只需再附加约束：

DHR 性质 5 独立性约束（Independentivity）：对于任意两次输入，系统状态在每次输入时独立重构，且系统处于任意状态的概率都是相等的。等效地，对于任意两次输出，系统状态在每次输出时独立重构，且系统处于任意状态的概率都是 $1/|\mathcal{K}|$。

综上分析，比照 Shannon 完美保密定律的逻辑体例，给出 DHR 完美本征功能安全定理。

定理 3.4（DHR 完美本征功能安全定理）：满足性质 1~4 的 DHR 系统是完美本征功能安全系统的充分必要条件如下：

条件 1：系统在每次运行时变换其状态，并且每次以均匀分布（等可能地）从 $\mathcal{K}$ 中选取任意状态控制密钥，也即 $\Pr(K=k)=1/|\mathcal{K}|$。

条件 2：对于任意 t 和 i，在 $t-i$ 时刻的每一种系统状态 s_{t-i} 和 t 时刻的每一种系统状态 s_t，有且只有一种状态控制密钥 k 使得 s_{t-i} 转化到 s_t；并且，同样也有且只有一种状态控制密钥 k 使得 s_t 转化到 s_{t-i}。

定理的证明如下所示：

参考 Shannon 完美保密定理的证明方式，我们给出定理 3.4 的如下证明。

首先，为了简化和直观，令 $S_t=M$ 和 $S_{t-i}=C$。

充分性：首先，根据定理 3.4 条件 1 和 3.2 条件 2 我们有：

$$\Pr[C=c\mid M=m]\overset{(a)}{=}\Pr[K=k]\overset{(b)}{=}1/|\mathcal{K}| \tag{3-15}$$

其中，(a) 成立是因为定理 3.4 条件 2，(b) 成立是因为定理 3.4 条件 1。那么，对于任意两个 t 时刻的系统状态 m_1 和 m_2，和任意 $t-i$ 时刻的系统状态 c，有

$$\Pr[C=c\mid M=m_1]=\Pr[C=c\mid M=m_2]=1/|\mathcal{K}| \tag{3-16}$$

根据文献[17]的如下引理 3.3（即完美保密的等价定义：完美不可区分性），

引理 3.3：当且仅当一个加密方案的任意明文 $m_1, m_2 \in \mathcal{M}$ 和任意密文 $c \in \mathcal{C}$ 都满足 $\Pr[C = c | M = m_1] = \Pr[C = c | M = m_2]$ 时，是完美保密方案。

由此我们可得

$$\Pr[M = m | C = c] = \Pr[M = m] \tag{3-17}$$

必要性：首先证明定理 3.4 条件 2 是必要的。

对于任意一个 $c \in \mathcal{C}$，$t - i$ 时刻的系统状态 c 可能来自于 t 时刻的任意一种 $m_i \in \mathcal{M}$，不妨假设能使 m_i 被转化为 $t - i$ 时刻的系统状态 c 的状态控制密钥有 n 个，称这些状态控制密钥为 $k_1, k_2, \cdots, k_n$，那么 $k_1, k_2, \cdots, k_n \in \mathcal{K}_i$ 且 $\mathcal{K}_i \in \mathcal{K}$。对于 t 时刻的另一种系统状态 $m_j \in \mathcal{M}$，我们同样假设能使其被转化成为 c 的状态控制密钥空间是 $\mathcal{K}_j \in \mathcal{K}$。根据以上假设，我们有如下推论：

(1) 对于任意 i，j，$\mathcal{K}_i$ 与 $\mathcal{K}_j$ 不相交，即 $\mathcal{K}_i \cap \mathcal{K}_j = \varnothing$。假设 $\mathcal{K}_i$ 与 $\mathcal{K}_j$ 相交，那么存在 $k \in \mathcal{K}_i$ 且 $k \in \mathcal{K}_j$，并且 k 满足"m_i 根据 k 转化为 c"和"m_j 根据 k 转化为 c"同时成立，这与定理 3.4 条件 2 矛盾，因此 $\mathcal{K}_i \cap \mathcal{K}_j = \varnothing$。

(2) 对于任意 i，$\mathcal{K}_i$ 中只有一个状态控制密钥，即 $|\mathcal{K}_i| = 1$。由于 (1) 成立，我们可以推出对于每一个 t 时刻的系统状态 $m_i \in \mathcal{M}$，都有一个 $\mathcal{K}_i \in \mathcal{K}$ 使 $\mathcal{K}_i$ 中的状态控制密钥 $k \in \mathcal{K}_i$ 满足 $\mathrm{Enc}_k(m_i) = c$，且任意两个 $\mathcal{K}_i$ 都互不相交。因此，有 $\sum \mathcal{K}_i = \mathcal{K}$。

假设对于每一个 $m_i \in \mathcal{M}$ 有 $m_i \in \mathcal{M}_i$ 存在，且任意两个 $\mathcal{M}_i$ 之间也都互不相交（因为 t 时刻的系统状态空间中的任意两个状态是不同的），那么可以推出 $|\mathcal{M}_i| = 1$ 且 $\sum \mathcal{M}_i = \mathcal{M}$。又因为 $|\mathcal{K}| = |\mathcal{M}|$，所以 $|\mathcal{K}_i| = 1$。

由 (1) 和 (2) 可以推出定理 3.4 条件 2 是必要的。

然后，证明定理 3.4 条件 1 是必要的。

由定理 3.4 条件 2 可知，对于任意 $t - i$ 时刻的系统状态 $c \in \mathcal{C}$，当且仅当唯一状态控制密钥 k_i 被选择时，t 时刻的系统状态 $m_i \in \mathcal{M}$ 才被转化为 c，因此有 $\Pr[C = c | M = m_i] = \Pr[K = k_i]$。同样，当且仅当唯一状态控制密钥 k_j 被选择时，另一个 t 时刻的系统状态 $m_j \in \mathcal{M}$ 才被转化为 c，即因此有 $\Pr[C = c | M = m_j] = \Pr[K = k_j]$。

由引理 3.3[17] 可得 $\Pr[C = c | M = m_j] = \Pr[C = c | M = m_i]$，即任意 $t - i$ 时刻的系统状态 $c \in \mathcal{C}$ 来自于任意两个 t 时刻的系统状态 $m_i \in \mathcal{M}$、$m_j \in \mathcal{M}$ 的概率是相同的。因此，对于每一个 i 和 j，我们都有 $\Pr[K = k_j] = \Pr[K = k_i]$ 成立。这说明每一个密钥都以相同的概率被选取，即 $\Pr[K = k] = 1/|\mathcal{K}|$。

3. 分析与推论

由上一小节的定理可知：对一般性 DHR 系统附加上述约束（条件 1、条件 2），即可保证约束后的 Enhanced DHR（eDHR）系统是内生安全强度为 ε 的完美本征功能安全系统。其安全性强度 ε 与执行体的部署数量、执行体间的冗余/异构度以及裁决/清洗策略有关，与缺陷的性质、行为等无关，这说明 DHR 构造具有网络弹性。

DHR 系统"一次一重构"的意义不仅在于随机重选了执行体，更是通过重构确保系统状态空间维持不变（在"缺陷样式与系统状态存在一一映射"的前提下，这意味着系统重构可使任意两个时刻的缺陷样式空间维持不变）。前者使 DHR 系统通过重构直接加密了系统状态，后者使 DHR 系统通过重构（包括重启、复位、清洗、重置、重构或更换当前执行体、运行环境等操作）恢复了系统的缺陷样式空间（例如防止攻击者注入缺陷）。

由 DHR 性质 5 可知，DHR 系统对于任意两次输入或任意两次输出都是"一次一重构"的，因此能够应对某些无输出的注入漏洞式攻击，或某些不需要输入就能触发非本征功能并产生输出的后门类缺陷，或者不影响本征功能但能影响数据的私密性、可用性和完整性的信息安全威胁或破坏。

3.6.5 DHR 相对正确策略裁决机制的信息论机理

不难发现 DHR 的相对正确策略裁决使攻击者获得的"密文"信息不完整，相当于又把各执行体的输出过滤了一次，即重新进行了一次多对一的、高维到低维的"熵减映射"[7]，把多个执行体多维输出通过裁决机制变为了一维的输出。

等效地，相当于增加了一条多输入单输出 MISO 信道，信道响应是带符号擦除的择多分集，其输出相较于输入是信息量减少的。在信息论意义上必然引入额外的疑义度（equivocation），意味着即使信道响应已知，也无法从信道输出恢复出信道输入的完全信息。

基于相对正确公理的策略裁决机制对于防御者和攻击者是非对称的，对于防御者是积极的（positive），对于攻击者是消极的（negative），会导致攻击者观测熵损。这一步骤相当于防御者主动对构造信息完成了单向加密，使得攻击者对于系统辨识产生疑义度，即使能掌控输入序列也知道输出响应却难以反推出系统构造，因此是降低甚至消除攻击者"单向透明"优势的又一重要手段。

其中，熵损或疑义度的大小与输入的个数（异构度或冗余度[12]），即异构执行体参与投票的数量 M 有关，"$M:1$ 映射"中的 M 越大，原高维空间自由度越大，降到 1 维后自由度损失比越大，疑义度也就越大。当 M 趋近于无穷大时（例如执行体异构度和冗余度趋近于无穷大，缺陷交集趋近于 0），疑义度无穷大。当疑义度足够大时，理论上攻击者无法辨识系统的具体构造，即缺陷结构样式被完美屏蔽。

所以，DHR 首先通过在线执行体重构完成了第一次加密，然后再通过具有迭代机制的策略裁决再次加大了攻击者的疑义度，相当于在系统输出响应之前又对当前运行环境内的构造作第二次或更多次加密，进一步提升了系统安全性。

3.6.6　关于猜想的证明分析

我们初步证明了所提猜想的存在性，即不依赖先验知识的完美加密与不依赖先验知识的内生安全存在相似性。

证明的逻辑与过程是：首先，建立了本征功能安全的密码学模型，将网络域的安全问题转化为密码域的加密问题，使得我们能够继承和应用完美保密的既有观点与方法，进而给出完美本征功能安全(PIFS)的概念、定义及推论；将 DHR 系统作为 PIFS 的具体实施例，对应香农完美保密定理提出了 DHR 完美安全定理，证明了满足"一次一重构"约束的 DHR 构造(即 eDHR)是实现完美本征功能安全的充要条件，从而也证明了完美本征功能安全(本节以下简称"完美安全")系统的存在性。

这一命题的衍生价值在于，不仅提供了一种用密码学原理对内生安全机理进行诠释和评估的全新视角与方法，更重要的是，可以为内生安全的进一步完善和发展提供若干启迪。

综上所述，二者相似性的命题成立，意味着复杂的网络内生安全问题可以归一化地用相对简单、普及的密码学公知来解释。

(1)从密码学角度看，内生安全本质上可能是创造了一种对系统构造的物理或逻辑加密方法，实现对本征功能外的非本征功能加密。攻击者若想利用系统内部构造性缺陷实施攻击，必须先破译结构或构造密码才行。系统或网络安全性转化为密码安全性。

(2)凡是构造赋能的系统都可以被构造本身加密。我们论证了加密强度与 DVR 三要素的集合强相关，DVR 同时存在是实现完美系统的关键要素。

(3)由于要求攻击者有破译结构密码的新质能力，网络安全的门槛被提高到至少与密码破译相同的高度，泛在化的网络威胁和破坏可被大幅度降低。

(4)如同"一次一密"(One-Time Pad)是完美保密的著名密码方案一样，"一次一重构"的 DHR 也是完美安全的经典实施例，同时具备了本征功能的可实现性和缺陷信息的完美屏蔽性，从而证明了以 ε 为量化指标的完美系统的存在性，也就从密码学的角度证明了内生安全的存在性。

(5)基于相对正确公理的策略裁决机制意味着 DHR 系统的动态、冗余、异构和多模裁决同时作用，使得 DHR 系统能够通过自动感知和屏蔽"已知"和"未知"的缺陷降低非本征功能发生的概率，因此可看作是 ε 存在性的保证。从工程上看，相对正确裁决在冗余和异构度越大、多模裁决机制丰度越大时，ε 的取值空间的自由度就越大，因此是实现完美安全的优化手段。

(6)DHR 裁决机制对应完美安全定义里的式(3-9)，DHR 系统的动态异构冗余以及清洗恢复、重置替换等机制对应定义的重构，即式(3-10)~式(3-12)。至此，DHR 系统与 PIFS 的定义完美地对应，且裁决机制的内涵也包含在 PIFS 的定义内。

(7)完美安全应该是包括功能安全和网络安全在内的广义功能安全。以 ε 为量化指标的完美系统的存在性，等价于证明了广义功能安全是"可量化设计、可测试验证"的。

(8)可以严格证明完美安全具有"系统缺陷样式熵不减"的性质，从理论上证明了内生安全构造"拟态伪装迷雾"效应的存在性。

(9)在开环条件下，即在没有任何先验知识也没有任何后验知识(如攻击感知与效果反馈)的假设条件下，理论上完美安全与完美保密在加密上是等价的。二者只有在这一前提下才有可比性，由于密码学加密方无法感知破译方的攻击方式及其攻击效果，完美保密只能想定更严苛的开环场景。

(10)即使在开环条件下，由于完美安全是"仅加密"的安全，即不存在合法解密方，避免了完美保密应用中的最大困扰——密钥分发的安全性问题，所以在这一点上二者具有不对称性，完美安全具有相对的先天优势和安全增益，且应该更具有可操作性和可实现性。

(11)在闭环条件下，即没有任何先验知识但可获得攻击的后验知识并通过反馈控制调整安全策略的前提下，完美安全与完美保密理论上是不等价的。例如，DHR 的"差模扰动可判性"使得执行体的非本征功能被触发且为差模呈现时可被检测发现，这意味着防御者可利用 DHR 获得关于系统缺陷的后验知识，这种优势有可能会突破密码学的一些限制，使得防御方借助 DHR 提供的反馈信息改变原始的"盲加密"策略，从而以更高的效能、更低的工程复杂度、更有针对性地破坏攻击链。

例如，"一次一重构"和"一次一密"一样，源于仅有开环假设。在闭环条件下可能是充分但不必要(可能过强了，应该可以放宽)。至少什么是"一次""一次"间隔的优化都可以研究。如防御方可借助 DHR 提供的反馈信息，自适应地、针对性地优化设计系统重构时间，只要使得重构间隔小于攻击链的建立时间即可，而不需要极致化地一味追求缩小重构时间，由此可以用更小的代价影响或破坏攻击链的生成及稳定性。

(12)由此可知，闭环条件下的完美 DHR 系统攻防问题可以被转化为一个"建立攻击链"与"破坏攻击链"之间的博弈问题，类似于传统密码学中破译者与基于计算复杂度的算法之间的算力博弈，都无法摆脱愿景完美与现实可行之间的矛盾。以量化可控的安全性损失换取工程实现的可行性乃至于大幅度的效率提升是值得的。由于 DHR 策略裁决反馈控制机制提供了额外的系统自由度，使得闭环条件下的安全朝着"满足安全约束的同时最大化效率"方向优化成为可能，此项工作可作为后续研究的内容之一。

(13)开环条件下的完美安全使得网络攻防游戏规则不再以攻防双方是否拥有对方的先验知识定输赢，双方都回归到没有先验知识的"石器时代"场景中来。进一步地，闭环条件下的网络攻防更是有可能回归到"易守难攻"常态，防守方不仅能自我加密，还能依赖"差模呈现"感知攻击效果以及实时改变当前缺陷样式等，将防守方总态势从单纯的被动防御转变为自主可控的积极防御。

(14)完美安全 DHR 存在性的证明过程同时也回答了"在无任何先验知识条件下，DHR 重构的随机性多大才足够完美"这一难题，即"完美随机的DHR"应当如何设计的问题，可作为 DHR 随机性、动态性的设计准则，从而以完美保密的视角重新审视 DHR 设计中可能存在的问题，并开展相关问题的后续研究。

(15)可能创造一类基于构造赋能的弹性系统乃至于内生安全网络弹性的理念、准则与实现方法，这有赖于后续研究的进一步深入与细化。

(16)由于安全目标被提升到"完美"的高度，一般而言对防御者附加的条件会更苛刻(如一次一重构)、付出的代价会相应提高(也许对于 DHR 并没有想象得那么高)。如果你追求的就是完美效果，那么本章证明了这些代价是值得而且必需的。如果你追求的是理论完美与工程实现的折中，那么可以在本章基础上定义"次完美"、渐近完美、平均完美、短时完美等。

(17)香农在其《通信的数学原理》[7]中提出了信息熵的概念，指出了通信系统应当朝着"信源熵不减"的方向优化设计，其中的信道编码定理是 DHR 内生安全结构编码概念的来源。次年，在他的另一著作《保密系统的通信理论》[10]中指出了如何利用信息论指导保密系统的朝着"明文熵不减"的方向设计，其中的完美保密定理是本章完美安全的来源。回顾两者，不难发现它们具有相同的第一性原理，即"信源的熵不减"和"明文的熵不减"，这不仅是香农在开创可靠通信与保密通信两个领域之初就发现的规律，更是给基于内生安全结构编码定理的内生安全和基于完美保密的完美安全的相融相合提前预设好了脚本。这一领域的相关问题都是今后值得开展的研究方向。

3.7　DHR 架构工程技术效应

3.7.1　降维变换广义功能安全问题

网络空间内生安全问题层出不穷、种类繁多以及攻击手段日新月异，相关的漏洞后门、病毒木马、攻击特征、黑白名单等知识库呈急速膨胀之势，网络安全、功能安全乃至信息安全问题相互交织带来前所未有的广义功能安全问题挑战。DHR 构造之所以可以在不关心内生安全共性问题的成因与机理，以及故障失效问题和网络攻击问题等具体细节的前提下，成功实现不依赖先验知识和附加防御措施的广义功能安全，关键是能将这些种类繁多、看似杂乱无序的安全问题，通过 DHR 构造降维变换成 DVR 域内能用概率工具表达的差模或共模性质的广义可靠性事件，为利用成熟的容错纠错和自动控制理论与技术解决或规避这些寻常性工程问题提供了基础性的支撑。

理论上，DHR 构造的网络安全防御效果与是否存在广义不确定破坏或知晓广义不确定扰动原委弱相关甚至不相关，但这并不影响恰当地导入人工智能和大数据等后台分析处理功能，实现从"知其然"到"知其然也知所以然"的转变。利用运行日志、现场快照及异常状态保留等记录信息，借助日益成熟的智能化分析工具不但能针对性地发现或定位软硬件故障问题，也可以"有的放矢"地溯源未知漏洞后门、病毒木马以及相关攻击资源与手段，包括捕获危害性极大的"0day"类型的未知安全问题或网络攻击。

3.7.2　局部动态异构冗余

我们知道，DHR 架构属于 DVR 的完全交集(是否具有唯一性尚待证明)，通常由 M 个功能等价的异构执行体或相关软硬件组成，最多可以构成拥有 C_M^K 种组合(K 通常可取 3)、可供动态调用的资源池。任意选取一种执行体组合并基于策略裁决的反馈控制环路就可以构成 DHR 架构的当前运行环境。理论上，如果任意异构执行体间或运行环境内是"绝对异构"的，则无论是随机性失效或不确定性错误，还是人为扰动或非人为摄动影响，在当前运行环境内只可能产生差模输出形态的表达。然而，实际产品设计中功能等价执行体或者运行场景间的异构度只可能是有限程度的。于是，架构内各种异常摄动或扰动不仅会产生差模表达还会出现有感或无感共模表达的问题(二者呈现概率肯定存在差异)。工程上，我们总是希望前者概率更高些，后者概率尽可得小，两者间的比值越大说明广义功能安全性或可靠性越高。因此，如何能在全局静态异构性受限条件下获得足够高的广义功能安全性就成为富有挑战性的工程实现问题。幸运的是，DHR 架构基于策略裁决的迭代反馈机制，能在很大程度上降低诸如DRS 或异构冗余那种甚为苛刻的全局静态异构冗余要求。

实际上，只要保证当前运行环境具有局部动态异构冗余特性即可，前提条件是：①攻击者无法实时地掌控当前运行环境中的内生安全共性问题；②攻击者无法通过扫描试错方式嗅探或感知当前运行环境资源配置情况；③攻击者无法控制当前运行环境内的执行体或场景的调度策略和迭代替换规律；④即使进入有感或无感共模逃逸状态，多维度后向验证机制及基于外部命令的强迫扰动，对运行环境内相关软硬件资源的尝试性清洗或更替操作都可能破坏稳定逃逸状态。换言之， DHR 架构的当前运行环境通常处于稳定工作状态，但凡被内外部因素摄动或扰动都可能被激发到有感差模处理的暂稳定状态；其差模输出屏蔽机制一旦发现当前运行环境内有差模问题表达，就会在确保服务功能 P 不变和目标对象与攻击者均无感情况下，实时地改变当前运行环境或执行体场景的工作状态甚至重置资源部署，直至裁决环节不再感知到差模表达，当前运行环境重新回到稳定工作状态。

值得注意的是，这一过程既不代表引起差模摄动或扰动的因素被排除，也不能说明稳定工作状态下不存在内生安全共性问题，只是当前的攻击已失去针对性，达成了"兵来将挡水来土掩"的效果。需要强调指出的是，这一局部动态异构冗余的机制需要引入其他维度相对性参数进行深度关联裁决的策略裁决，目的是要能通过运行场景的迭代更替在整体上获得差模表达与有感共模逃逸之间的辨识度[9]，降低相对性判识盲区"以差模形态表达的有感共模逃逸"概率。譬如，将运行环境内各执行体或场景的历史表现权重、执行体软硬件安全设计等级、运行版本的成熟度、是否存在各种提示性告警信息等相关参数纳入策略裁决范畴。此外，如果策略裁决认定存在有感共模逃逸就需要尝试性地改变当前运行环境内的执行体或场景编码，包括那些并未出现差模输出的对象，因为发生共模逃逸时，问题场景常常不是存在差模表现的那些执行体。

此外，"开源技术和专业化分工"产业模式发展至今，同源漏洞后门陷门或恶意代码的传播问题不再是杞人忧天的事了，大量事实表明，基于开源代码的信息物理系统或数字产品生态环境正在遭遇越来越严重的网络安全威胁。令产业界无比沮丧的是,既不能无视开源社区技术发展新趋势,又无法彻查开源代码中的漏洞后门甚至病毒木马问题。更为气馁的是,至今还看不到有预期安全效果的解决方案。幸运的是,DHR 架构内构执行体或场景的不确定调度策略、清洗重构策略以及迭代裁决策略,都会显著地增强基于环境依赖型的同源漏洞后门等协同一致利用的难度。由此不难推论[14],DHR 架构及其广义鲁棒控制机制在工程实现上对于相异性设计要求比非相似余度的 DRS 架构宽松得多。

综上所述,DHR 能以较低的异构度成本获得更强壮的网络弹性/韧性功能。

3.7.3　策略裁决机制

DHR 架构在工作机理上不依赖但不排斥先验知识,故而在多模输出矢量或状态的判决机制中只能以相对性算法为主。但是,单纯的输出状态择多判决在局部动态异构冗余场景下不可避免地存在判决盲区问题。比如,当运行场景内余度数为 3 时,且工程上又无法保证"绝对异构"情况下,如果出现 2:1 或 1:2 的差模状态,不能简单地认为当前一定是差模问题呈现(尽管大概率上可以这么认为),但在小概率上仍然无法"选择性地忽视"有感共模逃逸问题,为此需要从多个视角、使用多种参数的迭代裁决来认定。例如,在择多判决结果的基础上再根据当前相关运行场景中各执行体的历史表现权重、相关软硬件的安全设计等级、版本成熟度等情况,以及是否存在操作系统、安全软件、中间件和相关物理层硬件等的告警或提示信息,进行多维度相关性策略裁决,以便尽可能地降低差模状态下的有感共模逃逸概率。实践上,但凡裁决环节出现差模状态且系统内又存在某种确定性告警,则可以直接断定此次裁决结果是"真差模"而不是"有感共模逃逸",无须再启动后向复核验证机制。倘若系统输出响应有时延方面的约束,可以先按择多判决结果选择系统输出,随后再运用后向复核验证机制作善后或追溯处理。

需要特别强调的是,策略裁决机制使得企图运用试错法实现盲协同攻击的努力难以达成。因为策略裁决环节迫使任何"篡改"当前运行环境状态的非配合性攻击行动在机理上无法成立,而要实现共模逃逸,不利用试错法又难以在动态多元目标协同攻击中获得期望的共模逃逸结果。此外,无论是有约定的协同或"撞大运"式的盲攻击,过程中的任何"差模失误"都会导致前功尽弃。

此外,策略裁决算法选取与目标系统集中式处理还是分布式处理架构强相关,与应用场景中具体细节问题密不可分。例如,地域或空间分布式应用场景下,当运行环境包括区块链中的所有参与方,或者利用跨平台异构云、数据中心等软硬件资源时，策略裁决算法就需要选择诸如"拜占庭将军问题"之类的分布式共识算法等。总之，策略裁决机制的"因地制宜、活学活用"至关重要。

3.7.4　熵不减与不确定性

在 DHR 的 I【P】O 模型中，因为存在功能等价的异构冗余执行体(或运行场景)，意味着服务功能 P 的构造表达既可以用单一执行体或场景来实现，也可以用多个执行体或场景的"结构编码或伪装"方式来呈现。换言之，DHR 构造允许执行体或运行场景在保证服务功能 P 的情况下，通过自身重组、重构、虚拟化等软硬件可定义方式来实现，也可以利用池化的执行体元素作组合方式的表达。例如，当等价功能为 P 的资源池中有 M 个元素($M \geqslant 3$)，创建一个三余度的 DHR 运行环境有 C_M^3 种组合可供选择，由于每一种组合中的元素 A、B、C 在给定约束条件下功能是等价的，即 $P = P_A = P_B = P_C$。因而，当前运行环境内就有 $P = P_A \bigcup P_B$，$P = P_A \bigcup P_C$ $P = P_B \bigcup P_C$，$P = P_A \bigcup P_B \bigcup P_C$ 四种组合，更不用说资源池中还有 $C_M^3 - 1$ 种组合可供随时调用。也就是说，只要能保证服务功能(也包括相关性能)P 的正常表达，运行环境具体实现结构(或算法)与服务功能 P 的实际映射 (结构表征)在理论意义上就不再具有确定或刚性的对应关系。这种不确定的、一对多的构造编码表征加之差模状态驱动的策略反馈机制，不仅可以在 DHR 构造赋能的系统内获得"熵不减"的功效，而且能指数量级地提升攻击者对目标系统环境感知或脆弱性嗅探、漏洞/后门发现或利用、上传病毒木马、内外部隐蔽通联等进攻行动的实施难度。不但能造成攻击者对 DHR 结构内的运行环境或防御场景的认知或感知困境，而且能给针对已知漏洞后门等的攻击包(数据或可执行代码)准确投送带来极大的不确定性。任何导致输出状态不一致或运行环境异常的差模裁决表达，DHR 策略调度和多维动态重构反馈机制，都会对当前运行环境重新实施"构造加密"或改变"构造编码"，直至异常情况消失或发生频度被限制在某一给定的阈值范围内。理论上，无论是"差模扰动""差模攻击"还是盲协同攻击在机理上对 DHR 架构均无效，包括"即使攻击成功也无法稳定维持"的共模逃逸。这对任何可规划的攻击行动与可期望的攻击效果来说，理论上和技术上都具有颠覆性的影响。

3.7.5　拟态伪装迷雾

在不改变执行体或运行环境等效服务功能 P 条件下，DHR 架构及其运行机制的赋能作用都能使目标对象中潜在的内生安全共性问题呈现或表现出很大的不确定性。因为寄生或伴生在当前运行环境相关执行体中的任何漏洞后门、病毒木马等暗功能都是构造性产物,一方面会随着宿主执行体或运行场景的重构、重组或清洗恢复等操作而发生位置或可利用性的改变(理论上,语义级的漏洞后门问题可能不受影响);另一方面,当前运行环境会因为出现某种差模事件扰动或外部指令强行摄动而发生策略性的迭代调度,从而改变运行环境内的软硬件资源配置或运行状态。两个方面的叠加因素导致 DHR 架构在宏观上,表现出"一次差模扰动一次运行环境变化"的构造加密属性,对内部渗透者或外部攻击者而言,同时呈现出"双盲"性质的拟态迷雾和不确定效应,使得依据先验知识或现场获得的嗅探信息,以及事先规划好的攻击策略和技术手段,欲达成期望的攻击效果就必须先破解结构密码或编码,而其难度绝不亚于破解信息加密算法。显然,隐匿在当前运行环境内的暗功能交集(共因问题)等一旦被结构编码或环境加密,目前主流的网络攻击理论和方法的实用性与有效性必然大打折扣,甚至网络攻防游戏规则都会发生根本性改变。

　　具有挑战意味的是,若想利用 DHR 架构内不确定暗功能交集实现当前运行环境内执行体或场景间非配合条件下,多元异构动态目标协同一致的稳定共模逃逸,即使在白盒注入测试[9]条件下,要想通过攻击表面(AS)实现有效的差模扰动也绝非是件容易的事情。此外,DHR 架构的策略裁决与反馈调度,以及多维动态重构机制使得当前运行环境内可利用的攻击资源具有很强的不确定性,因而同样的攻击序列或操作组合在时间上很难得到完全相同的输出响应。例如,静态异构冗余架构下攻击者可以看到的目标系统漏洞及其呈现特性,在DHR 环境下都将是不确定的甚至无法识别与定位,这给攻击链的稳定创建带来极大挑战,即便能勉强建立也无法保证漏洞探测、代码注入、回连交互等攻击链操作的可靠性与稳定性。退一万步说,即使某次攻击成功,其经验也很难在时空维度上复现。就攻击者而言,面对一个"一次差模感知就一次结构加密"的目标环境,如果没有破译解构能力,即便拥有"0day"性质攻击资源也只能望洋兴叹。实施信道编码或者结构加密是形成拟态迷雾和不确定效应的核心所在。

　　需要说明的是,DHR 架构的拟态迷雾和不确定效应对防御者和攻击者而言几乎是同样的,不仅攻击者难以知晓当前运行环境中究竟在哪里、存在什么样的暗功能交集、是不是可资利用等信息,就是产品设计者或使用者也无法实时地掌握应用系统当前运行环境内,相关软硬件工作状态、资源配置和算法实施情况究竟会发生什么样的改变,这种不确定的"私密性"对攻防双方均具有"双盲效应"。如同商业化的密码机,谁都可以购买但绝不会因为使用同一型号产品而影响客户之间的信息安全。因此,"双盲效应"在对抗基于社会工程学的攻击方面也具有机理上的天然优势。不过，对防御者而言并非完全"失明"，只是无法实时地知晓差模状态产生的原因而已。相反，利用各种现场保留信息和对自身软硬件的认知，结合知识库技术及种类繁多的分析工具，不难发现"0day"性质的漏洞后门、病毒木马以及软硬件可靠性方面的问题。总之，对于攻击方而言是"真实失盲"，而对防御者来说只是"事后可分析"的假性失明。

3.7.6　颠覆试错攻击理论前提

黑盒扫描、盲攻击或试错攻击、APT 等持续性嗅探或渗透技术是网络攻击必备手段之一。试错类方法和手段的有效性在理论上需要两个必备前提：一是试错对象在整个试错过程中背景条件必须保持不变或者系统传输函数总是确定的，否则试错算法前提条件无法成立；二是输出状态总能正确响应输入状态，即输入序列可由试错者任意编排，且不论试错攻击成功与否在输出端总能获得相应的信息；两个前提条件缺一不可。DHR 架构之所以在机理上能有效抑制试错类手段的运用，主要体现在三个方面。一是输入序列的合规性检查。即在输入端施加的所有激励信号序列都必须能通过当前运行环境内各执行体一致性的合规性检查，但凡有执行体产生相应的不合规告警(由于大多数软硬构件缺乏统一的合规标准所致)，当前运行环境理论上需要做出功能 P 不变条件下实现结构与运行状态的改变(具体取决于差模处理设计策略)，从而导致功能等价条件下运行环境构造编码的改变。此外，试错攻击序列只能在规定条件内做有限程度的"遍历"或编排，这使得可试错的范围大打折扣。二是即便某一试错输入造成个别执行体产生差模输出响应，策略裁决环节也会认为这是一起"差模事件"而禁止或屏蔽其输出，这将导致攻击者无法成功地获得试错响应。三是策略裁决机制一旦发现"差模事件"就会激活反馈控制环路，后者可能会指令该执行体实施某种程度的清洗恢复操作甚至改变当前的运行环境，乃至直接下达替换当前"问题执行体"的命令。由此可见，"试错过程背景不变"和"输入状态总能映射到输出端"的前提条件，在 DHR 架构内就无法成立。需要强调的是，即便攻击者在掌握一定先验知识的情况下，如何"绕过"DHR 拒止试错攻击机制，实现协调一致的"无感共模逃逸"也是一个指数级难度的挑战。

3.7.7　代码注入新挑战

不同软硬件上的可利用漏洞都离不开"适宜"的环境条件和"量身定制"的攻击流程与专门化工具。漏洞后门及所有攻击资源的利用，也需要通过攻击表面(AS)可达通道引入符合语法、语义规则甚至语用环境的输入激励序列(简称为攻击序列)。强调这一前提的原因是,DHR 架构的输入/出通道既是当前运行环境接收服务请求和服务响应的通道,也是进入相关执行体或运行场景内部的攻击表面。更为重要的是,内生安全问题终究属于目标对象的内源性矛盾,无论是随机性或不确定摄动还是网络攻击扰动都是外因通过内因相互作用的结果。因而,攻击表面及通道、方法和环境对于攻防双方而言都是绕不开的"隘口"问题。

在 DHR 构造【I】端上创建的任何攻击序列,既要满足服务请求合规性检查(否则会被输入规则丢弃或禁止),也要满足注入的攻击代码不会因为并行激励的"结构编码"特有的"结构加密"效应而被视作非法代码而引发错误告警。例如,当前运行环境内假定拥有多种类型 CPU,能够被 x86 系统接受的二进制攻击代码,对于 ARM 系统而言大概率上会发生非法指令告警,反之也一样。由于 DHR 构造内的各执行体或运行场景存在的漏洞各不相同,可供利用的攻击资源、创建的攻击链及内外部通联机制也不尽相同,如何能在时空维度上将事先编排的攻击序列同时注入具有合规性检查的攻击表面共享通道,并能准确地实现"一对多的"精准投送,且不会因为可达性或可执行性或协同性方面的错误而过早暴露攻击者企图,这对任何攻击者而言都绝非易事。更一般的表达有,在非配合条件下,动态异构冗余环境内,凡是想通过单一输入通道、同一攻击表面达成跨异构执行体或运行场景的协同注入都极具挑战性。

3.7.8　自然融合附加式安全技术

DHR 安全机制的有效性虽然不依赖(但不排除)任何先验知识或附加、内置、内嵌、内共生的其他安全措施或技术手段,但在架构内通过合理编排或配置不同安全机理的 COTS 级传统网络安全产品,可以获得指数量级的安全增益,这是因为 DHR 构造固有的融合特性使然。如同"钢筋骨架""混凝土砼料"与建筑物强度和韧度之间的关系那样,钢筋构型、材料性质以及混凝土砼料配方和搅拌工艺等决定期望的建筑质地。DHR 架构在这里起到的是"钢筋骨架构型"的作用,倘若再按需选择诸如钢筋材料、混凝土砼料与搅拌工艺之类的传统安全技术,通过相关参数的量化结合不难获得信息物理系统广义功能安全所需的可量化设计、可验证度量的稳定鲁棒性和品质鲁棒性,其功能安全性应该能承受弹性验证理论中最为严苛的"白盒注入"或"破坏性"测试法的检定[5,9]。

需要指出的是,传统安全技术在这里起到的是增强当前运行环境异构度的作用。从理论分析可知,尽管 DHR 架构的内生安全性与所拥有的冗余资源数量以及执行体间的异构度呈指数关系,且不以攻击者先验知识或行为特征的知识库积淀广度和深度为前提，也不以任何附加型安全手段的有效性、可靠性与可信性为基础。但是，从机理上说，内生安全特有的融合属性对其他安全技术不仅没有排他性，而且通过自然地接纳传统或 COTS 级的附加安全技术，还能显著提升 DHR 架构内异构度工程实现方面的技术经济性。也就是在运行环境的执行体或场景中策略性、差异化地配置一些对应用服务 P 无感的附加式或嵌入式的网络安全措施，可等效提升运行环境内的异构度，因而通过 DHR 架构特性能获得指数量级的安全增益[9]。就一般性而言，在功能 P 等价条件下，凡是能够增强执行体间相异性或多样性的手段都能非线性地提升目标对象的防御有效性与可靠性。例如，一定约束条件下，在当前运行环境内巧妙地部署或配置各种动态化、多样化、随机化的方法和手段，包括接纳对服务功能 P 透明的、运行机理各不相同的入侵检测、入侵预防、入侵隔离、加密认证、杀毒灭马、封门堵漏、可信计算等传统安全措施，都能够卓有成效地提升 DHR 架构赋能对象或系统的网络弹性。更重要的是，这其中既不必担心这些传统"外挂"措施本身的安全功效如何(如漏检、误警、虚警率等问题)，也无须让其作出没有内生安全问题之类难以验证又不可能兑现的承诺。

3.7.9　安全质量可设计可度量

DHR 架构反馈控制机制既能使动态性、随机性和多样性防御元素呈现出一体化的效应，又能使赋能系统始终表现为一个可有效应对或规避当前不确定网络攻击或随机性失效影响的"受信任执行环境"，使得功能安全、网络安全甚至相关信息安全可"量化设计、验证度量"的"网络弹性"成为可工程化实现的目标，这是 DHR 架构固有属性决定的，与人为还是非人为扰动前提无关。因而，任何 DHR 架构赋能系统，都可以借助弹性功能验证理论与方法，在"白盒插桩"甚至"破坏"性试验条件下，通过在"开放状态"执行体或运行场景内"直接注入"相应的差模或共模测试例并设计好配套的输入测试序列，然后在攻击表面变换输入序列和测试例，观察策略裁决器状态和输出端服务响应，在给定的测试时段内统计异常判决出现频次来间接度量目标对象的安全等级，或在输出端分析是否存在"注入的差模测试例"期望的逃逸信息。与大多数既有安全防御技术不同，DHR 架构的广义功能安全性是可设计标定、可测试度量的，与传统可靠性指标相似能够用概率值的大小来衡量[15]。需要强调的是，DHR 从机理上虽然能够百分之百地感知和屏蔽非合作性攻击或差模故障等造成的威胁和破坏，但是恢复或规避这些处于异常状况的运行环境要以增加弹性恢复开销、降低执行体或运行场景的性价比为代价，极端条件下还可能出现劣化服务性能，甚至短时间中断服务提供的情况。正如矛盾演进转化或和解过程一定需要付出额外成本与代价一样，DHR 架构在获得冗余性、多样性和动态性等网络弹性功能的同时也不可避免地要付出技术与经济方面的代价。

　　DHR 还因为能用同一个技术架构以融合方式为信息物理系统或数字产品提供高可靠、高可信、高可用的使用及安全性能，所以无论是传统安全和非传统安全功能都可以通过基于该架构的一体化系统设计来实现基于构造增益的网络弹性/韧性，特别是能为破解功能安全、网络安全和信息安全交织问题提供全新的解决方案。同时，DHR 架构赋能的目标系统之安全性与运维管理者技术能力及过往经验弱相关，从而可以显著降低系统维护门槛和全生命周期运行成本。

3.7.10　内生安全可信执行环境

　　可信执行环境(Trusted Execution Environment, TEE)有时也称为受信任执行环境，即通过软硬件方法在中央处理器中构建一个安全区域(安全飞地 Enclave)，保证其内部加载的程序和数据在机密性和完整性上得到保护。TEE 是一个隔离的执行环境，为在设备上运行受信任应用程序提供了比普通操作系统(Rich Operation System, ROS)更高级别的安全性以及比安全元件(Secure Element, SE)更多的功能[17]。TEE 的典型实现是 Intel 公司于 2013 年在 ISCA 会议的 Workshop HASP 中提出的 SGX 技术概念和原理[17]，2015 年 10 月第一代支持 SGX 技术的 CPU 问世。其架构如图 3.19 所示，SGX 可以在计算平台上提供一个可信的空间，保障用户关键代码和数据的机密性和完整性，能够将安全应用依赖的可信计算基 TCB 减小到仅包含 CPU 和安全应用本身，支持将不可信的复杂 OS 和虚拟机监控器 VMM 排除在安全边界之外的新型软件架构。其"安全飞地 Enclave"的创建过程如图 3.20 所示。SGX 架构并不识别和隔离

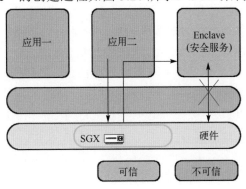

图 3.19　SGX 架构示意

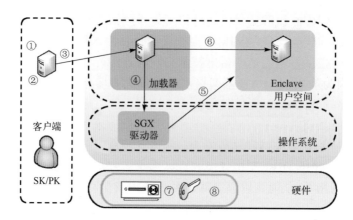

①创建应用；②创建应用证书(HASH和客户端PK)；③将应用加载到加载器；
④创建Enclave；⑤分配Enclave page；⑥装载测试应用；⑦验证证书和Enclave的完整性；
⑧产生Enclave密钥

图 3.20　Enclave 创建过程

平台上的所有恶意软件，而是利用可信计算的思路，将合法软件的安全操作封装在一个独立存储空间中，保护其不受恶意软件的攻击。无论其他软件是否具有权限，都无法访问该独立存储空间。也就是说，一旦软件和数据位于该独立存储空间中，即便操作系统或者虚拟机监控器(VMM)也无法影响独立存储空间里面的代码和数据。

然而，SGX 仍然存在安全风险：一是作为安全边界之一的 CPU 可信性如何保证，特别是如何能证明管控独立存储区的硬件功能没有脆弱性，依然没有解决"可信根本身是否可信"的疑问；二是类似 SGX 的 TEE 机制存在着固有的硬件设计缺陷，如幽灵漏洞造成 SGX 的影响；三是如果封装在独立存储空间内的受信任程序本身就存在设计缺陷或恶意代码，则在"飞地堡垒"庇护下仍然能够规避任何安全监测和问题移除操作；四是一旦恶意软件成功地进入独立存储空间，整个 SGX 功能将可被恶意软件开发者利用。

公开资料表明 SGX 本身存在着多种安全问题，如硬件设计缺陷、瞬态执行漏洞，侧信道安全漏洞、内存安全漏洞和状态一致性漏洞等。南方科技大学的张殷乾教授团队在 2018 年被公开的英特尔处理器 Spectre 漏洞基础上，首次对 SGX 实现了 SgxPectre 攻击。他们借助侧信道成功窃取了英特尔嵌入在 SGX 中的密钥信息[18]。另外，该团队还对芯片厂商 AMD 的可信执行环境 AMD SEV 发现了类似的 AMD 硬件设计缺陷，例如不可信 I/O、ASID 滥用、密文侧信道漏洞等。2020 年，英国伯明翰大学、维也纳杜格拉茨大学等联合团队利用 Intel 硬件处理器的"掠夺电压（Plundervolt）"设计（即在目标电脑上植入恶意软件，暂时降低流入英特尔芯片的电压），将 SGX 安全 Enclave 中存储的密钥成功进行了比特位翻转[19]。

德国格拉茨技术大学的团队利用 Intel SGX 开发了"飞地"恶意软件——SGX-ROP 攻击软件，将其部署在 SGX Enclave 中，成功绕过了 ASLR、堆栈金丝雀和地址清理器等攻击检测。该攻击软件可以用于窃取或加密文档以进行勒索、发送网络钓鱼电子邮件或发起拒绝服务攻击等。该研究证实 SGX 不是保护用户免受伤害，而是构成安全威胁，助长了所谓的超级恶意软件，随时向所在系统发起漏洞攻击，且杀毒软件等传统手段对此无能为力[12]。

DHR 架构在原理上天然具有 TEE 的属性，且不存在"可信根"是否可信的"灵魂拷问"，以及加密算法与密钥工程管理方面的烦琐问题，理论上可以不依赖（但可以融合）任何关于安全防御的知识库。其安全飞地功能可保证无论是架构内存储的数据还是敏感数据的处理过程，都不会因为 TEE 平台内的软硬件内生安全问题而受到来自内外部的威胁和破坏，即 DHR 能够保证构造内的任何差模性质的安全缺陷无论何时都不会成为私密或可信计算应用的安全威胁，但无法保证承载之上的受信任应用软件或数据自身存在漏洞后门陷门或恶意代码等问题时的安全性（事实上，如果拥有功能等价的多样化应用软件版本，则 DHR 架构可以在相当程度上降低隐匿在这些软件中的潜在安全威胁）。换言之，只要可信任应用软件具备跨平台的运行能力（例如可在云环境上运行），DHR 构造赋能的信息处理或控制系统就能提供集高可信、高可用、高可靠三位一体内生安全的机密计算或可信计算。事实上，网络弹性的理想目标就是让数字产品或设施在"可信服务"前提下获得"使命确保"的功能，而网络弹性眼下的工程目标充其量只能做到"使命确保"就不错了，根本无法兼顾可信服务的保障问题。后续章节我们将重点讨论 DHR 结构如何赋能网络弹性工程的问题。

3.8　受 限 应 用

DHR 架构作为解决功能安全、网络安全乃至信息安全交织问题的赋能技术具有普适应用意义，尤其在高可靠、高可用、高可信的网络弹性/韧性应用场合，可提供指数量级的安全增益；在一些"可信性不能确保"的机密计算或可信计算应用场景中，发挥不可或缺的"受信任执行环境——内生安全飞地"的作用。但是，也绝不是"放之四海皆准的万能技术"。

1) 微同步/时延敏感应用环境

与同构冗余工程实现难度不同，DHR 架构由于对软硬件实现结构或算法上有着相异性要求，推升择多判决对输出矢量或状态的同步操作复杂性，工程实现环节更难保证择多输出在时间上的精确同步(例如微秒、纳秒甚至亚纳秒级)，也无法避免裁决环节本身导入的时延影响和系统开销，对于有严格时延和微同步要求的应用场景确实存在不小的技术挑战。事实上，即使是经典同构冗余系统也无法回避大数表决或共识机制的插入时延和高精度微同步问题。

2) 既有时延约束又不可追加更正的场景

由于 DHR 架构对于一个确定的输入激励，很难做到苛刻响应条件下，实时地完成多个异构执行体输出矢量或状态的择多裁决。所以，DHR 架构方式往往被设计成按照某些权重策略或历史表现预选某执行体或场景的操作结果作为默认输出，以便尽可能地保证应用系统的实时响应要求，并在允许的时间范围内与随后到达的输出矢量或状态比较，以决定是否要对默认输出结果做出修正或追加更改操作或给出警报信息。凡是有严格时延要求且完全不允许更正或修正结果的场合，DHR 架构应用会受限或需付出专门代价才能为之。

3) 没有可归一化的输入/输出界面

DHR 架构要求功能等价可重构执行体的输入和输出界面是可归一化或标准化的。在这个界面上，给定输入序列激励下，功能等价可重构执行体或场景的择多输出矢量或相关状态在大概率上具有相同性。换言之，基于这个界面可以通过给定功能或性能的一致性测试方法判断执行体间的等价性。实际工程上，对于复杂信息物理系统或数字产品而言，我们往往不可能给出完备的测试集，特别是具体到协议或标准之外的异常处理算法，各设备厂家也常常是五花八门的，尤其是与运行环境安全态势相关的告警或提示信息更是自行其是，所以说执行体功能性能的等价性只是在测试集可覆盖的范围内成立。因此，存在可归一化(不一定非是开放的标准)且可实施等价性测试的界面及相关资源，是 DHR 架构得以工程化应用的重要前提条件。

4) 应用软件缺乏多样化版本

软硬件处理资源的异构冗余配置是 DHR 架构有效性的前提条件，且一般要求执行体在物理和逻辑空间上具有独立性。目前看来，市场应用面宽广的基础性和支撑性软硬件及中间件、嵌入式系统、IP 核等 COTS 级产品的多样化程度日益丰富，尤其是开源社区业态的发展使得同质多元化市场门槛大为降低。但是，个性化的第三方应用程序或服务软件不总是有多样化版本的市场供给(受众面大的 App 软件往往能针对主流系统提供多样化的版本，例如，有基于不同 CPU 的 x86、ARM 软件版本，也有面向 Windows、Linux、安卓、苹果等不同操作系统的版本，而专业性很强的应用软件产品往往对运行环境有更强的指向性或依赖性）。如果能购买到源代码，则可以通过专门的多样化编译工具来生成异构执行体所需的运行版本；如果只有二进制可执行文件，虽然可以采用二进制反编译和多样化编译等有限程度的差异化处理手段，但对 DHR 架构应用领域拓展仍会带来不容小觑的影响；基于跨平台脚本解释语言(例如 Java)编写的应用软件多样化过程中，要求设计者拥有针对 DHR 运行环境插入个性化"指纹"的能力。总之，应用软件的多样化和异构程度关系到 DHR 架构的共模逃逸概率大小。

5) 软件更新"黑障"

一般说来，DHR 架构中各功能等价执行体软件版本升级很可能存在不同步的情况(这种情况在使用 COTS 级产品时通常无法避免)，由此也许会出现两种情形：一是，不涉及输入或输出归一化界面内容的版本更新(如打补丁、改进性能、优化算法等)，如果没有改变策略裁决所用的输出矢量或状态，则可以认为对 DHR 架构系统而言是"透明升级"。二是，影响到归一化界面或策略裁决矢量变化的版本升级情况。此时可以在 DHR 系统中导入根据软件更新情况设定相关执行体输出权值的功能。当版本不同时，可以指定高版本所扩充的功能具有较高的输出权值(实际上，鉴于新老版本兼容性要求，绝大多数功能应该是一样的)，当裁决环节发现不一致情况时引入权重值再作进一步的策略裁定。当然，这种非"透明"处理方式多多少少会降低目标系统应对版本升级过程中的安全风险能力。

6) 成本敏感领域

通常消费类电子产品，如便携终端、手持终端、可穿戴设备、个人桌面终端等对初始购置价格、升级成本或供电能力比较敏感。DHR 架构系统在未完成微型化、可嵌入、多样化、集成化、低功耗等情况下，在这些领域的应用会明显受限(预计 2023 年 2Q 规模化投产的拟态化 MCU 器件以及未来软件定义晶上系统 SDSoW 产品将极大缓和这一矛盾)。虽然对具有多核或可定义"安全飞地" SGX、Truste-area[20]等功能的 CPU，仍然可以通过构建虚拟化的 DHR 可重构执行体来达成期望的安全性，不过因为不能防范来自 CPU 硬件层面的内生安全问题，因而这种实现方案仅适合对市场售价、使用场景敏感且安全性要求不太高的场合。当今电子信息时代，尤其是软硬件产品的设计和制造复杂度不再是市场价格的主要因素，虚拟化、异构众核处理器、用户可定制计算、软件可定义功能、CPU + FPGA、软件定义硬件 SDH、RISC-V 以及晶圆/亚晶元多维集成(SoW)等技术的发展,将使 DHR 的应用可以不再为成本价格或体积功耗等因素所拖累。

7) 作为高鲁棒性软件架构的问题

理论上,DHR 架构对增强软件产品的可靠性与可信性同样具有重要的应用意义。因为软件漏洞问题当今技术条件下的确难以杜绝,开源社区的众创模式又可能导入陷门(无意带入的恶意代码)等问题,状态爆炸问题使得形式化证明在工程上并不总是可行的,而 DHR 在原理上并不担心这些看似棘手的问题。目前最大的挑战是 DHR 架构的软件运行效率太低,因为一次界面操作可能需要策略性地调用多个功能等价异构模块,还要对多个输出结果进行裁决处理,在单一处理空间、共享计算资源环境下其运行开销可能令人难以承受。幸运的是,多核、众核、用户可定义计算、拟态计算、晶上系统等新型计算架构的普及,我们可以运用并行处理技术解决多个异构软件模块同时计算的问题,而策略裁决开销问题则可以在功能等价异构模块中对输出结果或状态作先期预处理(如进行某种编码计算或只关注状态变迁的合规性)以降低裁决阶段的处理复杂度。剩下的就是异构冗余系统的固有问题了,即设计和维护复杂度与成本代价的增加问题(事实上,除了版本升级维护问题之外,DHR 架构的软件反而可以极大地降低产品全生命周期厂家和用户在安全维护方面的成本,因为无须顾及0day 或 Nday 漏洞问题,也就没有迫在眉睫的打补丁、升版本的售后服务需求)。作者认为,DHR 如果能得到规模化应用,这些都将不成为问题。特别是,在网络空间安全形势极其严峻的今天,我们需要更新传统的只追求功能性能而不考虑信息物理系统安全性的产品设计模式,回归"产品设计缺陷(包括安全缺陷)由产品提供者或制造商负责"的商品经济基本法则,建立"安全也是服务功能,安全也是产品质量"的设计和使用新理念,支持网络弹性泛在化的发展趋势。

8) 裁决问题

由于 DHR 执行体环境的异构性使得同一源程序版本的可执行代码产生的输出响应会有所不同。例如,操作系统 IP 协议栈中 TCP 起始序列号往往是随机的;IP 包中的可选项或未定义扩展项之内容当使用不同协议栈时存在某种不确定性;输出数据包采用了加密算法且与宿主环境参数强相关;一些接入认证模块往往需要随机化的图形或验证码等。理论上,包含这些不确定内容的择多输出矢量之间不能作"与语法、语义无关"的透明性裁决。此时,需要导入一些创造性的解决方案,比如在条件许可情况下,调整输出代理与执行体之间的功能安排、采用统一的协议栈版本、共享随机数发生器、使用掩码屏蔽技术、裁决共生体产生的检测矢量、比对与环境相关的参量或状态、利用入侵检测和相关安全防护机制的输出结果等方法。需要注意的是，裁决比对内容过多时会造成可观的裁决时延，这时需要在执行体上增加诸如求输出矢量校验和、哈希值等附加功能以减少裁决比对的时间开销。例如，如果是对一个 1K 字节的数据包进行裁决，只需裁决该数据包的哈希值或检查和即能大幅度减少裁决复杂度。同理，当各执行体采用相同加解密算法但使用不同密钥时，直接裁决比对加密数据包肯定行不通，如果在数据包加密处理前形成一个哈希值并置于加密数据包的某一确定域内，这样就能把密文数据包裁决比对问题转变为仅对哈希值所在域进行比对的操作。显然，裁决问题是 DHR 工程实现中需要特殊关注的问题，尤其是使用"黑盒"软件时因为"很难修改"往往更具挑战性。

　　幸运的是，近 10 年来，网络弹性系统工程正成为全球新一代信息技术及数字产品的发展趋势，西方先进国家正纷纷推出相关的技术标准和市场准入法规，强制性要求制造业的数字产品必须具备"应对任何潜在威胁和破坏的使命确保能力"，网络弹性将是未来数字产品不可或缺的功能，而 DHR 因为构造的高可信、高可用、高可靠、一体化的特点将有助于弥补网络弹性工程目前存在的重大缺陷，届时上述局限问题也会随着这一进程收获更多的创新解决方案。从下一章起，我们将重点探讨网络弹性工程为什么需要内生安全赋能作用的问题。

3.9　应用软件后门问题

　　通常，应用软件源代码中的后门/陷门属于"有意植入"或"无意导入"的"蓄意代码"，一般不会因为版本多样化编译而使本征服务功能"语义"发生变化。换言之，如果源代码中就存在语义级的后门/陷门功能，例如隐私信息获取、数据蓄意修改、远控监控/维护乃至恶意停服等"不依赖运行环境"的后门功能，即便是采用多样化编译手段形成的多种目标代码，DHR 运行环境中也很难消除此类问题的影响。由于内生安全在机理上是对目标系统本征功能的实现进行透明性质的"构造加密"，即用本征功能等价的多个异构执行体的"结构编码"来实现，"一对多或多对一"的动态异构冗余机制使得本征功能不再是用一种确定的、静态的、相似的构造实现。而对本征功能之外的非期望功能则实施双盲性质的结构加密，即使攻击者事先掌握或了解运行环境中某些差模性质的漏洞后门信息，但理论上若想成功地利用这些攻击资源就必须进行结构解密处理，且"没有比试错攻击更有效的解密方法"，从而抵消了网络攻击者基于单向透明信息的攻击优势。此外，攻击者还无法知道当下运行环境内是否配置了对其"透明"的行为分析监控类的安全功能,这些动态异构配置的传统网络安全措施也会给漏洞后门的成功利用带来诸多的不确定性因素。

然而,开源社区开发模式的普及容易造成同源安全缺陷泛滥成灾问题,这给安全防御多样化要素的有效性带来严峻挑战,影响 DVR 完全交集的稳定性。因此,在构造 DHR 环境时,一方面需要在工程实现层面甄别和避免同源软硬件的配置;另一方面在多样化编译阶段要自动插入一些不影响应用软件正常服务功能(对其透明的)、具有威胁感知或行为监测或数据库保护之类轻量级安全功能的函数调用语句或代码是必要的(包括将相关安全函数纳入异构执行体的系统或应用函数库)。总之,需要对运行在 DHR 运行环境上的多样化应用软件施加"透明性质"的安全措施,尽可能地将"不依赖运行环境"或"语义级"的后门陷门、病毒木马等攻击纳入内生安全机制可防御的范畴。

需要强调的是,理论上,只有赋能对象满足 DHR 架构应用必需的前提条件时才能达成预期的目标,因此应用软件自身的安全性问题不可能指望通过"安全底座"方式完全解决。以下情况需要关注:

(1)如果应用软件属于"可信任软件",且拥有跨平台运行软件版本,DHR构造平台的工程设计"只需保证自身的安全问题不会成为可信应用软件的安全威胁"即可,但仍需对同一应用软件在分布式执行体环境下可能产生的随机性输出结果作归一化改造(例如存在加密认证或使用本地随机参数等情况)。

(2)如果应用软件不属于"可信任软件",且用户又有高的安全性要求,必须在源代码提供商参与下,进行与 DHR 构造适配的多样化运行版本的再开发。

(3)自动化多版本编译器工具需要具有在目标代码中插入与环境强相关且对本征功能透明的"街垒"函数或中间件代码,以便增强不同执行体间环境的非相似度,使得攻击者很难用同一种攻击方法达成协同攻击的目的。

(4)自动化的漏洞后门、病毒木马指纹比对工具是需要的,以便用来发现"多样化版本"中可能存在的共模性质安全问题,并在产品设计或使用过程中通过差异化部署尽可能避免相似度过高版本同在一个运行环境内。

(5)一般而言,应用软件中的漏洞利用只要与所处运行环境强相关,DHR构造可有效防御;如果存在与环境无关的后门陷门、病毒木马等"语义级"安全威胁,则有可能产生包括无感共模逃逸在内的信息安全或功能安全事故。

3.10 改变网络游戏规则

"漏洞不可避免,后门无法杜绝,现今科技能力尚不能彻查漏洞后门等内

生安全共性问题是当今网络空间安全威胁的核心问题，没有之一"。然而，DHR
架构的发明无疑能改变基于目标系统内生安全共性问题的网络攻防游戏规则，
扭转当前网络空间"易攻难守"的格局：

（1）理论上，具有 DVR 完全相交属性的 DHR 架构，内部即使存在"已知
的未知"或"未知的未知"的安全问题，只要是差模形态的存在或表达，则在
同一攻击表面下没有可利用价值。同理，DHR 运行环境内部如果存在差模性质
的病毒木马，在机理上也难以发挥作用，且与其已知或未知性质无关；

（2）实践上，DHR 运行环境内即使存在多样化、差模性质的漏洞后门等安
全问题，跨执行体或非配合场景难以在策略裁决、反馈迭代、结构编码或构造
加密条件下实现协同一致的利用。同理，DHR 环境内即使存在攻击者已知的漏
洞后门、病毒木马，如果不能结构解密也无法构成稳定的共模逃逸；

（3）DHR 架构基于策略裁决的执行体动态迭代收敛机制以及清洗、恢复及
重构效应，能够有效阻断或瓦解任何企图通过试错或盲攻击方法达成协同一致
攻击的努力，"即使出现共模逃逸，也难以稳定维持"，使得攻击经验和攻击
成果不具有可复现性与可继承性；

（4）DHR 架构内生安全功能之有效性与攻击者对内生安全原理与方法的了
解程度，以及事先是否掌握部分软硬构件设计缺陷或者留有某种后门陷门的情
报资源与行动优势弱相关甚至不相关，与信息物理系统或数字产品使用方安全
维护的实时性和操作人员的过往经验或技术素质弱相关；

（5）在 DHR 架构内，策略性地配置一些对构造功能 P 透明的附加安全技
术手段或者裁决参数和反馈调度算法，则系统安全性能不仅能获得指数量级
的提升，而且具体配置除制造企业之外客户也能在"选择清单"内自由搭
配，甚至可以增加一些不影响架构本征服务功能的私有安全措施，这给攻击
者试图逆向分析相同技术产品达成破解"结构加密"的努力，增添了更多的
不确定色彩；

（6）DHR 架构的广义功能安全特性使得所赋能的信息物理系统或数字产品
不仅能解决自然免疫功能安全和网络安全（甚至信息安全）交织性问题，而且能
提供可量化设计及验证度量的网络弹性工程实践规范。

（7）DHR 的构成区内提供的数据存储或信息处理能力天然具有"受信任执
行环境"的属性，即使存在差模性质的多种安全问题也能为可信计算或机密计
算提供集高可信、高可用、高可靠三位一体的"安全飞地"。

总之，DHR 架构的赋能作用，无疑将使新一代信息技术或信息物理系统或
数字产品具备"构造决定"的广义功能安全或内生安全网络弹性。既可以对当

前的基于漏洞后门、病毒木马等的灰色或黑色产业链和交易市场发起改变游戏规则的挑战，也能为网络空间"共享共治"开辟制造业侧与用户侧协同治理的新方向，彻底颠覆目前针对软硬件设计脆弱性的主流攻击理论和方法，使其从目前的"非此即彼"状态走向"对立统一"发展新阶段，也为数字产品的安全性与开放性、先进性与可信性提供了理论方法和工程技术层面的突破。

在回答了内生安全机理是什么、如何实现、效果如何、存在哪些缺陷等问题后，接下来需要解决如何测试或判定给定的信息物理系统或数字产品是否具有内生安全功能与性能的问题。

3.11　内生安全功能白盒测试

通常在评定一个目标对象的安全防御能力时，大多采用漏洞扫描、渗透测试、代码审计、风险评估、安全测评等手段，其中后三项，大多情况下是非连线或联机的。漏洞扫描和渗透测试是常用的在线测试手段，其中：漏洞扫描是指基于漏洞数据库，通过扫描等手段对指定(攻击表面)的远程或者本地系统安全脆弱性进行检查，以期发现低中高危安全漏洞检测。渗透测试是一项在被测系统内部按照攻击者思维进行"授权条件"下的模拟黑客攻击，包括基于漏洞数据库、病毒木马数据库的内部扫描，旨在对目标对象安全性进行评估，先于攻击者发现安全隐患，防患于未然。换句话说，渗透测试是指渗透人员在不同的位置(比如内部网络、连线终端等)利用各种手段对某个数字系统进行测试，以期发现或挖掘出可能隐藏其中的已知漏洞后门或病毒木马，也包括弱口令、强度不达标的加密算法等。

内生安全功能白盒测试[5]，本质是一种"针对"执行体运行代码的"敏感"功能段，通过人工置入"钩子"或"加载测试模块"的方式，将被测对象未知的、非破坏性的"漏洞后门、病毒木马"功能代码"植入"当前运行环境的相应执行体内，使得测试人员可以通过系统与外部连接的通道注入或修改"用于白盒测试例需要的功能代码"。再经系统的输入通道或攻击表面，发送符合通道合规性检查的"漏洞后门、病毒木马"测试项激活序列，观察输出端是否出现测试例设计期待的输出响应。需要强调的是：所有植入的测试功能代码相对被测设备制造商和设备使用者而言，都是"未知的"。

1)测试对象

以 DHR 架构三余度 TMR 模型为例，A、B、C 分别代表被测系统的 3 个异构执行体环境(此时 N=3)，三者间具有相同的服务功能交集 P。

2)测试目的

在预先注入差模和共模测试例的情况下，观察被测系统输出端是否存在由注入的差模或共模测试例和输入序列共同引发的非正常响应(逃逸)输出，检验被测系统可量化设计、可验证度量的内生安全功能或性能。需要强调的是，所有通过白盒方式注入的暗功能测试例都是测试者事先准备好的，但对被测系统而言，应当都可视为未知的漏洞后门或病毒木马。

3)差模注入测试一

测试步骤： 分别在执行体环境 A、B、C 内注入差模测试例(对被测目标而言就是未知的暗功能)，然后从输入端注入测试例激活序列，观察输出端是否出现攻击响应序列。

预期效果： 被测对象应该无法从输出端获得受测试序列和植入差模暗功能代码共同作用的响应序列。验证 100%的差模抑制性能。如图 3.21 所示。

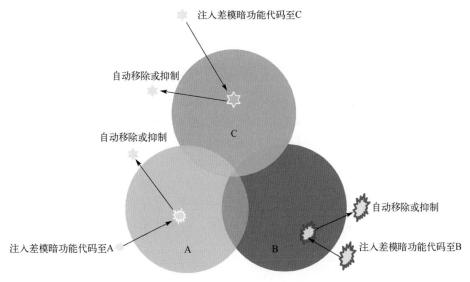

图 3.21　DHR 架构三余度差模测试例注入

4)差模注入测试二

测试步骤： 将差模暗功能代码 x、y、z 打包，依次注入 A 或 B 或 C 执行体环境，然后从输入端输入测试序列，观察输出端是否出现攻击响应序列。

预期效果： 无论一个执行体环境内存在多少种差模暗功能代码及分布情形

如何，对内生安全构造系统而言都应当 100%无效，且所有注入的差模暗功能代码，理论上应能被自动移除或抑制。如图 3.22 所示。

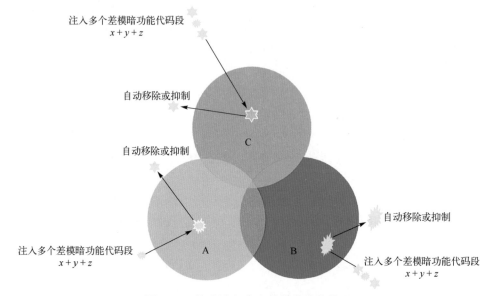

图 3.22　依次注入多个差模暗功能代码

5) N–1 模注入测试

测试步骤：将相同暗功能代码分别植入 AB、BC、AC 异构执行体环境，形成 N–1 的共模分布，然后从输入端输入测试序列，观察输出端是否出现攻击响应序列，验证有感共模逃逸概率和反馈收敛性能，如图 3.23 所示。

预期效果：DHR 构造的策略裁决和后向迭代验证机制，应能保证系统内即使存在 N–1 共模测试例，一旦发生有感共模逃逸，系统从有感共模逃逸态会自动收敛至差模暂稳态直至回到稳定运行状态，有感共模逃逸状态维持时间应当小于系统给定的阈值。

6) N 模注入测试

测试步骤：将相同暗功能代码同时植入 ABC 三个异构执行体环境，形成 N 模共模分布，然后从输入端输入测试序列，观察输出端是否出现攻击响应序列，验证命令扰动退出 N 模逃逸状态的功能和反馈收敛时间，如图 3.24 所示。

预期效果：系统外部策略扰动机制会迫使被注入 N 模暗功能代码的执行体自动退化到 N–1 模式，进而再退化为差模工作状态，"即使出现无感共模逃逸状况，攻击链的稳定维持时间也不会超过策略扰动算法允许的时长"。

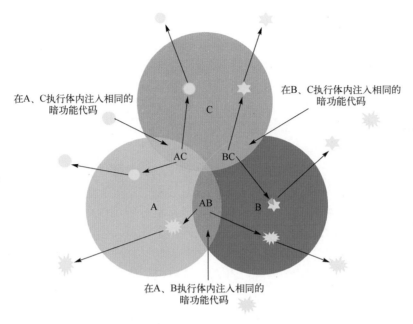

在A、C执行体内注入相同的
暗功能代码

在B、C执行体内注入相同的
暗功能代码

在A、B执行体内注入相同的
暗功能代码

图 3.23　*N*−1 有感共模逃逸测试

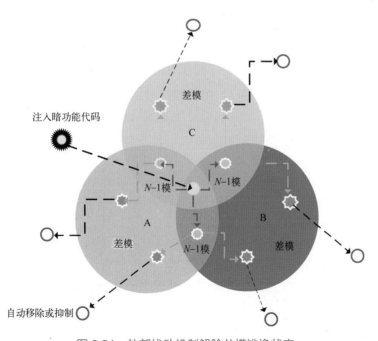

注入暗功能代码

自动移除或抑制

图 3.24　外部扰动机制解除共模逃逸状态

7) 控制环路注入测试

测试步骤：控制环路是由输入代理、策略裁决、反馈控制和纠错输出部件组成，由于其输入代理部件通常采用硬布线逻辑设计，可能无法植入测试用例的暗功能，其他采用软件编程的部件应当能嵌入测试用例的暗功能，再从输入端输入攻击序列。

预期效果：在输出端观察能否获得攻击序列与事先植入的暗功能协同作用产生的期望测试响应序列。

需要指出的是，纠错输出、策略裁决和反馈控制部件相对输入端而言，中间存在可重构运行场景，不是攻击表面可直达的。除非攻击者既能掌握控制环路中某个部件的漏洞后门，又能实时把握当前运行环境中个别执行体中的软硬件漏洞后门，并能通过输入端实现攻击代码精准注入，即便如此，达成攻击企图的概率也非常之低。更何况，现实应用中控制部件通常按硬布线逻辑设计且具有相当的私密性，攻击者在缺乏相关软硬件代码先验知识条件下，试图通过扫描嗅探方式获取未知漏洞信息以及创建攻击链方面都存在难以克服的挑战。此外，策略裁决和反馈控制环路本体属于 DHR 构造的一部分，因而可以获得构造固有的内生安全增益，其简洁的逻辑和专门化的功能相对 DHR 构造内可重构执行体而言，透明并独立，精细化的设计可保证即使存在未知漏洞也不具有攻击的可利用性，其单调简单的设计功能安全性通常可以利用形式化证明工具来保证没有后门陷门或尽可能少的漏洞，也可以用可信计算或动态防御甚至 DHR 迭代技术来增强构造控制部件自身的鲁棒性，并能够以标准化的嵌入模块方式使用。如同商业密码机那样，给反馈控制、策略裁决或可信存储区域，赋予用户可定制私密算法、可定义数据或敏感区域访问控制授权等特殊功能，其应用上的可信度是能够保证的。

8) 测试分析

针对具有内生安全功能的系统，白盒注入测试模式期望达成以下目标：

(1) 观察被测系统能否在缺乏先验知识的条件下，将各种测试扰动变换为 DVR 域内简单性质的差模或共模问题。

(2) 理论上应该能百分之百地抑制或屏蔽构造内差模性质的测试扰动，通常可以将人为注入的软件测试例自动清除或旁路。

(3) 观察被测对象运行环境中出现有感共模逃逸问题时，能够弹性恢复。

(4) 观察被测对象运行环境进入无感共模逃逸状态后仍能在设计给定的时间内自动解脱。

(5) 即便控制环路中存在漏洞后门，通过攻击表面也很难利用。

3.12　促进多样化生态发展

信息技术的飞速发展为软硬件多样性提供了坚实的工程实现基础，异常丰富的多样性也使得漏洞后门等安全问题的种类繁多、数量巨大，对攻击特征信息获取和感知的"亡羊补牢"式精准防御而言，似乎是一场看不到尽头和希望的"永恒"灾难。但对建立在内生安全理论上的 DHR 架构而言，却是个难得的发展机遇，因为软硬构件的多样性为 DHR 技术商业化应用提供了良好的异构性基础。仅就 Web 而言，通过 5 层软件栈的异构，就可轻松的实现 1550 种异构的 Web 服务执行体[21]。进一步地，对承载软件的硬件平台也可进行异构化，采用不同的处理器平台，可以得到更多种类的 Web 执行体。借用狄更斯在《雾都孤儿》中的那句名言："这是一个最好的时代，也是一个最坏的时代。"

1)"同质异构多元"生态

DHR 作为"钢筋混凝土般质地"信息物理系统或数字产品的"骨架"，往往离不开功能等价的标准化、多样化、多元化的组件或"混凝土砼料"似的产业生态支撑，而传统的网络安全产业、开源社区、跨平台计算、可定制计算、异构计算、机密计算、可信计算、软硬件可定义、功能虚拟化、RISC-V 等模式和技术能自然地支撑这样的发展要求。DHR 架构赋能数字产品创造了"供给侧"新需求，同质异构产品市场不再只是排他性的零和博弈，多样化的附加式安全产品能够为 DHR 架构系统带来指数量级的安全增益，DHR 的赋能作用反哺市场带来更为强劲的开放性(阻止泛化网络安全壁垒的趋势)、互补性和多元化动力，为同类非同源产品的发展提供了宝贵的市场生存空间。

2)加快产品成熟度的新途径

DHR 架构产品能加快欠成熟异构组件或构件的功能性能完善。一般而言，功能等价的组件或构件之间的技术成熟度肯定存在差异，市场后来者或者产品初期应用阶段尤为如此。在 DHR 构造中增加现场记录和日志分析功能，通过执行体之间运行情况的比较和鉴别，可以用在线或准在线或脱机方式尽早发现新产品的设计缺陷和性能弱点。可以期待 DHR 差模纠错机制获得四个方面好处：

(1)只要 DHR 架构使用的多元化组件或构件中不存在共模性质的内生安全问题，我们就无须为技术成熟度尚需完善产品的可靠性感到担忧或烦恼。

(2)因为 DHR 的"同质异构"需求，使市场后来者不再受困于先行者"跑马圈地"效应创建的排他性壁垒，同质异构产品需求开辟了市场蓝海。

(3)具有动态异构冗余特性的信息物理系统或数字产品,在机理上能够宽容冗余体中存在的"差模"设计缺陷，从而能显著减少设计阶段的验证工作量，缩短产品试验试用时间及费用，加快新产品入市的进程。

(4)由于DHR架构对所用到的"混凝土砼料"没有"苛刻"的安全性质量要求，因而对所用到的各种既有的网络安全产品并不需要给出不存在内生安全问题的保证。换言之，只要求砼料成分间的差异性，并不苛求成分本身无缺陷。

3)互补形态的自主可控

DHR架构要求用多元化或多样化的软硬件实体或虚体构造服务环境，但不苛求构件本身无漏洞后门或没有潜在病毒木马之类的内生安全共性问题。这使得可以在全球化或多极化产业生态环境下，用一些供应链可信性不能确保但功能性能和成熟度较好的COTS级产品，与自主可控程度较高但先进性或成熟性等方面尚存在差距的可信产品，采取混合配置或伴随监视工作模式，且在择多策略研判环节中导入权重参数，增加性能优先、置信度优先、新功能优先、历史表现优先等精细化、智能化的裁决策略，可以从架构与构件两个技术层面充分发挥自主可控但成熟度欠缺、先进可靠但安全性不能确保产品间的互补优势，既能规避产品的安全缺陷又能保证系统的可靠可用性，使得先进性与可信性、开放性与安全性矛盾可以在DHR架构基础上得到前所未有的统一，极大降低目标系统初始投资代价和全生命周期使用维护成本。

4)创建一体化网络弹性环境

信息物理系统不仅要处处管控传统功能安全问题，还要时时应对非传统安全威胁，新一代数字基础设施、信息物理系统、工业控制、嵌入式应用、特殊应用领域甚至智能网联汽车等生命财产敏感行业更是如此。

DHR广义功能安全特性在机理上能够很大程度宽容设计缺陷(理论证明，在同等余度条件下比经典DRS架构的可靠性有数量级的提升[1])，只要这些缺陷不同时在异构执行体间产生同态或共模故障的前提成立。换言之，不论是随机性物理失效或软件设计原因导致的不确定故障，还是工程实现或运行环节因人为原因导入的恶意功能，除非能在DHR构造环境内同时产生完全一致的共模输出矢量或状态，且还要保证能实现"所有操作步骤级的共模逃逸"，否则会在裁决检测环节被发现或被策略性地"动态清洗/重构"。因而，DHR构造能同时应对功能安全、网络安全乃至信息安全交织性问题造成的威胁和破坏，通过赋能广义功能安全，打造集网络弹性和可信性为一体的高可靠、高可用、高鲁棒的新一代的信息物理系统、数字基础设施或各种数字化产品。

3.13　本章小结

　　运用创新的未知威胁防御不可能三角原理——IIP 原理,不仅使我们能够定性分析给定的网络安全技术是否具有内生安全性,而且可以概略地了解目标对象在不依赖(但不排斥)先验知识条件下,能否具有应对包括未知网络攻击在内的广义不确定性扰动能力。根据 DVR 完全相交猜想:一个信息物理系统中的未知安全威胁和破坏,不论是否源于随机性或不确定性摄动,还是源于人为或非人为因素扰动,都可以表达为 DVR 域内可用概率表达的差模或共模性质的安全事件。创建了结构编码理论,证明了内生安全存在性定理(ESS-ET),使得我们有可能发明一种基于“结构或构造加密”且具有“完美安全”特性的构造,可在 DVR 域上一体化地处理广义不确定性扰动问题。通过在非相似余度DRS 构造基础上导入基于策略裁决的动态反馈控制体制和机制,发明动态异构冗余架构(DHR),不仅能将复杂的内生安全问题变换为 DVR 域内差模或共模性质的广义可靠性问题,而且能够有效地抑制“已知的未知”或“未知的未知”的网络威胁或破坏。更为重要的是,该架构在工程意义上,能一体化地赋能信息物理系统或数字产品可量化设计、可验证度量的可靠性、可信性和可用性之内生安全的网络弹性/韧性功能与性能。

　　DHR 架构的核心机理可以归纳为:①将形式多样、种类繁多、不断发展的功能安全和网络安全(乃至信息安全)三重交织问题影响映射成动态异构冗余空间以差模或共模方式表达的安全事件;②将工程实现复杂度高的全局静态异构冗余转变为具有技术经济性优势的局部动态异构冗余;③将无法区别差模与有感共模的大数表决机制替换为基于策略性、多参量的迭代裁决;④将“穷尽问题”或“打补丁”的处理机制转变为屏蔽纠错输出状态、问题场景时空迁移和安全矛盾性质变换等“兵来将挡水来土掩”的问题规避策略。作为一种对本征功能“透明”,对非期望功能进行结构编码或环境加密的“双盲”处理技术模式,毫无疑义,可以成为网络空间内生安全发展范式的“方法之方法”。

　　DHR 独有的内生安全特性和结构加密表达,无论是对“已知的未知”还是“未知的未知”攻击,无论是随机性摄动还是不确定扰动,无论是非人为因素影响还是蓄意行为所致,只要在 DHR 架构内表现为可感知的差模性质扰动就可以在机理上得到有效抑制,其广义可靠性或功能安全性可量化设计、可验证度量。这对当前网络安全工程实践规范具有颠覆性的影响。

　　DHR 构架固有的融合特性能够自然地接纳各种传统网络安全技术,并可望获得指数量级的系统安全增益，使得基于 DHR 构造的目标对象能够获得"钢筋混凝土般质地"的构造强度，这是目前靠堆砌或层层部署各种附加安全技术难以达成的目标。更为重要的是，DHR 架构可彻底改变目前信息物理系统（或数字产品）与网络安全技术"两张皮"的发展格局，并能极大地拓展传统网络安全产品的市场空间和技术发展路径。

内生安全理论和方法的提出，开辟了新的网络空间安全防御发展范式，创立了广义功能安全问题防御新视角，发明了基于动态异构冗余架构的赋能方法，建构出可量化设计、可验证度量的内生安全工程实践规范。为发展具有构造性增益的网络弹性工程开拓出崭新的技术方向，也为具有内生安全性能的新一代信息技术或数字产品提供了澎湃的发展动力和广阔的市场蓝海，可从根本上化解"开放性与安全性、先进性与可靠性、自主可控与安全可信、功能安全与网络安全（乃至信息安全）"等发展与安全的尖锐矛盾，对扭转当今网络空间易攻难守战略颓势具有里程碑意义。

参 考 文 献

[1] 邬江兴. 网络空间内生安全——拟态防御与广义鲁棒控制[M]. 北京: 科学出版社, 2020.

[2] 邬江兴. 网络空间内生安全发展范式[J]. 中国科学: 信息科学, 2022, 52（2）: 189-204.

[3] Yeh Y C. Triple-triple redundant 777 primary flight computer[C]. Proceedings of IEEE Aerospace Applications Conference, Daytona Beach, 1996: 293-307.

[4] Voas J, Ghosh A, Charron F, Kassab L. Reducing uncertainty about common-mode failures[C]. Proceedings of The Eighth International Symposium on Software Reliability Engineering. Albuquerque, 1997: 308-319.

[5] 邬江兴. 网络空间拟态防御导论[M]. 北京: 中国科学出版社，2017.

[6] Liu F, Yarom Y, Ge Q, et al. Last-level cache side-channel attacks are practical[C]. Proceedings of IEEE Symposium on Security and Privacy, 2015: 605-622.

[7] Shannon C E. A mathematical theory of communication[J]. The Bell SystemTechnical Journal, 1948, 27（3）: 379-423.

[8] 李海泉, 李健. 计算机网络安全与加密技术[M]. 北京: 科学出版社, 2001.

[9] 钱学森. 论系统工程[M]. 上海: 上海交通大学出版社, 2007.

[10] Shannon C E. Communication theory of secrecy systems[J]. The Bell System Technical Journal, 1949, 28（4）: 656-715.

[11] Raman D, Sutter B D, Coppens B, et al. DNS tunneling for network penetration[C]. International Conference on Information Security and Cryptology, Heidelberg, 2012: 65-77.

[12] Jin L, Hu X Y, Wu J X. From perfect secrecy to perfect safety & security: Cryptography-based analysis of endogenous security[J]. Security and Safety. 2023, 2: 2023004. https://doi.org/10.1051/sands/2023004.

[13] Wu J X. Cyberspace endogenous safety and security[J]. Engineering, 2021, 15(8):179-185.

[14] 张杰鑫, 庞建民, 张铮. 拟态构造的 Web 服务器异构性量化方法[J]. 软件学报, 2020, 31(2): 564-577.

[15] 邬江兴. 网络空间拟态防御研究[J]. 信息安全学报, 2016, 1(4): 1-10.

[16] Jajodia S, Ghosh A K, Swarup V, et al. Moving Target Defense: Creating Asymmetric Uncertainty for Cyber Threats[M]. New York: Springer, 2011.

[17] Katz J, Lindell Y. Introduction to Modern Cryptography[M]. New York: CRC press, 2020.

[18] Shih M W, Kumar M, Kim T, et al. S-NFV: Securing NFV states by using SGX[C]. Proceedings of ACM International Workshop on Security in Software Defined Networks & Network Function Virtualization, New Orleans, 2016: 45-48.

[19] Kit M, David O, Flavio D G, et al. Plundervolt: How a little bit of undervolting can create a lot of trouble[C]. IEEE Security & Privacy Special Issue on Hardware-Assisted Security, 2020, 18(5): 28-37.

[20] Schwarz M, Weiser S, Gruss D. Practical enclave malware with intel SGX[EB/OL]. 2019. https://arxiv.org/abs/1902.03256.

[21] 邬江兴. 网络空间拟态防御原理——内生安全与广义鲁棒控制[M]. 北京: 科学出版社, 2018.

第4章

功能安全与网络弹性简介

4.1 功能安全回顾与发展

不论科技革命和产业变革如何影响人们的生产生活，人类自身的安全都是基础和关键。随着电气/电子/可编程电子(E/E/PE)系统在工业控制、电力系统、燃料供应、航空航天、汽车工业、机器人、医疗设备、信息化武器装备和作战系统等应用领域越来越多地用于安全(safety)目的，如何通过恰当的技术与管理措施，把这些安全相关系统的整体风险控制在要求的目标之内，以保护人身安全以及环境免受污染，就成为全球相关行业的核心关切和行动目标——功能安全。当今时代，各个行业、各个产业都在数字化、网络化、智能化的赋能或改造中经历分娩和重生，功能安全也在迎接再诠释、再调整、再优化、再升级和再平衡。

科技发展、工业革命在推动人类社会进步，深刻改变人类生产生活方式的进程中，也可能埋下新的安全隐患。长期以来，重大工业生产事故、交通事故等频繁发生，伤亡人数居高不下。这种矛盾性推动功能安全的产生和不断发展。为了提升安全性，20 世纪 60 年代以来，E/E/PE 系统开始逐步应用于工业、能源、交通、医疗等安全相关领域，承担安全相关功能，以保护工人和公众免受伤害或死亡以及环境免受污染。但是，这些安全相关系统本身的失效和故障也可能产生诸如火灾、爆炸、辐射、核泄漏等灾难性事故。因此，如何通过安全技术和安全管理减少安全隐患，将风险降低至可接受范围，就成为许多行业的重大现实需求。

早期应用于工业领域的安全相关系统，大多由继电器、固态电路或硬布线逻辑组成，故障模式确定，主要是随机性的硬件故障失效，故障情况下的系统行为可以基于统计学理论和方法完全确定和预测。但故障排除一般比较困难，当大规模继电器组中的某一个或几个继电器发生故障，或者相关触点接触不良时，对故障问题诊断和排除可能需要花费数小时甚至更长时间。

20 世纪 70 年代左右，可编程电子系统开始逐步用于安全相关的功能实现上。可编程逻辑控制器(Programmable Logic Controller, PLC)提供了一种灵活的方式来实现控制动作,使得单个设备可以取代行业已经习惯的硬布线继电器组。早期的 PLC 主要用于顺序控制,只能实现不太复杂的逻辑运算。随着微处理器和微型计算机技术的发展,美国和日本一些厂家在 70 年代中后期将微处理器引入 PLC，从而打破了传统的基于继电器控制的 PLC 系统技术架构。

20 世纪 80 年代,微处理器技术的引入使得软件控制系统更具成本效益。然而,随着系统中的软件复杂性不断提升,试图穷尽软件设计缺陷的努力越来越困难,实时或现场判断出每一个潜在故障和失效问题变得越来越不可能。基于这一认识,许多研究开始寻找避免和控制安全相关软件系统不确定失效的新方法。到了 80 年代中后期,专门用于安全相关系统的控制器系统、安全型 PLC 和安全解决方案得到快速发展,产品设计中逐步引入了异构冗余表决功能和诊断功能。

20 世纪 90 年代以来，由于自动化生产规模的持续扩大，安全防护系统中广泛引入计算机和网络技术，相对于传统的硬布线逻辑和缺乏智能灵活性的 PLC 技术，显著增强了工厂和工业过程的安全控制能力，软硬件结合的安全相关系统逐步占据主导地位，随之而来的新挑战是系统的复杂性和蕴含的不确定性也快速跃升。首先，由于软件开发受技术发展的阶段性和代码编写人员的认知局限性影响，使得软件功能的正确性验证成为极具挑战性的任务，更不要说彻底排除设计脆弱性或潜在暗功能或未知漏洞问题了。此外，硬件规模也越来越大，而且变得越来越复杂，由于"状态爆炸"的原因，设计功能的正确性验证也变得越来越困难。另外，系统体系化发展速度愈来愈快，复杂巨系统的特征也越来越明显。在这种情况下，安全相关系统的功能安全、可靠性和持续有效性引起了工业界和学术界的高度关注。

针对日益严重的工业事故,1994 年 5 月,德国发布了 DIN V 19250 标准《控制技术：测试和控制设备应考虑的基本安全原则》[1],给出了世界上第一个过程工业安全设备分级标准 AK1-8。进一步，还制定了 V VDE 0801 标准《计算机在安全相关系统中的原理》，提供了一种可编程电子系统在设计、编码、程序执行和确认等过程中满足 DIN V 19250 级别的方法，功能安全的概念也由此产生。1996 年 2 月，美国仪表协会(ISA)发布了 ISA S-84.01《安全仪表系统在过程工业中的应用》[2]，提出了安全完整性等级和安全生命周期的概念，很快就成为美国国家标准，并被美国职业安全与卫生管理局(OSHA)的过程安全管理(PSM)、美国环保署(EPA)的风险管理程序(RMP)立法强制执行。

2000 年 5 月，国际电工委员会(IEC)正式发布了 IEC 61508《电气/电子/可编程电子安全系统的功能安全》[3]。实际上，早在 1988 年，IEC 61508 就出台了安全软件和安全硬件的标准草案。之后，人们又提出怎样规范系统性故障这一更复杂的问题。在委员会持续努力下，1995 年发布了包含 7 部分的 IEC 61508 标准草案，1998 年，草案的第 1、3、4 和 5 部分被批准为国际标准；1999 年，剩余部分被批准为国际标准，2000 年，发布了完整标准。IEC 61508 是一个技术理念、科学评估体系和优化管理手段的集合，期望对包含有电子、电气设备和计算机软、硬件的系统，在用于关系到人身财产安全的领域时，能进行规范化的安全指导。该标准主要综合了美国和德国两个国家相关标准的核心内容，并作为功能安全的基础国际标准发布。由此，标志着功能安全作为专业的技术领域和工程科学，开始自成体系。

2022 年 9 月，美国网络安全和基础设施安全局(CISA)发布了《2023 年至 2025 年战略规划》[4]，规划中确定了网络防御、减少风险和增强恢复能力、业务协作、统一机构 4 个网络安全目标，共有 19 个子目标；分别聚焦降低风险、增加韧性。为未来美国网络和基础设施安全工作指明了方向。该规划的核心是将网络安全防御与增强基础设施韧性和恢复能力统一对待，在子目标中把增强弹性、降低风险作为重要内涵。

2023 年 3 月，美国白宫发布《National Cybersecurity Strategy》，提出网络安全策略应从只强调应用服务侧转向到制造供应侧与应用服务侧并重；基于"网络中的网络"概念，试图建设一个受信任的执行环境以保障关键应用和数据安全；强调加强联盟之间协同与一致，以形成更大的协同攻击与防御能力。

4.2　功能安全基本概念

4.2.1　功能安全定义

按照中华人民共和国国家标准 GB8223-8 给出的定义，功能(Function)指的是："对象能够满足某种需求的一种属性"[5]。功能需要依赖功能载体才能实现。劳伦斯·戴罗思·麦尔斯(L.D.Miles)在创立价值工程时就提出：顾客购买物品时需要的是它的功能，而不是物品本身，物品只是功能的载体[6]。功能与其载体在概念上应有区分。一种功能的实现不可能没有载体，所以功能与其载体又必须结合。当然，相同功能可以通过不同的载体实现。因此，只要功能相同，载体往往不具有唯一性。

　　"安全"在英文中有两个概念对应，即 Safety 与 Security。很多文献都对这两个词的概念和含义给出了不同视角的解释。文献[7]将 safety 视为避免对人、财产或环境造成不可接受的损害；Security 指非法或不必要的渗透、对正常操作的干扰或机密信息的不当访问。文献[8]指出，二者在特定领域处理不同情况，Safety 是指防止由人员粗心大意、系统故障和自然现象等引起的安全事件，而Security 是指消除各类故意的威胁和攻击。因此，大多数情况下，可以用行为主体(通常是人类)的意图来区分 Safety 问题和 Security 问题。

　　IEC61508 对功能安全(Functional Safety)的定义是：与受控设备(Equipment Under Control, EUC)和 EUC 控制系统有关的整体的组成部分，它取决于 E/E/PE安全相关系统(Safety-related System)、其他技术安全相关系统和外部风险降低设施功能的正确行使[3]。

　　安全相关系统是功能安全的实施主体，它能够在探测到可导致危险事件的情况时采取适当的动作以防止 EUC 进入危险状态。显然，安全相关系统本身的故障和失效也应该被包括在可导致危险的事件中。安全相关系统一般被分为安全相关控制系统和安全相关防护系统。在不同应用领域，有不同类别的安全相关系统，例如过程工业中的安全仪表系统(Safety Instrumented Systems, SIS)、关键控制系统、铁路信号系统、故障安全系统、联锁保护系统、高级驾驶辅助系统、自动停车系统等，这些系统或者用于减少危险事件发生的概率，或者用于减轻危险事件的影响，最终实现要求或期望的安全目标。

　　锅炉控制系统是一种典型的 SIS 系统，它的功能是检测锅炉压力，在压力达到危险值时关闭炉火。如果这个功能失效，锅炉就会有爆炸风险，人员就会遇到危险。在这种情况下，安全依赖于锅炉控制系统执行正确的功能。这种安全依赖于系统功能的情况，就可以称为"功能安全"。

　　安全相关系统可以是 EUC 控制系统的组成部分，例如自动驾驶汽车的自动驾驶系统，它既是汽车的控制系统，也是安全相关系统；也可以是用于实现安全功能的附加的、分离的或者专门的系统，例如锅炉控制系统利用独立的压力传感器和泄压装置来降低安全风险。

4.2.2　属性与区别

功能安全定义中至少明确了目标和载体两种基本属性：一是，从目标属性上看，安全指的是 Safety，而非 Security，因此，功能安全主要目标是提出风险控制措施，避免对人身安全和环境造成不可接受的损害。二是，从载体属性上看，安全功能的载体包括执行规定安全功能所需的全部硬件、操作系统、应用软件、通信、协议、算法等，因此，这些组件和整个系统的随机硬件失效、系统失效就成为功能安全的核心关注点。

为了更准确地理解功能安全，需要阐明两个主要区别，即功能安全与本质安全(Intrinsic Safety)的区别，以及功能安全与可靠性的区别。

本质安全是一种通过消除危险原因来确保安全的方法，其前提条件是知悉危险原因，然后在产品或系统设计上予以彻底避免。与此相对应，**功能安全是一种通过设计功能将风险降低到可接受水平以确保安全的方法**，其前提条件同样是知悉风险原因，采用的技术措施可以使风险程度降低到给定的阈值内。关于二者区别的一个经典例子是公路和铁路相交时的安全措施。如图 4.1 所示，本质安全可以通过使用上下两层高架来消除交叉口的车辆碰撞危险，让火车和汽车在上下两层各行其道，从本质上避免碰撞事故。相比之下，功能安全考虑的是一个更低成本的安全方法，它通过在铁路和公路的交会处安装屏障、传感器和警报器，然后在火车接近时检测信号、发出警报并放下屏障，阻拦汽车通过以避免火车、汽车碰撞。功能安全的这种方法并未从本质上解决碰撞风险，但可以将碰撞风险降低到可接受的水平。当然，理想的情况是采用本质安全来确保安全，但很多情况下由于实现代价过高，或者由于系统自身的原因很难把危险源消除掉，特别是像车载电控系统这样高度复杂的系统，本质安全几乎不可能被实现，因此功能安全得以被广泛接受。

图 4.1　本质安全与功能安全的一种原理对比

　　人们通常期望系统既可靠又安全。然而，可靠性和安全性的要求又各有不同。中国国家标准 GB/T 2900.99—2016 中对可靠性的定义是"在给定的条件，给定的时间区间，能无失效地执行要求的能力"[9]。由此可见，"可靠的并不一定安全"，一个可靠的系统可能每次都能无失效地、完美地执行一个动作，但是，在外部环境扰动下，这个可靠的动作却可能无法避免或缓解安全事故的发生。例如，一个可靠的随机存储器只要能正确地执行读出或写入操作并能给定时间内保持存储信息不变即可，但是并不关心操作者是否具有读写信息的权利。而"安全的并不一定可靠"，例如，一个烟雾报警器，偶尔会产生假警报，因此可以被认为是不可靠的。但是，只要它能够在烟雾真正出现时始终准确地做出预警，就可以被认为是安全的。图 4.2 给出了系统可靠性和安全之间的关系示意，从可靠性角度来看，一个系统可以分成与安全相关部分的可靠性和与安全无关部分的可靠性；从安全的角度来看，一个系统可以分成支持故障安全状态的组成部分和不支持故障安全状态的组成部分。可靠性和安全的交集区域就是依赖可靠性提供安全性的系统组成部分。

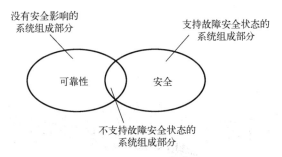

图 4.2　可靠性和安全的关系示意图

4.2.3　功能安全演进

　　安全是人类最重要和最基本的需求。随着 E/E/PE 技术在人类生产生活中持续渗透和应用加速发展，从早期的工业过程控制和核电控制，到现在的铁路、汽车、机器人、医疗、家用电器等领域，人们对安全的始终关切要求这些 E/E/PE 技术必须得到规范和约束，这成为功能安全发展的必然要求(遗憾的是，信息技术领域长期追求功能的丰富性和性能的极致性，很少或几乎不关注功能安全，也许因为硬件资源匮乏，或者缺乏对软硬件产品的内生安全共性问题的认识和理解，或者由于没有正确的理论指导和有效的应对策略所致)。

　　以 IEC 61508 为功能安全基础标准，各个安全相关行业陆续推出更符合行业特性的功能安全标准，包括 IEC 61511《过程工业安全仪表系统的功能安全》，IEC 61513《核电站中对于安全具有重要意义的仪表与控制装置的通用系统要求》，EN50128《铁路应用——通信、信号和处理系统——铁路控制和防护系统软件》，ISO26262《道路车辆功能安全》，IEC 62304《医疗设备软件——软件的生命周期过程》，ISO10218-1《工业环境用机器人——安全要求——第 1 部分：机器人》，ISO22201《升降机（电梯）.电梯安全相关应用中可编程电子设备的设计和开发》等，如图 4.3 所示。各安全相关行业的总体发展态势使功能安全成为标配，各行业量身定制成为趋势。

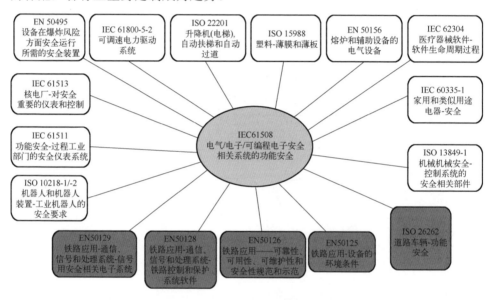

图 4.3　不同行业的功能安全标准

功能安全体系化标准出台后，逐步被许多国家相关管理机构纳入安全法规范畴，大大促进了各个行业在安全相关系统的设计、安装、运行、维护直到停用的全过程中对功能安全标准的遵守，也促进了相关功能安全标准的认证、服务、培训、工程服务等发展。目前德国的 TUV 组织、美国的 FM Global、英国的 Sira 认证服务公司等国际认证机构提供功能安全认证服务，包括产品认证、工厂认证、设备安装认证、资格认证等。

我国也非常重视功能安全标准的制定和推进工作。2006 年，我国完成了IEC61508 标准的转化，并发布为中国国家标准 GB／T20438，随后在 2007 年完成了 IEC61511 的转化，并发布为 GB／T21109。国内各行业也陆续制定出适用于本行业的功能安全标准，我国的功能安全标准体系架构正逐渐成形，例如 GB／T16855《机械安全控制系统安全相关部件》，GB／T34590《道路车辆功能安全》，还有面向电梯的可编程电子系统应用的 GB／T35850 等。

4.3　功能安全基本内涵

功能安全是一个系统的、完整的、复杂的体系，它通过在全生命周期内综合运用风险评估、确定安全完整性等级、设计与开发、功能安全管理等先进的技术和管理措施，确保安全功能有效执行，从而将风险控制在可接受范围。功能安全的一种经典诠释是："功能安全是整体安全的一部分，取决于系统或设备是否能够根据其输入得到正确操作。当每一个特定的安全功能获得实现且每个安全功能之必须性能等级被满足的时候，安全目标就达成了"[10]。换言之，装置或系统的功能安全无论随机故障、系统故障或共因失效情况下都应该得到正确而恰当的保证。

4.3.1　基于风险的安全

理论上，绝对的安全是不可能存在的。因此，功能安全倡导一种新的安全理念——基于风险管理的方法。它认为风险存在是绝对的，只要这个风险处在现今社会发展阶段可以容忍的范围，就可以被认为是安全的。如果这个风险不可容忍，那就是不安全的，就要用相应的措施或者方法来降低它，因此，一定意义上说，功能安全的本质就是控制风险。

功能安全基础标准 IEC 61508 对风险降低的通用概念可以用图 4.4 来表示。在使用安全相关系统达到安全目标时，第一步要确定防护的对象，即标准中所提的受控设备（EUC）的风险，找出 EUC 内部和外部环境相互作用可能存在的危险点，并针对每个危险点计算或评估出其风险。第二步，根据法律法规、合同或者使用方要求等得出允许风险。第三步，根据二者的差，得到必要的风险降低，也就是降低风险的目标值。

根据功能安全要求，如果 EUC 风险大于允许风险，则必须使用 E/E/PE 安全相关系统、其他技术安全相关系统、外部风险降低设施等方法和措施将风险降低到允许风险以下。这些方法和措施在实施中要遵循安全要求规范（Safety Requirement Specification）。规范包括了安全相关系统必须要执行安全功能的所有要求，一是安全功能要求规范，二是安全完整性要求规范，即达到安全所需要的功能是什么，和该功能能够被正确实现的概率有多大。这样，对安全问题的评估就被简化为对风险的评估。

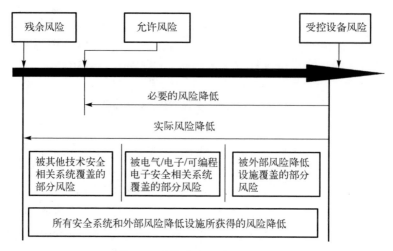

图 4.4　功能安全风险降低概念

4.3.2　分级表示的安全

IEC 61508 对安全完整性的定义是在规定的条件下、规定的时间内，安全相关系统成功完成所需要的安全功能的可能性。安全完整性等级是安全完整性的一种分级表示方法。IEC 61508 规定了四个安全完整性等级 (Safety Integrity Level, SIL)，其中，SIL 1 是最低等级，SIL 4 是最高级别。

在确定安全完整性过程中，应包括导致非安全状态的所有失效的成因，在这些失效成因中，既有可以量化的随机硬件故障，也有通常不能精确量化的系统故障，例如不确定的软件故障。正是由于许多情况下无法精确定量的原因，IEC61508 用离散的分级方法来描述安全完整性。

IEC 61508 将安全相关系统按照操作模式的不同，分为两种情况，并针对不同情况规定了 SIL 相应的目标失效量。如表 4.1 所示，一种是低要求操作模式，这种情况下安全相关系统起作用的频率应该不超过每年一次，此时，SIL 等级用每当安全相关系统起作用时的失效概率 (Probability of Failure on Demand, PFD) 来表示。例如，安全气囊控制系统若采用表 4.1 所示的低要求操作模式，按最高水平 4 级来计算，每年至多要求气囊安全相关系统起作用一次，每次的平均失效可能性不超过 10^{-4}，相当于气囊出问题的可能性至多为每一万年出一次事故。另一种是高要求操作模式或连续操作模式，即要求安全相关系统起作用的频率大于每年一次。这种情况下，安全完整性等级用每小时危险失效概率 (Probability of Failure/Hour, PFH) 表示，如表 4.1 所示，当某通信系统声明为 SIL 3 时，表示其不能正确通信造成危险的概率为 $[10^{-8}, 10^{-7})$，相当于每一千年最多出一次事故。

表 4.1　安全完整性等级（SIL）

安全完整性等级	高要求操作模式 （每小时危险失效概率）	低要求操作模式 （要求时失效概率）
4	$[10^{-9}, 10^{-8})$	$[10^{-5}, 10^{-4})$
3	$[10^{-8}, 10^{-7})$	$[10^{-4}, 10^{-3})$
2	$[10^{-7}, 10^{-6})$	$[10^{-3}, 10^{-2})$
1	$[10^{-6}, 10^{-5})$	$[10^{-2}, 10^{-1})$

与硬件不同，软件没有老化的过程，也没有随机失效的规律，但软件的故障可能会导致系统失效。因此，与硬件的随机失效可以用概率表征不同，软件的 SIL 是无法用 PFD 和 PFH 来量化表征的，但在设计、集成、使用和维护时，也同样需要明确软件的安全功能及 SIL 要求。IEC 61508 制定了一套完整的开发程序，包括软件安全要求规范、软件安全确认计划、软件设计与开发、软件集成、软件操作与修改规程、软件安全确认等；提出了包括开发工具与编程语言选择、故障探测与诊断、软件自监视、测试、适度降级、形式方法、模块化方法、可信的/经验证的组件库、计算机辅助规范工具、动态分析与测试等一系列技术与措施，试图通过严格的质量管理与全生命周期的程序控制，实现故障避免、故障检测、故障排除与故障容忍，保证软件的安全完整性。

4.3.3　全生命周期的安全

英国健康与安全执行局（Health and Safety Executive, HSE）开展的一项研究表明[11]，控制系统的故障分布在生命周期的每一个阶段。如图 4.5 所示，其中很大比例的故障是在系统投入使用前就已经被"内置"在系统中了。虽然各阶段故障比例会随行业和系统复杂性而异，但不言而喻的是，如果要实现功能安全，必须支持全生命周期的安全。

功能安全生命周期提供了一个闭环模型，涵盖所有安全活动，从最初的概念阶段、危害分析和风险评估、安全要求、规范、设计和实施、运行和维护、修改的要求，到退役结束。它不仅关注安全相关系统本身的可靠性，而且把安全相关系统的整个生命周期也看作是一个整体，以整体需求为目标选择优化方案，综合评价系统效果。

IEC 61508 规定的整个安全生命周期中，包含了从第 1 个阶段概念到第 16 个阶段停用或处理。每个阶段都有各自的范围、目的、所要求的输入和符合要

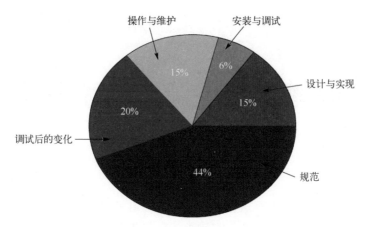

图 4.5　按照阶段划分的控制系统主要故障成因分布

求的输出，而且每个阶段需要进行验证和评估，以确保该阶段的活动得到正确执行，从而使输出能够符合下一个阶段的要求。如图 4.6 所示，第 4 阶段——整体安全要求的输出，在第 5 阶段用于确定安全要求的分配。也正是因为这种结构化的全生命周期的分析指导方法，才使得安全功能要求规范和安全完整性要求规范被逐阶段落实和执行，并在整个安全生命周期大框架下保持良好的一致性。

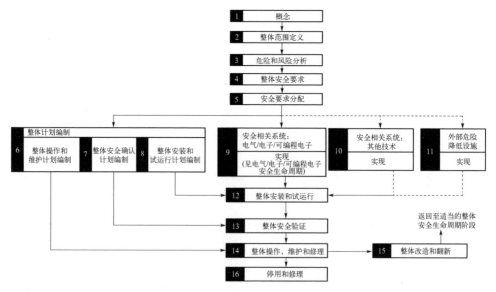

图 4.6　IEC 61508 的生命周期模型

4.3.4　体系化管理的安全

导致系统失效的故障,除了技术因素之外,很多还是由潜在或主动(但不是蓄意)的人为因素造成的。传统风险分析假设事故是由组件自然失效引起的,并过分简化了人为因素影响。实际上,在识别和分析危险时,考虑人为因素是明智的。功能安全与全生命周期各个阶段相关人的安全知识、安全技能、安全意识、安全态度等紧密相关,任何环节出现错误或功能失效都可能造成事故。

功能安全管理是实现功能安全的重要因素。在功能安全的全生命周期中,需要将所有参与分析、评估、设计、验证、确认、审核、配置、运行、操作、维护等活动的个体和组织全部纳入体系化管理的范围,明确各自的职责、要求、规程,建立完善的功能安全管理体系。因此,2010 版的 IEC 61508 相比 2000 年版本,增加了功能安全管理要求的调整。调整增加的内容包括,应对从事安全相关系统的所有人员进行辨别;所有从事安全相关系统的人员都应具备胜任各自工作的能力;有必要确定人员对生命周期各阶段活动所负的责任。

功能安全需要在产品的全生命周期内实施体系化的管理过程。全生命周期包括策划、概念、设计、验证、生产、运行和报废;它基于流程驱动,包括需求确定、设计、实现、集成、测试验证、确认等环节,在每个环节都有相应的技术要求;它覆盖电子电气的各个方面,包括 CPU、FPGA、ASIC 等各种各样的硬件,多种操作系统等基础软件,琳琅满目的应用软件,相关的配套软件工具等;在这些生命周期阶段中,它的体系化的管理过程,包括项目管理、安全管理、需求管理、配置管理、变更管理、生产管理、售后服务管理等。而且,大部分时候,对其中任何一个部分进行调整,都有可能造成整体性影响,任何局部的改动,都必须从整体上来考虑,往往需要增加冗长的回归性测试与验证。

4.4　功能安全技术概述

功能安全技术一般包括功能安全专业技术(包括危害分析与风险评估技术等)、功能安全开发技术、功能安全测试技术。这些技术的核心目标是将随机硬件失效与系统失效带来的风险降低至可承受风险以下。

4.4.1　安全完整性技术

针对随机硬件失效和系统失效,如何综合采用相应的硬件安全完整性技术与措施、系统安全完整性技术与措施,使得安全相关系统能够达到所要求的安全完整性等级，是功能安全活动的根本目标。图 4.7 从硬件安全完整性、系统安全完整性两个角度给出了主要的技术和措施，下面分别展开分析。

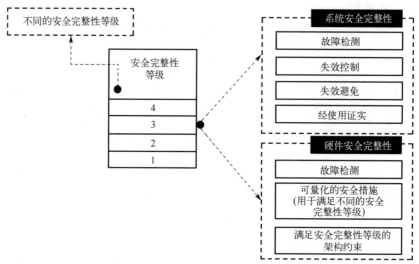

图 4.7　实现 SIL 的技术与措施

1. 硬件安全完整性技术

如图 4.7 所示，硬件安全完整性可以通过提升故障检测、可量化的安全措施以及满足指定 SIL 的架构约束来实现。

(1)故障检测。故障检测是一种使用其他部件来添加安全功能的措施，它能监视主要功能中的异常表达，或者在发生危害之前将其告知相关技术环节以防止或减少故障引起的损失。故障检测的一些技术和措施见表 4.2。

(2)可量化的安全措施。该措施需要根据 E/E/PE 的结构(例如冗余表决)和不同部件的失效模式等，估算由于随机失效引起安全功能失效的概率，该概率应该等于或者低于安全要求规范中规定的目标失效量。根据具体情况，可以采用的建模方法包括可靠性框图、因果图分析、故障树分析、马尔科夫模型等。

(3)硬件的架构约束。该技术通常意味着安全完整性受限于硬件故障裕度和安全失效分数。表 4.2 给出的是 B 类安全相关子系统的结构约束。典型的 B 类子系统包括基于微处理器的设备或者具有复杂自定义逻辑的设备。如表 4.2 所示，根据 SIL 要求和安全失效分数，可以选择相应的硬件故障裕度，例如，SFF(safe failure fraction)为 90%～99%时，若安全完整性等级要求为 3，则硬件故障裕度为 1，此时可以选择冗余表决系统 2 取 1 或者 3 取 2，如图 4.8 所示。

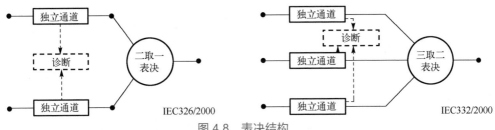

图 4.8　表决结构

表 4.2　B 类安全相关子系统的结构约束

安全失效分数（SFF）	硬件故障裕度		
	0	1	2
<60%	不允许	SIL 1	SIL 2
60%～90%	SIL 1	SIL 2	SIL 3
90%～99%	SIL 2	SIL 3	SIL 4
≥99%	SIL 3	SIL 4	SIL 4

注 1：硬件故障裕度 N 表示 N+1 个故障将导致安全功能的丧失。

注 2：安全失效分数指的是子系统的平均安全失效率加上检测到的平均危险失效率与系统总的平均失效率之比。

2. 系统安全完整性技术

系统故障相对硬件随机故障，可能需要通过更改系统设计来避免故障。因而要应对系统故障，必须要遵循严格的开发流程，对各种工作产品进行独立审查，这个过程通常用复杂度不同的 V 模型来表示，如图 4.9 所示。应对系统故障失效的技术和管理措施通常包括故障检测、失效避免、失效控制、经使用证实等，具体措施如表 4.3。这些技术与措施通常是定性而不是定量的，SIL 的要求越高，对这些技术与措施的严格性、保证性和可信度要求就越高。

1）故障检测

当前，硬件的故障检测研究和实践都取得了很大的进展，但包含软件的复杂系统的故障检测则缺乏系统有效的方法。软件故障检测一般通过静态检查、动态分析等方法获取软件中的各种信息，分析并获得软件可能出现故障的各种特征，识别软件是否正常运行或存在故障。在检测出的危险故障后应该采取某个规定动作以达到或维持系统安全状态。

2）失效避免

为了避免失效，应该在安全规范、设计开发、集成过程、操作维护、安全确认中使用一组恰当的管理措施，用于在全生命周期防止引入故障。在安全规

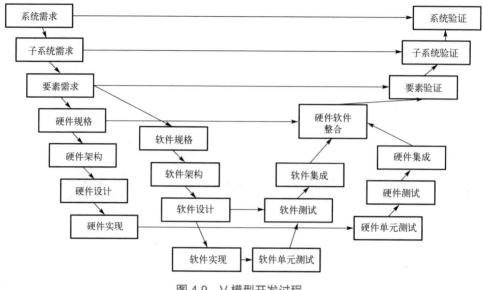

图 4.9   V 模型开发过程

范中，可以采用需求管理、项目管理、文档管理、评审管理等措施避免失效；在设计开发中，可以通过模块化、规范化等方式控制系统复杂性，通过对相关功能、接口、并发和同步等关系准确定义，通过规范的文档管理、严格的验证和确认等技术与措施避免失效；在集成过程中，可以通过采用多种测试手段辅助避免失效；在操作维护中，可以通过操作管理、权限管理等措施避免失效；在安全确认中，可以通过静态分析、动态分析和失效分析等措施避免失效。

3）失效控制

要求安全相关系统能容许软硬件设计故障和残余故障；能应对环境应力，包括电磁干扰、环境温湿度、重离子辐射强度、机械振动等；能应对操作员的失误等，具体见表 4.3。需要指出的是，随着各种安全相关系统中软件部分的不断扩大，针对软件的失效控制变得越来越重要。软件导致的失效通常是人为设计缺陷造成，由于不同人的经验、知识、技能以及对系统应用的理解差别很大，所以往往不能用概率来准确描述软件失效，正因为如此，软件失效控制就极具挑战性，可以从管理和技术两个方面来具体实施：

从管理层面来看，针对软件失效控制需要在软件安全要求规范的编制、软件安全确认计划编制、软件设计开发实现、硬件与软件集成、软件操作和修改规程、软件安全确认等环节，用一揽子管理规范和措施来增强系统安全，确保风险被消除或控制在一个可接受的安全完整性级别内。

从技术层面来看，软件容错技术是一种比较有效的控制软件失效影响的手段。容错性就是指软件在故障出现时，通过对故障的屏蔽或纠错，保证提供服务的能力。进行容错的一种处理方式就是依靠冗余技术。软件容错主要分为两大类：软件冗余和时间冗余。软件冗余是通过增加功能相同的多个部件或模块，使得即使其中一个部件或模块发生故障，而整个系统仍然能完成规定的任务。多版本编程(NVP)是一种静态屏蔽冗余结构，它利用完成同一功能的相异程序之间的多样性互补容错，是一种能减少共因故障的常见软件冗余方法。而时间冗余则是基于失败重试(retry-on-failure)的思想，通过在软件中设置检查点和回滚机制，使得故障发生时就能回滚到适当的检查点重新执行。

4) 经使用证实

对于有充分证据证明以往开发的子系统是安全的情况，可以被认为是经使用证实的证据。这要求以往开发的子系统具有明确的功能性规定，而且有充分的依据表明子系统的具体配置在此前确实应用过，并且考虑过任何所需的分析和测试。此外，要达到所需的安全完整性等级，要求的证据应该显示出该子系统以往的使用条件与在 E/E/PE 安全相关系统中将要面临的条件相同或相近。

表 4.3　故障检测、失效控制、失效避免的技术与措施

类别		技术与措施
故障检测		在线检测，多通道比较，多数表决器，自启动校验，访问端口和边界扫描结构的标准测试，看门狗计时器，传输冗余与信息冗余检测信息传输错误，故障检测和诊断，差错校验，性能趋势分析，故障树、状态图等方法
失效控制	软硬件失效控制	程序顺序的时序或逻辑监视，冗余硬件，访问端口与边界扫描结构的标准测试，代码保护，多样化硬件，多样化程序设计，失效断言编程，差错校验与纠错吗，代码保护
	环境影响控制	电力线与信息线隔离，抗物理环境(温度、湿度、震动、灰尘、腐蚀)相关措施，冗余硬件
	操作过程失效控制	修改保护技术，在线监测检测失效，输入确认等
失效避免	安全规范中的失误避免措施	规范的项目管理，严格的文档管理要求，规范的检查，计算机辅助规范工具，形式化方法等
	设计开发中的故障避免措施	项目管理，编制文档，使用经充分经验证的部件，结构化、模块化设计，半形式化方法，检查列表，仿真等
	集成过程中的故障避免措施	项目管理，编制文档，测试技术，黑盒测试，统计测试等
	操作维护中的失效避免措施	操作员的明确管理要求，防止操作员出错，操作权限设定等
	安全确认中的失效避免措施	静态分析、动态分析和失效分析，仿真与失效分析等；黑盒测试，浪涌抗扰性测试，故障插入测试；静态测试，现场经验，最差情况测试等

工程技术是功能安全的核心支撑，从功能安全研究热点的发展变迁中可以透视功能安全技术创新的紧迫性。文献[12]选择 Web of Science 的核心数据库为数据源，以 1986～2019 年期间发表的主题为功能安全的文献为研究对象，绘制了功能安全研究热点及演变路径知识图谱。从图谱中可以发现，除了要遵循安全策略、风险评估、风险管理等功能安全的全生命周期管理流程之外，还要依靠各种技术措施支撑安全完整性目标的达成。从图谱中还可以发现，以自动测试向量生成(ATPG)、内部自测(built-in self-test)等为代表的检测和测试技术和以冗余(redundant)、多样性(diversity)为代表的架构技术等，仍然是功能安全最常采用的技术手段，这在一定程度上反映出功能安全技术措施亟待创新和突破。

4.4.2　随机硬件失效与系统失效

功能安全的一个重要特点是将可以量化的随机硬件失效和难以精确定量分析的系统失效结合考虑，并规划为一种半定量化的方法——SIL。

随机硬件失效是在硬件部件的生命周期中，由于一种或几种机能退化可能产生的，表现为时间上的随机性失效。在各种硬件部件中，存在由物理原因导致并以不同速率发生的机能退化，例如老化等，从而使包含这些部件的设备将以可预见的速率、但在不可预见的时间(随机时间)发生失效。因为随机硬件失效符合概率分布，所以可以用定量的方法分析。

系统失效是以确定的方式与某个原因相关的失效，只有对设计或制造过程、操作规程、文档或其他相关因素进行修改后，才有可能排除这种失效。安全要求规范中的错误和疏漏，硬件设计实现、安装操作中的错误，还有软件设计实现中的缺陷都能够造成系统失效，因此，系统失效无法用概率来描述，但是 DHR架构赋能作用将在相当程度上改变现状。

4.5　功能安全发展趋势

随着功能安全原理与方法被国际上广泛接受，功能安全得以快速发展，影响持续扩大，相关的理论、方法、技术和管理得到持续优化和不断完善。

4.5.1　行业安全的个性化

IEC 61508 是功能安全基础标准，2000 年正式发布第一版，2010 年完成第二版更新并发布。2019 年，IEC 61508 标准国际维护工作组正式决定开展第三版标准的修订工作。IEC 61508 可以用作编写汽车、机器人、医疗、核电等细分领域功能安全标准的基础，也可以在没有专用功能安全标准的领域中直接应用。

以汽车行业的功能安全细化发展为例，直到 2011 年，汽车功能安全开发使用 IEC 61508，但在 2011 年发布了《道路车辆功能安全》ISO 26262 的第 1 版[13]，随后在 2018 年底发布了第 2 版。

对比 ISO 26262 第一版和 IEC 61508 第一版可以发现，这两个标准都有相同的目标，即确保人身和环境安全等，并且基本的理论、方法、流程、管理和技术在架构上都相似。但 IEC 61508 更适合小规模系统，而 ISO 26262 显然更适合复杂的汽车；IEC 61508 没有规定开展危害分析的特定方法，但 ISO 26262 指定了风险图等；IEC 61508 使用 SIL，规定的 SIL 为 1 到 4，而 ISO 26262 使用 ASIL，分别为 A、B、C 和 D，许多情况下，ASIL D 与 SIL 3 近似，部分原因可能是因为车祸中的最大伤亡人数一般少于六人，不需要 SIL 4，而后者通常用于可能导致 10、100 或 1000 人伤亡的铁路、过程控制和核工业等；ISO 26262 中的道路车辆相比 IEC 61508 中的工业系统使用占空比低，对于汽车来说，一个典型的使用场景是系统通电一个小时然后关闭几个小时，而工业领域常常每天 24 小时都在运行；可靠性增强措施中，汽车启动时的诊断对于安全性提升非常重要，而且，几十毫秒的诊断时间可能并不会被用户介意，但汽车的安全挑战之一是移动性，移动性带来了许多的不确定环境和风险。

当然，ISO 26262 相比 IEC 61508 的具体细化和个性化之处还很多，此处不一一列举。目前，许多其他安全相关行业均都推出了更符合本行业技术、管理和生产模式的功能安全标准。

4.5.2　安全相关系统的复杂化

技术的不断进步和安全功能的不断扩展，使安全相关系统的开发日益复杂。从开发环境和开发工具上可以看出复杂性，例如，航空航天领域常用 Eclipse，Green Hills AdaMULTI，Visual studio，Simulink 和 DOORS，PDM，MS Project，LDRA，Workflow，Parasoft 等工具和环境，而汽车领域常用 Eclipse，Jenkins，Maven，OpenCV，ROS 和 DOORS，MS Project，MATLAB 等。从编程语言上看，航空航天领域常用 C/C++/ADA/JAVA/Verilog 等软硬件编程语言，而汽车领域常用 C/C++/JavaScript/JAVA/Python/Fortran/JOVIAL/Verilog 等语言。从操作系统上看，核工业领域常用 Linux/Windows 和 VX Works，汽车领域常用 Linux 和 QNX 等，航空航天领域常用的 Linux/Windows 和 QNX 等。

以深度学习为代表的机器学习技术发展迅猛，正被越来越多应用于自动驾驶、工业安全监控等安全相关系统，在图像分类、目标检测、语音识别等多个方面发挥关键作用。在可编程逻辑控制器之后，各种嵌入式处理器和 CPU、GPU、FPGA、ASIC 开始规模化应用于安全相关系统，许多情况下的多核处理器平台中既承载了安全功能也承载了非安全功能。与此同时，随着安全功能的不断增加和强化，系统的软件代码规模也快速膨胀。

总之，异构的硬件平台，多种操作系统，多样化的编程语言，各种开发环境和工具链，以及相关的数据、算法、模型、框架、代码和通信正不断融合于一体，使安全相关系统的复杂性急剧增加。

4.5.3 对立与统一的深入化

功能安全是一个系统而复杂的完整体系，其发展过程中蕴含着多方面的对立统一性，各个安全相关行业通过不断解决各种矛盾获得良性动态平衡或和解关系，推动功能安全持续向前发展。

1) 确定性和灵活性的统一

功能安全实践中的确定性包括安全功能要求的规范性，安全完整性等级的明确性，全生命周期安全设计的有序性，功能安全管理的完备性等。

功能安全实践的精髓还包括灵活性。例如，对某个子系统而言，要达到所需的安全完整性等级可能有多种方案，每种方案可能使用不同的架构（例如 1oo2 或 2oo3 的冗余表决）和不同软硬件实现方式，不同方案并没有对错之分，只有哪种方案更具安全性、经济性、可维护性和易实施性等。

2) 融合与平衡的统一

以过程工业为代表的安全相关行业中，安全功能通常由专门的防护系统完成，并且防护系统与常规的控制系统常常是分离的，各自在物理上是独立的实体，因此，两个系统的开发往往泾渭分明。而对智能网联汽车、机器人等新兴行业来说，安全功能和常规控制功能通常共享一个技术架构甚至同一个物理载体，功能安全必须与产品研发融合在一起，包括安全需求与产品需求的融合，以及架构、流程、设计、测试、维护等方面的融合。

平衡是安全功能和非安全功能融合过程中必须考虑的一个话题。功能安全只是产品的一个属性，除此之外，还包括可用性、可靠性、可维护性、可测试性、可扩展性、可重用性等，这些都是产品研发需要考虑的方面。功能安全导入到产品开发过程中是为了降低产品对人身和环境造成的安全风险。但如果不切实际地追求安全性，可能会造成安全性和产品其他属性严重失衡的情况。试想，一辆无法量产的汽车可能根本不会发动，它的安全性虽然得到保证，但作为产品却失败了。无法流通或使用的产品安全性即使再高，也失去了意义。

3）成本和安全性的统一

功能安全是全生命周期的安全活动，这意味着它一定会增加成本，包括：安全相关系统的开发成本、硬件成本、认证成本、测试成本、工具成本、管理成本、人力成本等，而降低成本对企业的重要性毋庸置疑。

安全性是用户对产品的核心关注点之一。在相同或相近的产品质量和销售价格下，安全性强的产品销量通常都会更大。销量越大，均摊成本就越低。而成本越低，在产品营销上就越有优势，销量就越能继续扩大。这是一个相互促进的良性统一过程。当然，如果功能安全实施的成本远超出了合理范畴，那么安全性、成本及产品销量就可能会形成一个相互阻碍的恶性发展过程。

需要说明的是，随着电子信息技术的进步，在相同安全功能条件下的功能安全实施成本会逐步降低。因此，一般而言，安全相关行业的产品安全性将会持续提升。

4）开发周期与安全性的统一

安全是产品的基本属性或功能之一。在诸如汽车等行业，安全性更是其首要属性。当前，市场竞争激烈，快速交付具有一定容错、承压能力的新产品并抢占市场，及时发现产品问题并快速修复，是产品的核心竞争力之一。现实情况却是，产品开发的周期如此之短，连常规功能的交付压力都非常大，加入功能安全后的开发周期又如何确保？这是许多行业面临的一个共性问题。

功能安全如何跟上产品开发周期做到快速交付，这是功能安全未来发展的重要方向之一。敏捷开发可能会成为功能安全开发中的一个重要需求。此外，安全相关系统开发中，如何使系统具有"内生或固有"的广义功能安全，让系统能够自我发现问题并自我修复(具有网络弹性功能)，不仅对产品交付有推动作用，而且还能为产品的迭代更新提供宝贵的机会和更为充裕的时间窗口。

4.5.4　安全相关系统的弹性化

随着智能化、网联化等相关技术不断引入安全相关系统，数据、模型、算法、软硬件、通信和各种传感器等集成于系统一体，要对复杂系统所有安全边界都找到确定性答案是几乎不可能的事情。

功能安全相关系统面临的不确定性是多方面的。包括感知边界的不确定性。多传感器融合后的感知能力的物理边界并不是一个绝对清晰的结果，多个 AI 模型的识别、分类、检测等准确性边界也并不是一个绝对值。另外，系统故障是不确定的。系统故障很多时候都源于自身设计缺陷，对复杂系统来说，软硬件设计缺陷是不可避免的，而现阶段的人类科技水平下，企图彻查所有软硬件内生安全问题几乎是不可能的。此外，AI 技术在安全相关系统的应用中也蕴含着许多不确定性，包括训练数据与实际数据偏差带来的不确定性，模型的不确定性等。最后，网络攻击导致的功能安全问题显然也蕴含着更多更大的不确定性。

面对这些不确定性，无论是设计者还是监管部门都严重缺乏经验，都面临"你不知道自己不知道什么"的困境。例如，一些数据噪声就足以让人工智能算法的识别结果产生巨大的差异，这对于护理机器人、自动驾驶等跟人身安全紧密相关的 AI 系统来说，就可能会带来安全风险，类似难题在如今的功能安全定义中很难找到答案。

应对不确定性的一个积极前景是采用弹性工程领域的新概念和新方法。这种方法的特点之一是强调复杂性是形形色色意外的来源，旨在构建、设计、开发、实施、维护和维持系统的可信度，使其具有预测、承受、恢复和适应不利条件、压力、攻击的能力[14]。弹性工程经常应用的弹性技术包括分析监控、动态定位、权限限制、多样性、冗余、重构等。

将传统安全相关系统的健壮性概念发展到网络弹性概念是一个重要提升。虽然，这两个概念的共同目标都是抵御压力、干扰或破坏等，但网络弹性概念更致力于以"准备好了接受意外"的活动方式，而不是"准备好为了不意外"。这在安全相关系统的复杂性日益提升，各种不确定性导致的问题不断涌现，系统面临的安全风险更加多维的情况下，更具积极主动意义。

把握网络弹性概念提升的含义也是积极应对 CPS 功能安全与网络安全交织问题的一个有益方向。因为网络弹性不仅要求能针对随机性错误和不确定故障有效，而且还能可靠应对任何人为的显式或隐式网络攻击。

然而，网络弹性有时也被视为一个时髦且空洞的术语，这可能与它缺乏一体化的理论基础和技术架构或模糊性有关。因此，从这个角度上看，网络弹性工程需要有理论框架、方法论和实践规范等层面的根本性创造与创新，才能更好地支持这一先进理念的落地，为新一代信息物理系统赋能广义功能安全。

4.6　网络弹性基本概念

随着当今的社会活动越来越依赖于复杂且相互关联的网络系统和数字基础设施，网络安全威胁种类越来越多，规模越来越大，造成的损失也越来越严重。由于潜在安全威胁的不可预测性、高度不确定性和快速演变的特性，人们逐渐认识到要保证网络空间绝对安全或者"不破防"是不现实的。在日益复杂的网络攻击面前，网络安全的工作重点应从阻止网络事故的发生转向缓解事故带来的危害，应从抵御攻击转变为保障业务连续性和可用性，打造快速的恢复能力，尽可能维持业务的正常运营，网络弹性(Cyber Resilience)概念应运而生。

4.6.1　网络弹性概念由来

弹性原本是物理学概念，指物体在外力作用下发生形变，当外力撤消后能恢复原来大小和形状的性质。1973 年，霍林在其开创性的论文《生态系统的弹性和稳定性》[15]中，首次针对生态系统研究引入弹性概念，受到了相关社会工程领域的广泛关注。随后弹性术语开始广泛应用于许多领域，如生态学、冶金制造、个人和组织心理学、供应链管理、战略管理和安全工程等[16]。尽管在不同领域的应用中，弹性的含义可能会有一定区别，但在所有这些领域中，弹性的概念与一个元素在受到中断后回到稳定状态的能力密切相关。

近年来，随着网络安全威胁愈演愈烈，在系统工程、信息技术和计算机网络领域也逐渐引入了弹性概念。2009 年，马德尼等在《迈向弹性工程的概念框架》[17]中提出，弹性工程(Resilience Engineering)是"建立能够预测和规避事故的系统，通过适当的学习和适应在中断中生存下来，并通过尽可能恢复中断前的状态从中断中恢复。"2010 年，斯特本兹等在《通信网络中的弹性和生存能力：策略、原则和学科调查》[18]中提出了通信网络的弹性(Network Resilience)的概念："通信网络在面对各种故障和危害正常运行的挑战时能提供和维持可接受服务水平的能力。"论文认为，通信网络弹性涉及多种概念，如图 4.10 所示，其中左边是挑战容忍，处理系统的工程设计，使系统在面对挑战时继续提供服务。右边是可信度，描述系统弹性的可测量特性。关联两者的是鲁棒性和复杂性，形式上是控制系统受到干扰时的性能，或者是系统受到挑战时的可信度。

2010 年，美国米特雷研究所(MITRE)发表了《构建安全的、弹性的架构以实现网络使命保障》[19]的论文，被认为是网络弹性领域的开山之作。论文认为，在网络安全领域实现 100%保护的想法不仅不现实，而且会导致一种错误的安全感。论文提出应该更注意保护任务关键功能的连续性，必须考虑在防护失效的情况下采取补偿措施以确保在遭受攻击的情况下仍然能够达成任务关键功能。为此论文探讨了网络弹性架构的设想，包括五个目标：保护/威慑、检测/监测、扼制/隔离、维护/恢复、自适应进化，在此基础上讨论了一些有助于实现这些弹性目标的关键技术：多样性、冗余、完整性、隔离/分段/扼制、检测/监测、最小特权、非持久化、分布式和移动目标防御、自适应管理与响应、随机化与不可预测性、欺骗等等。论文还认为应该结合网络弹性架构和运营来应对未知的未知(unknown unknown)攻击。

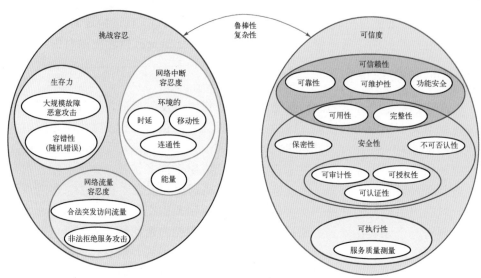

图 4.10　通信网络弹性相关概念示意图

4.6.2　网络弹性的内涵

2011 年，MITRE 研究所发表了《网络弹性工程框架》[20]（Cyber Resiliency Engineering Framework），将网络弹性工程看作是弹性工程、网络安全和使命保障工程三者结合的产物，如图 4.11 所示。网络弹性工程从弹性工程中引入了预期、承受、恢复和进化的目标，从网络安全引入解决威胁的理念，包括针对高级、持续、可变的来自网络安全的威胁，从任务保障工程引入使命确保的理念。

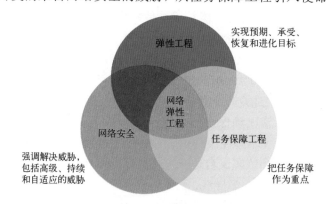

图 4.11　网络弹性工程框架主要内涵来源示意图

MITRE 作为美国国家标准与技术研究院（NIST）的核心技术研究支撑机构，

在对网络弹性工程开展一系列深入研究的基础上，支撑 NIST 于 2021 年 12 月正式发布了《开发网络弹性系统——一种系统安全工程方法》（NIST SP 800-160V2R1）[21]，成为 NIST 采用系统工程方法构建网络安全能力的一个重要里程碑，标志着网络弹性第一个权威技术文件正式出台。

NIST 将网络弹性定义为：包含网络资源的实体所具备的对各种不利条件、压力、攻击或损害的预防、抵御、恢复和适应能力。网络弹性具有五个主要特征：①聚焦于任务或业务功能；②聚焦 APT 攻击的影响；③假设环境不断变化；④假设对手必将攻破系统；⑤假设对手长期存在于系统或组织中。网络弹性同时针对来自网络和非网络的对抗和非对抗威胁。

网络弹性与弹性工程、任务保证、网络安全防护、业务连续性、备份恢复等密切相关，它不仅仅关注应对外部的网络攻击，也关注自身的健壮性与可靠性。网络弹性并不局限于防御或消除网络攻击，也考虑到与网络攻击共存，在遭受网络攻击时保持网络可用性以及网络恢复的能力。网络弹性与网络安全既有联系又有区别，网络安全被定义为[22]："通过采取必要措施，防范对网络的攻击、侵入、干扰、破坏和非法使用以及意外事故，使网络处于稳定可靠运行的状态，以及保障网络数据的完整性、保密性、可用性的能力"。网络安全旨在最大限度地保护网络空间资源免受不利条件的威胁，而网络弹性更注重保障网络资源在遭受不利条件时的基本任务功能，强调即使在部分网络资源受损的情况下依然保障基本功能运营的能力，以及从不利条件下恢复和适应的能力。

MITRE[23]认为，网络安全和网络弹性与传统安全（主要关注信息的机密性、完整性和信息可用性）、传统弹性和可靠性（主要关注非对抗性威胁）、Safety 安全、隐私和任务保证之间的概念关系如图 4.12 所示。网络安全在预防和保护的考虑中包含了传统的安全，网络弹性在恢复方面与传统的可靠性和弹性重叠。

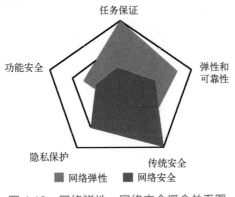

图 4.12　网络弹性、网络安全概念关系图

4.7 网络弹性工程框架

为开发网络弹性系统，NIST[21]提出了一个理解和应用网络弹性的系统工程框架，包括网络弹性工程概念、网络弹性构成要素、工程实践和解决方案等。

网络弹性工程框架(表 4.4)包括 4 个网络弹性顶层目的、8 个网络弹性需求目标(对应分解为若干子目标及需求能力)、14 项网络弹性支撑技术(对应分解为 50 项典型的网络弹性支撑方法)、5 项网络弹性策略原则和 14 项网络弹性设计原则等。网络弹性顶层目的和需求目标确定了网络弹性系统需包含哪些属性和特性，网络弹性支撑技术和构建原则描述了实现网络弹性的路径和方式。网络弹性工程实践是用于辨识、提出解决方案的方法、流程、建模和分析技术。这些实践在系统生命周期过程中可提供足够水平的网络弹性，以满足风险相关者的需求，并在存在各种威胁源(包括 APT)时降低组织任务或业务能力风险。

表 4.4 网络弹性工程框架构成要素表

构成	系统级的定义、目的和应用
目的	定义：支持(或聚焦)网络弹性属性中的一个方面(预测、承受、恢复、适应)
	说明：将网络弹性的定义与其他类型弹性的定义保持一致
	应用：可用于表达高层风险相关者的关注、目的或优先级
目标	定义：目标比目的更具体，与威胁更相关，主要说明系统在其操作环境和整个生命周期中要达到的要求，用以满足风险相关者对任务保证和弹性安全性的需求
	说明：使风险相关者和系统工程师能够就网络弹性问题和优先事项达成共识；便于定义衡量指标或措施有效性
	应用：用于评分方法或分析摘要(例如，网络弹性状态评估)
子目标	定义：网络弹性目标的附属声明，强调该目标的不同方面或确定实现该目标的方法
	说明：作为将目标分层细化为可以定义绩效度量的活动或能力的一个步骤
	应用：用于评分方法或分析；可能体现在系统功能需求上
活动或能力	定义：支持实现子目标并因此实现目标的能力或行动的声明
	说明：便于定义衡量指标或措施有效性
	应用：用于评分方法或分析；体现在系统功能需求上
策略原则	定义：反映风险管理策略一个方面要求，为组织、任务或系统安全工程实践提供信息
	说明：指导和告知整个系统生命周期内的工程分析和风险分析，指导使用不同的网络弹性设计原则、网络弹性技术和实施方法
	应用：在系统非功能性需求中包含、引用或重述
设计原则	定义：捕捉定义系统架构和设计的经验的声明
	说明：指导和告知整个系统生命周期中的设计和实施决策。重点介绍不同的网络弹性技术和实施方法

续表

构成	系统级的定义、目的和应用
设计原则	应用：在系统非功能性需求中包含、引用或重述，在系统工程中用于指导技术、实现方法、技术和实践的使用
技术	定义：一组或一类技术、流程或实践，提供实现一个或多个网络弹性目标的能力
	说明：表征技术、实践、产品、控制或要求，以便了解它们对网络弹性的贡献
	应用：用于工程分析，筛选技术、实践、产品、控制、解决方案或要求；通过实施或集成技术、实践、产品或解决方案在系统中使用
实施方法	定义：网络弹性技术的技术和流程的子集，由功能的实现方式定义
	说明：表征技术、实践、产品、控制或要求，以便了解它们对网络弹性的贡献及其对威胁事件的潜在影响
	应用：用于工程分析，筛选技术、实践、产品、控制、解决方案或要求；通过实施或集成技术、实践、产品或解决方案在系统中使用
解决方案	定义：网络弹性领域技术、架构决策、系统工程流程和操作流程、程序或实践组合
	说明：提供足够水平的网络弹性以满足风险相关者的需求，并在存在高级持续威胁的情况下降低任务或业务能力的风险
	应用：集成到系统或其操作环境中
缓解	定义：使用一种或一组技术、控制、解决方案来降低与威胁事件或威胁情景相关的风险级别的行动或实践
	说明：根据对威胁事件、威胁情景或风险的潜在影响来表征行动、实践、方法、控制、解决方案或这些的组合
	应用：在使用时集成到系统中

4.7.1　网络弹性目的

网络弹性工程框架中包含四个网络弹性顶层目的(表 4.5)，提供系统、任务和业务流程及组织级别的风险管理决策之间的联系。对于网络弹性工程分析，网络弹性目的是起点，也是理解网络弹性概念不可分割的基本内涵，缺一不可。

表 4.5　网络弹性的 4 个目的描述表

目的	描述
预防 定义：保持对逆境的知情准备状态	逆境是指网络资源上的不利条件、压力、攻击或妥协。不利条件可能包括自然灾害和结构故障(如停电)。压力可能包括意外的高性能负载。逆境可以被 APT 行为者引起或利用。知情的准备工作包括应急计划，包括减轻和调查威胁事件以及对发现的脆弱性或供应链妥协作出反应的计划。网络威胁情报为知情的准备提供了重要的信息。 实现策略包括预防潜在威胁的威慑、避免和阻止策略，以及计划(即确定可用资源并制定在威胁发生时使用这些资源的计划)、准备(即改变可用资源和训练计划的集合)和变形(即，持续更改系统以更改攻击面)等其他策略

目的	描述
抵御 定义:在逆境中继续执行重要任务或业务职能	该目标的意义和实现并不需要依赖检测。APT 参与者的活动可能未被检测到,或者它们可能被检测到,但却错误地归因于用户错误或其他压力。为了实现这一目标,确定基本的组织任务或业务职能是必要的。此外,还必须确定支持性的流程、系统、服务、网络和基础设施。资源的临界性和基本功能的能力可以随时间而变化。 实现策略包括抵御潜在威胁实现的策略,即使这些威胁没有被检测到,具体包括**吸收**(接受对给定系统元素集的某种程度的损坏,采取措施减少对其他系统元素或整个系统的影响,并自动修复损坏)、**偏转**(将威胁事件或其影响转移到不同的系统元素或转移到目标或最初受影响的系统以外的系统)和**丢弃**(根据损坏迹象移除系统元素甚至整个系统,并替换这些元素或使系统或任务或业务流程在没有它们的情况下运行)等策略
恢复 定义:在逆境期间和之后恢复任务或业务功能	功能和数据的恢复可以是增量化的。一个关键的挑战是确定随着恢复的进展,对恢复的功能和数据有多少信任。操作或技术环境中的其他威胁事件或条件可能会干扰恢复,而 APT 行动者可能会寻求利用关于恢复过程的混乱,在组织的系统中建立一个新的立足点。 实现策略包括**还原**(复制已知可接受的先前状态)、**重建**(将关键和支持功能复制到可接受的水平或使用现有系统资源)和**替换**(用新的系统元素替换损坏的、可疑的或选定的系统元素,或重新利用现有系统元素服务不同的功能,以执行关键支持功能)等策略
适应 定义:修改任务、业务功能和/或支持能力,以响应技术、业务或威胁环境中的预测变化	变化可能在不同的规模和不同的时间框架内发生,因此可能需要战术和战略适应。修改可应用于工艺和程序以及技术。技术环境的变化可能包括新兴技术(如人工智能、5G、物联网)和过时产品的退役。组织的操作环境中的变化可能源于法规或策略的变化,以及新的业务流程或工作流的引入。对这些变化和变化之间的相互作用的分析可以揭示这些变化如何修改攻击面或引入脆弱性。 实现策略包括**修正**(移除或应用新的控制以弥补已识别漏洞或弱点)、**强化**(减少或控制攻击面)和**更新**(主动将控制、实践和能力定向到预期的、新出现的或潜在的威胁)等策略。这些策略可能会导致重新定义(改变系统需求、架构、设计、配置、获取过程或操作过程)

4.7.2　网络弹性目标

8 个网络弹性需求目标(表4.6)是对系统在操作环境和生命周期中实现上述 4 个网络弹性目的的具体说明,以保证利益相关者对任务保证和弹性安全的需求。目标可以进一步细分成若干子目标,子目标又可以细分成若干代表性活动或能力,见表 4.7。

表 4.6　网络弹性 8 个目标描述表

目标	描述
阻止 /避免	阻止攻击的成功执行或不利情景的出现。该目标与一个组织对不同风险应对方法的偏好有关。在一些具备限制能力的情况下,风险规避或威胁规避是一种可能的风险应对方法,防止威胁事件发生是另一种可能的风险应对措施
准备	制定一套切合实际的应急预案,以应对预测或预期的逆境。该目标是由对所发生攻击的认知驱动的,涉及组织的应急计划、运营连续性计划、培训、演习及关键系统、基础设施的事件响应和恢复计划等

续表

目标	描述
持续	在逆境中最大限度地延长重要任务或业务职能的持续时间和生存能力。该目标具体涉及到基本功能。其评估与性能参数的定义、功能依赖关系的分析和关键资产的识别相一致。请注意，共享服务和公共基础设施虽然本身没有被确定为必要的，但可能对基本功能是必要的，因此与这一目标相关
扼制	限制逆境造成的伤害。该目标特别适用于关键或高价值的资产，包含或处理敏感信息的网络资产要么是直接承载关键性任务的，要么是给关键任务提供基础设施服务的
理解	在可能的逆境下维持对任务和业务依赖关系以及资源状态的有效表示。该目标支持所有其他目标的实现，最显著的是准备、重建、转变和重构。一个组织的持续诊断和缓解、基础设施服务和其他服务的计划支持这一目标。检测异常情况，特别是可疑的或意外的事件或条件，也支持实现这一目标。然而，这个目标包括理解资源依赖性和独立于检测的状态。该目标还涉及各组织使用取证和网络威胁情报信息共享
重建	在逆境后尽可能多地恢复任务或业务功能。该目标涉及基本功能，关键资产以及它们所依赖的服务和基础设施。实现目标的一个关键就是确保恢复或重建工作生成可信赖的资源。该目标不是基于对逆境来源的分析，即使没有探测到逆境，也可通过持续努力地监控资源的及时性和正确可用性来触发实现
转变	修改任务或业务功能和支持流程，以更有效地处理逆境和应对环境变化。该目标特别适用于关键功能的工作流程、支持流程以及关键资产和基本功能的事件响应和恢复计划。战术修改通常是程序性或配置相关的；较长期的修改可能涉及重组操作流程或治理职责，同时保持底层技术架构不变
重构	修改体系结构，以更有效地处理逆境和应对环境变化。该目标特别适用于系统架构和任务架构，其中包括支持任务或业务功能的系统之系统的技术架构。此外，这一目标适用于关键基础设施和服务的体系结构，它们经常支持多种基本功能

表 4.7　网络弹性目标-子目标-代表性指标描述表

目标	代表性子目标	代表性指标
阻止/避免	•应用针对相关系统风险量身定制的基本保护措施和控制 •限制暴露于威胁事件 •降低攻击者的收益 •根据威胁情报修改配置	•打补丁或修改应用配置的时间 •随机进行配置更改的资源百分比 •应用寿命限制的资源百分比 •敏感数据资产被加密的百分比 •攻击在欺骗的环境中停留时间 •响应威胁指标自动应用更多限制性权限的资源百分比
准备	•创建维护网络应急预案 •维护执行网络应急预案所需的资源 •通过测试或演习验证网络应急预案的有效性	•网络战术手册中的网络应急预案数量 •网络战术手册中至少一个预案解决已识别威胁类型、威胁行动类别或战术、技术、过程 (Tactics, Techniques and Procedures, TTPs)的百分比(参考已识别威胁模型) •备份的网络资源百分比 •距上次使用备用通信路径的时间 •接受过网络应急预案职责培训的行政人员百分比 •距上次(随机、预定)演习或模拟一个或多个网络应急预案的时间

续表

目标	代表性子目标	代表性指标
持续	•最大限度地减少提供服务的降级 •尽量减少服务交付的中断 •确保正常运转	•执行任务或业务功能损害评估的时间 •低于可接受水平执行指定任务或业务功能的时间长度 •从最初中断到基本功能可用(在可接受的最低水平)的时间 •数据质量已验证的重要数据资产百分比 •已验证功能正确性的基本处理服务百分比
扼制	•识别潜在的威胁 •隔离资源 •移动资源 •改变或移除资源及其使用方式,以限制未来或进一步的破坏	•采用防篡改、屏蔽和电源线滤波的关键部件百分比,从初始指示或警告到完成扫描潜在损坏资源的时间 •从初始指示或警告到组件隔离完成的时间 •从初始指示或警告到资源重新定位完成的时间 •从初始指示或警告到完成切换到替代方案的时间
理解	•理解攻击 •理解包含网络资源系统之间的依赖关系 •理解与威胁事件相关的资源状态 •理解支持网络弹性的安全控制和控制的有效性	•从收到威胁情报到确定其相关性的时间 •攻击在欺骗环境中的停留时间 •自最近一次刷新任务依赖或功能依赖关系图后的时间 •自上次网络桌面演习、红队演习或执行控制自动中断以来的时间 •可以检测到故障或潜在故障指示的系统元素百分比 •受监控的网络资源百分比 •在网络边界处停止的尝试入侵次数 •从事件中恢复的平均时间长度
重建	•识别不可信的资源和损害 •恢复功能 •加强重建期间的保护 •确定恢复或重建资源的可信度	•识别不可用资源并在状态可视化中表示损坏的时间 •从启动恢复程序到完成恢复、应急或连续性操作计划中记录的里程碑之间的时间 •在整个恢复过程中保持访问控制的网络资源百分比 •在恢复过程期间和之后应用额外审计或监控的网络资源百分比 •将备份网络入侵检测系统上线的时间 •重组后一段时间内被放置在受限飞地的重组网络资源的百分比 •检查数据完整性/质量的恢复或重建(关键任务、安全关键、支持)数据资产的百分比
转变	•重新定义任务或业务流程线程以获得敏捷性 •重新定义任务或业务功能以降低风险	•已针对常见依赖项和潜在单点故障进行分析的任务或业务流程线程的百分比 •记录了替代行动方案的任务或业务流程线程的百分比 •可以确定不依赖于与非必要功能共享的资源的基本功能的百分比 •自上次分析后已应用风险缓解措施的有问题的数据馈送的百分比

续表

目标	代表性子目标	代表性指标
重构	• 重组系统或子系统以降低风险 • 修改系统或子系统以降低风险	• (硬件、软件、供应链、用户、特权用户)攻击面的大小 • 可以确定其来源系统组件的百分比 • 可以选择性隔离的系统组件的百分比 • 已为其开发自定义分析的网络资源百分比 • 实施一种或多种定制替代方案关键任务组件百分比

　　网络弹性需求目标体现了落实网络弹性顶层目的具体要求，网络弹性需求目标与网络弹性顶层目的之间的对应关系是多对多的，如表 4.8 所示。

表 4.8　网络弹性目标支持网络弹性目的关系表

目标＼目的	预防	抵御	恢复	适应
理解	√	√	√	√
准备	√	√	√	√
阻止/避免	√			
持续		√	√	
扼制		√	√	
重建			√	
转变				√
重构			√	√

4.7.3　网络弹性策略和设计原则

　　网络弹性工程框架包括 5 项网络弹性策略原则(表 4.9)和 14 项网络弹性设计原则(表 4.10)。其中，网络弹性策略原则应用于整个系统工程过程中，指导网络弹性系统工程分析的方向；网络弹性设计原则直接指导网络弹性系统的架构和设计。

表 4.9　网络弹性策略准则

策略设计原则	核心理念
关注公共关键资产	需要将有限的组织和计划资源应用到可以提供最大收益的地方。首先关注既重要又常见的资产，其次是关键或常见的资产。需了解哪些任务或业务功能、任务、能力和资产是关键的。需了解哪些资源、资产或服务对于成功执行关键功能和任务或保护关键资产至关重要。首先关注那些在多个功能中通用的基本资源的安全性和网络弹性
支持敏捷性和架构适应性	不仅威胁格局会随对手的发展而变化，技术以及个人和组织使用它们的方式也会发生变化。敏捷性和适应性都是风险管理策略不可或缺的一部分，以响应风险框架假设，即在系统的整个生命周期中威胁、技术和操作环境将发生不可预见的变化。为技术、操作和威胁环境的变化做好准备。利用现有和新兴标准来支持互操作性。认识到组织可以投资于能力或创建用于不同目的和不同时间框架的程序，管理由于程序或计划之间的依赖关系或其他交互而导致的风险

续表

策略设计原则	核心理念
减小攻击面	大型攻击面难以防御，需要持续努力监控、分析和响应异常。减少攻击面可降低持续保护范围的成本，迫使攻击者集中在可更有效地监控和防御的一小组位置、资源或环境上。考虑组织的攻击面——不仅是系统的暴露元素，还有人员和流程。考虑攻击者如何攻击开发、运营和维护环境。考虑网络供应链中的攻击面。考虑社交媒体曝光和内部威胁
假设资源会受损	从组件到系统，从芯片到软件模块再到正在运行的服务，可能会长时间受到攻击而不会被发现。事实上，某些损坏可能永远不会被检测到。尽管如此，系统仍必须能够满足性能和质量要求。系统和任务或业务流程需最大限度地减少因特定产品或技术类型受到损坏而可能造成的危害。需考虑攻击横向移动可能性及级联故障。须分析并准备管理关键组件、服务或技术被破坏或受攻击的潜在后果
预计对手会进化	预计高级网络攻击者将投入时间、精力和情报收集来改进其现有的能力并开发新的能力。攻击会随着新技术或技术使用提供的机会及对防御者的了解而进化。随着时间推移，由高级攻击者开发的工具可供不太复杂的攻击使用。因此，面对意外攻击，系统和任务需具有弹性。在分析架构更改、设计修改及操作程序和治理结构更改时，结合对抗性观点。使用网络威胁情报，但不受其限制

表 4.10 网络弹性设计原则

设计原则	核心理念
保持态势感知	包括对可能的性能趋势和异常现象的感知，为有关网络行动指南的决策提供信息，以确保任务完成
充分利用运行状况和状态数据	健康和状态数据可用于支持态势感知、指示潜在的可疑特性以及预测适应不断变化的操作需求
确定持续的可信度	对数据、软件的完整性或正确性的定期或持续核查和/或校验会增加攻击者修改或制造数据、功能所需的工作量。同样，对个人用户、系统组件和服务的特性进行定期或持续分析会增加怀疑并触发响应，例如更密切的监控、更严格的权限或隔离
限制对信任的需求	限制需要信任的系统元素数量(或需要信任元素的时间长度)可以降低保证、持续保护和监控所需的工作水平
控制使用和可见性	控制可以发现、观察和使用的内容会增加攻击者在包含网络资源的系统中扩大其立足点或增加其影响所需的努力
扼制和排除行为	限制可以做什么以及可以在何处采取行动，可以降低危害或中断在组件或服务之间传播的可能性或程度
分层防御和分区资源	纵深防御和分区结合增加了攻击者克服多重防御所需的努力
(风险)自适应管理	尽管组件中断或停机，风险自适应管理支持敏捷性并在整个关键操作中提供补充风险缓解
计划和管理多样性	多样性是一种成熟的弹性技术，可以消除单点攻击或故障。但是，架构和设计应考虑成本和可管理性，以避免引入新风险
保持冗余	冗余是许多弹性策略的关键，但随着配置的更新或连接的变化，冗余会随着时间的推移而降低

设计原则	核心理念
资源位置多样化	绑定单个位置的资源(例如，单个硬件组件上运行的服务、位于单个数据中心的数据库)易成为单点故障，变成高价值目标
最大化瞬态	使用瞬态系统元素可最大限度地减少暴露于攻击活动的持续时间，同时定期刷新到已知(安全)状态可以清除恶意软件或损坏的数据
改变或破坏攻击面	攻击面的破坏会导致攻击者浪费资源，对系统或防御者做出错误的假设，或者过早发起攻击或泄露信息
创造对用户透明的欺骗效果和不可预测性	欺骗和不可预测性可成为对抗攻击的高效技术，导致攻击暴露其存在或 TTP、浪费精力。但如果应用不当，这些技术也会使用户感到困惑

对于一个确定的系统，可以只考虑采用部分原则。网络弹性策略原则需与项目、系统或者任务所有者的风险管理战略一致，即需根据相关的风险管理战略对网络弹性系统所需采用的网络弹性策略原则进行取舍和优先级排序。

在确定网络弹性策略原则的组合和优先级排序后，再据此确定网络弹性设计原则的组合和优先级排序，两者的相关性见表 4.11。网络弹性设计原则的选取策略也应与其他学科的弹性设计原则保持一致。

表 4.11　网络弹性策略原则与设计原则关系表

设计原则 ＼ 策略原则	关注公共关键资产	支持敏捷性和架构适应性	减少攻击面	假定资源会受损	预计对手会进化
保持态势感知	√				√
充分利用运行状况和状态数据	√	√		√	√
确定持续的可信度	√			√	√
限制对信任的需求			√	√	
控制使用和可见性	√		√	√	
扼制和排除行为	√			√	
分层防御和分区资源	√			√	
(风险)自适应管理	√	√		√	
计划和管理多样性	√	√		√	
保持冗余	√			√	
使资源位置多样化	√	√			√
最大化瞬态			√	√	√
改变或破坏攻击面			√	√	√
欺骗和不可预测性		√	√		

4.7.4 网络弹性技术

网络弹性技术描述了如何实现网络弹性顶层目的和需求目标的方法。这些方法是复杂多样的，具体取决于系统的类型(如企业信息系统、网络物理系统、武器系统)和其他因素(如技术的架构、管理和成熟度)。网络弹性技术反映了对威胁以及提高网络弹性应对威胁相关的技术、流程和概念的理解。

表 4.12 中的网络弹性技术有 12 种可应用于对抗性或非对抗性威胁(包括网络相关和非网络相关威胁)，另外 2 种(欺骗性和不可预测性)是专门针对对抗性威胁的网络弹性技术。表 4.12 中将网络弹性技术的定义与不断变化的技术和威胁隔离开来，从而限制对技术集的频繁更改。

表 4.12　网络弹性 14 种技术描述表

技术	意图
自适应响应定义：实施敏捷行动来管理风险	及时、适当地优化以应对不利条件、压力、攻击或这些方面指标的能力，以最大限度维持任务或业务运营、限制影响并避免不稳定
分析监测定义：持续化地以协调的方式监控和分析广泛的属性和特性	提供最大限度地检测潜在不利条件的能力；揭示不利条件、压力或攻击的程度；识别潜在的或实际的损害，并调查攻击者的 TTP。提供态势感知所需的数据
情境感知定义：考虑威胁事件和行动方案下构建并维护当前组织任务或业务功能状态	支持态势感知。增强对网络和非网络资源之间依赖关系的理解。揭示攻击特性的模式或趋势
协调保护定义：确保保护机制以协调有效方式运作	要求威胁事件需克服多重保护措施(即采用纵深防御策略)。在对抗性威胁事件情况下，通过增加攻击的成本和提高攻击者检测的可能性来增加成功攻击关键资源的难度。无论威胁事件的类型如何，确保使用任何给定的保护机制不会通过干扰其他保护机制而产生不利的、意外的后果。验证网络行动指南的现实性
欺骗定义：误导，混淆，向对手隐藏关键资产或将秘密污染的资产暴露给攻击者	误导、混淆或向对手隐藏关键资产，从而使对手不确定如何进行攻击；延迟攻击的效果，增加被发现的风险，导致对手误导或浪费其资源，并过早地暴露敌方的谍报技术
多样性定义：使用异构性来最小化共模故障，尤其是常见漏洞威胁事件	限制由于复制通用关键组件的故障而丢失关键功能的可能性。在对抗性威胁事件情况下，通过开发适合多个目标的恶意软件或其他 TTP 使对手花费更多的精力；通过将 TTP 应用于它们不适合的目标，增加攻击者浪费或暴露 TTP 的可能性；最大化防御组织某些系统在攻击中幸存的可能性
动态定位定义：分配和动态重新定位功能或系统资源	提高从非对抗性事件(例如火灾、洪水)和对抗性威胁事件(例如网络攻击)中快速恢复的能力。阻碍对手定位、消除或破坏任务或业务资产的能力，并导致对手花费更多时间和精力寻找组织的关键资产，从而增加攻击过早暴露其存在、行动和间谍技术手段的可能性
非持久性定义：根据需要或在有限的时间内生成并保留资源	减少对破坏、修改或损坏的暴露。在对抗性威胁事件的情况下，提供一种减少攻击入侵和推进并能从系统中删除恶意软件或损坏资源的方法。限制攻击可以瞄准资源可用性

续表

技术	意图
权限限制定义：根据用户和系统元素的属性，以及环境因素限制权限	限制授权个人的意外特性会危及信息或服务影响和可能性。通过要求攻击者投入更多时间精力来获取凭证以阻止他们。限制攻击者利用他们获得的凭据的能力
重新调整定义：构建系统和资源以满足任务或业务功能需求，减少当前和预期风险，并适应技术、操作和威胁环境的演变	尽量减少关键任务和非关键服务间的连接，从而降低非关键服务故障影响关键任务服务的可能性。通过最小化非关键任务或业务功能被用作攻击向量的可能性来减少防御组织攻击面。适应不断变化的任务或业务功能需求。适应技术环境的变化
冗余定义：提供关键资源多个受保护实例	减少信息或服务丢失的后果。促进从不利的网络事件的影响中恢复。限制拒绝或限制关键服务的时间
分割定义：根据关键性和可信度定义和分离系统元素	扼制对他们已经建立存在的飞地、系统部分或设施的对抗性活动和非对抗性压力（如火灾、洪水）。限制恶意软件可以轻松传播到的可能目标集
完整性验证定义：确定关键系统元素是否已损坏	在不同服务或输入之间发生冲突时，有助于确定正确的结果，检测受损的数据、软件或硬件以及非法修改或制造
不可预测性定义：随机或不可预测地进行更改	增加攻击对其可能遇到的系统保护的不确定性，从而使他们更难以确定适当的行动方案。作为其他技术的力量倍增器

表 4.13 给出了每个网络弹性技术所对应的典型代表性方法示例。特定技术的一套方法并不详尽，代表了相对成熟的技术和实践。

表 4.13　14 项网络弹性技术和 50 项实施方法

自适应响应	分析监测	协调保护	情境感知	欺骗	多样性	动态定位
动态重构 动态资源分配 自适应管理	监测和损害评估 传感器融合分析 取证和特性分析	校准深度防御 一致性分析编排 自我保护	动态资源感知 动态威胁感知 任务依赖和状态可视化	迷惑 虚假信息 错误引导 污染	架构多样性 设计多样性 组成多样性 信息多样性 路径多样性 供应链多样性	传感器动态搬迁 功能网络 资源迁移 资产流动性碎片分布式

非持久化	权限限制	重新调整	冗余	分割	完整性证明	不可预测性
非持久信息 非持久服务 非持久连接	基于信任的权限管理 基于属性的使用限制 动态权限	允许 卸载 限制 替代 定制 演化	受保护的备份和还原 裕度 复制	预定义 分段 动态分割和隔离	完整性检查 起源追踪 特性验证	时间不可预测性 环境不可预测性

在通过风险管理策略和设计原则以及网络弹性目标优先级选择网络弹性技术或技术组合时，需考虑各种技术之间的协同作用和冲突，特别是，应该构建良好的网络弹性系统结构充分发挥不同网络弹性技术的优势。

不同的网络弹性技术可以通过多种方式进行交互。例如，其中不可预测性技术与其他技术的不同之处在于它总是与其他一些技术结合使用(例如,使用动态定位技术来建立并重新定位潜在感兴趣目标的不可预测时间)。由于网络弹性技术间存在自然的协同和冲突作用，因此必须进行系统工程权衡。可以是一种技术依赖于另一种技术，因此没有第二种技术就无法实现第一种技术；例如，自适应响应取决于分析监控或情境感知，因为响应需要刺激。也可以是一种技术支持另一种技术，使第二种更有效；例如，多样性和冗余性是相互支持的。还可以是一种技术使用另一种技术，因此与单独应用这些技术相比，可以使用更多的设计选项；例如，分析监控可以在设计中使用多样性，其中包括一组多样化监控工具。然而，一种技术也可能与另一种技术的使用发生冲突或使其复杂化。例如，多样性和分割都会使分析监控和情境感知变得更加困难。包含多样性的设计需要能够处理不同系统元素集的监控工具，而分段的实施可能会限制此类工具的可见性。对于所有决策因素，没有一种技术或一组技术是最佳的。确定适当的技术是系统工程师在考虑所有相关因素后做出的决策。越来越多的技术专门针对网络弹性，例如，移动目标防御和欺骗工具包。随着这些技术被更广泛地采用,纳入这些技术的决定更多地受到政策而非技术风险考虑的影响。网络弹性技术是一个活跃的研究领域，各界正在积极探索提高网络物理系统、高可信度、专用系统和大规模处理环境的网络弹性技术。

表 4.14 给出了网络弹性技术之间的相互作用(协同或是冲突)。

表 4.14　网络弹性技术之间的潜在相互作用表

	自适应响应	分析监测	情境感知	协调保护	欺骗	多样性	动态定位	非持久性	特权限制	重新调整	冗余	分割	完整性验证	不可预测性
自适应响应	—	D	U	S		U	U/S	U/S	U/S		U	U/S	U	U
分析监测	S	—	S	D	U	U	U						U/S	
情境感知	S	U	—		S					S			U	
协调保护	U	S		—		U	U	U	U/S	U	U	U		
欺骗	U/S	U/C	C/S		—		U				U	S		U
多样性	S	C/S	C	C/S		—	S		U	U	U/S			
动态定位	U/S	C/S			S	U	—	U			U			U/S
非持久性	U/S	C	C			S		—		S	U	S		
特权限制	S		U						—	S			U	
重新调整	C		U	C/S	C/S			S		—	C			
冗余	S						U				—			

续表

	自适应响应	分析监测	情境感知	协调保护	欺骗	多样性	动态定位	非持久性	特权限制	重新调整	冗余	分割	完整性验证	不可预测性
分割	U/S	C		S	S							—		U
完整性验证	S	S/U	S			U		S		S	S		S	—	
不可预测性	C/S	C		C	S		U	U/S	U				—	

字符含义：

- S 表示行中的技术(技术 A)支持列中的技术(技术 B)，技术 A 使技术 B 更有效。
- D 表示技术 A 依赖技术或使能 B，如果不与技术或使能 B 结合，技术 A 将无效。
- U 表示技术 A 使用技术或使能 B。技术 A 可以在没有技术 B 的情况下有效实施。但是，如果同时使用技术 B，则有更多选择。
- C 表示技术 A 可能与技术 B 发生冲突或使其复杂化。技术 A 的部分或全部实现可能会破坏技术 B 的有效性。

4.7.5　网络弹性构造方案

网络弹性构造以风险管理为导向和出发点，系统工程师根据组织的风险管理策略，通过对风险、特定威胁事件或恶意网络活动类型的潜在影响分析确定网络弹性解决方案顶层目的优先级，并逐层分解为一系列需求目标、子目标和活动或能力，然后在网络弹性策略和设计原则指导下，针对每个活动/能力选择合适的技术和方法，如图 4.13。

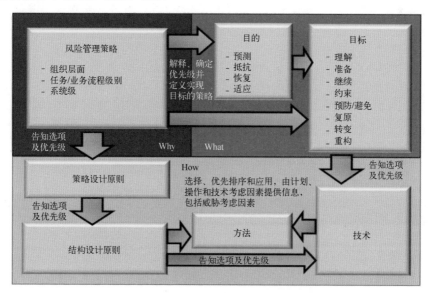

图 4.13　网络弹性构造方案图

　　网络弹性系统是网络弹性策略和设计原则、技术和实施方法的工程选择、优先级排序和应用的结果。表 4.15 给出了网络弹性原则与网络弹性目标和技术的对应关系，表 4.16 给出了网络弹性技术与网络弹性目标的映射关系。

表 4.15　网络弹性原则与网络弹性目标和技术对应关系表

策略和设计原则 \ 目标和技术	理解	准备	阻止/避免	持续	扼制	重建	转变	重构	分析监测	情境响应	完整性验证	特权限制	分割	协调保护	冗余	多样性	动态定位	自适应响应	非持久性	不可预测性	欺骗	重新调整
关注公共关键资产	S	S	S		S			S	U	U		U	U		U			U				R
敏捷性和架构适应性		S				S	S	S								U	U	U	U	U		R
减少攻击表面	S	S	S	S	S	S						U										U
假设资源会受损		S	S	S		S	S			U		U	U									U
预计对手会进化	S	S				S	S		U	U						U				U	U	U
保持态势感知	S								R	R												
利用历史运行数据	S						S		R	R	U											
确保持续的可信度	S		S	S	S						R			U								
限制对信任的需求											U	R		U							U	
控制使用和可视化			S	S	S						R	U							U		U	
扼制和排除行为				S	S			S		U		U	U	R			U		U	U		
分层防御和分区资源				S	S				S	U				R	R	U	U	U				
(风险)自适应管理	S		S		S							U	U	U	U			U	R	U	U	U
计划和管理多样性	S		S	S	S									R	U	R						C
保持冗余				S	S	S								U	R	U						U
使资源位置多样化				S	S										U	U	R	U	U	U		
最大化瞬态				S	S							U						X	U	U		
改变或破坏攻击表面					S											U	U	R	U	U	U	
欺骗和不可预测性	S		S											R				X		R	R	

S-支持实现目标，R-需要弹性技术，U-可用弹性技术，X-不能联合使用

表 4.16　网络弹性技术与网络弹性目标映射表

技术 \ 目标	理解	准备	阻止/避免	持续	扼制	重建	转变	重构
自适应响应	√	√	√	√	√	√		
分析监测	√							
情境感知	√	√			√			
协调保护	√	√	√		√	√	√	√

续表

技术＼目标	理解	准备	阻止/避免	持续	扼制	重建	转变	重构
欺骗	√		√					
多样性		√	√	√	√			√
动态定位	√		√	√	√	√		
非持久性			√		√		√	√
特权限制			√			√		
重新调整			√				√	√
冗余		√	√	√		√		√
分割			√		√			√
完整性验证	√			√	√	√		
不可预测性			√		√			

4.7.6　系统全生命周期中的网络弹性

网络弹性是贯穿系统生命周期各阶段和流程的非功能特性，对系统生命周期各阶段应用网络弹性概念和工程框架所需的注意事项，包括网络弹性目的、目标、设计原则和技术的简要分析如下。

在概念阶段，网络弹性目的和目标根据相关系统的使用要求进行定制。首先，定制行动用于为利益相关者确定网络弹性目的和目标的优先顺序。组织的风险管理策略用于帮助确定哪些策略设计原则最相关。策略设计原则及相应结构设计原则与其他学科的设计原则需保持一致。根据网络弹性目的和目标的优先级实现程度及相关网络弹性设计原则的应用程度，对名义或候选系统架构进行分析。目标的裁剪还可用于识别或定义潜在衡量标准或网络弹性解决方案的有效性度量。再次，限制风险响应或处理的风险管理策略(例如，特定技术的使用、与其他系统的互操作性要求或对其他系统的依赖)用于帮助确定哪些技术和方法可以或不可以用于网络弹性解决方案。此外，在概念阶段，确定生产、集成、验证和供应链管理系统的网络弹性问题，并定义解决这些问题的策略。

在开发阶段，需对相关的网络弹性结构设计原则(即那些可用于所选系统体系结构并支持网络弹性策略设计原则的原则)根据网络弹性目标的优先级进行优先级排序。通过分析结构设计原则所指示的网络弹性技术和方法，确定它们是否可以在选定的系统架构中使用。网络弹性解决方案根据潜在的有效性和与可信度相关的其他方面兼容性来定义和分析。潜在有效性分析考虑解决方案对潜在威胁事件或场景的相对有效性以及网络弹性目标的有效性度量。与可信度其他方面的兼容性分析考虑了与其他专业工程学科特定的技术、设计原则或实践相关的潜在协同作用或冲突，特别是 Security 安全性、可靠性、生存能力和 Safety 安全性。尽管系统包含网络资源难免身陷逆境，但使用技术解决方案的操作流程和过程在满足任务和业务目标的能力方面需得到定义、改进和验证。需对网络弹性解决方案的实施情况进行分析和评估，包括在具有对抗性活动的压力环境中通过对抗性测试或演示来度量任务或业务功能的性能。网络弹性本身需要测试和其他形式的校验或核查，包括对抗性威胁和(或结合)系统所承受的其他压力。此外，还需开发实施特定行动方案所需的资源(例如关键系统元素的不同实施、替代处理设施)。

在生产阶段，验证策略适用于感兴趣的系统的实例或版本以及相关的备件或组件。适用于此类实例和系统元素的网络弹性要求的验证策略包括在受到压力的环境中进行的对抗性测试或演示。此外，在生产阶段，将继续确定和解决支持生产、集成、验证和供应链管理的系统的网络弹性问题。

在使用阶段，监测网络弹性解决方案在操作环境中的有效性。由于操作环境(例如，新的任务或业务流程、新的风险相关者、增加的用户数量、配置漂移、在新位置部署、添加或删除感兴趣的系统及与之交互的系统或系统元素)、威胁环境(例如，新的威胁参与者，常用技术中的新漏洞)或技术环境(例如，将新技术引入与感兴趣的系统交互的其他系统中)的变化，有效性可能会降低。可能需要调整网络弹性解决方案以应对此类变化(例如，定义新的行动方案、重新配置系统元素、改变任务或业务流程和程序)。网络弹性目标的相对优先级可能会根据风险相关者及其关注点、任务或业务流程或项目资金的变化而变化。最后，威胁或技术环境的变化可能会降低某些技术或方法的可行性，而技术或操作环境的变化可能会使其他技术或方法变得更可行。

在支持阶段，系统或元素的维护和升级可将新的网络弹性解决方案集成到感兴趣的系统中。此阶段还提供了重新审视网络弹性目标优先级和调整的机会。系统功能升级或修改可能包括重大的架构更改，以解决对操作、威胁和技术环境的累积更改。系统更改和升级也可能引入额外漏洞，尤其是架构更改。

在退役阶段，系统元素或整个感兴趣的系统从运营环境中移除。退役过程会影响感兴趣的系统与之交互的其他系统，并可能降低这些系统和受支持任务或业务流程的网络弹性。退役策略可以包括分阶段移除系统元件、整体移除所有系统元件、分阶段更换系统元件以及整个感兴趣系统的整体更换。为运营环境中的系统、任务和业务功能确定网络弹性目标和优先级，以分析不同退休策略对实现这些目标能力的潜在或预期影响。与支持阶段一样，退役阶段也会带来重大的脆弱性，特别是在处置和退役资产中的意外残留物期间。

表 4.17 说明了系统生命周期各阶段不同网络弹性结构的重点变化。

表 4.17　系统全生命周期的网络弹性

生命周期阶段	网络弹性结构的作用
概念	– 对目标进行优先排序和调整 – 对设计原则进行优先排序并与其他学科保持一致 – 在解决方案中限定使用的一组技术和方法
开发	– 使用设计原则来分析和形成设计结构 – 使用技术和方法来定义可选择的解决方案 – 开发实现预防/避免、持续、扼制、重建和理解目标的能力
生产	– 实施和评估网络弹性解决方案的有效性 – 提供资源(或确保将提供资源)以实现准备目标
应用	– 利用对理解和准备目标的实现能力监控网络弹性解决方案有效性 – 根据需要重新排序和调整目标的优先级，并调整任务、业务和/或安全流程以应对环境变化(转变目标)
支持	– 重审和调整目标优先顺序；使用监控结果识别新的或修改的需求 – 重新审视对技术和方法的限制 – 修改或升级与上述更一致的能力(重构目标)
退役	– 优先考虑和调整运营环境的目标 – 确保处置过程能够实现这些目标，必要时修改或升级其他系统的能力(重构目标)

4.7.7　网络弹性应用领域

网络弹性可以应用于不同的领域[23](或者系统概念分层体系中的不同层)，如表 4.18 所示。将网络弹性应用到不同领域不同层，可利用来自更广泛的容错计算、通信网络弹性和冗余备份、故障转移和恢复的系统恢复等学科的方法。

表 4.18　网络弹性应用领域

应用领域/层	示例	相关学科的弹性方法
硬件/固件	FPGA，MPSoC，通用和专用处理器，嵌入式固件	容错硬件
网络/通信	通信媒体，网络协议	通信网络弹性，特别是使用冗余性
系统/网络组件	防火墙、服务器、精简客户端	容错设计
移动系统/网络组成部分	笔记本电脑、平板电脑、智能手机、PDA(暂时或间歇成为系统或网络一部分)	容错设计(特别是对连通性下降的容忍度)
操作系统	通用操作系统，RTOS	容错设计
云计算、虚拟化计算和/或中间件基础架构	VMM、系统管理程序、SOA 基础设施/共享服务	容错设计；提供可预测和负载平衡服务中间件

续表

应用领域/层	示例	相关学科的弹性方法
任务/业务功能、应用程序/服务	量身定制的 DBMS，工作流管理软件；专门的任务应用程序	容错设计
软件	运行在系统/网络组件上的软件(包括操作系统、云、虚拟化、中间件、DBMSs、应用程序、服务)	容错设计
信息存储	数据库、知识库，非结构化集合("大数据")	系统恢复能力，使用冗余来进行备份、故障转移和恢复/回滚
信息流	RSS 提要，推特，即时消息/聊天，视频提要	通信网络弹性，特别是使用冗余性
系统	上述的综合集，在一个单一的管理或管理的控制范围内	使用冗余功能进行备份、故障转移和恢复的系统恢复能力
系统之系统(体系)	多层控制的系统，通过互操作以支持给定任务或一组任务。在组织中，系统之系统位于风险管理层次结构的第 2 层；但是，系统可以跨越多个组织	使用冗余进行备份、故障转移和恢复的系统恢复能力；使用冗余进行备用通信路径网络恢复

此外，与系统最相关和有用的网络弹性技术和方法取决于系统类型，针对典型系统及所适用技术和方法的简要说明包括但不限于如下内容。

1)企业信息系统、共享服务和通用基础设施

企业信息系统通常是通用计算系统——具有重要的处理、存储和带宽，能够提供满足企业或大型风险相关者业务或其他任务需求的信息资源。因此，所有网络弹性技术和相关方法都是可行的，尽管它们的选择还将取决于政策、成本等其他考虑因素。

2)大规模处理环境

大规模处理环境可处理大量事件和数据(如流程事务)，并在服务交付方面具有高度的可信性。此类系统的规模使其对服务中断或降级高度敏感，因此，有选择地使用卸载和限制实现方法可以使此类系统的规模更易于管理。反过来，这将支持以不显著影响性能的方式将分析监控、任务依赖和状态可视化方法应用于情境感知。大规模处理环境为动态定位提供了可能，可通过网络资源功能重定位、碎片化和分布式等重新调整其用途，以帮助提高网络弹性。

3)系统之系统

许多网络弹性技术可能适用于系统之系统，但某些技术和方法可以提供比其他技术和方法更好的应用。例如，通过任务依赖和状态可视化实施的情境感知，可用于预测对手活动对组成系统或系统元素网络的潜在任务影响。协调保护技术的校准深度防御和一致性分析方法可以帮助确保组成系统的不同保护以

一致和协调的方式运行，以防止或延迟对手在这些系统中的破坏。对于涉及并非旨在协同工作且具有不同任务、功能和风险框架组成的系统之系统，重新调整也可能是有益的。特别是，卸载和限制方法可用于确保核心系统元素与整个系统体系任务适当地对齐。

4）关键基础设施系统

关键基础设施通常是具有高度确定性属性的专业化、高置信度、专用、特定用途系统。因此，系统功能的可用性和完整性非常重要，因为一些关键系统元素的损坏或缺乏可能会导致重大损害。由于这些原因，采用系统弹性的技术，例如冗余（特别是受保护备份、恢复以及剩余容量方法）与多样性方面（例如，架构多样性、供应链多样性）相结合，可以防止攻击产生的任务或业务后果并最大限度地提高关键或基本任务、业务连续运营的概率；可以分段隔离高度关键的系统元素，以保护它们免受攻击活动的影响。基于信任的权限管理和基于属性的使用限制等方法可以限制攻击可能对系统造成的潜在损害。

5）信息物理系统

信息物理系统（CPS）可能在存储容量、处理能力和带宽方面存在限制。此外，这些系统中的许多系统都具有高度的自主性，人机互动有限。一些信息物理系统在没有活动网络连接的情况下运行，尽管它们可能会在特定情况下（如定期维护）连接到网络。非持久性服务支持从可信来源（如离线冗余组件）定期刷新软件和固件，从而有效清除任何恶意软件。但是，该方法仅适用于组织允许刷新导致定期停机时间的情况。同样，通过对关键软件加密校验和实施实体完整性验证方法可帮助嵌入式系统检测损坏的软件组件。

6）物联网

物联网系统由具有网络连接性并与可访问互联网的软件应用程序进行通信的系统元素组成。该软件应用程序是物联网系统的一部分，负责协调组成系统元素提供数据的特性或聚合数据。系统元素在功耗、处理、存储容量和带宽方面存在局限性，这反过来可能会限制此类处理密集型网络弹性方法的潜力，例如设备级别的混淆或自适应管理。由于许多"东西"（如灯泡、门锁）很小且相对简单，因此它们通常缺乏基本保护的能力。然而，当与可靠性机制结合应用时，用于证实完整性的完整性检查方法仍然可行。物联网系统假定互联网连接，尽管"事物"集通常能够在未连接的情况下独立运行。由于许多物联网系统不承担用户的技术专长，因此涉及人类交互（如虚假信息、误导）的网络弹性技术和方法可能不适用。此外，物联网系统的设计适应了组成"事物"功能的灵活性和再利用。因此，编排一组"事物"特性的应用程序可能会升级以编排其他组，其成员在设计时并未考虑到该应用程序。对该应用程序或附加集最初所属物联网系统的此类更改可以从重新对齐的应用程序中受益。在物联网系统级别（而不是单个系统元素级别），可以应用分割和一致性分析。

4.8　网络弹性分析评估

4.8.1　网络弹性分析

在系统安全工程的背景下，网络弹性分析旨在确定系统的网络弹性属性和特性，无论其系统生命周期所处阶段如何，是否足以让使用该系统的组织满足其任务保证。对网络弹性属性和特性的分析本质上需在程序、操作、架构和威胁环境中进行，并且可以在该环境中解释网络弹性构成要素，评估网络弹性目标的相对优先级以及网络弹性设计原则、技术和方法的适用性。网络弹性分析可以导致架构更改、将新产品或技术集成到系统中、更改现有产品或技术的使用方式、操作程序等，与组织风险管理策略一致。

表 4.19 给出了一个通用的、可定制的网络弹性分析过程，包括步骤和任务。

表 4.19　网络弹性分析的可定制流程

分析步骤	问题动机	任务
理解相关环境	风险相关者的担忧和优先事项如何转化为网络弹性的构成和优先事项？	•确定计划背景 •确定架构环境 •确定操作环境 •识别威胁环境 •解释考虑网络弹性构成优先级
建立初始网络弹性基线	系统在网络弹性方面的表现如何（即它在满足风险相关者需求和解决利益相关者关注的问题方面做得如何）？ 这对利益相关者很重要吗？	•确定现有能力 •确定差距和问题 •定义评估标准并进行初步评估
分析系统	网络风险如何影响任务、业务或运营风险？	•确定关键资源、脆弱性来源和攻击面 •代表对手的观点 •确定改进机会并确定其优先顺序
制定网络弹性解决方案	如何通过提高网络弹性来改善任务或运营弹性？	•定义潜在的技术和程序解决方案 •定义支持系统和流程的潜在解决方案 •根据标准分析潜在的解决方案
制定建议	推荐的行动计划是什么？	•确定和分析备选方案 •评估备选方案 •推荐行动计划

4.8.2　网络弹性静态评估

网络弹性评估首先要回答网络弹性的哪些方面很重要？如表 4.20 所示[24]，可以进行优先排序和评估的网络弹性方面包括属性、能力和行为。

表 4.20　对一个系统的网络弹性可评估或可测量的方面

属性	能力	行为
多好-网络弹性目的或目标的实现程度？网络弹性技术或设计原则的应用效果？	**多好**-网络弹性子目标的实现或预期实现程度？网络弹性活动执行程度？	**多好，多快，多完整，多自信**--一个事件的发生情况？一个活动的执行情况？
定性或半定量评估，或通过对行为测量。	定性或半定量评估，或通过对行为测量。	直接观察得出，或通过一组测量值计算得出。
关联一组预定义能力集合	关联预期或非预期行为	关联系统弹性、任务性能

通过对系统提供网络弹性的评估，应回答系统支持的信息、项目、系统处理的信息为信息安全方面的利益相关者解决了什么风险？还有哪些风险？

要开展半定量或者定量的网络弹性评估度量，就需要设定一些网络弹性指标，也就是测量参数或者从其他测量参数中计算出的值。网络弹性问题领域与系统安全、弹性和风险的问题领域重叠，来自这些领域的许多指标可以被重新利用或改进，以支持网络弹性分析。目前已经收录了 500 多个具有代表性的网络弹性指标。一些指标(尤其是阻止/避免相关的指标)来源于网络安全指标，例如，优先级可以动态变化的网络资源/用户/系统服务的百分比。其他的指标(尤其是恢复目的和约束、重构目标相关的那些指标)来源于系统弹性和风险指标，例如，已经验证完整性/行为的关键任务应用的百分比。该指标中的每一条都包含与其相关的网络弹性结构的标识、所使用或定制的系统类型、所支持的决策类型、所属域以及如何评估等信息。这些信息可以帮助用户确定哪些通用指标可能与特定系统或所属环境相关。基本的对应关系如图 4.14 所示。

网络弹性评估[24]包括高层次定性评估(针对网络弹性目的和目标)、结合定性和半定量的覆盖式评估(针对网络弹性子目标和相关网络弹性技术的应用情况)和详细定量的评分评估(评估网络弹性增强活动，支持子目标并通过网络弹性技术进行识别；评估不同解决方案对活动、技术和子目标的影响)。

高层次定性评估，针对每个网络弹性目标设定若干关键区别因素(如该关键因素的深度、广度和辨识度等)，然后以高/中/低定性的方式给出评估等级。网络弹性是一种系统级的属性，不能仅从单个组件的属性来确定。系统的复杂性使得对网络弹性以及相应的功能和行为的度量定义更加困难，分析和支持网络弹性度量需要考虑到复杂系统的典型行为，如复合、级联和反馈等。网络弹性与任务执行环境密切相关，必须以可复制、可重复的方式进行评估。

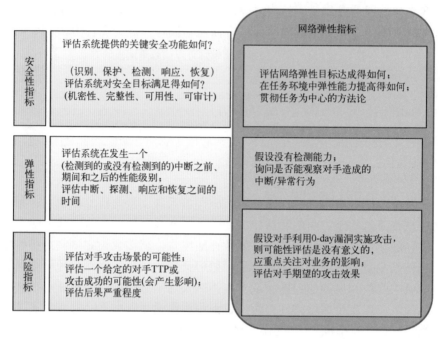

图 4.14　网络弹性指标可以重新利用安全性、弹性或风险指标

　　通过定性分析和半定量评级的结合可得出相关系统网络弹性结构的覆盖图。使用风险相关者的关注点和优先级确定网络弹性目标和子目标的优先级，结合已识别的威胁环境，评估相关子目标所需的能力或活动、网络弹性设计原则的潜在适用性、网络弹性技术和(取决于定义架构的详细程度)实施方法的潜在适用性。系统的能力如何覆盖(即至少有一个)攻击者活动，可以用威胁热图或威胁覆盖率表示。通过覆盖评估可以直观地比较网络弹性解决方案在多大程度上可以实现并提高系统(优先级加权)网络弹性目标或子目标的能力，如图 4.15、图 4.16 所示[24]。

　　网络弹性定量评分方法(SSM-CR)是一种可定制的评分方法[25]，旨在为项目经理提供一个简单的相对测量方法，来衡量给定系统的网络弹性程度。SSM-CR 通过两种方式进行定位或上下文调整：第一，它反映了利益相关者的优先级(即哪些目标、子项目和能力是重要的)。第二，根据关于操作和威胁环境的既定假设进行性能评估(即提供优先级能力的程度或优先级活动的实际执行情况）。对于任何给定的系统或项目，网络弹性目标、子目标和活动必须定制或解释，以在系统的任务或业务功能及其操作环境中解释其意义。类似地，与网络弹性设计原则、技术和方法相关的度量指标必须进行定制，以反映系统的技术环境——其体系结构和组成技术。

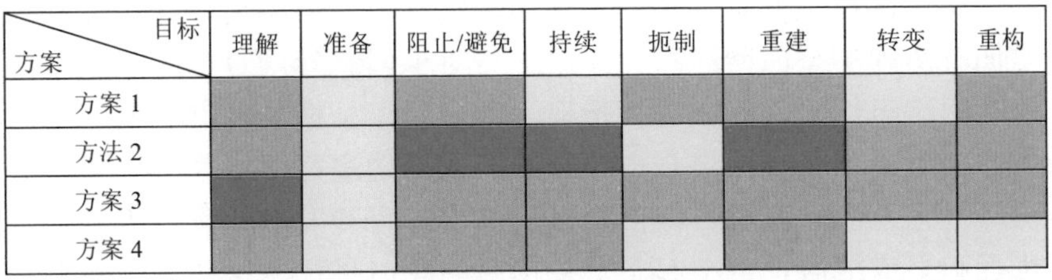

方案＼目标	理解	准备	阻止/避免	持续	扼制	重建	转变	重构
方案 1								
方法 2								
方案 3								
方案 4								

图 4.15 多种弹性方案的概念性覆盖图

网络弹性目的	对利益相关者的相对重要性	基线状态	网络弹性目标	对利益相关者的相对重要性	基线状态	改进的相对优先级	网络弹性技术	与给定架构的相关性	当前使用	机会
预防	N/A	—	理解	M	L	M	自适应响应	H	L	重要的
抵御	H	L	准备	L	L	L	分析监测	N/A	—	—
恢复	H	M	阻止/避免	M	L	M	欺骗	N/A	—	—
适应	N/A	—	持续	H	L	H	多样性	L	L	微不足道的
			扼制	H	L	H	动态定位	N/A	—	—
			重建	H	M	M	非持久性	M	L	重要的
			转变	M	L	M	权限限制	H	L	重要的
			重构	N/A	—	—	分割	H	M	温和的
							协调保护	L	L	最小的
							动态表示	N/A	—	—
							重新调整	M	L	重要的
							冗余	H	M	温和的
							完整性验证	H	L	重要的
							不可预测性	N/A	—	—

图 4.16 网络弹性构成覆盖图示例

4.8.3　网络弹性攻防评估

美国兰德公司从红蓝对抗的角度，提出了度量网络安全和网络弹性的指标框架[26]。该框架可用于衡量美国空军任务或系统在网络竞争环境中的表现。这些指标还可以在武器系统全生命周期阶段指示或影响采办方的决策。该指标框架拥有两种类型的网络指标：用于与对手网络行动对抗的工作级指标和用于捕获网络组织缺陷的制度级指标。工作级指标框架重点是阻止红方的网络操作。红方必须执行网络攻击路径才能成功地进行网络攻击。该攻击路径包括访问目标系统、获取目标信息以实施攻击、开发执行攻击所需能力、确定在执行和平或战时任务中起着重要作用的攻击目标。这四项活动不一定按序进行，并且执行时间上可以重叠。蓝方通过大量且复杂的反制措施来回应红方的行动。因此，该指标框架主要围绕红方的四个行动来制定：访问目标的权限、对目标信息的足够了解、执行攻击的能力(资源)以及红队行动对蓝队任务的影响。此外，兰德公司还给出了三个层次的评估方法：自我评估、外部评估以及任务级和系统级评级。以及五种评估结果的划分：最高成熟度、成熟、中等级别、不成熟和最不成熟。制度级指标框架是用来评估组织制度层面的问题。成功避免灾难性故障的组织可通过成员收集信息并分类、评估并将关键信息传递给正常指挥链之外的高级领导来减少漂移现象(高层领导对业务发生方式的看法和实际的不同)。制度级指标评估也有一样的五种划分结果。

2010 年起，奈飞公司(Netflix)为强化其在亚马逊公有云 AWS 上部署的业务系统的弹性，开发了混沌实验评估工具[27-29]，其后微软、阿里等均利用各自开发的混沌评测工具提升其公有云的安全和弹性能力。开源项目 Chaos Mesh 提供了一个云原生的混沌工程平台，具备在 Kubernetes 平台上进行混沌测试的能力，提供了多种多样的故障注入能力并且安全可控。

混沌测评是通过主动向系统中引入软硬件的异常状态(扰动)，制造故障场景，并根据系统在各种压力下的行为表现，确定优化策略的一种系统测评手段。混沌测评的目的是利用实验来提前探知系统风险，通过架构优化和运维模式的改进来解决系统风险，从而实现弹性架构，提高故障免疫力，建立对系统承受生产环境中失控条件的能力的信心。混沌测评强调五大原则：建立一个围绕稳定状态行为的假说，多样化真实世界的事件，在生产环境中运行实验，持续自动化运行实验，最小化爆炸半径。

4.9　现有网络弹性的挑战与不足

4.9.1　回避未知攻击的思维视角存在重大硬缺陷

现有网络弹性工程框架的出发点是以保障关键任务和业务流程顺利执行为核心目的，主要强调在发现任务或业务异常后能够及时克服异常并恢复正常服务，思维视角主要是通过对任务或业务异常（尤其是中断等显性异常）的检测和感知来触发恢复，对未知网络攻击导致的隐性任务或业务异常关注不够，特别是对难以察觉的任务或业务异常基本放弃抵抗。

例如，网络弹性工程的开篇论文[19]，强调要不顾网络攻击完成所需完成的任务。文中虽然也提到在网络空间存在许多未知的未知，但主要的解决思路是近乎放弃对未知的未知攻击的追踪，主要靠弹性恢复来尽可能减少攻击的影响。

2017 年 MITRE 关于网络弹性设计准则的论文[30]指出，当网络对手在采取明显的破坏性行动之前，在网络攻击生命周期的不同阶段执行活动时，这些攻击可能在一段时间内（尤其在攻击前期的侦察阶段和武器化阶段）无法被检测到，如果攻击集中在渗透上，那么由对手造成的干扰可能不会发生；在控制阶段，对手扩展他们对系统及其支持的任务的知识，隐藏或删除活动证据，并获得对更多系统组件的控制；因为隐形是对手计划的固有特性，对手避免造成破坏（事实上，对手甚至可以采取行动来提高系统性能），或造成短暂而小的和轻微的干扰，以欺骗性能和入侵检测工具，重新定义"正常"。在执行阶段，对手指示恶意软件采取行动（如拒绝服务，以使其无用的方式破坏数据，造成物理伤害）——这可能包括主动阻碍恢复，如红线所示，破坏性的恶意软件可以将组件或系统的功能降低为零，如图 4.17 所示。

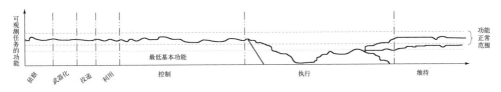

图 4.17　对抗破坏性恶意软件的网络弹性

图 4.18[30]说明了一个网络攻击的生命周期，对手的目标是数据泄露或伪造，或未被发现的篡夺能力（如使用物联网设备发起 DDos 攻击，没有导致设备的所

有者/运营商怀疑他们的设备已经失陷)。在这种情况下,对手试图避免任何破坏。这就可能大大迟滞检测到对手活动的时间,防御者无法及时作出反应。

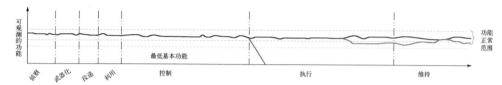

图 4.18 抗数据泄露或伪造的网络弹性

文献[31]指出,网络弹性与网络安全需要协同工作。大多数网络弹性措施都是假设、利用或增强各种网络安全的措施。网络安全和网络弹性措施在以一种平衡的方式一起应用时最为有效。网络弹性的角度反映出,现代系统是大型而复杂的实体,因此,系统、操作环境和供应链总是有对手可以利用的缺陷和弱点。因此,实现对网络组件的有效保护通常需要结合传统的网络安全和网络弹性投资。过于强调旨在阻止对手进入的传统网络安全措施,可能会使系统没有足够的网络弹性缓解措施,一旦对手立足,就无法有效地反击和应对。然而,过于强调网络弹性投资可能会使安全边界漏洞百出;这可能导致更大的攻击面,使对手能够立即实现效果,并获得和利用一个立足点,并导致网络弹性措施被越来越多的低级攻击所淹没。

另一方面,从网络弹性 10 多年发展脉络来看,相比 2011 年版本(图 4.19),2021 年版本(图 4.20)的网络弹性工程框架更加聚焦于业务恢复。

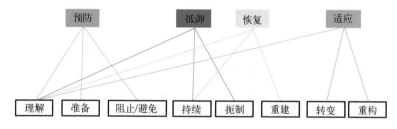

图 4.19 2011 年版网络弹性目标与目的对应关系图

这种结果导向过分倚重任务或业务显性事发后的强恢复思维视角存在重大缺陷:一是缺乏对事发前蛛丝马迹的仔细关注、错失"治未病"的机遇,二是存在任务或业务伪装正常无法察觉的重大隐患,三是某些情况下,单次关键任务或业务的中断性损失也是很难弥补的。

更严重的是,由于现有的网络弹性研究缺乏应对"未知的未知"网络攻击的技术方法，因此无法保障关键业务系统承载平台的安全性，进而无法保证关键业务系统的可信性，更无法达成"使命确保"的核心目标。现有的网络弹性框架中仅第 4 项策略设计原则"假设资源会失陷（Assume Compromised Resources）"蕴含了面向未知威胁应采取的设计策略原则。然而令人遗憾的是，虽然该设计原则明确指出了系统中可能存在无法被检测的失陷，但其给出的建议内容仅限于被动的失陷影响分析，并未给出主动的应对方法。除此之外，在第 10 项结构设计原则"自适应的资源与风险管理"中，简单提及"通过不可预测的应用风险管理策略以应对未知危险"。除了上述 2 条设计原则，现有网络弹性框架再无提及如何应对未知的威胁。

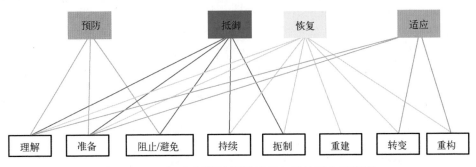

图 4.20　2021 年版网络弹性目标与目的的对应关系图

正如第 1 章所指出的，在数字化时代，软硬件或算法或协议等在设计、开发、加工、制造、销售、应用、售后服务等全产业链诸多环节中不可避免地引入未知的漏洞后门，尤其是随着同质化的数字或信息基础设施的普及，基于上述未知漏洞后门的网络攻击其威胁广泛，破坏性强，是数字经济或数字社会建设中最大的"公害问题"。一个不可信的、持续运行的关键业务系统，甚至可能比关键业务系统宕机造成的危害更大。例如，被黑客潜入并控制的银行业务系统，可能会造成关键业务数据丢失、客户数据泄露、客户资产损失的严重后果，相比于被攻击后宕机的银行业务系统而言，反而可造成更大的危害。再如，被黑客控制的自动驾驶车辆，存在成为"杀人机器"的风险，相比发生故障后无法继续行驶的车辆，危险性更高。

4.9.2　缺乏架构统领的工程体系存在重大硬问题

为促进网络安全科学基础的发展，2011 年美国国家安全局研究局（National Security Agency Research Directorate）启动了一个网络安全和隐私科学倡议项目

(Science of Security and Privacy Initiative, SoS)，赞助美国六所大学开展网络空间安全基础科学研究。2012 年 SoS 项目发布了五大网络空间硬问题 (hard problem)[32]，包括可伸缩性和可竞争性、受政策控制的安全协作、安全-度量驱动的评估-设计-开发和部署、弹性体系结构和对人类行为的理解及解释。

其中，网络弹性体系架构作为五大硬问题之一，历经 10 年研究发展，到目前为止在 SoS 项目中可检索到的研究进展 (2015 年报告[33]、2022 年报告[34]) 仍然有限，没有取得明显突破。

其实，从开发网络弹性系统工程的初期，探索构建优良的网络弹性系统体系架构就始终是网络安全和网络弹性学术界和工业界高度关注的问题。

MITRE 关于网络弹性的开篇论文[19]对此就有所讨论，提出虚拟化技术作为计算范式的一个转变，具备实时更改任务系统结构所需的敏捷性，可提供具有高成本效益的冗余、资源调配、恢复和安全性，可用于实现隔离、非持久性以及可用性的复制和伸缩技术，可提供硬件平台、芯片集、操作系统、应用程序和服务的多样性，以及在部署实践中的随机性，是构建安全、有弹性的体系结构的基石。

第 3 届网络弹性技术研讨会报告[35]对在目标系统架构中如何应用最有益的网络弹性技术进行了概念优先级排序。该报告认为：①所有技术都将是有用和有益的，但有些技术可能比其他技术更难采用；②其中一些技术已经代表了良好的工程实践；③有些技术如果在系统生命周期的早期没有明确说明，将会执行得很差；④任务和企业社区之间需要仔细协调，以便有效地纳入网络弹性；⑤必须检查成本效益权衡，以确定最佳匹配技术，并计算网络弹性投资回报。根据这些原则，提出了网络弹性技术的概念优先级，如表 4.21 所示。(个别技术后来在 NIST 发布的 14 项弹性技术中有所调整)。

表 4.21　网络弹性技术优先级建议参考表

优先级	网络弹性技术
高优先级	分析监测、协同保护、多样性、权限限制、冗余性
中优先级	自适应响应、动态定位、动态调节、非持久化、分段、完整性证明
低优先级	欺骗、重新调整、不可预测性

MITRA 在其发布的网络弹性行业指导[36]中，提出要加强系统体系结构设计、安全管理、访问控制、设备硬化、备份策略、网络合作等活动。在结构设计中重点讨论了分割分段(基于可信度和临界性的资源的物理或逻辑分离或隔离)、协同防御(以自适应和协调的方式管理多种不同的机制，主要包括深度防

御和协调一致性防御)和多样性技术(使用一组异构的软硬件组件和数据源),用以阻止对手的攻击,限制恶意软件造成的损害。

SoS 在发布弹性体系架构硬问题时强调,一个公认的挑战是开发能够"容忍"对系统组件成功攻击的系统体系结构,具体包括:①抵御攻击;②在受到攻击时继续提供基本服务(可能处于降低的级别);③在攻击后快速恢复功能。

SoS 认为,候选的策略包括:①特权分离和最小特权原则,通过使用特权分离,为分离的组件分配最小特权,从而最小化妥协的影响;②纵深防御原则,通过多层纵深的差异化布防,迫使一个成功的攻击需穿透多个级别组件的保护;③通过复制、投票和来自拜占庭容错的方法来容忍入侵的协议和算法。

SoS 指出,应该借鉴更成熟的可靠性和可用性分析方法,来设计和分析具有可量化服务水平的容侵系统架构。但是,新方法和现有的可靠性和可用性分析方法必将存在重大差异,一个紧迫的挑战是,无法预知的网络入侵对系统组件的影响方式与随机的具有统计特性的硬件或软件故障截然不同。进攻与防御的相互作用是博弈论应用的沃土,当系统弹性是首要目标时更需要开展博弈论研究,将博弈论的抽象和理想化的假设与操作系统的不确定性和复杂细节的挑战相结合还需要实质性的突破。各种设想良好的防御原则(特权分离、纵深防御和多样性)和机制如何在实际系统中应用还需要受到更多考验,例如,为了提高性能往往不使用特权分离。类似地,软件多样性有可能以牺牲性能和可部署性为代价,迫切需要将这些技术合并到实际系统中而不超过线性性能开销。

由于始终缺乏占主导地位的网络弹性系统体系结构的统领,使得当前的网络弹性工程就如同"开设了一间药材丰富的中药铺",虽然热热闹闹,但始终进展差强人意。

IBM 公司[37]2021 年 7 月对北美、南美、欧洲、亚洲和澳大利亚等地区 3600多名 IT 和安全专业人员开展了第 6 次网络弹性年度调查,其中 67%的受访者表示,在过去 12 个月中,网络安全事件的数量和严重程度均增加或显著增加,51%的受访者在过去 12 个月内遭受过数据泄露,46%的受访者在过去两年中至少遭受过一次勒索软件攻击。

在关于网络弹性没有改善的原因分析中,很多受访者认为,太多的工具是网络弹性没有提高的一个重要原因,如图 4.21 所示,30%的受访者表示他们的组织部署了 50 种以上的安全工具和技术,只有 30%的受访者表示他们的组织拥有正确的安全工具组合(图 4.22)。

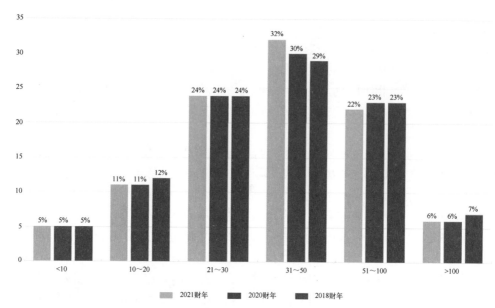

图 4.21　在过去三次调查中，组织部署了多种安全工具和技术

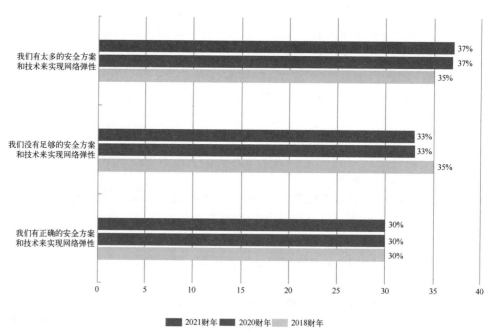

图 4.22　只有 30%的受访者表示他们的组织拥有正确的安全工具组合

4.9.3　欠缺核心能力度量的评估存在重大硬挑战

如上所言，网络安全、度量驱动的评估、设计、开发和部署本身是美国国家安全局研究局在网络安全科学 SoS 项目中发布的五大网络安全硬问题之一，要想破解网络弹性体系架构的硬问题也与本难题密切相关，因为对体系架构弹性的评估部分取决于量化该弹性的度量指标研究。

美国 MITRE 和 NIST 始终高度重视网络弹性评估和度量，在高层次定性评估、定性和半定量评估(如网络弹性覆盖图)和详细定量打分评估方面取得了积极的进展，但他们在 2018 年的文献中认为[24]现有网络弹性分析评估在验证度量系统网络弹性核心能力方面存在三大挑战，在明确证明一个系统是否具备了很好的网络弹性、一个系统对比另一个系统的网络弹性和一个系统的网络弹性核心能力如何检测等基本问题上还存在说服力和实践力不足等重大缺陷。

1)评估挑战之一：评估复杂性与重大核心能力指标选取的关系问题

一般来说,用重大核心能力指标评估弹性或网络安全常常被认为是可行的,同样,也有研究建议将系统所需业务能力的预期可用性作为重大核心能力指标来评估网络弹性。但需注意的是, 还需指定额外的度量标准来评估其他方面。一般而言,为了支持工程决策,任何单一的度量要么会掩盖问题领域的复杂性,要么需要大量地输入测量值,在质量上(如及时性、准确性)可能变化很大, 因此得到的数字是高度不确定的。为了公正地对待复杂性,产生重大核心能力指标的公式和模型应该代表大量可能的不利条件和潜在的后果。复杂的公式和模型为利益相关者和工程师之间讨论的主题提供了价值,以澄清什么是重要的假设。然而, 以合理的成本获取高质量(如及时、一致)信息是重大挑战。此外,威胁模型可能无法代表实际的对手,可能基于对手 TTP 的陈旧信息,或者基于对手故意操纵的 TTP 的信息。

2)评估挑战之二：评估度量结果的可比性

评估度量结果的可比性也存在重大挑战。在具有类似任务或业务职能的、面临共同威胁和适用类似良好实践标准的组织中——如果这些指标在整个组织中以一致的方式进行评估,那么组织指标的对比可以是有意义的和信息丰富的。然而,这种一致性通常很难实现(或证明)。不同的任务(以及支持这些任务的一个系统或多个系统之系统)面临不同的威胁,并在不同的操作环境中执行。因此,在一个任务中有意义和有用的度量在另一个任务的背景下可能没有意义或不可评价。对同一组织、任务或业务功能或系统进行长期跟踪和比较的度量值可能有助于识别趋势。除此之外，对比变得更具挑战性，必须放在共同的威胁和操作环境中，才能有意义。

网络安全和网络弹性指标在定义威胁模型或陈述关于威胁的假设的详细程度上可能存在很大差异。类似地，指标也因对操作环境的假设以及表示操作环境的细节级别而有所不同。也就是说，度量值对度量评估环境很敏感。在不同环境中评估的度量，即使以相同的方式定义，也可能是不可比较的。

3）评估挑战之三：竞争性和涌现性如何评估

Security 安全、弹性、Safety 安全和网络弹性都是系统涌现性属性。虽然弹性可以是设备或平台的一个属性，但当系统元素组装成越来越复杂的系统和系统之系统（体系）时，可能会涌现新的属性和行为："涌现和复杂性指的是一个系统的高级属性和行为的出现，这显然来自于该系统组件的集体动力学。这些特性不能直接从该系统的低级运动中推导出来。涌现性是"整体"的属性，不被构成整体的任何单独部分所拥有。"

任何类型的涌现属性度量都面临怎么做、能做到何种程度的巨大挑战，无论怎么把子系统或者系统元素的属性或行为的度量组合起来，还是通过其他方式推导得出更大的系统或系统之系统的度量，都存在低维层面特征值难以刻画高维层面特征值的方法论困境。

涌现情况的出现给定义网络弹性指标带来了挑战。"涌现性属性在本质上通常是定性的，在性质和评价上是主观的，需要基于证据分析和推理达成共识。"网络弹性度量需直面网络弹性架构整体呈现作为一种涌现属性的评估。

可观测值、原子测量值或衍生值等指标与它们所支持的主观评估之间的关系必须被很好地定义出来。与安全一样，网络弹性是系统在操作和威胁环境中的一种涌现属性——系统的整体行为取决于系统用户、操作员、对手和作为其一部分的防御者的行为。因此，网络弹性度量的定义需要确定关于这些环境特征的假设，只有当环境假设一致时，单个指标的组合才有意义。

4.10　本　章　小　结

本章首先介绍了功能安全发展历程、基本概念、基本内涵，以及硬件安全完整性、系统安全完整性等功能安全完整性技术和随机失效与系统失效分析技术，然后从功能安全在各个行业的延伸、安全相关系统的技术复杂性、网络攻击带来的功能安全问题、功能安全实践中的对立统一规律、弹性工程等角度阐述了功能安全的重要发展趋势,就安全相关系统在数字化、网络化、智能化的赋能和改造中面临的全局性、多层次、多维度挑战,从软件扩展带来质量危机、广义功能安全问题、AI 技术带来不确定性等方面进行了技术挑战分析和思考。

随后,本章对从功能安全弹性工程演进而来的网络弹性基本概念、工程框架、分析评估等进行了简要介绍。网络弹性面向来自网络和非网络的对抗和非对抗威胁,聚焦高级持续性网络攻击等威胁条件下的任务或业务功能安全保障,期望系统具备预防、抵御、恢复和适应等能力,为此提出 8 个网络弹性目标、5 项网络弹性策略原则、14 项网络弹性设计原则以及 14 项网络弹性支撑技术和 50 余项网络弹性实施方法等,提出定性分析、半定量和定量度量以及攻防对抗评估等网络弹性分析评估方案,形成了基本的网络弹性工程框架。

最后,本章对目前的网络弹性在理论思维视角、系统体系架构和评估度量分析等方面存在的挑战和不足进行了总结分析。这些挑战和不足预示着网络弹性工程还需要在理论思维框架、方法论和实践规范等层面进行根本性突破与创新。近期,欧盟发布了网络弹性法案[38],美国发布了国家网络安全战略[39],均要求数字产品的生产者、而不仅是产品的最终用户为安全承担责任。在此背景下,如何突破当前网络弹性工程框架与评估方法的局限,打造具备广义功能安全能力的新一代信息物理系统或数字设施正成为亟待解决的重大问题。

参 考 文 献

[1] German Institute for Standardization. DIN V 19250: Control Technology- Fundamental Safety Aspects to be Considered for Measurement and Control Equipment[S]. Berlin: Institute for Standardization(DIN), 1994.

[2] The International Society of Automation. ANSI/ISA S84.01-1996: Application of Safety Instrumented Systems for the Process Industries[S]. North Carolina: The International Society of Automation(ISA), 1996.

[3] International Electrotechnical Commission. International Standard IEC 61508: Functional Safety of Electrical/Electronic/Programmable Electronic Safety Related Systems[S]. Geneva: International Electrotechnical Commission, 2000.

[4] Cybersecurity and Infrastructure Security Agency(CISA). 2023-2025 Strategic Plan[EB/OL]. 2022. https://www.cisa.gov/sites/default/files/publications/StrategicPlan_20220912-V2_508c.pdf.

[5] 国家市场监督管理总局. GB/T 8223-1987: 价值工程 基本术语和一般工作程序[S]. 北

京：国家标准局, 1987.

[6] Miles L D. Techniques of Value Analysis and Engineering[M]. New York: McGraw-Hill, 1972.

[7] Burns A, McDermid J, Dobson J. On the meaning of safety and security[J]. The Computer Journal, 1992, 35(1): 3-15.

[8] Firesmith D G. Common concepts underlying safety security and survivability engineering[R]. Pittsburgh: Carnegie Mellon University, 2003.

[9] 国家标准化管理委员会. GB/T 2900.99-2016 电工术语、可信性[S]. 北京：全国电工术语标准化技术委员, 2016.

[10] 百度百科. 功能安全[EB/OL]. 2022. https://baike.baidu.com/item/%E5%8A%9F%E8% 83%BD%E5%AE%89%E5%85%A8/6936558.

[11] Health and Safety Executive(HSE). Out of control: Why control systems go wrong and how to prevent failure[R/OL]. 2003. https://www.hse.gov.uk/pUbns/priced/hsg238.pdf.

[12] 张鑫, 孟邹清, 张鑫赟, 等. 功能安全研究热点追踪及脉络演进和趋势可视化分析[J]. 中国仪器仪表, 2021, 3: 21-26.

[13] International Organization for Standardization. ISO 26262: Road Vehicles-Function Safety [S]. Geneva: International Organization for Standardization, 2011.

[14] Hollnagel E, Woods D D, Leveson N. Resilience Engineering: Concepts and Precepts[M]. Aldershot: Ashgate Publishing Ltd, 2006.

[15] Holling C S. Resilience and stability of ecological systems[J]. Annual Review of Ecology and Systematics,1973, 4: 1-23.

[16] Bhamra R, Dani S, Burnard K. Resilience: The concept, a literature review and future directions[J]. International Journal of Production Research, 2011, 49(18): 5375-5393.

[17] Madni A M, Jackson S. Towards a conceptual framework for resilience engineering[J]. IEEE Systems Journal, 2009, 3(2): 181-191.

[18] Sterbenz J P G, Hutchison D, Çetinkaya E K, et al. Resilience and survivability in communication networks: Strategies, principles, and survey of disciplines[J]. Computer Networks,2010, 54(8): 1245-1265.

[19] Goldman H G. Building secure, resilient architectures for cyber mission assurance[R]. McLean: MITRE Corporation, 2010.

[20] Bodeau D J, Graubart R, Picciotto J, et al. Cyber resiliency engineering framework[R]. Bedford: MITRE Corporation, 2011.

[21] R. Ross, V. Pillitteri, R. Graubart, et. al. Developing cyber-resilient systems: A systems

security engineering approach. NIST Special Publication 800-160, Vol.2, Rev.1[EB/OL]. 2021. https://doi.org/10.6028/NIST.SP.800-160v2r1.

[22]　国家标准化管理委员会. GB/T 22239-2019: 信息安全技术　网络安全等级保护基本要求 [S]. 北京: 全国信息安全标准化技术委员会, 2019.

[23]　Bodeau D, Graubart R. Cyber resiliency assessment: Enabling architectural improvement[R]. Bedford: MITRE Corporation, 2013.

[24]　Bodeau D J, Graubart R D, McQuaid R M, et al. Cyber resiliency metrics, measures of effectiveness, and scoring: Enabling systems engineers and program managers to select the most useful assessment methods[R]. Bedford: MITRE Corporation, 2018.

[25]　Bodeau D, Graubart R. Structured cyber resiliency analysis methodology（SCRAM）[R]. McLean: MITRE Corporation, 2016.

[26]　Snyder D, Mayer L A, Weichenberg G, et al. Measuring cybersecurity and cyber resiliency[R]. Santa Monica: Rand Arroyo Center, 2020.

[27]　Netflix. Chaos Monkey[EB/OL]. 2017. https://github.com/Netflix/chaosmonkey.

[28]　Netflix. SimianArmy[EB/OL]. 2012. https://github.com/Netflix/SimianArmy.

[29]　Blohowiak A, Basiri A, Hochstein L, et al. A platform for automating chaos experiments[C]. 2016 IEEE International Symposium on Software Reliability Engineering Workshops （ISSREW）, Ottawa, 2016: 5-8.

[30]　Bodeau D, Graubart R. Cyber resiliency design principles: Selective use throughout the lifecycle and in conjunction with related disciplines[R]. Bedford: MITRE Corporation, 2017.

[31]　The MITRE Corporation. Fifth annual secure and resilient cyber architectures invitational [R/OL]. 2015. http://www2.MITRE.org/public/sr/2015-Secure-and-Resilient-Cyber-Archit-ectures-Report-16-1199.pdf.

[32]　Nicol D M, Sanders W H, Scherlis W L, et al. Science of security hard problems: A lablet perspective[EB/OL]. 2012. http://cps-vo.org/node/6394.

[33]　Nicol D M, Sanders W H, Katz J, et al. Science of security lablet progress on the hard problems [EB/OL]. 2015. http://cps-vo.org/node/21590.

[34]　Science of Security and Privacy. Science of security and privacy 2022 annual report[R/OL]. 2022. https://cps-vo.org/group/sos/annualreport2022.

[35]　The MITRE Corporation. Third annual secure and resilient cyber architectures workshop [R/OL]. 2013. https://www.MITRE.org/news-insights/publication/third-annual-secure-and-resilient-cyber-architectures-workshop.

[36] The MITRE Corporation. Architect to protect: Creating a foundation for resiliency[R/OL]. 2015. http://www2.MITRE.org/public/industry-perspective/documents/01-ex-architect-protect. pdf.

[37] The IBM Corporation. Cyber resilient organization study 2021[EB/OL]. 2021. https:// www.ibm.com/resources/guides/cyber-resilient-organization-study.

[38] European Union. Cyber Resilience Act[EB/OL]. 2022. https://digital-strategy.ec.europa.eu/ en/library/cyber-resilience-act.

[39] The White House. National Cybersecurity Strategy[EB/OL]. 2023. https://www.whitehouse. gov/wp-content/uploads/2023/03/National-Cybersecurity-Strategy-2023.pdf.

第5章

内生安全赋能网络弹性工程框架

5.1 内生安全赋能网络弹性概述

如第4章所言，目前网络弹性发展存在许多挑战和不足，包括偏重事后恢复处理的网络弹性思维视角存在重大硬缺陷，缺乏主导架构统领的网络弹性工程体系存在重大问题，欠缺核心能力度量的网络弹性分析评估存在重大挑战等。

本节从思维视角拓展深化、理论基础奠基支撑、系统架构创新引领、分析评估高效可信四个方面阐明了内生安全构造赋能网络弹性发展的主要优势。

5.1.1 新思维视角

根据美国 NIST 关于网络弹性的最新权威文献[1]，所有关于网络弹性的讨论都可以用其专注的重点和先验威胁假设来区分。现有的主流网络弹性可以概括为网络威胁环境下的弹性，主要专注于任务/业务功能、关注高级持续威胁（APT）的影响，主要的威胁假设包括假设环境不断变化、假定对手将危及或破坏系统或组织、假定对手将在系统或组织中保持存在等。作者认为，真正有效的网络弹性不能仅仅关注高级持续威胁造成的影响，而应该直面"未知的未知"网络攻击，赋能对高级持续威胁本身的检测、发现和早期扼制，用除因治本保障网络弹性。

网络弹性工程的出发点不仅仅针对传统常规网络威胁，它是在已有传统网络安全防护(通常是外挂式的针对已知网络威胁的安全防护)的基础上,重点面向"高级持续威胁"(非常规威胁),专指能够渗透突破周边防御、访问控制和特权管理机制以及入侵检测机制的高级网络威胁,这些威胁有可能在目标系统上保持长期存在,既可能渗透和破坏数据,也可能降低或破坏任务或系统性能。

但是,现有的网络弹性工程的基本思维视角是 APT 难以检测,只能尽量采用事先多做预防(如减少攻击表面、分割分段、严密访问检查等)、事后尽快弥补恢复(冗余替换重组转移等)的策略,在系统任务和业务执行过程中加强对任务和业务功能和性能指标异常的灵敏性、全面性监测,以便尽快触发异常处理和恢复进程。典型的网络弹性工程期望愿景如图 5.1 所示,系统在监测到功能性能指标下降后及时启动修复进程使得任务和业务能持续运行。

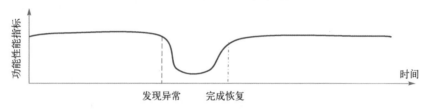

图 5.1 传统网络弹性功能破坏和恢复演变示意图

为了很好地刻画 APT 攻击的进程,可以用网络攻击链示意图的方式给出各个攻击阶段的划分,如图 5.2 所示。

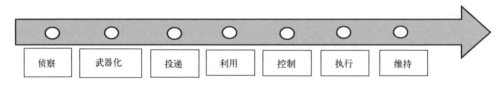

图 5.2 典型的网络攻击链示意图

现有的网络弹性工程缺乏对 APT 攻击的检测能力,因此,系统无法检测出处于侦察、武器化、投递、利用、控制等早期阶段的网络攻击(对策划中的攻击无感)(如第 4 章图 4.17 和图 4.18 所示),只能依赖对系统任务和业务运行的显性功能性能指标监测结果,在发现系统降效或故障的同时间接推测出处于运行和维持阶段的网络攻击,这种对网络攻击的间接检测能力大大落后于对手开展网络攻击的进程,或许能对分布式拒绝服务类等攻击有一定的防御效果,但对隐藏的或隐性的劫持、篡改或其他"未知的未知"攻击往往无能为力。

为更直观地展示现有网络弹性的不足，可在图 5.1 代表的典型网络弹性演变图中增加网络攻击的进展标注，使得网络弹性图既显示功能性能演变，更揭示网络攻击进程演变，如图 5.3 所示(图示方法本身就是一种创新)，图中红色部分显示了网络攻击进程的阶段演变。

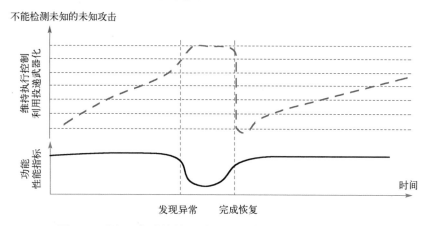

图 5.3　现有网络弹性缺乏对 APT 攻击本身的早期感知能力

事实上，图 5.3 显示网络攻击是"因"，任务/业务功能性能异常是"果"，上半部分的红色虚线显示网络攻击历经侦察、武器化、投递、利用、控制等潜伏过程，到执行阶段爆发，导致相应的任务/业务功能性能异常，触发网络弹性干预和恢复机制，待任务/业务功能性能恢复后，可能反映出上一波网络攻击维持阶段的终止，同时下一波网络攻击又在酝酿，可能是以更隐蔽、更进化的方式。

为了打破这种周而复始的循环，切实落实网络弹性的宏伟愿景，必须变单纯依赖任务/业务功能性能监测的视角为检测"未知的未知"攻击和监测任务/业务功能性能相结合的视角，变单纯的事后亡羊补牢被动弹性恢复为扼制不良苗头/早期攻击隐患的"治未病"(在网络攻击形成破坏效果之前就加以扼制与消除)内生弹性，这种赋能可以将图 5.3 中未感知到的红色攻击线转变为图 5.4 中可感知到的绿色攻击线。

由图 5.4 可直观地看到，以绿线表示的对手多次尝试的 APT 攻击被扼制在攻击的早期(也就大大威慑了对手发起后续攻击的意愿)，以蓝色线表示的系统功能性能曲线始终维持平稳，避免大的起落，可更好地避免系统任务和业务功能性能的异常。

229

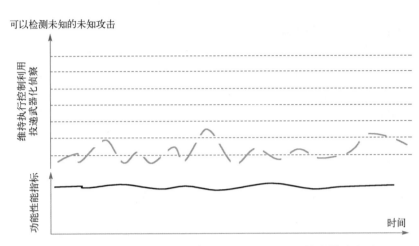

图 5.4　具备对"未知的未知"攻击检测防御的网络弹性演变图

5.1.2　新理论基础

　　网络弹性工程是使命确保工程的一部分，关注在各种不利条件下，能够始终确保关键业务持续运行。同时，网络弹性工程建立于系统安全工程之上，并借鉴吸收了可靠性、可生存性、容错性、弹性工程、网络弹性、关键基础设施系统弹性、应急保障等相关领域的概念和技术，网络弹性工程与其他学科的相互关系如图 5.5 所示。

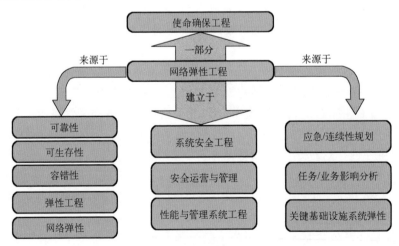

图 5.5　网络弹性工程和相关学科领域关系图

网络弹性工程首先从网络安全、弹性工程和连续性运营等学科借鉴了一些技术和方法，如自适应响应、分析监控、协调保护、权限限制、冗余和分段等，但这些都需要以全新的方式来使用或执行。网络弹性工程也从处理非对抗性威胁(如安全性、可靠性)的学科中借鉴了一些技术和方法，如环境感知、多样性、非持久性、重新排列和完整性证明，但这些技术还需要针对 APT 威胁等进行修改。最后，网络弹性工程也从对抗性威胁(如医学、军事/国防、体育)学科中借鉴了一些技术和方法，如欺骗、动态定位和不可预测性等，但是这些原来是非网络化的技术和方法还需经过网络化改造，而且由于这些对抗性衍生的技术和方法没有传统安全、弹性工程或连续性运营等学科的基因，如何将它们集成到现有系统中可能更具挑战性。

网络弹性工程的设计原则显然也要借鉴多个相关专业学科的设计原则，如图 5.6 所示。该图说明不同的专业学科经常共享一些设计原则。例如，弹性工程、生存性和进化性都共享冗余原则，模块化和分层是安全设计原则，而分层防御是弹性工程设计原则等；然而，这些明显共同的设计原则的含义并不一定相同，每个学科的设计原则都带有假设、系统和风险模型，以及该学科特有的优先级。因此，来自不同学科的明显相同或相似的设计原则之间的关系还需要斟酌。如何将来自不同专业学科的设计原则结合成网络弹性的普适性原则还需要认真研究。

安全设计原则		弹性工程设计原则	
模块化和分层	深度防御	冗余功能	本地容量
最小化共同机制	隔离	分层防御	人工备份
安全进化	权限限制	避免复杂性	重新组织
进化设计原则		生存工程设计原则	
模仿	冗余	移动性	边缘
去集中化	边缘	隐藏	分布式
目标模块化	松弛	冗余	进化

图 5.6　网络弹性工程相关专业学科的经典设计原则

幸运的是，第 2 章内生安全的基础理论分析成果为支撑上述网络弹性工程的设计原则交互、各类专业学科相关技术和方法的再适配再创新等提供了理论指引。

第 2 章不完全交集原理(IIP)指出，在不依赖先验知识的条件下，只要 DVR 三者间不完全相交，就无法防范网络空间未知安全威胁问题。图 5.7 列出了 NIST

给出的 14 项技术和 14 个设计原则在 DVR 域的映射结果。由图 5.7 可见，现有网络弹性框架中的设计原则与技术均没有落在 DVR 交集内，事实上大多数设计原则和技术都位于 DVR 交集（包括两两交集和三者交集）之外，仅有"重新调整"和"不可预测性"两项技术位于集合 D∩V/R 内，"冗余"技术位于集合 V∩R/D 内，如图 5.7 所示。可见，虽然当前的网络弹性框架给出了分别涉及动态性、多样性和冗余性的多项设计原则和技术，但是，由于缺乏将动态性、多样性和冗余性三者有机融合的架构和技术，现有的网络弹性框架并不能解决网络空间未知安全威胁问题。

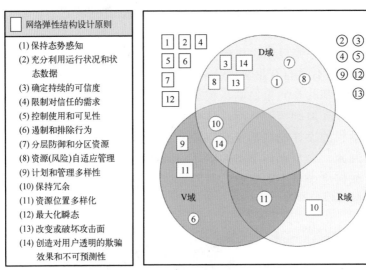

图 5.7　NIST 网络弹性设计原则和技术在 DVR 域的映射

更进一步，第 3 章的 DVR 完全相交原理（Complete Intersection Principle, CIP）指出：一个信息物理系统中的未知安全威胁，不论是否源于随机性或不确定性摄动，还是源于人为或非人为因素扰动，都可以表达为 DVR 域上差模或共模性质问题。

由此推出的内生安全存在性定理（ESS-Existence Theroem, ESS-ET）表明：如果一种构造或算法同时具备动态性（D）、多样性（V）和冗余性（R）三要素的完全相交表达，则即使在缺乏先验知识条件下，也能有效应对基于构造内任何未知漏洞后门、病毒木马等的差模攻击，以及随机性或不确定性因素引发的差模性质扰动造成的功能失效影响。

综上，第 2 章内生安全相关研究成果从正反两个方面为借鉴其他专业学科的理论和技术构建年轻的网络弹性工程学科提供了理论指引，如图 5.8 所示，可以说 DVR 之"矢"赋能网络弹性工程之"的"，奠定网络弹性工程坚实的理论基础！

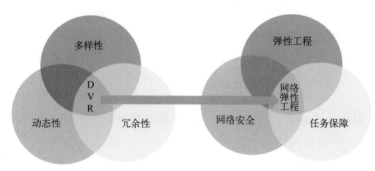

图 5.8　DVR 之"矢"赋能网络弹性工程之"的"

5.1.3　新系统架构

根据第 3 章的讨论，在 DVR 完全相交(CIP)原理和内生安全存在性定理(ESS-ET)的指导下，通过在非相似余度构造 DRS 基础上导入基于策略裁决的动态反馈控制体制和机制，发明出一种新的动态异构冗余架构(DHR)，不仅能将复杂的内生安全问题变换为 DVR 域上差模或共模性质的概率问题，而且能够有效地抑制"已知的未知"或"未知的未知"的网络威胁或攻击，"四位一体"的整体性满足预防、抵御、恢复、适应网络弹性四大目的核心内涵，为破解网络弹性体系结构难题提供了带引领性、根本性和全局性的架构创新方案，在工程意义上，首次一体化地赋能信息物理系统可量化设计、可验证度量。

架构特性之一，涌现出 1+1>2 的网络攻击感知放大性。DHR 架构打破了传统多样性、冗余性仅仅提供资源备份、替补修复的能力假设，通过异构性冗余配置的交叉验证提供了前所未有的对"未知的未知"网络攻击的超强感知能力。同时，DHR 架构中的策略裁决也兼具对任务/业务功能性能指标的灵敏感知能力，这样 DHR 架构就很好地把传统网络弹性的任务/业务运行状态感知和内生安全网络攻击感知无缝结合到一起，为支撑 4.1.1 中所述的内生安全网络弹性思维视角提供了技术架构基础支撑。

架构特性之二，涌现出 1+1<1 的网络攻击表面缩小性。DHR 架构打破了传统上多样性、冗余性技术会增加网络攻击表面的"常规共识"，通过自带的结构加密特征大大缩小了攻击表面，同时 DHR 架构自带迷惑性、欺骗性等对抗性

网络弹性机制，可以将非对抗网络弹性逆境应对和对抗性网络弹性攻击扼制等技术自然地融合在一起，其广义功能安全性可量化设计、可验证度量。

架构特性之三，涌现出系统大于部分之和的网络安全和网络弹性。DHR 架构基于开放的体系接口，具有模块化、松耦合和高效内聚的系统结构，支持全球商用供应链 COTS 级部件和产品，不苛求构件本身无漏洞后门或存在病毒木马之类的内生安全共性问题，具备系统大于部件之和的网络安全和网络弹性，使先进性与可信性、开放性与安全性矛盾可以在 DHR 架构基础上得到前所未有的统一。

DHR 架构具有对多种传统网络安全和网络弹性技术的包容性。经过对目前网络弹性设计原则和设计技术的矩阵聚类分析，可以把网络弹性设计原则和设计技术归结为两大原则和技术群(图 5.9)：一是左上角蓝色的零信任类原则和技术，二是右下角红色的内生安全类设计原则和技术。但是，目前的技术群中各个技术之间缺乏层次感和协调性，事实上，所采用技术的多寡与网络弹性的好坏没有必然的联系，DHR 架构很好地回应了应该以哪些技术为骨干来构造网络弹性，应该如何使用这些网络弹性技术等深层次问题。

网络弹性设计技术 \\ 网络弹性设计原则	分析监测	情境响应	完整性验证	特权限制	分割	协调保护	冗余	多样性	动态定位	自适应响应	非持久性	不可预测性	欺骗	重新调整
保持态势感知	X	X												
利用历史运行数据	X	X	X											
确保持续的可信度			X			X								
限制对信任的需求				X	X	X								X
控制使用和可视化				X	X						X		X	
扼制和排除行为	X		X	X	X				X		X			
分层防御和分区资源	X				X		X	X	X					
(风险)自适应管理					X	X	X			X	X	X	X	X
计划和管理多样性							X	X	X					
保持冗余							X	X	X					X
使资源位置多样化								X	X	X	X	X		
最大化瞬态	X		X							X				
改变或破坏攻击表面								X	X	X	X	X		
欺骗和不可预测性						X					X	X	X	

图 5.9　现有网络弹性原则和技术聚类分析图

DHR 架构具有天然的"钢筋混凝土"骨架作用，其固有的融合特性能够以"混凝土填料"方式自然地接纳各种传统网络安全技术，并可望获得指数量级的系统安全增益，使得基于 DHR 架构的目标对象成为具有"钢筋混凝土质地的建筑物"，这是目前靠堆砌或层层部署各种附加安全技术很难达成的目标。

如图 5.10 所示，DHR 架构以动态性、多样性和冗余性作为基石，同时广泛吸纳入侵检测、威胁感知、访问控制等多种安全技术，通过系统结构层面的创新，起到把珍珠串成项链、纲举目张的作用，实现了"构造决定安全"的网络弹性。

DHR 架构实现了传统网络安全和网络弹性的自然融合，避免了过于强调传统网络安全可能会使系统没有足够的网络弹性、过于强调网络弹性又可能会使安全边界漏洞百出进而导致更大的攻击面等两难问题。更为重要的是，DHR 架构可彻底改变目前信息物理系统与网络安全技术"两张皮"的发展格局，"混凝土填料"的使用方式将极大地拓展传统网络安全产品的市场空间和技术发展路径。

DHR 架构可广泛适用于硬件/固件、部件/组件、软件中间件、信息存储、IT 企业信息系统、OT 工控系统、CT 网络通信系统、云计算、虚拟化计算和CPS 信息物理系统等多种平台和应用场景，具有普遍的适用性。

5.1.4　新评价机制

网络空间内生安全 DHR 架构为赋能网络弹性提供了统领性的系统架构，这也启示我们，要破解现有网络弹性分析评估缺乏对核心能力度量的难题必须从评估系统的网络弹性系统构造入手。

第一，必须建立对系统体系架构评估的**"关键一票"否决制度**。系统架构的好坏直接影响系统的网络弹性性能，有了可靠的系统架构，就有可能屏蔽部分系统部件的不足或漏洞，对系统的网络弹性评估就可以有基本的底线保证；反之，如果系统架构存在先天不足，单纯靠后期修修补补难以从根本上提升系统对预期业务的网络弹性保证水平，系统的网络弹性分析评估就不可能过关。因此，需通过对系统体系架构的评估反映对系统核心能力的评估，如果体系架构不合格则一票否决，如果体系架构优良，再逐步展开对系统网络弹性复杂性的全面评估。

第二，在对比不同系统的网络弹性评估水平时，要建立基于系统架构评估的**"关键一票"胜出制度**。系统的体系架构是用来聚焦和解决系统的共性问题

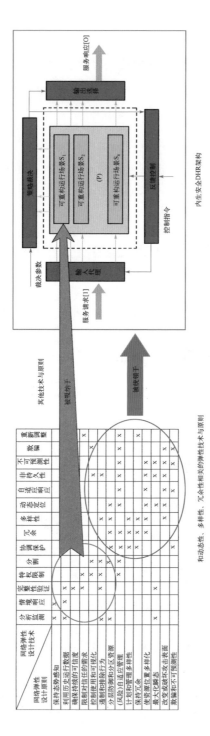

图 5.10 内生安全构造统领网络弹性技术体系

的，在对比不同系统的弹性水平时，首先要看系统架构对共性问题的解决能力，应该把系统解决个性问题的能力和水平放在相对次要的位置。在共性问题处理水平相当的基础上再进一步比较对个性问题的处理水平。共性问题也可以分为不同领域的共性问题和同一领域的共性问题两个角度，很显然，处理不同领域的共性问题需要更好的系统架构。

第三，在对系统网络弹性整体表现进行评估时必须建立白盒测试"**关键一票**"**得分制度**。网络弹性具有整体性和涌现性特点，要关注系统在整个生命周期中、不同环境下的整体性评估分析方法的研究，在整体性表现良好的前提下，再去评估度量各分项功能和性能指标的好坏。不能通过对系统各分项的评估来代替对系统的整体评估(网络弹性的能力表现不是各分项得分简单相加或综合聚合能够推导出来的)，必须创新发展多种破坏性测试、白盒测试、红蓝对抗等分析评估方法，在实践中检验系统网络弹性能力。

表 5.1 给出一个对网络弹性系统架构整体能力进行定性评估的参考表。

表 5.1　网络弹性系统架构灵活性和适应能力定性评估参考表

级别	描述
非常高	该系统架构明确集成了一组战略选择的组件、技术和流程，以实现网络弹性技术；可以发现"未知的未知"攻击的早期征兆，并能实施有效的阻断；可以评估所有网络弹性技术和流程的有效性，并明确地提供了在其他技术或组件可用时集成这些技术或组件的灵活性。该系统架构中任务或业务的可用性是可验证度量的。
高	该系统架构明确包括了要实现弹性技术的组件、技术和流程，并提供了一些灵活性，以便在其他技术或组件可用时提高集成能力
中等	该系统架构容纳或包括了要实现弹性技术的组件、技术和流程，并提供了一些灵活性，以便在其他技术或组件可用时将其吸纳进来
低	该系统架构不排除实现弹性技术的组件、技术和流程，并提供了有限的灵活性，以便在其他技术或组件可用时加以利用
非常低	该系统架构排除了许多可以实现弹性技术的组件、技术和流程，并为将来考虑其他技术或可用的组件提供了非常有限的机会

对系统网络弹性系统架构的分析评估应该贯穿系统生命周期全过程，尤其是要关注系统作为实际产品在实际运行环境中的表现。对实际运行环境下的系统产品网络弹性评估，可以结合系统对使用弹性技术的承诺、实现的全面性和有效性来进行，这种评估不仅包括技术机制，还包括实践中如何操作使用等。表 5.2 给出了针对系统产品网络弹性表现的定性评估参考。

表 5.2　系统产品在实际运行环境中的网络弹性表现评估表

级别	网络弹性实现承诺	网络弹性全面性	网络弹性有效性
非常高	政策合同协议支持网络弹性技术，网络弹性技术能很好地集成到运营操作中，分配了足够资源支撑使用网络弹性技术(生命周期成本、培训)，投资/架构计划包括预期的未来机制/能力	采用了所有基于政治、运营、经济、技术综合考虑所允许的技术或方法	通过渗透测试、白盒测试、攻防演练和指标跟踪来验证其有效性
高	政策合同协议接纳网络弹性技术，网络弹性可以集成到运营操作中，分配了资源支撑使用网络弹性技术(生命周期成本、培训)，投资/架构发展计划包括技术	采用了大多数基于政治、运营、经济、技术综合考虑所允许的技术或方法	有效性通过渗透测试和有限的演练来验证
中	政策合同协议一些网络弹性技术，一些网络弹性技术可以集成到运营操作中，分配了有限资源使用一些网络弹性技术(生命周期成本、培训)	采用了一些基于政治、运营、经济、技术综合考虑所允许的技术或方法	有效性通过测试验证
低	已有计划修改政策和合同协议，以适应网络弹性技术的某些使用	计划考虑一些技术方法	通过测试验证
非常低	没有基于政治、运营、经济和技术考虑促进的网络弹性技术应用	采用的技术或方法是偶然的不是有计划的	未评估有效性

内生安全白盒测试方法为评估网络弹性提供了一种全新的系统安全性和弹性测试模式，为评估人为攻击条件下的系统安全性和弹性提供了可验证的度量方法。内生安全功能白盒测试，本质是一种"针对"执行体运行代码的"敏感"功能段，通过人工置入"钩子"的方式，将被测对象未知的、非破坏性的"漏洞后门、病毒木马"功能代码"植入"当前运行环境的相应执行体内，使得测试人员可以通过系统与外部连接的通道注入或修改"用于白盒测试例需要的功能代码"。再经系统的输入通道，发送符合通道合规性检查的"漏洞后门、病毒木马"测试项激活序列，观察输出端是否出现测试例设计期待的输出响应。需要强调指出的是：所有植入的测试功能代码相对被测对象，都是"未知的"。

5.2　内生安全赋能网络弹性目的能力增量

内生安全赋能的网络弹性除了可实现当前 NIST 已提出的网络弹性目标能力，还能够在网络弹性的预防、抵御、恢复、适应四个目的(Goal[1])维度上均获得能力增量，如图 5.11 所示。在预防方面，内生安全 DHR 架构可实现对于未知威胁的感知发现（"见所未见"）。在抵御方面，内生安全 DHR 架构可提供对人为攻击及随机故障的一体化抵御能力，特别是在抵御人为攻击方面，可抵御基于 0-day 漏洞、预置后门的网络攻击，能够发现并拒止 APT 类的持续不断试错攻击（"拒止试错"）。在恢复方面，内生安全 DHR 架构可利用异构资源池提供的组件资源，快速进行故障组件的替换和系统重构，迅速恢复服务能力（"止损复原"）。在适应方面，内生安全 DHR 架构通过智能的策略裁决与执行体调度，能够实现自适应的系统演进，自动规避当前的频发攻击，实现类似生物体对环境变化的适应能力（"迭代升级"）。下文分别具体说明在网络弹性的各个方面，内生安全拟态防御的具体赋能原理和效应。

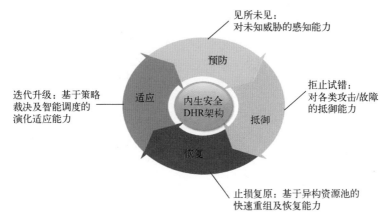

图 5.11　内生安全赋能网络弹性预防、抵御、恢复、适应四个目的

落实到比目的（Goal）更为细化的目标（Objective）、子目标（Sub-Objective）和能力（Capability）层面，NIST 给出了网络弹性的 8 个目标（Objectives）[1]，所有目标均可通过内生安全赋能实现当前网络弹性方法框架所无法提供的能力，如表 5.3 所示。表 5.3 中的各项子目标和能力均为内生安全赋能的网络弹性所独有的、且对于网络弹性达成关键业务"使命确保"愿景至关重要的目标能力增量。

表 5.3　内生安全赋能网络弹性子目标和能力增量总结

目标	子目标	能力
理解	感知基于未知漏洞后门的网络攻击	通过策略裁决发现差模攻击
		通过执行体随机调度和策略裁决发现共模攻击
	回溯分析标准化日志发现未知威胁	输出标准化日志
		通过协同分析多源标准化日志发现未知威胁
阻止或避免	阻止已知及未知的网络攻击	修复执行体的已知缺陷
		吸纳已有安全防护技术构造异构执行体
		并行运行多个异构的执行体
		通过策略裁决控制输出选择

续表

目标	子目标	能力
阻止或避免	动态变化执行环境以避免攻击持久化	动态调度执行体
		动态重构执行体
		动态重配置执行体
扼制	识别受攻击的资源	通过策略裁决识别受攻击的资源
		通过日志分析识别受攻击的资源
	限制网络攻击的影响范围	将攻击面限制于执行体内
		将异常的执行体调度下线
		清洗受攻击的执行体
持续	在遭受攻击时确保功能正确运行	创建异构资源池和组件库
		动态重构执行体
		动态重配置执行体
		动态调度执行体
		实施策略裁决
重建	从差模或共模攻击中恢复	通过策略裁决感知差模攻击
		通过执行体随机调度和策略裁决发现共模攻击
		清洗受攻击的执行体
		将异常的执行体调度下线
		将服务快速迁移至处于待机状态的执行体
重构	根据威胁环境重构执行体	调整异构资源池和组件库
		调整执行体的数量和构造方式
准备	提供应对未知威胁的资源与策略	创建异构资源池和组件库
		设计面向各类异常情况的调度与裁决策略
转变	根据威胁环境动态调整调度裁决策略参数	调整调度策略与参数
		调整裁决策略与参数

从时间维度看，首先进行资源准备，并通过采用防御、威慑手段，阻止/避免潜在攻击，希望达到"不战而屈人之兵"的效果。在攻击发生之后、威胁消除前，共涉及三个目标，分别是扼制、重建和持续。从系统维度看，首先需对攻击进行扼制，限制其影响范围；其次，需要对系统进行重建，使其尽快从受损状态恢复到正常状态；从业务维度看，在攻击发生后、消除前，需保证关键业务的持续运行。在攻击消除后，需对系统进行重构，并转变业务流程，加

强薄弱环节，使得系统不断适应变化的环境。在整个系统周期中，需要持续地理解敌方行为和己方状态，所谓"知己知彼，百战不殆"。上述各目标的关系如图 5.12 所示。

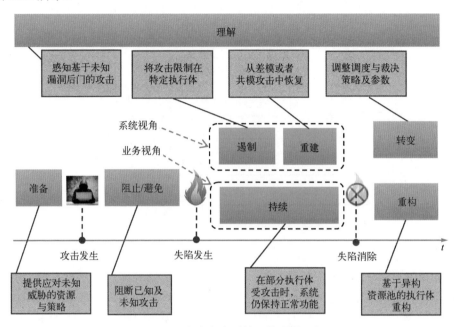

图 5.12　内生安全赋能网络弹性目标

5.2.1　见所未见

由第 2 章 DVR 完全交集原理可知，作为一种 DVR 变换的实现方式，内生安全 DHR 架构对 DVR 域内差模问题具有不依赖任何先验知识的内生安全防御能力。DVR 变换将功能安全及网络安全问题域内事件的多样性和复杂性隐去，无论是基于已知漏洞的网络攻击，还是基于未知漏洞、后门的网络攻击，其映射到 DVR 空间的事件只有差模或共模两种动态形式的表达，这种降维处理方式使得发现基于未知漏洞、后门的网络攻击成为可能。DHR 架构中，策略裁决模块接收各可重构运行场景的输出的报文、系统状态、标准化日志等信息，并通过综合的在线和离线分析处理，实现智能的威胁感知与输出控制，如图 5.13 所示。

内生安全 DHR 构造基于多个异构执行体提供群体态势感知能力，具备对传统个体执行体感知的降维打击能力。DHR 构造的威胁感知通常需要三个前提

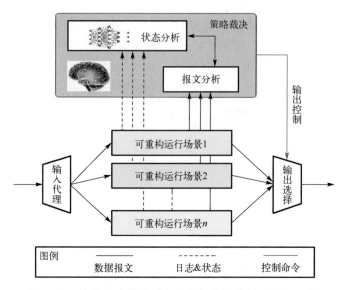

图 5.13　策略裁决模块对各类数据的综合处理过程示意

条件[2]：①执行体的输入是标准化或可归一化的，且能被用于并行激励多个执行体；②执行体的输出矢量是标准化的或经归一化处理能够满足标准化，并可支持多模判决；③执行体受到的不确定性攻击将在其输出矢量或系统状态中有所表现。在工程实现中，针对不同的设备与系统模型，进行针对性的拟态构造设计，可以使得系统在一般条件下满足上述三个前提。调节冗余度、调节异构度、调节比对长度、调节闭环响应时间、更换裁决策略、改变反馈函数可以量化控制共模逃逸概率和持续时长。因此，通常条件下，内生安全 DHR 架构能将个体执行体层面的"未知的未知安全威胁"变换为多个异构执行体群体层面的"已知的未知安全问题"[3]，即变换为 DVR 空间的差模问题。可见，内生安全 DHR 架构具备了对于未知威胁的超强感知能力，这一能力是传统的基于先验知识的入侵检测系统所不具备的。

内生安全设备系统通过输出标准化日志，并结合基于大数据技术的后端日志分析系统，可以进一步强化安全态势感知能力。在综合内生安全拟态防御设备与系统的系列化标准的基础上，需要提出一种统一的网络空间内生安全事件的结构化表达方法，确保事件在生产、共享和消费的过程中有一致性的表达，从而提高事件信息共享的效率、互操作性，也提升了整体的网络安全态势感知能力。目前，紫金山实验室的相关科研团队正在开展内生安全设备与系统通用日志表达技术规范的研发工作。建立网络空间内生安全事件表达模型，对网络安全事件从事件所属域、事件动作、作用对象、服务类型、事件结果、事件意义六个维度进行描述，并提供了可用于记录、共享和解释日志数据的统一词汇和语法，如图 5.14 所示。此技术规范也对哪些事件值得触发日志记录，以及日志记录如何被序列化与反序列化、采用传输的协议、存储规范给出有统一的工程规范约束[4]。

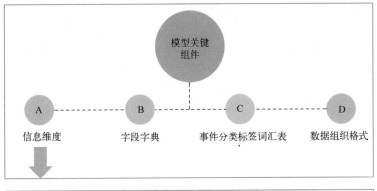

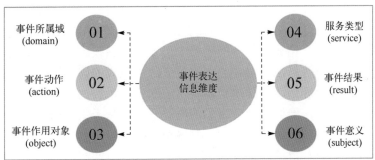

图 5.14　内生安全设备与系统的标准化日志组件模型

　　后端日志分析系统基于标准化的日志信息，完成内生安全设备系统日志的范式化解析与数据关联分析。图 5.15 给出了内生安全设备日志智能云管系统架构图。后端日志分析系统作为辅助系统，深度挖掘拟态设备与系统的日志数据，在威胁追踪溯源、共模逃逸预警、执行体动态安全模型、二次辅助裁决等方面开展应用创新。同时，采用日志表达通用规范与拟态防御领域内各个具体业务形态的日志最佳实践相结合的工程实施方式，由各个具体拟态业务按照通用规范进行扩展具有本业务形态特性的日志标准化规范，形成内生安全设备与系统的日志标准规范簇。

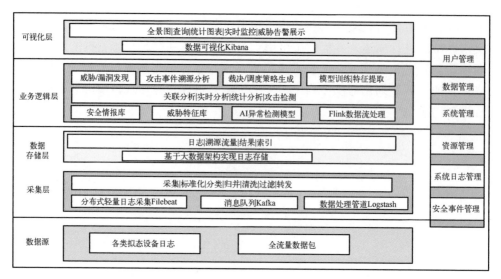

图 5.15　内生安全设备日志智能云管系统架构图

各可重构运行场景输出的报文和标准化日志,综合构成策略裁决所需的"裁决大数据"。以"裁决大数据"为基础,结合各类数据分析方法,可实现多维度、智能化的策略裁决。例如,传统的机器学习方法包括使用支持向量机、逻辑回归和弱分类器集成等算法,对控制器应对威胁后生成的同步鲁棒性干扰数据日志进行分析和危险评估[5,6]。传统机器学习方法的轻量级的运算模型可以有效节约计算时间和成本,能够实现对日志的实时分析。基于大数据的深度学习功能具有监督管理、漏洞感知、威胁预警等多种应用模块,包括对执行体的标准化输出矢量进行多模裁决的可信度判断、重构执行体新增漏洞的感知察觉和基于先验攻击数据的外来威胁等级评估与预警。其中,基于可重构执行体的运行场景、系统状态和执行体内部 IDS 系统的日志输出都可以用于大数据训练样本集合。原始数据在基于拟态设备日志智能云管系统的内置数据平台进行统一的正则化和归一化操作。对于模块化矩阵日志信息,将由卷积神经网络 CNN 进行深度学习训练以达到对复杂攻击的预知与识别[7-9]。对于时间攻击序列和设备攻击序列,以循环神经网络 RNN 进行训练以预测未知威胁的下一步攻击时间、攻击位置、攻击方式,从而对策略裁决机制进行合理配置[10]。策略裁决综合利用传统机器学习方法和深度学习方法,基于执行体异构度信息[11]、裁决大数据所提供的支撑,可高效准确地实现未知威胁感知。

一个典型的应用示例是文件传送。文件传送是网络时代最基本的数据服务,而 Microsoft 公司推出的 Word、PPT、Excel 等数据文件封装格式,作为一种事实标准得到了诸多办公软件开发商的支持，例如金山公司的 WPS Office、阿里巴巴公司的钉钉、腾讯的企业微信/腾讯文档、北京飞书等都在其办公软件产品给予支持。然而，黑客常常在这些文件中插入病毒木马达到网络攻击的目的。现有的基于知识库的病毒木马查杀工具因为无法识别未知的病毒木马，从而不可能有效应对相关的网络攻击。此外，这些木马病毒一般需要特定场景下的漏洞后门支撑才能达成攻击目标。换言之，不同应用场景和办公软件以及依托的软硬件执行环境，使得依赖某一特定应用场景和软硬件执行环境漏洞后门的攻击代码很难在跨场景、跨平台条件下起作用。于是，基于 DHR 架构并恰当选择几种(或目标对象经常使用)的主流办公软件和运行环境作为可重构冗余执行体，例如当接收到一个 Word 文件包时，DHR 系统会同时用多个办公软件在不同执行环境中打开，如果各执行体输出的 Word 正文数据包满足 DHR 架构给定的策略裁决要求，再将裁决输出的正文数据包作标准 Word 文档格式重新封装，以备后续处理环节安全使用。显然，经过"杀毒灭活或清洗整形"处理后的 Word 文件，在后续用到的相关场景下能够保证文件包内的数据内容安全性。这一方法对于接收来自众多方向、安全性不能保证的数据文件应用场景，具有普适意义。尤其是裁决结果中如果包含异常输出，还可以通过后台处理发现文件中的病毒木马以及相关软硬件环境中的漏洞后门等攻击资源和攻击机理，起到"草船借箭"的功效。需要说明的是，尽管基于 DHR 的"文件清洗消毒"机制中并未依赖漏洞后门、病毒木马知识库等传统网络安全手段，但如果为 DHR 架构内的执行体环境适当配置多样化的"杀毒灭菌"软件甚至蜜罐、沙箱等入侵检测手段，按照 DHR 结构的固有属性，不难获得指数量级的安全增益。

5.2.2 拒止试错

长期以来，未知的漏洞、后门一直是网络空间安全的最大威胁。第 2 章 DVR 完全交集原理指出：一个信息物理系统中的未知安全威胁，不论是否源于随机性或不确定性摄动，还是源于人为或非人为因素扰动，都可以表达为 DVR 域上差模或共模性质问题。作为一种 DVR 变换结构，DHR 构造可将基于未知漏洞、后门的网络攻击变换为 DVR 空间的差模或共模扰动问题，理论上所有差模扰动都能被动态屏蔽(或纠错)，这使得攻击者无法识别目标、攻击效果难以评估、攻击经验无法继承、攻击场景难以复现。文献[3]对于 DHR 构造的抗攻击性进行了分析，揭示了异构和动态特性对于降低系统攻击成功概率的贡献。DHR 架构内在的多维动态重构机制使得目标对象的视在环境表现出很强的不确定性。理论上除给定功能外，同样的输入激励很难得到相同的输出响应。例如，静态情况下攻击者看到的漏洞数量、种类特征与可利用性是确定的，而在动态情况下视在漏洞的数量、种类特征、出现的频度和可利用性都将是不确定的。这将会严重干扰攻击者在漏洞探测和回连阶段获得信息的真实性，也会使攻击植入或上传环节失去可靠性，还将会破坏攻击的成功经验在时空维度上的可复现性[3]。

文献[2]将 DHR 架构体系效应和信道编码理论进行了类比，定量分析了动态性、异构性和冗余性为信道编码带来的增益。无论从定性定量分析还是实际测评的角度，都不难得出结论：DHR 架构从内在机理方面可以获得非线性的防御增益，DHR 系统的失效率也是呈指数级衰减的。从 DHR 的典型工程构造来看，其防御成本上限正比于拟态界内异构执行体的数量，但其防御效果则是非线性增加的。更为重要的是，从应用系统的全寿命周期来看，DHR 构造能显著降低实时防护性要求（如防御 0day 攻击等）、版本升级（打补丁）频度以及附加专门安全装置等所带来的维护成本；从实现方面来看，DHR 允许使用全球化市场的 COTS 级软硬构件来组成异构执行体，甚至可以直接使用开放或开源的产品。相比于专门设计、特殊制造的安全构件、部件或系统，DHR 组件的开发和售后服务成本可被规模化市场所消化[2]。

5.2.3　止损复原

面对随机错误或者人为攻击引起的故障，基于 DHR 架构的设备与系统可从异构资源池中迅速构建新的执行体并将其调度上线，快速恢复系统服务能力。通过功能解耦和模块化设计，各执行体所需的功能组件以异构资源池的方式呈现。理论上，通过各异构组件的相互组合，可产生指数级数量的异构执行体。各执行体既可由物理计算环境承载，也可由虚拟计算环境承载。根据策略裁决的结果，可快速生成新的执行体并将其调度上线工作，从而使得系统具备快速恢复能力。相对而言，传统的基于冗余或者 DSR 架构的系统在遭受攻击后，由于其系统的静态特点，遭受攻击的系统或者组件并不具备同等的弹性恢复能力。

为了使云计算服务在系统发生故障时具备可恢复的能力，微软公司提出了三个设计原则来保障云计算系统的可靠性[12]：

（1）弹性设计原则（design for resilience）。在不需要人为干预的条件下，云计算服务必须能够容忍系统组件的失效，它应当能够检测到系统中故障的发生并在故障发生时自动采取矫正措施，使用户不会察觉到服务的中断。当服务失效时，系统也应当能够提供部分功能，而不是彻底崩溃。

(2)数据完整性设计原则(design for data integrity)。在系统发生故障的情况下，服务必须能够以和正常操作一致的方式操纵、存储和丢弃数据，保持用户托管数据的完整性。

(3)可恢复设计原则(design for recoverability)。系统在发生异常情况时，应该能够保证服务可以尽可能快地自动恢复过来；而当服务中断事件发生时，系统维护人员应该能够尽可能快地并且尽可能完整地恢复服务。

为实现从故障中快速恢复，现有的云计算系统通常采用热备份技术，同时运行多个服务实例，采用特定的共识协议维护多个服务实例间的状态一致。当主实例发生故障、无法提供服务时，立即切换到其他备份实例。上述技术对于系统中的随机错误引发的故障是有效的，然而，对于网络攻击引起的故障，若采用同构的多个服务实例，则始终会面临相同的攻击风险，导致系统陷入"故障-切换-故障"的死循环，无法稳定地提供服务。

内生安全 DHR 架构通过采用系统解耦、组件异构的方式来解决上述问题。首先，对各个执行体进行功能解耦，将执行体分解为若干个基本功能组件；其次，针对各个功能组件，采用差异化编译、独立库、多版本等方式，构建异构的组件库。通过异构组件的不同组合，可以构造出多样化的功能等价的异构执行体。执行体构造可以采用预先构造和实时构造两种方式；多个执行体存储于执行体池中，可随时调用，为系统从故障中快速恢复提供支撑。通过采用功能等价的异构执行体，DHR 架构可以同时应对随机错误和人为攻击引起的故障，具备良好的止损复原能力。

5.2.4　迭代升级

信息系统的调整、适应能力对于实现系统弹性具有重要的意义。具有良好适应能力的系统在面对网络攻击或者故障时，能够进行自适应的调整，避免相同的攻击或者故障反复生效。Gartner 借鉴生物进化"适者生存"的思想，提出了自适应安全架构(Adaptive Security Architecture, ASA)[13]，并指出成功的 IT 基础设施必须具备与人体免疫系统或者自然生态系统类似的调整适应能力，面对网络攻击能够不断进行自我调整，演进升级。

Gartner 虽然提出了 ASA 架构概念，但是并未给出信息系统获得自适应调整能力的方法。内生安全 DHR 架构对此给出了一条行之有效的技术途径。通过策略裁决与智能调度，拟态设备与系统将能够更好地应对当前威胁环境的执行体调度上线，从而获得良好的环境适应能力。DHR 架构的调度策略会综合考虑执行体的可信性、异构性及相关性，自动规避将频繁出现裁决异常的执行体调度上线，从而使得 DHR 架构系统呈现出对于外部威胁的自适应能力，这一调整适应能力同样也是传统的网络设备系统所不具备的。例如，文献[11]提出了一种拟态路由器执行体智能调度方法。该方法综合考虑执行体的可信度和相关性，将受攻击次数少、彼此异构度高的执行体赋予更高的调度权重。这样，一段时间内频繁受攻击的执行体，其可信度将快速下降，进而导致其调度权重减小，被调度上线的机会相应减小。基于上述智能调度机制，能够有效避免存在漏洞的执行体被攻击者反复利用，使得系统在面对攻击时，能够实现自适应的演化调整，获得类似于生物体的进化能力。

5.3　内生安全赋能网络弹性工程技术

网络弹性作为下一代异构网络必要的设计与操作属性，被定义为在面临不同失效或攻击时，能够提供和保持正常任务的顺利完成。因此，如何提高网络的弹性成为了目前的研究重点。虽然现有的网络弹性技术或方法有很多，包括但不限于自适应响应技术、分析检测技术、重组技术、冗余技术等，但是网络弹性技术或方法之间的相关性不强，缺乏体系化，无法提供一种完整的且可操作的技术体系指导网络弹性工程的落地实践。基于动态冗余构造的内生安全发展范式能够为建立弹性工程提供一套行之有效的体系、规则和方法，下面从内生安全赋能网络弹性工程的角度，梳理出表达弹性工程的技术树。

5.3.1　技术之树

技术之树为内生安全赋能网络弹性工程的技术概览，将内生安全技术延伸到网络弹性工程技术中，探究两者之间的联系。技术之树总体分为根、枝、叶三大部分，其中根技术为全部内生安全技术，包括拟态构造建模语言技术、拟态构造程序设计理论、拟态要地识别技术、拟态构造编译技术、拟态构造调试技术、输入指配与适配技术等；枝技术为在全部内生安全技术的供给下，以内生安全测试标准、技术规范、拟态构造运行环境等为基础赋能的网络弹性工程技术，对应赋能了网络弹性工程中情景感知、不可预测性、分析、多样性、冗余等 12 项网络弹性工程技术；叶技术是内生安全技术赋能的网络弹性工程技术下的实现方法和不断演进发展的技术手段，如动态重新分配、一致性分析、构造多样性、受保护的备份和恢复等，共计 22 种。具体对应关系参见图 5.16。

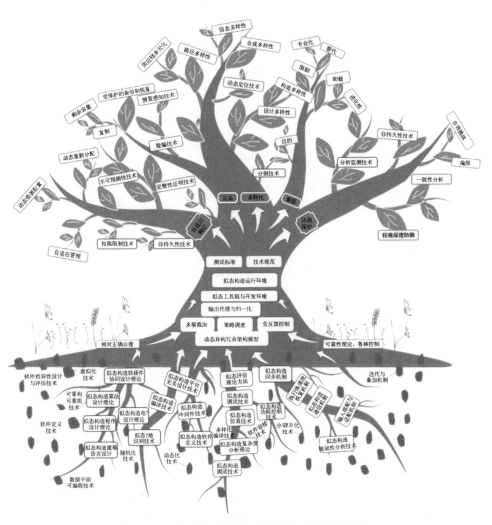

图 5.16　内生安全赋能网络弹性工程技术之树

5.3.2　根技术

如图 5.16 所示，根技术为内生安全技术，共包含拟态构造设计技术、拟态构造实现技术、拟态构造测评技术、拟态构造技术机制四大类，共计 24 种基础技术，具体技术名称见表 5.4。

表 5.4　根技术组成

内生安全技术	基础技术
拟态构造设计技术	• 拟态构造建模语言技术 • 拟态构造程序设计理论 • 拟态构造电路设计理论 • 拟态构造算法设计理论 • 拟态构造软硬件协同设计理论
拟态构造实现技术	• 拟态要地识别技术 • 拟态构造编译技术 • 拟态构造平台无关设计技术 • 拟态构造软件定义技术 • 拟态构造中间件技术
拟态构造评测技术	• 拟态构造调试技术 • 拟态构造复杂度分析理论 • 拟态构造脆弱性分析技术 • 拟态构造仿真技术 • 拟态构造测试技术 • 拟态度评估理论与方法 • 拟态构造功耗控制技术
拟态构造技术机制	• 拟态构造调试技术 • 拟态构造复杂度分析理论 • 拟态构造脆弱性分析技术 • 拟态构造仿真技术 • 拟态构造测试技术 • 拟态度评估理论与方法 • 拟态构造功耗控制技术

内生安全技术作为赋能网络弹性工程的技术基础，主要以 DVR 完全交集原理为指导，DHR 架构为核心来构建内生安全底座，进而达到防范未知安全威胁的目的。根技术中的部分技术为网络弹性工程中的多样化、冗余、协调保护、重组、自适应响应等技术进行了多方位、多角度的赋能，以此增强系统的网络弹性。

5.3.3　枝技术

枝技术是内生安全赋能网络弹性工程最直接相关的技术，主要包括自适应响应、协调保护、多样化、重组和冗余等技术。这些技术包含了网络防御领域的核心要素，具备内生安全赋能的安全增益，并显著地体现了内生安全理论在预测、抵抗、恢复、适应方面的能力，促进网络弹性工程目标的实现以及优化网络弹性的设计策略，使网络保持体系化的结构和良好的弹性，轻松应对随之而来的攻击或破坏。下面将详细描述提升网络弹性能力的枝技术。

1. 自适应响应技术

自适应响应技术旨在实施敏捷行动来管理风险，其目标是及时、适当地优化应对不利条件、压力、攻击的能力，从而最大限度地维持任务或业务正常运行。因此，自适应响应技术在面对攻击时具备智能与弹性安全防护能力，并依托持续性的监测与回溯分析构建了基于内生安全赋能的威胁预警体系，进而形成了集防御、监测、响应、预测为一体的安全防护控制流程闭环，有利于构建安全的弹性系统来降低对执行关键任务能力的不利影响。

2. 协调保护技术

协调保护技术是用来确保系统的保护机制以协调有效的方式运作。当出现威胁事件的情况下，通过增加攻击的成本和提高攻击者检测的可能性来增加成功攻击关键资源的难度。因此，无论威胁事件的类型如何，此技术都需要确保使用的保护机制不会受其他保护机制的干扰，进而瓦解或干扰试图通过试错手段达成协同一致攻击行动的努力，显著降低攻击链的稳定性与可靠性。

3. 多样化技术

多样化技术旨在利用异构性来最大限度地减少共模故障，尤其是利用常见漏洞的威胁事件。其本质是为了防止通过复制通用关键组件的故障而丢失关键功能的可能性。在一定的异构度或安全性能要求的条件下，多样化技术通过赋予功能相同的同一实体的多种表现形式，探究如何自动构建高异构度要求的执行体，并进行拟态化组装来构建安全的体系结构，使其能抵御无意和目标明确的网络攻击。

4. 重组技术

重组技术通过构建系统和资源的使用来满足任务或业务功能需求，减少当前和预期的风险，并适应技术、操作和威胁环境的演变。该技术在拟态系统的呈现是通过选取不同的元素集合，构造出多种不同异构执行体或者防御场景的选项，使得有限资源能为目标对象提供更为丰富的结构表征。重组的过程相当于对不同选项进行复杂的编排组合，既能够扩充拟态资源池的相异度，又能为问题规避机制提供灵活的实现手段。因此，重组技术的赋能对于降低攻击逃逸概率具有重要的工程实践意义。

5. 冗余技术

冗余技术通过增加关键资源的多个受保护实例来减少信息或服务丢失的后果，从而加快从不利网络事件影响中恢复的速度。因此，基于冗余技术的网络系统能够直观反映弹性网络的恢复能力。相比于单一目标的攻击问题，运用此技术后，无须给定任何攻击先验知识或精确识别特征信息，即可增强网络系统的"容毒带菌"能力，即便网络系统的某些功能个体存在安全隐患或不可信因素，也不会影响整个系统提供正常的应用服务。为此，在对网络系统进行安全风险评估时，必须考虑冗余性的设计，以在目标遭受攻击时通过替代性转换确保系统的正常功能。

5.3.4 叶技术

通过 5.3.3 节的枝技术的描述，揭示了内生安全与弹性工程之间的强相关性，这种强相关性将枝技术能力继续延伸形成叶技术，使其从技术构造、运行机理、制度安全等方面推动叶技术的快速发展。

内生安全对叶技术的赋能更加多元化和具体化，包括多种多样的实施方法和演进发展的技术手段。叶技术的实施方法包括但不限于自适应响应技术的代表方法、协调保护技术代表性方法、多样化技术代表性方法、重组技术代表性方法和冗余技术代表性方法。叶技术演进发展的技术手段是建立在枝技术之上不断发展的技术，由分析监测、情境感知、非持久性、欺骗、动态定位、完整性证明和不可预测性等构成。下面将细化对叶技术的描述。

1. 自适应响应技术代表性方法

包括动态重新配置、动态资源分配和自适应管理等方法。动态重新配置是对单个系统、系统元素、组件或资源集进行更改，以在不中断服务的情况下更改功能或特性。动态资源分配是在不终止关键功能或流程的情况下更改对任务或功能的资源分配。自适应管理是根据操作环境的变化以及威胁环境的变化来改变机制的使用方式。这些方法增强了网络系统侦测异常、故障及其他异常状态或攻击迹象的能力，为构建新的弹性网络提供自适应模式。

2. 协调保护技术代表性方法

包括校准深度防御、一致性分析、编排和自我挑战等方法。校准深度防御是在不同的架构层或不同的位置提供互补的保护机制。一致性分析是以协调一致的方式进行应用保护，以最大限度地减少干扰、潜在的级联故障或覆盖差距。

编排是协调对不同层、不同位置或针对可信度不同的实施机制和流程进行修改，以避免级联故障、干扰或覆盖差距。自我挑战是以受控方式对任务、业务流程或系统元素的有效性进行验证。这些方法被内生安全赋能来优化网络拓扑、网络服务和网络状态等信息，增强弹性网络的可维护性和可恢复性。

3. 多样化技术代表性方法

包括构造多样性、设计多样性、合成多样性、信息多样性、路径多样性和供应链多元化等方法。构造多样性是使用多套技术标准，不同的技术以及不同的架构模式。设计多样性是在给定的架构中使用不同的设计来满足相同的要求或提供等效的功能。合成多样性是转换软件的实现以产生各种实例。信息多样性是提供来自不同来源的信息或以不同方式转换信息。路径多样性是为指挥、控制和通信提供多条独立的路径。供应链多元化是对关键部件使用多个独立的供应链。多样性方法的核心在于用多样性的方式将目标实体以多种变体方式表达出来，以达到增加攻击复杂度的目的，以此来提升网络弹性。

4. 重组技术代表性方法

包括目的、卸载、限制、替代、专业化、进化性等方法。目的方法指的是确保网络资源的使用与任务或业务功能的用途一致，从而避免不必要的共享和复杂性。卸载方法是将支持但非必要的功能卸载到其他系统或能够更好地安全执行功能的外部供应商。限制方法指删除或禁用不需要的功能或链接，或添加机制以减少漏洞或失败的机会。替代指用值得信赖的实现替换低保证或理解不足的实现。专业化指独特地增加、配置或修改用于任务或业务功能的关键网络资源的设计，以提高可信度。进化性指提供机制和结构资源，使系统能够在不增加安全性或任务风险的情况下以新的方式进行维护、修改、扩展或使用。重组方法的本质是灵活地改变系统的结构表征，使得有限的资源能够适应更多的应用需求，极大地弱化了攻击者的攻击优势，降低了攻击的影响和后果。

5. 冗余技术代表性方法

包括受保护的备份和恢复、剩余容量、复制等方法。受保护的备份和恢复是指以保护其机密性、完整性和真实性的方式备份信息和软件(包括配置数据和虚拟化资源)。在中断或损坏的情况下实现安全可靠的恢复。剩余容量是指保持用于信息存储、处理或通信的额外容量。复制方法是指在多个位置复制硬件、信息、备份或功能，并使它们保持同步。因此，这些方法通过多个替代性的操作提高了系统的防护等级来防护或者阻止攻击。

6．演进发展的代表性技术

1）分析监测技术

分析监测技术是指持续以协调的方式监控和分析范围广泛的属性和特性。由于无法准确预测攻击者所采用的攻击技术，此技术有利于建立基于态势感知的异构弹性模型，使模型具有察觉事件发生、分析当前状态并预测下一步状态的行为，从而增强系统的防范能力和监测能力。

2）情境感知技术

情景感知技术是指在考虑威胁事件和行动方案的同时，构建和维护任务或业务功能状态的当前表示。这些方法在内生安全技术的引导下能够实现网络的状态管理，提升对网络空间的态势感知能力。

7．非持久性技术

非持久性技术是指根据需要或在有限的时间内生成和保留资源。此技术是对内生安全赋能后系统不确定性、动态性和自适应性的呈现，增加了攻击者分析网络漏洞的难度，同时也加大了预测最佳攻击时机的能力。

8．欺骗技术

欺骗技术是指误导、混淆、向对手隐藏关键资产或将被秘密污染的资产暴露给对手。此技术的核心正是拟态伪装的思想，通过添加欺骗元素来迷惑攻击者起到阻止漏洞利用，提高结果的不确定性。

9．动态定位技术

动态定位技术是指分配和动态重新定位功能或系统资源。此技术能够对网络弹性态势元素进行动态定位来响应当前或预测未来的网络攻击，提高对威胁的分析和侦察能力。

10．完整性证明技术

完整性证明技术是指确定关键系统元素是否已损坏的技术。当确认系统完整性被破坏，能够快速启用内生安全的清洗与恢复机制来移除受损系统元素，增强系统的可恢复性。

11．不可预测性技术

不可预测性技术是指随机或不可预测地进行更改的技术。系统的不可预测性能够显著提高系统的安全性，降低基于未知漏洞后门等的蓄意危害。

5.4　内生安全赋能网络弹性设计原则

5.4.1　防御要地设置原则

要地防御是指针对信息系统内发挥重要功能抑或攻击成本较低易受攻击的代码、模块、组件等关键部位，投入较为完善的防护设计、较多的防护成本进行重点保护，而针对信息系统内其他部位投入相对较少，以此达到整体安全且成本可控效果的防御方式。通过进行要地防御，可有效降低网络弹性工程实现带来的额外成本，以最小成本实现网络弹性的增益最大化。

出于降低工程开发难度和成本等方面的考虑，内生安全机理在具体系统中应用实现时需遵循"隘口设防、要地防御"的原则，也就是在系统设计时明确哪些资源或功能需要优先保护，并将这些资源和功能视为防御要地。对于防御要地所包含的资源和功能模块，将其纳入到拟态防御界的范围之内，通过设计开发输入代理、输出选择、策略裁决和反馈控制等部件（上述组件也称为"拟态括号"组件），应用 DHR 架构进行防护。复杂系统的拟态防御可能需要针对不同的安全标准设置多个拟态防御界才能满足实际需要。对于那些不可信或供应链安全性不能确保且功能等价的异构部件（也可能是"黑盒"部件），则按照 DHR 架构组装也可以达到自主可控、安全可信的目的。

防御要地的设置原则包括以下几个方面：

（1）功能归一化原则。防御要地一般设置在标准化或可归一化的操作界面上且能被功能符合与一致性测试认定的、集中控制程度较高的场合，比如一些网络设备的控制命令下发通道。

（2）攻击可达原则。防御要地应该设置在攻击者的攻击路径上，特别是攻击者惯用的攻击入口，以及攻击链上的关键节点所涉及的目标组件，这些都应被纳入到防御要地的防护范围内，比如一些服务或设备的管理配置通道和关键业务功能处理组件、Web 应用的用户输入通道等。

（3）工程实现复杂度原则。由于需要在防御要地部署拟态括号组件，因此在选定要地时应合理考虑拟态括号的部署位置，使拟态括号（特别是输入代理)的处理流程和工程实现尽量简单，避免程序复杂度过高而引入新的漏洞。

5.4.2 未知威胁分析原则

网络空间中许多系统过于复杂，软硬件代码的数量庞大，随之而来的是系统中的漏洞数量不断增加。尽管对系统软硬件的验证测试已经得到普遍的重视，但是现阶段的验证能力不足以跟上代码复杂性导致的需求增长，难以对所有可能的路径和状态进行建模和测试。代码验证对未知且不可预期的安全风险也不具备验证能力，而越是复杂的代码，其出现不可预知漏洞的可能性就越大。因此识别和消除系统中全部的漏洞是一个无法实现的目标。另外，由于全球化经济的发展和产业分工的专门化、精细化，集成创新或制造成为普遍的生产组织模式，各种产品的设计链、工具链、生产链、配套链、服务链等供应链条越来越长，涉及的范围和环节越来越广、越来越多，不可信或可信性难以精确掌控的供应链给安全管控带来了极大的挑战，也给漏洞和后门的预埋植入提供了众多的机会。总之，对于这些复杂的系统，未知且无法预知的漏洞以及人为预先放置的后门必然会存在，且无法避免和消除。这些未知漏洞和后门会被 APT 攻击者利用，用于发动智能的、长期的、持续性的攻击。而且通过基于先验知识和攻击特征的传统防护体系很难发现和抵御这些攻击。这就要求系统必须在面临这些已知的未知风险和未知的未知威胁时保持弹性。

该原则意味着系统要具备检测未知威胁和攻击的能力。基于 DHR 架构的内生安全机制通过对输出向量的相对性判断，能够将任何针对执行体的未知攻击转化为构造层面可以感知的攻击。结合目标系统运行日志和异常场景快照等信息，利用大数据分析和人工智能技术，能够进一步有效发现未知的漏洞后门以及分析其相关攻击手段。另外，该原则要求系统能够尽可能地阻止未知攻击的执行。DHR 内生机制通过对异构执行体动态随机地执行重构、重组、虚拟化以及清洗修复等操作，能够不断改变宿主执行环境，从而对外表现出一种环境不确定状态。这就导致攻击者难以根据预先或现场获得的情报资料以及拟定好的攻击策略和选用的技术手段达成既定的攻击效果。其次，该原则要求系统要能够在面对来自未知威胁的未知攻击时保持满足性能和服务质量要求的能力。DHR 内生机制基于多模裁决和异构的冗余执行体，能够有效挫败任何基于系统内未知漏洞后门的差模形态的网络攻击。即使攻击者利用冗余执行体的同源漏洞实现共模逃逸，自适应的负反馈控制机制能够迭代改变运行场景，使得攻击无法持续作用于系统，从而最大限度地减小未知攻击对系统功能和性能的影响。最后，该原则要求系统要能够自适应地调整以适应未知威胁。对于任何由未知攻击导致的多模输出矢量不一致，DHR 都会通过策略调度和多维动态重构负反馈机制改变当前服务场景或执行体构造场景，直至多模输出矢量不一致情况消失。

5.4.3　系统架构应用原则

内生安全赋能网络弹性的核心思想是"架构赋能"，即，将 DHR 架构应用于各类网络设备和服务的开发构建。DHR 架构的落地实践则需要多样化执行环境的支撑。理论上来说，如果两个执行体之间的差异性足够大，则可以保证任意一种独立的攻击方法对于两个异构执行体是极难同时生效的。因此，系统架构中的执行体多样性越强、差异性越大，整体异构性和冗余性越强，对于已知/未知安全威胁的防御就越全面、高效，对网络弹性的赋能效果也就越加突出。

动态异构冗余架构可应用于系统的各个层次，覆盖基础硬件到顶层应用。特别是在顶层应用方面，由于应用目标所涉及的设备或应用在类型、运行机理等方面的差异，架构的实现模式也存在一定区别。

1）基础硬件平台

针对各类网络设备和应用系统运行所依赖的基础硬件设施，可采用不同 CPU 指令集的 COTS 级处理器产品，包括但不限于 x86、ARM 系列处理器和国产自主申威处理器等。

2）操作系统

针对各类网络设备和应用系统运行所依赖的操作系统，可采用不同体系结构的操作系统产品，包括但不限于国际主流的 Windows 系列、各个 Linux 的发行版本以及国产自主的麒麟系列、深度系列和统信系列等。

3）虚拟化

针对各类网络设备和应用系统运行所依赖的虚拟化环境，可采用不同的虚拟化技术实现，包括但不限于 KVM、Docker、Xen、VMware 等。

4）应用层软件

路由交换软件：针对路由器、交换机运行所依赖的路由和交换协议软件，可采用华为、H3C、思科等公司推出的虚拟化路由器作为异构路由计算执行体，也可采用 Frrouting、VyOS 等开源路由软件作为异构路由计算执行体。

Web 服务器软件：针对 Web 应用系统运行所依赖的 Web 服务器软件，可采用不同的 Web 服务器产品作为异构执行体，包括但不限于国际主流的 Apache、Nginx、Lighttpd 和国产自主的东方通、金蝶、普元等；抑或采用基于拟态编译技术实现的 COTS 级同源人工异构产品，如针对 Nginx 进行拟态编译得到的多版本软件。

域名解析服务软件：针对域名解析系统所实现的网络域名协议解析功能，采用非同源异构域名解析软件产品实现拟态域名服务器执行体，包括但不限于多个版本的自主研发软件，以及经过适配的 Bind、Unbound、PowerDNS 等开源软件；基于随机化实现和多样化编译技术，对上述软件的源码或二进制代码进行异构化处理得到同源异构软件版本，并将其作为补充实现拟态域名服务器执行体。

数据持久化：针对各类应用系统运行所依赖的数据持久存储层，可采用数据库指令异构化、数据操作指令合路等拟态技术手段。

5.4.4　安全技术协同原则

1. 安全技术知识本体

伴随着 5G、物联网等新兴网络技术的迅猛发展和网络攻防对抗的激烈演进，防御性网络安全技术在广度和深度上不断发展，新兴的网络安全技术不断涌现，传统的网络安全技术不断演化升级，网络安全技术领域的知识也日益庞杂，相关学者和工程师对该领域知识本体的需求也越发强烈。

为了制定网络安全技术领域形式化的统一术语并在不同层次的形式化模式上明确这些术语和术语间关系的定义，从而形成领域共同认知，进而促进领域知识的交流分享和重用，学术界和产业界对网络安全技术领域的知识本体（以下简称安全本体）进行了积极的探索。

2007 年，第一个相对完整的安全本体由 Almut[14]等人构建。该本体的核心概念包括：威胁、资产、对策和脆弱性。具体而言，该本体由 88 个威胁类、79 个资产类、133 个对策类和 34 个类之间关系构成，同时还提供了扩展安全本体类的方法、本体推理和查询的方法。

2009 年，王飓安教授[15]等人综合了 CVE、CVSS、CWE、CPE 和 CAPEC 等数据库构建了一个能够捕获漏洞、产品和安全技术之间关系的形式化知识模型，通过清晰的威胁模式描述和漏洞管理协助用户决策。

2021 年 6 月，美国 MITRE 公司发布了 D3FEND[16]网络安全技术知识图谱，是目前最新的安全本体研究成果。该知识图谱项目旨在作为网络攻击战术和技术知识库 ATT&CK 的补充，明确网络防御技术的关键概念及其术语，对当前主流的防御性网络安全技术进行了全面且清晰的分类和梳理。

如图 5.17 所示，D3FEND 将网络防御技术组织为一个三层架构：防御战术、基础技术和防御技术。

图 5.17　D3FEND 知识图谱

如图 5.18 所示，当前主流网络防御技术可以抽象总结为五种防御战术：强化(Harden)、检测(Detect)、隔离(Isolate)、欺骗(Deceive)、驱逐(Evict)。防御战术可以进一步划分为聚焦于不同网络要素的基础技术。例如，于强化战术，依据强化目标可分为应用程序强化(Application Hardening)、凭证强化(Credential Hardening)、消息强化(Message Hardening)、平台强化(Platform Hardening)四种基础技术。防御技术是其所属防御战术和基础技术下的具体网络安全技术。例如，消息强化基础技术包含消息认证、消息加密和传输代理身份认证三种具体的防御技术。当然防御技术也存在多种不同实现，例如，消息加密可以采取多种加密算法和协议来实现，常见的加密算法包括 DES、AES 和 SM2 等。

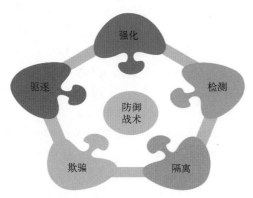

图 5.18　D3FEND 防御战术

2. 安全技术在 DHR 架构中的协同应用

安全技术协同原则是指为了实现特定防御目标,设计协作配合框架或机制,应用不同防御战术、基础技术、防御技术以及同种防御技术的不同工程实现来构建网络防御体系的原则。安全技术协同包含四个层次:防御战术级协同、基础技术级协同、防御技术级协同以及防御技术工程实现级协同。不同层次的安全技术协同均可以在动态异构冗余框架下进行,从而通过安全技术的多样性、随机性、动态性和异构冗余实现对网络在广义不确定性扰动下的弹性的赋能。

防御战术级协同是指服务于不同防御战术的安全技术之间的协同。强化、检测、隔离、欺骗、驱逐这五种防御战术的防御目标、防御场景和防御机理各不相同。依据动态异构冗余框架,动态调度策略确定的防御战术构成防御战略下的异构执行体集,输入代理依据具体的安全技术分发输入,异构战术执行体并行独立式或交互联动式地执行安全功能并将输出交付输出代理进行裁决,裁决机制可以依据具体安全场景采用择多表决、多模裁决或迭代判决等。异构冗余架构下的战术级安全技术协同,一方面能够增强网络防御体系的战术多样性、随机性和动态性,从而规避单一战术带来的盲点和脆弱性并成倍增加攻击者突破网络防御体系的难度和成本,另一方面也能够通过异构战术执行体间的信息共享等协作提高各个防御战术目标的达成效果,从而实现网络整体安全和弹性增益。例如,动态调度策略确定防火墙与入侵检测系统构成异构执行体集,从而形成隔离战术和检测战术协同的战术级协同防御。防火墙部署在内外网之间,依据预置的访问控制策略,对流经的网络流量进行检查,拦截不符合安全策略的数据包,防止非法访问和入侵。而入侵检测系统通过监视网络或系统资源,寻找违反安全策略的行为或攻击迹象并实时发出报警。在交互联动式协同的场景下,当入侵检测系统发现攻击行为后,可以通知防火墙更新访问控制策略,禁止攻击来源 IP 地址或端口,从而使得防火墙的访问控制策略更加完善,有效将攻击者与内部网络隔离。输出代理会对防火墙和入侵检测系统的输出进行裁决,从而对网络状况进行评估并做出相应的响应。

基础技术级协同是指服务于同一战术目标的不同基础技术之间的协同。同一防御战术下的不同基础技术聚焦不同网络要素来实现统一的战术目标。在战术视角下,基础技术级异构执行体集动态随机地以不同网络要素为切入点执行统一的战术功能,输出代理通过裁决机制确定防御要素更加多样、多变的防御战术执行结果,通过防御要素的多样性、随机性和动态性,大大增加攻击者绕过防御战术的难度。例如,当前主流入侵检测系统为了完成检测攻击行为的战术目标，往往会综合应用文件分析、网络流量分析、系统平台监控、进程分析、用户行为分析等基础技术，通过对网络中更多要素的检测分析，提高攻击行为的发现的概率和效率，进而更好地完成入侵检测的战术目标。

防御技术级协同是指服务于同一战术，归属于同一基础技术的不同防御技术之间的协同。归属于同一基础技术的不同防御技术往往是从不同技术角度针对同一目标对象来实现同一防御战术。防御技术级协同主要通过技术多样性来实现安全增益。在异构冗余框架下，通过动态随机地采用不同防御技术，能够有效弥补单一技术的弱点，提升防御战术在特定防御要素上的实施效果和网络弹性。以强化战术下的消息强化为例，消息认证、消息加密以及传输代理身份认证是属于消息强化的三种具体防御技术，他们均以网络消息为对象，以增强其安全性为目标，但分别从完整性、保密性和不可抵赖性出发，采用了不同的密码算法和技术。通过同时应用消息认证、消息加密以及传输代理身份认证，可以更加全面地防范针对网络传输数据的攻击，全方位强化网络消息的安全性。

防御技术工程实现级协同是指同一防御技术的不同工程实现之间的协同。上述三个层次的安全技术协同更多的是从多样性的角度来实现安全增益，而防御技术实现级的协同则是通过异构冗余的来增强网络弹性。同一防御技术的不同实现虽然安全功能完全相同，但是软硬件构成不同。由此形成的异构冗余结构，可以通过监控和交叉研判机制，提升系统对随机差模故障和共模故障、内部和外部攻击的弹性。以蜜罐技术为例，实现同一款设备的蜜罐，可以采用不同的技术方案，不同技术方案对设备的协议栈特征、端口特征、操作系统特征、行为特征的实现均存在差异，通过部署异构冗余蜜罐，可以在攻击者具备成功识别并绕过部分蜜罐的场景下，依然成功达成诱骗和攻击行为捕获的战术目标，进而实现网络安全和弹性增益。

5.4.5　策略裁决反馈原则

与移动目标防御不同，拟态防御将包括动态性、多样性、随机性在内的多种防御元素有机地整合到一个负反馈控制架构下，因此，用系统控制方法和体系化构造原则指导拟态防御实现机制可获得高性价比的可靠性及抗攻击性。

不难发现，策略裁决机制构成 DHR 架构具有广义不确定扰动的感知功能，是进行拟态防御的关键环节，其能够发现执行体的异常或异样表现，进而裁决反馈和策略调度阻止可能的攻击行为。在标准化或可归一化的拟态界面上对给定语义、语法甚至语用的多模输出矢量进行策略性判决，可以有效感知任何反映到拟态界面上的非协同性攻击或随机性失效状态。裁决器将相关状态信息再发送给反馈控制器，后者能根据给定策略或机器学习结果形成输入/输出代理器和可重构执行体的操作指令。在策略裁决器中导入类似拟态伪装的策略不仅可以避免择多判决的叠加态问题，而且能获得更为丰富的功能。例如，为提高防御等级可以采用一致性比较、权重判断、策略参数等迭代判决方式，还可以动态或随机地改变参与判决的执行体数量与对象；当裁决结果表明所有输出矢量各不相同时，并非处于看似"不可收拾"的状况时，可以通过执行体置信度、历史表现等权值进行时空迭代判定；当多模输出矢量中出现语义相同但语法不同的情况时可以实施基于定义域的判决；当输出矢量中存在未定义域或可选用域或不确定域值或阈值允许误差情况时可以应用掩码判决方法；更复杂的情况可以采用正则表达式等方法进行匹配判决；为了简化裁决复杂度加快裁决判断速度，还可以对执行体输出矢量及其相关的数据或状态信息做各种预处理（例如为了减少 IP 分组载荷字段或输出矢量内容比对时间而事先形成用于裁决的校验码或哈希值等）。此外，统计多模裁决器异常输出状态，记录分析对应的问题场景，可以研判目标系统软硬件资源的安全态势，度量抗非协同攻击的效果。需要强调指出的是，拟态裁决能显著增强借助裁决器共享机制实施隧道穿越的侧信道攻击难度。因此，在策略裁决的感知功能中，冗余执行体输出表决技术是容错系统最为核心的技术内容之一。在同构冗余系统中通常采用大数表决或一致性表决算法，而异构冗余因为可能存在允许的执行体输出结果差异，支撑网络弹性和鲁棒性。目前，已经存在很多关于裁决算法的研究。总结现有裁决算法，根据其执行方式和输出策略，主要存在以下几种类型：

1．基于可靠性方法的裁决

可靠性领域中，不同表决算法用于从多个版本程序或者硬件模块不太可靠的冗余输出中获取相对精确的数据作为系统输出，因而应用范围比较广泛。

1）标准型裁决算法

如果从各个冗余执行体输出结果中产生（选择或者融合）一个作为系统输出，则可将其归类为标准型裁决算法，主要包括结果选择和结果融合两种方式：

（1）结果选择。数据一致性比对层面有传统的字符串比对、按位比对、基于随机抽样的数据一致性判决、语义相似度比对；多选一结果选择层面包括但不限于：全体一致性算法、大数裁决、复数表决、中值表决等。基于大数裁决，出现了过滤裁决算法，在大数裁决中加入了接受测试。这类算法采用各种选择策略从执行体输出结果中选择一路作为系统输出。

（2）结果融合。常见的为平均值表决算法，其输出是冗余输入的平均值。带权重平均值表决算法是平均值表决算法的一种扩展，该算法进一步计算各种冗余输入的带权重平均值，权重可以预先设定也可以动态调整。

2）混合型裁决算法

大数裁决或者复数裁决算法容易将相同但是不正确的冗余输入作为正确结果输出。比如，在语义相同语法不同的场景下大数表决算法显然是不适用的。尤其是一些复杂信息系统中存在许多与状态、时间、环境因素相关的功能表达，因而即使同样的软硬件实体的输出信息也可能不一致，导致择多判决几乎不可实施。这种情形下，即使择多结果为多数状态也不能毫无保留地相信其给定的意义。为了提高裁决器可信程度，混合型裁决算法往往在标准裁决算法的基础上加入一些额外信息，诸如引入各执行体的历史表现、漏洞评分等，对每个执行体或场景的历史表现进行置信度参数统计，动态反应执行体的可信度。这类算法概括起来主要有以下几种：

（1）基于概率及历史信息的裁决。这类算法使用各执行体输出的正确性概率信息，以及执行体产生正确结果的次数和其他历史信息提高裁决输出的可靠性。这一类算法常见的有最大近似表决、基于历史信息的自适应大数表决、基于历史信息的带权重表决等。

（2）基于预测技术的裁决。在有的系统中，冗余执行体在一个周期产生的输出与下一个周期产生的输出存在某种关联。这种关联信息可以用于预测裁决算法。当裁决器感知到执行体输出结果不一致时，裁决算法可以根据以往历史信息预测一个输出值，并且与每一个冗余输出进行比较。任何冗余输出只要与预测输出的差值小于预定的预测门限值就可以作为表决的最终输出，预测门限值与特定的应用场景相关。常用的预测表决算法包括：线性预测表决算法——使用以前的两个表决输出预测下一个结果；预测-校正算法——消耗更多计算时间，但预测更为准确；三域预测表决——基于历史故障记录，避免在执行体输出不一致的情况下，从不可靠的结果中选择输出。

2. 基于纠错编码的译码机制

在裁决算法中合理地利用纠错码机制可以获取更为准确的输出结果，提高故障屏蔽、检测及隔离功能，降低通信复杂度。针对目标对象的攻击通常不是独立发生的随机性事件，其攻击效果由于目标对象的静态性、确定性、相似性和"单向透明"等原因往往是确定的，在数学意义上表现为布尔量而非概率值，这使得抗攻击性的定量分析很难借助随机过程工具来描述。但是，对于带有多模表决/译码机制的动态异构冗余目标系统而言，"相对正确"公理首先能将针对执行体漏洞后门、病毒木马等的确定或不确定性攻击在系统效果层面变换为某种分布形式的概率事件，其次通过动态调整裁决策略/译码算法以及变化执行体的实现算法或构造相异度，可以改变攻击效果在系统层面的概率大小和分布形态。换言之，当目标系统采用多模表决/译码机制的动态异构冗余构造时，无论是针对执行体个体的攻击事件还是执行体构件产生的随机性故障都可以在系统层面被归一化为具有概率性质的可靠性问题。

网络空间内生安全的基本问题可以描述为如何在一个存在非随机噪声的可重构有记忆信道上正确地处理和传输信息。作者认为，对于网络攻击所导致的信息处理和传输、可靠性与通信噪声等错误都可以采用纠错编码思路进行解决。从这一点来讲，编码在 DHR 架构中实现策略分发，而译码则负责进行策略裁决。就一般意义而言，网络空间的各种计算机和信息与通信设备都可以视为图灵机的某种表达，可以接受、存储和运行一段能用图灵机描述的程序，运行该程序可实现所描述的算法。需要特别注意，与经典香农通信模型中无记忆信道的假设不同，DHR 构造可以抽象为一种有处理能力的可重构有记忆信道；与香农假设的随机噪声不同，网络攻击具有明显的非随机性，可以抽象为广义不确定扰动。广义不确定扰动包括随机通信噪声、随机物理失效、人为攻击噪声等。一般信息系统安全防御示意如图 5.19 所示。

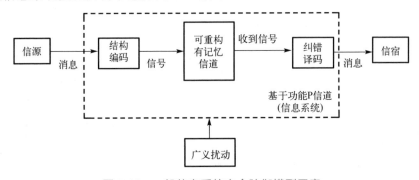

图 5.19　一般信息系统安全防御模型示意

目前存在一些比较成熟的译码算法，例如基于最大似然的"硬"译码、差错控制码等。

3. 分布式共识机制

按照裁决算法的执行方式可以分为集中式与分布式两种。上述介绍的基于可靠性方法和基于纠错编码中译码机制的裁决方法都可以用于集中式裁决以及简单的分布式裁决算法实现。但是，这些裁决算法并没有针对分布式系统进行专门的设计，虽然能够支持简单分布式架构以及容忍部分节点宕机等非拜占庭错误，但是并不能容忍部分节点执行拜占庭攻击。因此，目前的新型防御技术中，区块链基于拜占庭容错技术，解决在不可靠网络传输可靠信息，由于去中心化信任机制、数据篡改成本增大、抵御分布式拒绝服务等特点，在网络安全领域有很高的研究和应用价值。基于分布式系统架构，区块链技术需要利用共识机制实现在不可靠网络中定义容错协议，达成安全可靠的状态共识，保障数据在全网中形成正确、一致的共识。区块链共识机制是区块链架构的核心机制，从根本上决定了区块链的安全、可用性，以及性能，允许分布式的节点在区块数据的有效性和一致性上达成一致，即使节点中存在恶意的拜占庭节点。因此，区块链的共识算法可以作为分布式系统中裁决算法的代表。

根据共识机制容忍的错误类型的不同，区块链共识机制可以划分为非拜占庭错误容忍 (Crash Fault Tolerance, CFT) 类共识机制和拜占庭错误容忍 (Byzantine Fault Tolerance, BFT) 类共识机制，其中非拜占庭容忍类共识机制考虑的是节点发生故障不响应的情况，而拜占庭容忍类共识机制考虑的是节点会伪造或篡改信息进行恶意响应的拜占庭错误 (Byzantine Fault)。CFT 类共识机制只能保证区块链系统中节点发生宕机等非拜占庭错误时的整个区块链系统的可靠性，而当系统中节点做出篡改数据等违背共识原则的行为时，算法将无法保障系统的可靠性，因此 CFT 类共识机制主要应用于私有链。目前主流的 CFT 共识算法主要有 Paxos 算法及其衍生的 Raft 共识算法。区块链系统中节点发生任意类型的错误，BFT 类共识机制都能保证区块链系统的可靠性，只要区块链系统中发生错误 (非拜占庭/拜占庭错误) 的节点少于一定比例。因此，区块链系统 (特别是公有链系统) 大多使用的是 BFT 类共识算法。

区块链共识基本流程为交易打包、区块构造、记账人选取、区块验证以及区块链更新等步骤，其核心是记账人选取和区块验证两个步骤。根据记账人选取策略的不同，区块链共识机制可以划分为证明类、选举类、随机类、联盟类和混合类 5 种。

1) 证明类共识机制

证明类共识机制也被称为 "Proof of X" 类共识机制，它要求矿工节点在每一轮共识过程中必须证明自己具备某种特定的能力，这通常通过竞争性地完成某项任务来实现，该任务需要难以解决但易于验证，在竞争中胜出的矿工节点将成为记账人。例如工作量证明 (Proof of Work, PoW) 共识机制基于矿工的算力来完成随机数搜索任务；权益证明 (Proof of Stake, PoS) 共识机制基于矿工的权益大小来完成随机数搜索任务；空间证明（Proof of Space, PoSp）共识机制基于矿工的存储空间大小来完成随机数搜索任务；逝去时间证明（Proof of Elapsed Time, PoET）和幸运值证明（Proof of Luck, PoL）基于矿工的可信执行环境（Intel SGX 技术创建的安全飞地）来生成随机数，生成的随机数小的矿工将成为记账人等。证明类共识机制通常不需要获知参与记账人选举的节点数目，也因此能被应用于允许节点自由加入和退出的公有链之中。但是证明类共识通常需要消耗一定的资源（比如 PoW 中的算力，PoSp 中的存储空间）或者需要特定的环境或硬件（比如 PoET 和 PoL 中的可信硬件 SGX）。权益证明能降低工作量证明带来的巨大能源消耗问题，但是权益证明也面临新的攻击威胁，比如无利害关系攻击（nothing at stake attack）、打磨攻击（grinding attack）、长程攻击（long range attack）和权益窃取攻击（stake bleeding attack）等。

2）选举类共识机制

矿工节点在每一轮共识过程中通过"投票选举"的方式选出当前轮次的记账节点，首先获得半数以上选票的矿工节点将会获得记账权。传统分布式系统中的分布式一致算法多是选举类共识机制，比如非拜占庭错误容忍类的 Paxos 和 Raft。也因为这些算法是非拜占庭容错的，因而难以应用于区块链场景，特别是公有链场景。应用于区块链场景的选举类共识机制大多支持拜占庭容错，比如 PBFT、SBFT、MinBFT 等。选举类共识机制能实现高交易吞吐量和及时一致性，但是选举类共识机制需要提前获知参与选举或投票的所有矿工节点，消息复杂度随节点数平方级上升，主节点容易成为系统瓶颈，所以它多用于许可链，比如私有链或联盟链。

3）随机类共识机制

矿工节点使用特定的软件函数或硬件来随机确定每一轮的记账节点。为了保证安全性，随机类共识机制常使用密码学工具来确保随机进程不被预测或被恶意节点控制。通常有两类方式实现随机类共识机制。一种方式是使用基于 Intel SGX 的可信执行环境来保证共识机制的安全性，比如 PoET 和 PoL 共识机制。另一种方式则是通过密码学工具，比如可验证随机函数（Verifiable Random Function, VRF）和 BA*协议（Binary Byzantine Agreement Protocol），来保护共识机制的安全性，此类共识机制例子为 Algorand 和 Tangaroa 共识机制。此类共识机制的优缺点分别见证明类共识机制和混合类共识机制。

4）联盟类共识机制

在联盟类共识机制中，矿工节点基于某种特定方式首先选举出一组代表节点，然后由这些代表节点轮流或者选举的方式依次取得记账权，例如 DPoS（Delegated Proof of Stake）、Ripple、Elastico、PoA（Proof of Authority）、Pala、Thunderella 等。一种联盟类共识机制是将经典分布式一致性算法与非授权共识相结合，通过非授权共识（比如 PoW、PoS 等）实现代表结点选举，随后代表结点执行经典分布式一致性算法。此种方法具有强一致性特性，区块链分叉概率小，交易能够得到较快速度的确认。但是此种联盟类共识机制面临协议启动、委员会重配置、新节点加入等问题。另一种联盟类共识机制是所有节点在参与共识前，必须经过身份注册。此类联盟共识机制也被称为授权共识机制。授权共识机制主要适用于企业、组织之间的联盟，能够实现较高的交易吞吐率。

5）混合类共识机制

混合类共识机制指的是矿工节点采取多种共识算法的混合体来选取记账节点，例如 PoA（PoW+PoS 混合）共识、Tendermint（PoS+PBFT 混合）、Tangaroa（Raft+PBFT 混合）、Algorand（PoS+BFT 混合）共识等。混合类共识协议通常将经典的分布式一致性算法与证明类共识机制相结合，这样既能具备强一致性，又能适应开放的公有链环境。

需要指出的是，无论采用何种裁决算法以及执行方式，有必要对每个执行体或场景的历史表现进行置信度参数统计，当迭代判决过程中引用这些参数时就相当于在时空维度上构建了一个负反馈机制，使单一的择多判决增加了与历史表现强相关的迭代意义。此外，鉴于攻防博弈复杂的对抗性要求，工程实现上往往会在裁决的基础上引入当前安全态势、系统资源状况、受攻击的频率、各执行体的历史表现等加权参数参与判决，或者针对不同情况提供可供选择的多样化表决策略，乃至直接利用检测装置的预警或报警信息进行选择，这种方式称之为多模裁决（Multimode Ruling, MR）。其中：①多模裁决不仅具有多样性的判决算法而且具有调用相应算法的时空迭代收敛机制；②多模裁决对象可以是文件块、数据包，也可以是由前者生成的哈希值或校验和，或者与其强相关的各种数据及状态信息等。

除了拟态裁决，另外一个重要环节就是反馈控制。裁决器的异常状态输出将触发拟态括号当前服务集内防御场景的异构度或多样性改变，引入动态性，这一过程由反馈控制通过两个阶段的操作完成。其一是包括服务集内异常执行体元素的更替、清洗，或者重构重组异常执行体的软硬构件或算法，或者迫使异常执行体转换运行状态（例如进入重启/重配状态等），或者重组服务集内的执行体元素等操作。其二是在上述操作后观察裁决器异常状态是否消除或异常频度低于给定阈值，如果未满足要求，则重复第一阶段的操作直至合乎预期要求，否则反馈环路进入暂稳态状态，提供系统鲁棒性。最后，反馈控制可引入人工智能算法实现执行体状态和网络态势精确感知，实施网络安全精准防护，减少处理时间和代价，提高处理效率。可见，目标对象防御环境同时具备动态性、多样性和随机性的特质且操作流程采用可自适应迭代收敛方式，因而拟态防御的安全性效果是可以设计规划和测试度量的。

整体而言，策略裁决反馈控制整体上遵循两个原则：

(1) 引入随机性。人为攻击(基于漏洞或者后门)属于非随机扰动，因此导致的错误或者失效也服从非随机分布，通过控制引入系统动态性，实现人为扰动的随机性转换，也就是将人为攻击等非随机扰动或者错误转换为随机的错误，将非随机攻击在系统层面变换为某种形式的概率事件，可以借助随机过程工具来描述，无论是由对执行体个体网络安全攻击所导致的错误/失效，还是执行体构件因为可靠性故障被激活所产生的功能安全错误/失效，都可以在系统层面被归一化为具有概率性质的可靠性问题。

(2) 提高控制效率。首先，从鲁棒控制的角度出发，绝大多数的安全事件可以认为是由针对目标对象内生安全问题引起的广义不确定扰动之模型摄动，基于策略裁决反馈的鲁棒控制机制能够在模型架构一定且扰动范围已知的情况下，将模型摄动控制在给定的期望阈值内，于是将鲁棒控制机制导入异构冗余构造可赋予后者基于不确定效应的内生安全特性，从而在很大程度上解决经典异构冗余构造在应对试错或协同攻击时缺乏稳定性的问题；其次，通过机器学习或者人工智能算法精确识别和感知裁决器异常状态，精确实施处理策略，提高处理时间和效率。

5.5 本 章 小 结

本章首先从思维视角、理论基础、架构统领、评价创新四个方面，分析了内生安全对网络弹性发展的强大赋能优势，指出通过内生安全的赋能作用，可有效解决原有网络弹性偏重事后恢复处理思维视角的重大缺陷、缺乏主导架构统领的重大难题、欠缺核心能力评估度量的重大挑战等。其次，具体分析了通过内生安全赋能，可在网络弹性的预防、抵御、恢复、适应四个顶层目的和 8 个发展目标等所有维度上均可获得的能力增量。随后，基于技术树模型，用层次化的方法逐层给出了内生安全赋能网络弹性工程发展的根技术、枝技术和叶技术等。最后，提出并分析了内生安全赋能网络弹性的设计原则。由本章的内容可见，内生安全可从目标能力、技术方法、设计原则等多个维度赋能网络弹性，特别是内生安全 DHR 架构，为现有网络弹性的众多技术方法、设计原则提供了统领架构，起到了"钢筋骨架"的作用。内生安全赋能的网络弹性可有效应对"未知的未知"网络攻击，保障关键业务持续可信运行，从而保证网络弹性"使命确保"理想目标的达成。

参 考 文 献

[1] R. Ross, V. Pillitteri, R. Graubart, et. al. Developing cyber-resilient systems: A systems security engineering approach. NIST Special Publication 800-160, Vol.2, Rev.1.[EB/OL]. 2021. https://doi.org/10.6028/NIST.SP.800-160v2r1.

[2] 邬江兴. 网络空间拟态防御研究[J]. 信息安全学报, 2016, 1（4）: 1-10.

[3] 邬江兴. 网络空间内生安全发展范式[J]. 中国科学: 信息科学, 2022, 52: 189-204.

[4] 紫金山实验室. 网络空间拟态防御领域通用日志表达技术规范[R]. 南京, 2022.

[5] Zhou Z H. A brief introduction to weakly supervised learning[J]. National Science Review, 2018, 5（1）: 44-53.

[6] Knudsen E I. Supervised learning in the brain[J]. Journal of Neuroscience, 1994, 14: 3985-3997.

[7] Xie T, Grossman J. C. Crystal graph convolutional neural networks for an accurate and interpretable prediction of material properties[J]. Physical Review Letters, 2018, 120: 145301.

[8] Zheng X, Zheng P, Zhang R. Machine learning material properties from the periodic table using convolutional neural networks[J]. Chemical Science, 2018, 9（44）: 8426-8432.

[9] Louis S Y, Zhao Y, Nasiri A, et al. Graph convolutional neural networks with global attention for improved materials property prediction[J]. Physical Chemistry Chemical Physics, 2020, 22（32）: 18141-18148.

[10] Hochreiter S, Schmidhuber J. Long short-term memory [J]. Neural Comput, 1997, 9（8）: 1735-1780.

[11] 夏慧莉, 张进, 江逸茗, 等. 一种拟态路由器执行体调度方法和拟态路由器[P]: 中国 111431946 A. 2020.07.

[12] Adams M, Bearly S, Bills D, et al. An introduction to designing cloud services for reliability[R]. Microsoft Corporation White Paper. 2012.

[13] Gartner. Build adaptive security architecture into your organization[EB/OL]. 2017. https:// www. gartner.com/smarterwithgartner/build-adaptive-security-architecture-into-your-organization.

[14] Herzog A, Shahmehri N, Duma C. An ontology of information security[J]. International Journal of Information Securityand Privacy, 2007, 1(4): 1-23.

[15] Wang J A, Guo M. OVM: An ontology for vulnerability management[C]//Proceedings of the 5th Annual Workshop on Cyber Security and Information Intelligence Research: Cyber Security and Information Intelligence Challenges and Strategies, New York, 2009: 1-4.

[16] Kaloroumakis P E, Smith M J. Toward a knowledge graph of cybersecurity counter-measures[R]. The MITRE Corporation, 2021.

第6章

内生安全赋能网络弹性度量评估

6.1 内生安全架构赋能网络弹性评估新视角

现有网络弹性评估从技术方法的视角评价系统的网络弹性能力，存在缺乏代表性的核心指标、缺乏评价结果可比性、难以评估涌现性的系统能力等问题。内生安全 DHR 架构通过系统构造获得涌现性的内生安全能力，从某种意义上说，是"结构决定性质"这一自然规律在网络空间安全领域的生动展现。上述事实启发我们在网络弹性评估过程中应重点关注并评估系统架构能力，而非局限于评估各项割裂的技术方法。受 DHR 架构的启发，本章提出了基于系统架构的网络弹性评估视角，将评估系统架构核心能力作为网络弹性评估的关键抓手。

6.1.1 现有网络弹性评估视角

现有的网络弹性工程[1]可由图 6.1 所示的"双金字塔"结构来表示。左侧的"金字塔"表示目的域，主要回答"什么是网络弹性"，包括目的、目标、子目标和能力四个层级，其中目的包括预防、抵御、恢复和适应，表达了网络弹性的顶层内涵，目标是对目的的进一步分解和细化，详见本书第 4 章，此处不再赘述。目的和目标是多对多的映射关系。子目标是目标的进一步分解，目标和子目标是一对多的映射关系。子目标的实现依靠具体能力的支撑，子目标和能力是多对多的映射关系。图 6.1 右侧的"金字塔"表示方法域，主要回答"如何实现网络弹性"的问题。方法域自顶向下依次是策略设计原则、结构设计原则、技术、实现方法四个层级，各个层级的具体解释详见本书第 4 章。策略设计原则与结构设计原则之间、结构设计原则与技术之间是多对多的映射关系，技术与实现方法之间是一对多的映射关系。能力的获得需要相关的实现方法进行支撑，能力和实现方法之间也是多对多的映射关系。

　　网络弹性工程"双金字塔"结构的工作原理是首先在目标域进行细化，确定所需的能力；然后，根据能力与实现方法之间的映射关系，反推所需应用的技术方法和设计原则。不同技术方法之间可能会存在冲突，无法同时应用，此时需要根据目的和目标的优先级，以及目的、目标和设计原则之间的对应关系，确定需要优先应用的设计原则，进而明确应重点应用的技术方法。

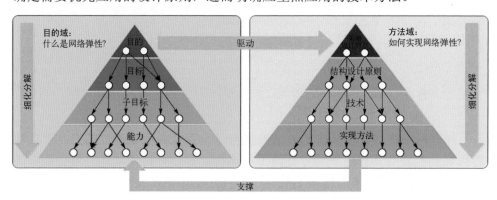

图 6.1　现有网络弹性工程的"双金字塔"结构

　　当前的网络弹性评估采用基于技术方法的评估视角，评估网络弹性目的和目标的实现程度[2,3]。评估流程框架如图 6.2 所示，评估步骤按照图中标注的数字序号依次进行。首先，根据组织的总体风险管理策略，确定网络弹性各目的的优先级，并根据目的优先级，以及图 6.1 所示的网络弹性目的域和方法域中各要素的分解映射关系，确定各目标、子目标、能力的优先级，以及各技术、方法的相关性。然后，评估各项具体能力的实现程度。现有网络弹性评估方法基于支撑能力实现的技术方法视角，对各项能力定义了一组评价指标[2,3]，可用于评估特定能力的实现程度。接着，通过能力实现程度的评估结果，结合能力的优先级，评估各项子目标的实现程度。然后再根据子目标实现情况，采用和前述方法类似的自底向上的步骤，依次对目标、目的的实现程度进行评估，如图 6.2 所示。可见，现有的网络弹性评估从目的域和方法域的底层出发，采用自底向上的顺序，从技术方法的视角，通过分析网络弹性各目的的实现程度，对系统网络弹性进行评估。

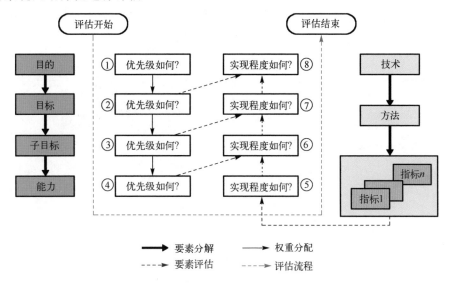

图 6.2　当前网络弹性的评估流程框架

6.1.2　基于系统架构的网络弹性评估视角

现有基于技术方法的网络弹性评估视角存在多项不足。**首先，面向技术方法的评价指标烦杂琐碎，缺乏代表性的核心指标**。现有的网络弹性工程框架给出了 14 项技术、50 项技术实现方法[1]，针对各项技术的实现方法，当前网络弹性评估框架给出了 500 余项评价指标[3]。但在具体的网络弹性评估实施过程中，评估者难以选择一个可代表系统网络弹性关键能力的核心指标集，评估框架的可操作性较差。**其次，指标权重的主观性强，评价结果缺乏可比较性**。现有的网络弹性评估框架在应用过程中，需要确定各目的、目标、子目标、能力、技术、方法以及各项具体指标的优先级权重。由于不同组织的风险管理策略不同，因此权重体系的设定存在较大差异，导致评估结果缺乏横向可比较性。**最后，难以评估涌现性的系统能力**。从系统论的观点看，总体大于各部分之和，系统高层涌现性的能力常常无法通过对系统低层各部件能力的分离评估而拼凑得出，必须要考虑系统各部件的合作或合成关系，并从系统整体入手，方有可能完成对系统整体的网络弹性评估。

受 DHR 架构通过系统构造获得涌现性能力的启发，本书提出了基于系统架构的网络弹性评估视角，重点评估系统架构能力，以解决现有网络弹性评估存在的问题。基于系统架构的网络弹性工程的"双金字塔"模型如图 6.3 所示，其核心要点是网络弹性目的、目标的实现需要系统架构能力的支撑，而系统架构能力必须通过系统架构设计获得，如图 6.3 所示。

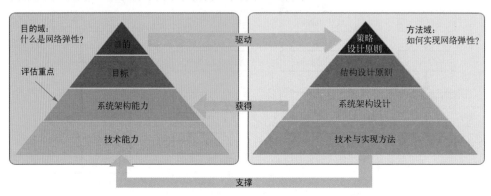

图 6.3　基于系统架构的网络弹性工程的"双金字塔"结构

　　基于系统架构的网络弹性评估重点关注系统架构能力，通过定义网络弹性系统架构关键性质、核心能力和主要指标，对系统架构网络弹性能力进行评估（详见 6.2 节）。首先，系统架构能力可作为衡量系统网络弹性的核心指标，解决了现有网络弹性评估"面向技术方法的评价指标繁杂琐碎，缺乏代表性的核心指标"的问题。其次，系统架构能力作为一种与组织风险管理策略独立的客观技术能力，评估结果可横向比较，解决了现有网络弹性评估"指标权重的主观性强，评价结果缺乏可比较性"的问题。最后，系统架构能力包含了系统的涌现性能力，解决了现有网络弹性评估"难以评估涌现性的系统能力"的问题。

　　需要特别指出的是，基于系统架构的评估视角是受 DHR 架构能力涌现现象之启发而提出的，这一评估视角本身正是内生安全 DHR 架构赋能网络弹性的直接体现。

6.2　基于系统架构的网络弹性评估体系

6.2.1　评估框架

　　优良的系统架构能够确保网络系统适时感知威胁风险、稳健抵抗威胁攻击、及时应对化解系统扰动并在可接受时间内恢复其功能，并具有根据威胁变化智能调整适应的能力。结合网络弹性的策略设计原则、结构设计原则以及内生安全 DHR 架构的启发，表 6.1 给出了基于系统架构的网络弹性评估框架，主要包括威胁态势感知能力、威胁防范抵御能力、威胁损害恢复能力、威胁变化适应能力等四个方面，每个能力又包括若干评价要点和关键评估项。其中的未知威胁感知、威胁积累消除、未知攻击抵御、广义功能安全等评估项是受内生安全 DHR 架构启发新增的必选评估项。

表 6.1　基于系统架构的网络弹性评估框架

评价内容	评价要点	关键评估项
威胁态势感知能力	威胁数据利用	威胁数据记录
		威胁回溯分析
	威胁事件感知	已知威胁感知
		系统异常感知
		未知威胁感知
威胁防范抵御能力	攻击风险消减	**威胁积累消除**
		攻击面收缩
		系统伪装
	威胁破坏抵御	已知攻击抵御
		未知攻击抵御
		广义功能安全
威胁损害恢复能力	资源损害限制	模块化系统构造
		系统组件隔离
	受损资源恢复	异常组件替换
		采用异构冗余组件
威胁变化适应能力	系统智能重构	环境变化感知
		针对性的组件替换
		资源可升级

各关键评估项的具体解释详见表 6.2 到表 6.5，包括各项系统架构关键能力的一般性含义，以及 DHR 架构提供的独特能力说明。威胁态势感知能力是指系统对各类不利条件，特别是潜在的人为攻击的感知、分析和识别能力。威胁态势感知能力包含"威胁数据利用"和"威胁事件感知"两个要点，前者指的是记录并分析各类威胁数据的能力，后者指的是对各类异常或者攻击事件的感知能力，特别是对未知威胁的感知是确保系统具备网络弹性的核心评估内容，见表 6.2。

表 6.2　威胁态势感知各关键评估项的具体解释

关键评估项	解释
威胁数据记录	• 一般性解释 　　系统记录并保存运行过程中的系统输入、资源状态、用户操作命令、运行异常事件等信息，用于支撑威胁回溯分析 • DHR 架构独特能力解释 　　DHR 架构标准化日志，其中包括执行体调度记录、裁决异常记录等。此外，当出现裁决异常状态时，DHR 架构还可记录当前运行环境快照和相关信息，且不存在误警、虚警信息问题
威胁回溯分析	• 一般性解释 　　通过对所记录的历史威胁数据进行分析处理，复现攻击的发生过程，定位攻击源头，识别攻击者 • DHR 架构独特能力解释 　　DHR 架构可利用运行环境快照和相关运行记录回溯差模扰动的成因及机理，发现系统不稳定失效因素以及安全缺陷或未知病毒木马，对多个 DHR 设备或者系统输出的标准化日志进行协同分析，还能发现诸如"0-day"、APT 之类的新型攻击资源和攻击手段
已知威胁感知	• 一般性解释 　　系统对特征、方法、对象已知的网络攻击的感知能力 • DHR 架构独特能力解释 　　DHR 在机理上无论对已知还是未知威胁的感知都不依赖基于先验知识的各种安全知识库。网上虽然存在各种已知漏洞后门、病毒木马和攻击特征库，但由于各种原因应用系统很难能实时获得修补或更新升级版本，因而存在"N-day"威胁问题，而 DHR 架构中只要有差模性质的扰动都能被实时地感知，本质上并不区分已知还是未知威胁，且系统的安全性与维护工作的实时性弱相关或不相关。需要指出的是，DHR 也不排斥先验知识，DHR 架构可自然地吸纳、利用传统的基于先验知识的威胁感知信息，缩小策略裁决的"判识盲区"，提升系统威胁感知的精确性
系统异常感知	• 一般性解释 　　系统对于业务性能异常、资源使用异常、用户操作异常、输入输出异常、物理环境异常等各类异常事件的感知能力 • DHR 架构独特能力解释 　　通过"构造加密"效应(详见 3.6 节)，将已知威胁摄动、未知威胁扰动、随机故障等广义功能安全事件统一转化为 DVR 域内以差模形态表达的判决问题
未知威胁感知	• 一般性解释 　　系统对特征、方法、对象均未知的网络攻击的感知能力 • DHR 架构独特能力解释 　　DHR 架构的结构加密机制使得当前运行环境内任何执行体的差模扰动都能被实时发现，且与威胁的已知或未知性质无关，当前其他系统架构的未知威胁感知能力都不具备稳定鲁棒性

　　威胁防范抵御能力是指系统对人为攻击和随机故障的预防和抵御能力。威胁防范抵御能力包含"攻击风险消减"和"威胁破坏抵御"两个要点。"攻击风

险消减"指的是通过收缩、伪装、跳变、卷回等方法，尽量降低系统被攻击的可能性；"威胁破坏抵御"指的是当攻击或者故障实际发生时系统能够抵御，不至于"一击即破"，具备良好的网络弹性能力。上述能力进一步细分为多个关键评估项，详见表 6.3。

表 6.3 威胁防范抵御能力各关键评估项的具体解释

关键评估项	解释
威胁积累消除	• 一般性解释 　　系统具备防范攻击者长期稳定的在内部立足的能力。例如，移动目标防御(MTD)架构通过不断的系统或组件跳变，可在一定程度上实现威胁积累消除 • DHR 架构独特能力解释 　　DHR 架构并不追求实时穷尽或消除架构内所有的内生安全问题，而是通过采用基于策略裁决的反馈控制和智能调度机制，利用"一次差模一次重构"的结构加密方法，实时消除当前运行环境内引起差模扰动的威胁因素影响
攻击面收缩	• 一般性解释 　　系统具备"1+1<1"攻击面收缩能力。实现网络弹性必然需要多样性和冗余性，但简单应用冗余性和多样性相关技术会导致系统攻击面扩大[1]，因此通过系统架构设计缩小攻击面是实现网络弹性目标的关键能力之一 • DHR 架构独特能力解释 　　理论上，DHR 的结构加密机制使系统攻击面收缩到"拟态括号"组件。相比执行体或当前运行环境内复杂的安全态势，拟态括号组件的功能简单，便于采用形式化方法对其进行验证。而基于策略裁决的反馈控制动态结构加密产生的"双盲效应"，既能完全抵消攻击者的任何"单向优势"，也能有效规避"多样性和冗余性会导致系统攻击面扩大的问题"
系统伪装	• 一般性解释 　　系统对外呈现的特点具有欺骗性，并不直接反映系统的内部特征 • DHR 架构独特能力解释 　　"拟态伪装迷雾"和"测不准效应"是 DHR 架构所特有的。结构加密形成的密码屏障使得攻击者陷入"没有比试错或盲攻击更好的方法"的困境，测不准效应使得试错或盲攻击在机理上就不可能达成"熵减"目的
已知攻击抵御	• 一般性解释 　　系统对特征、方法、对象已知的网络攻击的抵御能力 • DHR 架构独特能力解释 　　DHR 架构抵御攻击的能力和效果在机理上与攻击的已知或未知性质无关，不依赖(但不排斥)任何基于先验知识的入侵防御技术
未知攻击抵御	• 一般性解释 　　系统对特征、方法、对象均未知的网络攻击的抵御能力 • DHR 架构独特能力解释 　　迄今为止，此项能力是 DHR 架构所独有的。某些系统架构，例如非相似余度(DRS)，尽管也能在一定时限内抵御未知攻击，但不具备稳定鲁棒性

续表

关键评估项	解释
广义功能安全	• 一般性解释 　　系统采用统一的架构和机制应对(已知和未知的)网络攻击和随机故障。该架构能力对于信息物理系统(CPS)尤为关键 • DHR 架构独特能力解释 　　广义功能安全能力是 DHR 架构特有的。非相似余度(DRS)架构由于其静态性和确定性机制无法抵御共模攻击和试错式攻击,不具备稳定鲁棒性和品质鲁棒性

　　威胁损害恢复能力是指当损害发生时,系统能够抑制损害的范围和程度,例如,将损害限制在特定的组件或者子系统,并能够识别、替换受损资源的能力。威胁损害恢复能力包含"资源损害限制"和"受损资源恢复"两个要点,前者指的是将损害限制在特定的子系统或组件内的能力,后者指的是快速识别并修复或替换受损资源的能力。各关键评估项的具体解释详见表 6.4。

表 6.4　威胁损害恢复能力各关键评估项的具体解释

关键评估项	解释
模块化系统构造	• 一般性解释 　　系统采用低耦合、高内聚的模块化构造,模块采用标准化接口
系统组件隔离	• 一般性解释 　　系统内的各子系统、功能模块相互隔离,组件间通信采用最小授权的白名单方式,使得攻击者难以通过失陷组件渗透到其他组件 • DHR 架构独特能力解释 　　DHR 架构禁止当前运行环境内各执行体间的直接通信,系统内部通信均需通过可信中介(拟态括号组件),为系统组件隔离提供了良好的架构范本。内生安全白盒测试,将少数执行体完全开放给攻击者,就是要在此条件下观察攻击者是否能够在当前运行环境内部横向移动,进而控制整个系统
异常组件替换	• 一般性解释 　　对系统中出现异常的组件进行替换 • DHR 架构独特能力解释 　　可实现不影响服务提供的异常执行体清洗、恢复、重构、重组,甚至对当前运行环境进行业务无感的替换
采用异构冗余组件	• 一般性解释 　　采用功能等价的异构冗余组件,各异构组件遵循相同的外部接口和行为规范,便于替换工作 • DHR 架构独特能力解释 　　根据 DVR 完全相交原理(CIP 原理),DHR 架构本质上属于动态性、多样性和冗余性的完全交集,理论上已经证明增加冗余度和异构度可以使系统安全性获得指数量级的提升

　　威胁变化适应能力是指系统能够感知外部威胁环境的变化,并根据当前的

环境情况,对系统进行自适应调整以降低被损害风险的能力。威胁变化适应能力主要体现为系统智能重构,各关键评估项的具体解释详见表 6.5。

表 6.5　威胁变化适应能力各关键评估项的具体解释

关键评估项	解释
环境变化感知	• 一般性解释 　系统能够感知外部环境的变化 • DHR 架构独特能力解释 　DHR 架构通过策略裁决、标准化日志和相关信息协同分析,能够更好地感知威胁环境变化
针对性的组件替换	• 一般性解释 　系统能够针对外部威胁的变化,对各子系统、模块进行智能调整,降低被攻击风险,提升系统的防御能力 • DHR 架构独特能力解释 　DHR 机理要求必须处理当前运行环境内的差模扰动事件,通过迭代裁决和反馈调度改变当前运行环境构造或执行体状态,消除当前网络攻击的影响
资源可升级	• 一般性解释 　系统内部的模块、组件可进行升级替换 • DHR 架构独特能力解释 　DHR 系统中的软硬件资源都可以在不中断当前服务或任务的情况下,通过后台运行场景实施功能组件重置、重构、重配或更新软硬件版本的升级操作

6.2.2　度量指标

为评估基于系统架构的网络弹性能力,本小节以 6.2.1 节给出的评估框架为基础,针对威胁态势感知能力、威胁防范抵御能力、威胁损害恢复能力、威胁变化适应能力四个方面给出系列代表性度量指标。在介绍各能力指标时,首先给出一般性指标,随后介绍 DHR 架构的具体细化指标。DHR 架构的具体指标主要用于衡量 DHR 架构网络弹性独特能力,是一般性指标在 DHR 架构中的具体解释。一般而言,某种架构的具体能力指标应当作为一般性架构指标的补充、增强或者细化,而非弱化或简化。

威胁态势感知各项关键能力的度量指标如表 6.6 所示。威胁防范抵御各关键评估项的度量指标如表 6.7 所示。威胁损害恢复各关键评估项的度量指标如表 6.8 所示。威胁变化适应各关键评估项的度量指标如表 6.9 所示。除了表 6.9 中列出的指标之外,威胁变化适应还包括环境变化感知能力,可通过已知威胁感知、未知威胁感知、系统异常感知能力来体现。已知威胁感知、未知威胁感知、系统异常感知对应的具体指标详见表 6.6,此处不再赘述。

表 6.6　威胁态势感知各关键评估项的度量指标

关键评估项	一般性指标	DHR 架构具体细化指标
威胁数据记录	• 是否维护系统输入输出日志 • 是否维护系统资源状态日志 • 是否维护系统用户操作日志 • 是否维护系统异常事件日志 • 系统中具有日志功能的模块的百分比 • 具备标准化规范的日志的百分比	• 是否输出 DHR 架构标准化日志 • 生成差模运行环境快照所需的平均时间 • 运行环境快照中包含的当前执行体百分比
威胁回溯分析	• 通过回溯分析理解发生原因的异常事件百分比 • 通过回溯分析定位攻击源头的攻击事件百分比 • 平均威胁回溯分析的平均时间	• 通过对多源 DHR 架构标准化日志和相关信息进行协同分析，应能百分之百地甄别系统可靠性问题还是网络攻击问题
已知威胁感知	• 系统使用的威胁情报源的数量 • 系统威胁情报源更新的频率 • 系统监测的威胁类型的数量 • 从攻击输入到感知到威胁所需的平均时间	• 系统的威胁感知能力是否不依赖任何威胁情报源的数量和质量
系统异常感知	• 能够感知的异常事件类型数量 • 从发生异常到感知到异常所需的平均时间	• 是否能够将未知攻击转化为差模性质扰动 • 是否能够将随机故障转化为差模性质摄动
未知威胁感知	• 从未知攻击发生到系统感知所需平均时间	• 从未知攻击发生到策略裁决异常所需的平均时间 • 是否能够发现有感共模攻击或共因故障 • 从无感共模逃逸发生到解除该状态所需的平均时间

表 6.7　威胁防范抵御各关键评估项的度量指标

关键评估项	一般性指标	DHR 架构具体细化指标
威胁积累消除	• 可动态卷回的关键资源的百分比 • 从不可信资源卷回到可信资源上线的平均时间 • 可动态替换的关键资源的百分比 • 用受保护资源替换不可信资源所需的平均时间 • 资源卷回或替换过程中业务受影响的平均时间 • 资源的最大或平均使用期限 • 资源到期后是否残留敏感数据	• 从判定执行体异常到将异常执行体调度下线所需的平均时间 • 异常执行体清洗所需的平均时间 • 从异构资源池生成新执行体所需平均时间 • 将新执行体调度上线所需的平均时间 • 新调度上线的执行体状态同步的平均时间 • 执行体调度过程中业务受影响的平均时间
攻击面收缩	• 以代码行数计算的系统攻击面收缩比 • 加密的系统关键数据百分比	• 拟态括号组件的代码行数和各执行体代码行数的比率 • 结构编码的数量

续表

关键评估项	一般性指标	DHR 架构具体细化指标
系统伪装	• 能够实施伪装的网络资源百分比 • 资源伪装变化频率	• 可利用的软硬件资源多样性和冗余性数量 • 执行体调度频率或运行环境内差模状态发生频度
已知攻击抵御	• 能够成功抵御的已知攻击类型占比 • 攻击抵御过程中系统资源占用提升幅度 • 攻击抵御过程中系统业务受影响程度	• 不依赖先验知识条件下发现已知攻击类型的占比 • 任何差模扰动都不能影响系统业务提供
未知攻击抵御	• 发生未知攻击时系统资源受影响程度 • 发生未知攻击时系统业务性能受影响程度 • 系统是否能够从未知攻击中恢复 • 从发生未知攻击到系统恢复所需的平均时间	• 百分之百地应对任何未知差模性质的攻击 • 是否能够抵御有感共模逃逸 • 从共模攻击发生到消除共模逃逸状态所需的平均时间 • 在抵御任何差模攻击条件下都不能影响系统业务的提供
广义功能安全	• 攻击或故障发生时系统资源受影响程度 • 攻击或故障发生时系统业务性能受影响程度 • 系统是否能够从攻击或故障中恢复 • 从攻击或故障发生到系统恢复所需的平均时间	• 从随机故障发生到策略裁决异常所需的平均时间 • 从执行体达到裁决异常上限到将其调度下线所需的平均时间

表 6.8　威胁损害恢复各关键评估项的度量指标

关键评估项	一般性指标	DHR 架构具体细化指标
模块化系统构造	• 具备标准化接口的组件百分比 • 与其他组件具有强耦合关系的组件的百分比	• 资源池中的异构组件类型数 • 执行体包含的平均组件数
系统组件隔离	• 外部通信受限的系统组件的百分比 • 内部通信受限的系统组件的百分比 • 是否在硬件层面实现受限组件隔离	• 和执行体通信的拟态括号组件数 • 执行体之间是否实现硬件隔离 • 执行体和拟态括号组件是否实现硬件隔离
异常组件替换	• 可动态替换的组件百分比 • 组件替换的平均时间 • 组件替换过程中系统业务受影响程度	• 从判定执行体异常到将异常执行体调度下线所需的平均时间 • 异常执行体清洗恢复所需的平均时间 • 从异构资源池生成新执行体所需的平均时间 • 将新执行体调度上线所需的平均时间 • 新调度上线的执行体状态同步的平均时间 • 执行体调度过程中业务受影响程度
采用异构冗余组件	• 存在多个异构实现的组件百分比 • 系统采用的异构操作系统数量 • 系统采用的异构硬件资源数量	• 资源池中的异构软硬件组件类型数 • 资源池中各类冗余组件数量 • 当前运行环境内的异构执行体数量

表 6.9　威胁变化适应各关键评估项的度量指标

关键评估项	一般性指标	DHR 架构具体细化指标
针对性的组件替换	· 环境变化时能够进行有效的组件替换的百分比 · 环境变化时识别并替换风险或受损组件的平均时间	· 策略裁决和反馈调度是否参考执行体版本成熟度和历史可信度 · 策略裁决是否考虑执行体间的相关度以及其他安全告警和提示信息 · 策略裁决是否考虑执行体的裁决异常频度 · 从执行体达到裁决异常上限到将其调度下线所需的平均时间
资源可升级	· 可自动升级的资源比例 · 各类可自动升级资源的升级频率 · 完成资源升级所需的平均时间 · 资源升级过程中业务受影响程度	· 系统中需实时升级的组件占比

6.2.3　系统架构评分

评价人员可根据系统架构网络弹性评估框架与指标，对系统架构网络弹性能力进行评分。各项具体指标的评估可通过第 6.3 节所述的各类评估方法（包括静态评估、对抗评估和破坏性评估等）获得。在完成对各项具体指标的评分后，可综合计算系统架构网络弹性评分，作为系统架构网络弹性能力的定量度量。

系统架构网络弹性评分采用逐级加权评分计算方式。首先对系统架构网络弹性评价框架中的每个评价项目打分，范围为 0～5 分，如表 6.10 所示。对评价项目的打分依赖于其相关定量度量指标的评估结果。系统架构网络弹性评价框架中每项能力包含的指标评分加权汇总为该能力的评分。表 6.11 给出了系统架构网络弹性评价框架中各评价要点和关键能力的评分权重。

表 6.10　评价项目评分规则

分值	描述
5	相应定量指标的评估值全部处于或高于目标水平
4	相应定量指标的评估值全部处于目标水平的可接受范围内
3	相应定量指标的评估值大多数处于目标水平的可接受范围内
2	相应定量指标的评估值很少有处于目标水平的可接受范围内
1	相应定量指标的评估值全部处于目标水平的可接受范围之外
0	该评价项目对目标系统架构不适合用

表 6.11　评价要点和关键能力权重

评价内容	评价要点	关键能力	评价要点评分权重	关键能力评分权重
威胁态势感知能力	威胁数据利用	威胁数据记录	50	25
		威胁回溯分析		25
	威胁事件感知	已知威胁感知	50	10
		系统异常感知		10
		未知威胁感知		30
威胁防范抵御能力	攻击风险消减	威胁积累消除	50	20
		攻击面收缩		15
		系统伪装		15
	威胁破坏抵御	已知攻击抵御	50	10
		未知攻击抵御		20
		广义功能安全		20
威胁损害恢复能力	资源损害限制	模块化系统构造	50	25
		系统组件隔离		25
	受损资源恢复	异常组件替换	50	20
		采用异构冗余组件		30
威胁变化适应能力	系统智能重构	环境变化感知	50	20
		针对性的组件替换		20
		资源可升级		10

根据评价要点下每个关键能力的评分，通过式(6-1)加权计算各个评价要点的评分，评分范围为 0～50。

$$S_i = 50 \times \left(\sum_j W_{ij} R_{ij} \right) \bigg/ \left(\sum_j 5 W_{ij} \right) \qquad (6\text{-}1)$$

式中：i 为评价要点数；j 为评价要点 i 内的关键能力数；S_i 为评价要点 i 的评分；W_{ij} 为评价要点 i 内的关键能力 j 的权重；R_{ij} 为评价要点 i 内的关键能力 j 的评分。

系统架构网络弹性能力评价要点综合反映了系统所具备的网络弹性能力基线。若系统架构的某一评价要点得分过低，则表明系统即使在其他方面应用再多弹性技术，也难以从根本上提升系统对基本业务的网络弹性保证水平。图 6.4 展示了系统架构网络弹性能力底线。在计算各评价要点的评分后，若某一要点的评分低于该底线，则该系统架构也不具有网络弹性，整体网络弹性评分应为零。若全部评价要点评分均高于该底线，则再基于各个关键能力的评分，按照式(6-2)计算评分分值，得到系统架构网络弹性整体评分，评分范围为 0～100。

$$S = 100 \times \left(\sum_i W_i S_i \right) / \left(\sum_i 50 W_i \right) \tag{6-2}$$

式中：S 为系统架构网络弹性整体评分；i 为评价要点数；W_i 为评价要点 i 的权重；S_i 为评价要点 i 的评分。

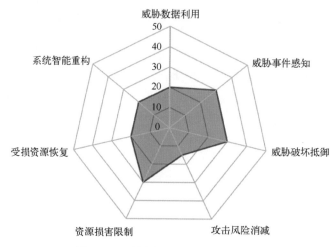

图 6.4　系统架构网络弹性能力基线

6.3　评 估 方 法

6.3.1　概述

网络弹性评估可以从组件、系统、业务、组织、地区、国家等多个层面进行，本书关注系统层面的网络弹性评估，重点是系统架构层面的网络弹性能力。可以采用多种方法对系统的网络弹性能力进行评估。根据对实际系统和业务的影响程度从低到高的顺序，网络弹性评估方法依次可分为静态评估、对抗评估、破坏性评估三类。

静态评估基本不会对系统和业务的运行产生干扰，其实施方式可以是定性分析，也可以是专家打分式的定量评估。对抗评估采用红蓝对抗的方式，由攻击方对系统发起真实攻击，在此条件下对系统的网络弹性能力进行测试评价。对抗评估通常会对系统运行和业务性能造成负面影响。破坏性评估的原理是人为向系统中注入故障(Fault)或失陷(Compromise)，通过观察系统在部分组件或安全机制失效条件下的运行情况，对系统的网络弹性能力进行评估。破坏性评估一般会对系统运行和业务性能产生直接影响，影响程度取决于系统实际的网络弹性能力。现有的破坏性评估方法主要是混沌工程(Chaos Engineering)方法，该方法向系统中注入随机故障或失效。

内生安全白盒测试提供了一种全新的破坏性评估方法，其不仅能够向系统中注入随机故障或失效，更为重要的是能够向系统中注入安全失陷，模拟系统部分组件被黑客攻陷的场景，在此条件下评估系统的弹性能力。图 6.5 对上述三类方法的主要内容及优、缺点进行了总结。

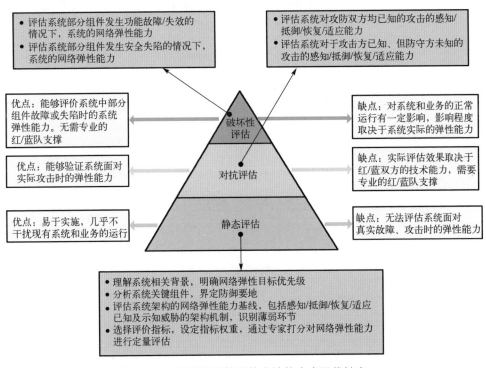

图 6.5　三类网络弹性评估方法的内容及优缺点

从黑盒评估/白盒评估以及动态评估/静态评估这两个维度分析，上述三类评估方法在方法空间中所处的位置如图 6.6 所示。对抗评估和破坏性评估都属于动态评估，评估对象为在实验环境或者生产环境中实际运行的被评估系统。静态评估过程中需要获知系统的运行背景、威胁背景、架构特征、技术方法、设计原则等信息，上述信息通常以设计说明书、日志分析报告、测试报告等文档形式提供，一般无须要求系统以白盒方式对评估者开放。考虑到静态评估过程中，需要对系统结构特点以及所采用的技术方法、设计原则等有一定了解，并且在某些需求场景中，可能涉及代码审计等环节，因此，静态评估包含黑盒和白盒两种方式，如图 6.6 所示。对抗评估一般以黑盒方式进行，模拟攻击者对系统发起攻击的场景，验证系统在面临攻击时的弹性能力。破坏性评估过程中由于需要向系统内部注入功能故障或者安全失陷，需要将系统部分组件向评估者开放，因此一般以白盒方式进行。

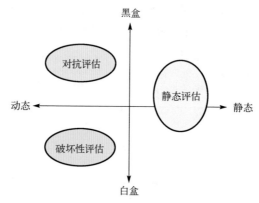

图 6.6　各类网络弹性评估方法在方法空间中所处的位置

　　根据霍尔系统工程论模型[4]，系统生命周期包括启动规划、设计开发、实验验证、部署运行、退役等阶段。不同的评估方法适用于系统生命周期的不同阶段[4]，如图 6.7 所示。在实际应用中，可以根据系统所处的生命周期阶段、

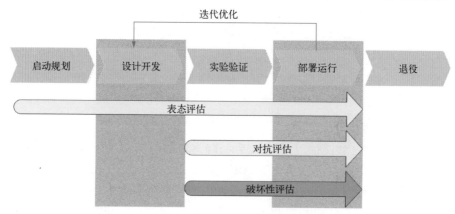

图 6.7　各类评估方法在系统生命周期不同阶段的应用

评估拟达成的目标、所拥有的资源、风险承受能力等因素进行综合衡量，选择一种或者几种评估方法。

6.3.2　静态评估

通过静态评估的方法进行系统架构网络弹性评估应遵循自顶向下(Top-Down)的原则。首先进行高层的背景分析，确定系统的相关运行背景、明确弹性目标的优先级；其次分析系统的技术架构，确定基本的网络弹性能力；最后，根据分析结果，结合专家经验，对相关指标进行打分，并给出改进建议。

静态评估的目的是从整体视角对系统的网络弹性能力进行粗线条的评估，勾勒系统网络弹性能力的大致轮廓(Profile)，这一过程也称为网络弹性分析(Cyber Resiliency Analysis)[1]。系统架构层面的网络弹性分析主要包括系统背景分析、系统技术架构分析、系统威胁与风险分析、给出定性分析结论与建议四个步骤。在静态评估过程中，应当重点关注并试图回答的问题如表 6.12 所示。

表 6.12　静态评估过程中应当重点关注并试图回答的问题

序号	问题	关注问题的分析步骤
1	系统所承载的关键业务有哪些？	系统背景分析
2	系统中存在哪些高价值资产？	
3	威胁源头和敌手特点有哪些？	
4	如何设定各网络弹性目标、子目标的权重？	
5	系统应用了哪些网络弹性设计原则、技术方法？	系统技术架构分析
6	系统已采用的网络弹性设计原则、技术方法是否能够较好地支撑网络弹性目标、子目标，特别是大权重的目标、子目标的实现？	
7	系统架构能力指标中，可通过静态分析得出的指标项评估结果如何？	
8	关键业务子系统是否具备抵御"未知的未知"网络攻击的能力？	
9	系统的攻击面是什么？	系统威胁与风险分析
10	系统中存在哪些关键资源和脆弱环节？	
11	系统对已知攻击战术、技术和程序(TTP)的防护完整度如何？	

1)系统背景分析

系统背景分析的流程如图 6.8 所示，主要包括系统程序性背景分析、系统架构背景分析、系统运行背景分析和系统威胁背景分析四个步骤。程序性背景分析的目的是明确系统是如何获取、开发、调整、重构的；梳理系统的相关参与方，了解其风险管理策略和关注的风险点，其中包括确定物理安全、信息安全、可靠性、系统弹性、网络弹性等各类目标的优先级。架构背景分析的目的是明确系统的类型，例如 CPS 系统、IoT 系统、企业 IT 设施等；确定系统的外部接口和对外依赖关系；明确系统所采用的关键组件与技术。运行背景分析的目的是明确系统的使用情况，包括系统的基本功能、用户情况、关键业务、是否包含高价值目标、有效性和性能评价指标等；确定系统的管理支持、升级维护情况；明确系统和外部系统的信息交互情况及依赖关系；确定系统的使用情况、外部依赖情况的预期变化。系统威胁背景分析的目标是明确系统的威胁源头、所关注的威胁事件、威胁场景；分析敌手的攻击意图、攻击时间、攻击专注度等。

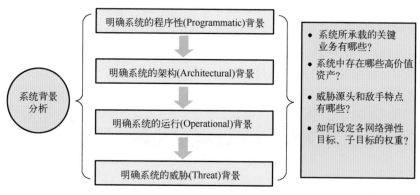

图 6.8　系统相关背景分析的流程

通过系统背景分析，可界定系统所承载的关键业务，识别系统中所存在的高价值资产，梳理威胁源头，理解敌手特点，对系统的网络弹性目标、子目标进行具体解释，设定各目标、子目标的权重。系统的相关背景分析是后续各分析步骤的前提和基础。

2) 系统技术架构分析

系统技术架构分析的流程如图 6.9 所示。首先，分析系统架构层面所应用的网络弹性设计原则，包括策略设计原则和结构设计原则。其次，分析系统架构层面所应用的网络弹性技术与方法。关于网络弹性设计原则、技术方法的具体内容可以参考第 5 章。需要注意的是，网络弹性技术之间的潜在相互作用关系，例如，A 技术的生效可能依赖于 B 技术。因此，在分析过程中，应当结合系统的具体应用环境和背景，对网络弹性各项技术方法进行具体解释，并根据技术方法的相互关系，对其在现实系统中的有效性进行评估，以期获得相对客观的分析结果。在分析梳理了系统所采用的各项设计原则、技术方法的基础之上，对关键业务子系统的内生安全能力进行分析，评估系统是否具备在各类不利条件下保证关键业务持续、可信运行的能力。由本书第 2 章提出的不完全交集原理可知，关键业务子系统具备内生安全能力的必要条件是其系统架构需同时具备动态性（D）、多样性（V）和冗余性（R）的完全相交。完成上述三项分析任务之后，根据设计原则、技术方法对网络弹性目标的支撑关系（参见文献[1]附录 D.6），分析各网络弹性目标的达成程度，特别是权重较大的重点目标的达标程度。

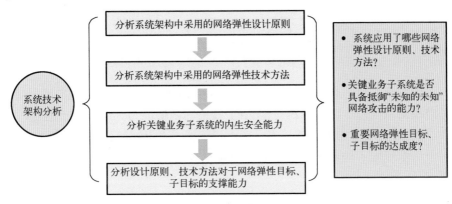

图 6.9 系统弹性能力基线分析的流程

通过系统技术架构分析，可以厘清系统已采用的网络弹性设计原则、技术方法，分析网络弹性目标的达成程度，确定系统是否具备保障关键业务持续可信运行的网络弹性"底线能力"。

3）系统威胁与风险分析

系统威胁与风险分析的流程如图 6.10 所示。首先，从关键业务功能视角，分析系统中的关键资源，这里的"关键资源"指的是保障关键业务持续可信运行所必需的资源。关键资源分析可以通过各种应用于应急计划、弹性工程和使命确保工程的方法进行，包括关键性分析、任务影响分析、业务影响分析、皇冠珠宝分析（Crown Jewels Analysis, CJA）和网络任务影响分析[1]。系统攻击面分析的目的是确定系统可能被攻击的方式和环节，攻击面分析必须对系统的各类相关背景有着较为深刻和完整的理解。系统脆弱环节分析的目的是确定系统中潜在的脆弱点，例如，存在单点失效风险的系统组件。系统脆弱环节分析可以应用网络分析或者图分析方法进行[1]。TTP 防御覆盖度分析的目的是针对已知的各类攻击战术、技术和程序（Tactics Techniques and Procedures, TTP[5]），分析系统防御能力的覆盖程度，评估系统抵御 APT 攻击的能力。

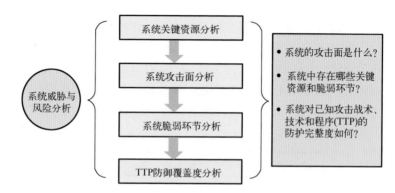

图 6.10　运行背景下系统网络弹性分析的流程

通过系统威胁与风险分析，可以识别系统的攻击面，梳理系统的脆弱环节，发现潜在的风险点，评估系统对于 APT 攻击的防御能力。需要指出的是，TTP 所代表的 APT 攻击均为已知攻击，或者说，属于"未知的已知"网络攻击。系统对于"未知的未知"网络攻击的感知和防御能力，必须靠内生安全能力得以实现。

4) 给出定性分析结论与建议

通过上述三步分析，可以确定系统基本的网络弹性能力，了解系统存在的主要风险。我们采用五项基本能力的成熟度作为定性衡量系统网络弹性能力的重要指标：①界定关键业务子系统并确定防御要地；②关键业务子系统抵御"未知的未知"网络攻击的能力；③系统采用的网络弹性设计原则和技术方法对网络弹性目标/子目标的支撑水平；④系统的攻击面隐藏与脆弱环节消除水平；⑤系统对已知攻击的防护能力。各项基本能力根据其完善程度，映射为"很成熟""成熟"和"不成熟"三种水平，如表 6.13 所示。通过五项基本能力的成熟度，可以对系统网络弹性能力的基本能力作出定性评价。

表 6.13　静态评估过程中重点关注的系统基本网络弹性能力及其成熟度定义

成熟度 ＼ 能力	界定关键业务子系统并确定防御要地	关键业务子系统抵御"未知的未知"网络攻击的能力	系统采用的网络弹性设计原则和技术方法对网络弹性目标/子目标的支撑水平	系统的攻击面隐藏与脆弱环节消除水平	系统对已知攻击的防御能力
很成熟	能够清晰界定关键业务子系统及防御要地，关键业务子系统及防御要地满足最小化条件	关键业务子系统完全具备抵御"未知的未知"网络攻击的能力	系统关注的网络弹性目标/子目标均得到良好支撑，大权重目标/子目标的被支撑度高于其他目标/子目标	系统的攻击面小，不存在脆弱环节	对已知 TTP 的防护覆盖度很高，系统的攻击面得到完整的防护

续表

成熟度 \ 能力	界定关键业务子系统并确定防御要地	关键业务子系统抵御"未知的未知"网络攻击的能力	系统采用的网络弹性设计原则和技术方法对网络弹性目标/子目标的支撑水平	系统的攻击面隐藏与脆弱环节消除水平	系统对已知攻击的防御能力
成熟	能够清晰界定关键业务子系统及防御要地	关键业务子系统的关键组件具备抵御"未知的未知"网络攻击的能力	系统关注的大权重网络弹性目标/子目标均得到良好支撑	系统的攻击面较小，存在一定的脆弱环节	对已知 TTP 的防护覆盖度较高，系统的攻击面得到较好的防护
不成熟	无法清晰界定关键业务子系统及防御要地	关键业务子系统不具备抵御"未知的未知"网络攻击的能力	系统关注的大权重网络弹性目标/子目标未得到良好支撑，难以实现	系统的攻击面较大，存在明显的脆弱环节	对已知 TTP 的防护覆盖度较低，系统的攻击面未得到良好防护

　　需要强调的是，表 6.13 所列出的五项基本能力对于衡量系统网络弹性而言并非是同等重要的。例如，为达成网络弹性"使命确保"的最终目标，关键业务子系统必须具备抵御"未知的未知"网络攻击的能力，从而保障关键业务持续可信运行。若该项能力不成熟，即使其他四项能力很成熟，也很难给出系统的整体网络弹性能力很成熟的结论。

　　通过静态分析，能够定位系统网络弹性中的薄弱环节，并给出针对性的建议。例如，缩小系统攻击面，消除脆弱环节，增强网络弹性设计原则、技术方法的应用以更好地支撑大权重目标、子目标的实现，改造、更新关键业务子系统架构，使其具备抵御"未知的未知"网络攻击的能力。

6.3.3　对抗评估

　　传统网络安全领域的红蓝对抗是指基于真实网络环境，开展实兵红蓝对抗演练，发现网络在技术、管理层面的安全缺陷并加以改进。评估过程中，一方扮演攻击者角色，以获取网络资产权限、业务数据、业务控制权为目的；另一方扮演防守者角色，发现并处置安全事件，分析攻击方成果，提出改进措施。在我国军事对抗演习中，己方为红军，敌方为蓝军。沿用这一习惯，国内通常将模拟黑客对网络展开攻击的一方称为蓝队，负责对网络进行防护的一方称为红队。但也有将攻击方称为红队，防守方为蓝队的情况。为避免歧义，本书明确采用"攻击方"和"防守方"来指代红蓝对抗双方。

　　对抗评估方法示意如图 6.11 所示。评估过程中，系统对于攻击方而言是黑盒。攻击方必须尝试各种潜在的攻击路径，寻找突破口。例如，攻击方可以借鉴开源的对抗性战术和技术知识库 ATT&CK[5]列出的各类战术、技术过程 (TTP)，对目标系统发起渗透攻击，试图损害甚至中断目标系统关键业务的运行。系统对于防守方而言是白盒，对抗过程中，防守方采取针对性行动，阻断攻击，消除影响，保障系统关键业务的持续可信运行。对抗评估过程中，评估者处于"上帝视角"，攻击方和防守方的行动细节以及系统和业务的运行情况对于评估者而言均可知。评估者通过观察攻防对抗过程中系统和业务的运行状况，对系统的网络弹性能力进行评估。

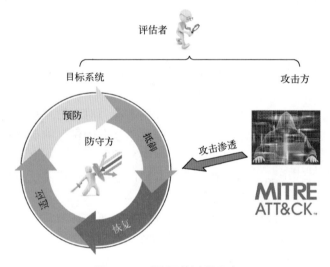

图 6.11　对抗评估过程示意

　　对抗评估过程中，重点关注的问题是系统面临已知和未知(但对于攻击方可能是已知的)的网络攻击时，其感知、抵御、扼制、适应能力，以及在此过程中保障关键业务持续可信运行的能力。对于攻防双方均已知的网络攻击，主要评估系统对于各类攻击 TTP 的防御覆盖完整度，以及攻击发生时，关键业务功能和性能受影响程度。通过采用攻击方已知、但防守方未知的网络攻击，可在一定程度上评估系统对于未知攻击的感知、抵御、扼制、适应能力。需要指出的是，面对专业的防守方，实施采用攻击方已知、但防守方未知的网络攻击，本质上是要求攻击方掌握对防守方系统而言高危的 0-day 漏洞，这在现实对抗中往往难以实现。对于评估系统在面临"未知的未知"网络攻击时的弹性能力，内生安全白盒测试给出了一种易于实施、可复现验证的评估方法。有关内生安全白盒测试方法的说明可参见 6.3.4 节。对抗评估过程中重点关注的系统基本网络弹性能力及其成熟度定义如表 6.14 所示。

表 6.14　对抗评估过程中重点关注的系统基本网络弹性能力及其成熟度定义

能力 成熟度	系统面对已知攻击时的网络弹性能力	系统面对攻击方已知、防守方未知攻击时的 网络弹性能力
很成熟	对已知 TTP 的防护覆盖度达到 100%，关键业务运行不受影响	系统具备感知并抵御未知攻击的能力，关键业务运行不受影响
成熟	对已知 TTP 的防护覆盖度良好，关键业务运行受影响较小	系统面对未知攻击具有良好的拙制、恢复、适应能力，关键业务运行受影响较小
不成熟	对已知 TTP 的防护覆盖度较低，系统存在明显的防护薄弱环节，关键业务运行受到明显影响	系统关键业务运行受到明显影响

6.3.4　破坏性评估

破坏性评估的基本方法是人为向系统中引入故障、失效或者安全风险，在此前提下评估系统的健壮性与安全性。当前在大规模分布式系统健壮性测试中得到应用的混沌工程方法，以及内生安全白盒测试方法，都属于破坏性评估方法。混沌测试主要是向系统中注入功能故障获知失效(Fault Injection)，以验证系统的鲁棒性。内生安全白盒测试不仅包含了当前混沌工程方法的测试能力，同时，还可以向系统中注入安全失陷(Compromise Injection)，模拟系统部分组件被攻陷的场景，在此条件下对系统的鲁棒性、安全性进行评估。从方法功能的角度而言，混沌工程是内生安全白盒测试的一个子集和一种特例，如图 6.12 所示。

图 6.12　破坏性评估方法的关系

1. 混沌工程评估方法

混沌工程(Chaos Engineering)，是一种提高技术架构弹性能力的复杂技术手段。混沌工程通过主动制造故障，测试系统在各种故障和负载压力下的行为，及时识别并修复故障问题，避免故障造成严重后果。

混沌工程实施通常包含以下四个步骤：

第一步，定义并测量系统的"稳定状态"。首先精确定义指标，表明系统按照应有的方式运行。例如，Netflix 在混沌工程实践中，使用客户点击视频流设备上播放按钮的速率作为指标，称为"每秒流量"。事实上，在混沌工程中，业务指标通常比技术指标更有用，因为它们更适合衡量用户体验或运营。

第二步，创建假设。因为试图破坏系统正常运行时的稳定状态，所以假设应当包含系统在破坏手段实施后的预期行为。

第三步，故障实施。常见的故障实施方法包括：模拟数据中心的故障、强制系统时钟不同步、在驱动程序代码中模拟 I/O 异常、模拟服务之间的延迟、随机引发函数异常等问题。在复杂系统中进行故障实施很容易引起出乎意料的连锁反应，这是混沌工程寻找的结果之一，因此在故障实施之前，首先考虑可能出现什么问题，并限定影响的边界（也称为"爆炸半径"），然后再进行模拟。

第四步，证明或反驳假设。将稳态指标与干扰注入系统后收集的指标进行比较。如果发现测量结果存在差异，那么说明混沌工程实验已经成功，此时需要深入分析原因，并加固系统，以便现实世界中的类似事件不会导致严重问题。如果发现系统可以保持稳定状态，那么说明系统弹性能力足够应对所实施的故障。

应用混沌工程有如下基本原则[6]：

建立一个围绕稳定状态行为的假说。要关注系统的可测量输出，而不是系统的属性。对这些输出在短时间内的度量构成了系统稳定状态的一个代理。整个系统的吞吐量、错误率、延迟百分点等都可能是表示稳态行为的指标。通过在实验中的系统性行为模式上的关注，混沌工程验证了系统是否正常工作，而不是试图验证它是如何工作的。

多样化真实世界的事件。混沌变量反映了现实世界中的事件。我们可以通过潜在影响或估计频率排定这些事件的优先级。考虑与硬件故障类似的事件，如服务器宕机、软件故障（如错误响应）和非故障事件（如流量激增或伸缩事件）。任何能够破坏稳态的事件都是混沌实验中的一个潜在变量。

在生产环境中运行实验。系统的行为会依据环境和流量模式都会有所不同。由于资源使用率变化随时可能发生，因此通过采集实际流量是捕获请求路径的唯一可靠方法。为了保证系统执行方式的真实性与当前部署系统的相关性，混沌工程强烈推荐直接采用生产环境流量进行实验。

持续自动化运行实验。手动运行实验是劳动密集型的，最终是不可持续的。所以我们要把实验自动化并持续运行，混沌工程要在系统中构建自动化的编排和分析。

最小化爆炸半径。在生产中进行试验可能会造成不必要的客户投诉。虽然对一些短期负面影响必须有一个补偿，但混沌工程师的责任和义务是确保这些后续影响最小化且被考虑到。

混沌工程是一个强大的实践，它已经在世界上一些规模最大的业务系统上改变了软件是如何设计和工程化的。相较于其他方法解决了速度和灵活性，混沌工程专门处理这些分布式系统中的系统不确定性。然而，现有的混沌工程方法实践主要引入随机失效，在此前提下观察网络鲁棒性和弹性能力。与之相比，内生安全白盒测试方法不仅可引入随机失效，也能够评估系统中部分组件被攻击者成功控制的条件下，系统的安全和弹性能力。

2. 内生安全白盒测试

内生安全的白盒测试方法是一种破坏性的评估方法，当前主要用于评估基于 DHR 架构的内生安全设备与系统的功能安全和网络安全能力。在内生安全白盒测试中，将内生安全设备与系统中的部分可重构执行环境开放给攻击者，在此前提下，测试攻击者是否能够对整个设备或系统实施有效攻击。

在内生安全的 DHR 架构中，允许多个异构可重构执行环境中存在未知的差模漏洞后门或病毒木马，整个系统的安全能力通过内生安全 DHR 架构进行保证。图 6.13 给出了内生安全白盒测试的示意图。攻击者拥有可重构执行环境 1 的管理员权限，可以对此可重构执行环境执行任何操作，也可以关闭此可重构执行环境(此时白盒测试退化为混沌测试,即测试部分组件失效时的系统弹性能力)。在此前提下，验证攻击者是否能够依托此可重构执行环境，攻击输入代理、策略裁决、输出代理(纠错输出)等组件，或者从可重构执行环境 1 渗透到其他可重构执行环境，进而获得整个设备或者系统的控制权。内生安全的 DHR 架构充分考虑到了拟态括号组件的安全性、内部组件间通信的安全性以及可重构执行环境的动态特性，使得白盒模式下的攻击者无法突破 DHR 架构的约束，获得长期的立足点，形成稳定的攻击效果。

根据开放给攻击者的可重构执行环境数量的不同，内生安全白盒测试可以分为差模、$N-1$ 模、N 模等多种方式，各类测试方式的说明请参见 3.11 节。

内生安全白盒测试可评估系统在面对"未知的未知"网络攻击时的网络弹性能力。在白盒测试过程中，需要重点关注的问题包括：

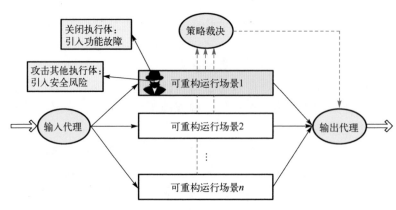

图 6.13 内生安全白盒测试示意图

（1）系统面对"未知的未知"网络攻击是否能够持续安全稳定地运行？

（2）系统关键业务的功能、性能是否受到负面影响？

（3）内生安全设备系统的执行体调度过程是否影响业务性能？

（4）内生安全设备系统是否能够输出标准化日志，增强网络的威胁感知能力？

（5）共模测试时，内生安全设备系统感知共模逃逸并从中恢复的时间多长？

（6）内生安全设备系统能否针对当前的攻击模式，调整调度裁决策略，实现自适应演化？

表 6.15 给出了系统内生安全能力成熟度能力描述。内生安全能力成熟度越高，表示网络感知并抵御未知威胁、自适应调整演化、支撑关键业务持续安全运行、保障网络弹性的能力越强。

表 6.15 系统内生安全能力成熟度能力

成熟度	能力
很成熟	1. 共模逃逸时间短，几乎不影响网络业务的安全性； 2. 内生安全设备系统能够输出标准化运行日志； 3. 内生安全设备系统能够进行自适应的调整演化； 4. 所设定的防御要地能够充分保证关键业务的持续安全运行；要地设备与系统均采用满足第 1～3 条要求的内生安全设备与系统
成熟	1. 在某些情形下，共模逃逸时间较长，在此期间可能会影响网络业务的安全性； 2. 内生安全设备系统能够输出标准化运行日志； 3. 所设定的防御要地能够充分支撑关键业务的持续安全运行；要地设备与系统均采用满足第 1～2 条要求的内生安全设备与系统
不成熟	1. 内生安全设备与系统由于多个执行体在实现方式上异构程度不充分，发生共模攻击的概率较大； 2. 共模逃逸的时间较长，影响到网络业务的安全性； 3. 没有清晰地划分网络防御要地，关键业务系统未能实施充分的内生安全防护

内生安全白盒测试方法首次将破坏性测试的思想引入到系统安全测试中，在评估某个网络系统的弹性能力时，可以将系统部分组件或节点的控制权完全交给攻击方，模拟相关组件、节点被攻击后失陷的场景，在此条件下，对系统的网络弹性能力进行评估。图 6.14 给出了将内生安全白盒测试方法应用于一般系统的安全测试的示意。攻击者拥有子系统 1 的管理员权限，可以对此子系统执行任何操作，也可以关闭此子系统(此时内生安全白盒测试退化为混沌测试，即测试子系统 1 失效时的系统弹性能力)。在拥有子系统 1 的管理员权限后，攻击者可以尝试对其他子系统进行攻击渗透，进而获得整个设备或者系统的控制权。具有良好弹性能力的系统架构应能够限制失陷的范围，并充分应用动态性、异构性的系统结构设计原则，使得攻击者难以获得长期的立足点，难以形成稳定的攻击效果。本质上说，内生安全白盒测试将传统的混沌工程方法推广到了更为一般的情况，在测试过程中，不仅人为引入了功能故障或失效，也可人为引入安全失陷。内生安全白盒测试为网络弹性评估提供了一种可验证的广义功能安全测试方法，特别是对于关键业务子系统，有必要通过内生安全白盒测试，对其鲁棒性、安全性进行可复现、可验证的评估。

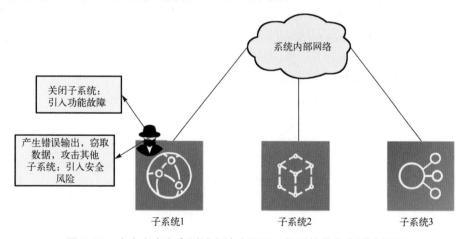

图 6.14　内生安全白盒测试方法应用于一般系统的安全测试示意

6.4　本 章 小 结

本章从评估系统架构网络弹性能力的角度，给出了系统架构层面的网络弹性评价指标，说明了相关的网络弹性评估方法。系统架构网络弹性评价框架聚焦系统网络弹性共性问题和对网络弹性核心能力的评估，相应评价结果可视为衡量系统网络弹性能力的核心指标，在实际应用中起到"关键一票"的核心支撑作用。系统架构层面的网络弹性评估方法包括静态评估、对抗评估和破坏性评估。内生安全白盒测试作为一种破坏性评估方法，可对系统的广义功能安全能力进行可验证的度量评估，提供了现有评估方法所不具备的能力。

参 考 文 献

[1] Ross R, Pillitteri V, Graubart R, et al. Developing cyber-resilient systems: A systems security engineering approach[R]. NIST Special Publication 800-160, Volume 2, Revision 1. 2021.12.

[2] Bodeau D, Graubart R, McQuaid R, et al. Cyber resiliency metrics, measures of effectiveness, and scoring: Enabling systems engineers and program managers to select the most useful assessment methods[R]. MITRE Technique Report（MTR180314）. 2018.

[3] Bodeau D, Graubart R, McQuaid R, et al. Cyber resiliency metrics catalog[R]. MITRE Technique Report（MTR180450）. 2018.

[4] Hall A. A Methodology for Systems Engineering[M]. New York: van Nostrand Publishing Company, 1966.

[5] MITRE. ATT&CK[EB/OL]. 2022. http://attack.mitre.org/.

[6] Principles of chaos engineering[EB/OL]. 2019. https://principlesofchaos.org/.

第**7**章

内生安全赋能典型领域工程应用

7.1 内生安全工程构造基线

在构造内生安全应用时，我们需要建立一条应用基线，用于对赋能构造的内生安全特性进行评估或验证，判断目标对象的内生安全实现是否需要改进完善。

首先，要建立一条初始的内生安全构造应用基线——确定构造赋能系统应具备的能力。这些能力可以是基于威胁分析而来的功能及特性(如应用运营的连续性，网络安全性和网络可防御性；可维护性和可用性；性能管理等)，也可以是来自于该应用的系统架构设计中的内生安全实现目的、技术和方法(如内生安全 DHR 架构体系中动态、异构、冗余等特性，输入代理和纠错输出机制，策略裁决机制，调度机制，反馈控制机制，分片，随机，多样化，虚拟化，可重构重组等)。此外，这些能力还可以是构造赋能中解决内生安全问题的复杂度，以及与其他附加式安全技术和方法的兼容性。这些能力可能需要将应用分解成各个子应用和功能模块，或者从架构层面进行分析确定。

然后，需要分析初始基线和实际应用间的差别以及存在的问题。应用实现能力与所需能力间的差别以及应用实现上的个性化问题，可能在应用的设计、实现和使用阶段已经被发现跟踪。这些信息可以从应用实用的后续报告、渗透测试报告、事故故障报告以及各类评估相关的报告中获取。鉴于有些差别和问题可能是普遍存在的，构造应用所使用的解决方案应重点分析。最后，需要建立评估准则并对这些能力、差别和问题进行初始评估。初始评估可以是一个不精确的量化评估，比如各项指标的评估结果可以是从高到低进行粗略划分的，也可以是简单的定性判识，以确定是否实现了内生安全技术的某种特性或者实现到何种程度。构造应用的内生安全特性可以从多个角度进行评估，比如：

从基础功能和性能的角度，根据赋能构造的应用实现所需能力来制定相应的评估指标。譬如，基本功能和协议，DHR架构中的执行体数量、相互间的异构度和独立性、输入代理和纠错输出的数据处理及协议类型、裁决器的裁决策略和算法，调度器的调度策略和算法，执行效率和响应延迟等。

从安全和风险管理的角度，结合已有的攻击模型和风险评估模型，对赋能构造系统进行安全性和可靠性评估。比如，威胁感知和响应时间、面对威胁或应用压力时的业务功能状态等。

从内生安全防御效果的角度，比如内生安全理论中的差模测试例注入实验、时间协同差模测试例实验、$n–1$ 有感共模测试例注入实验（n 是执行体数目）、n 模(共模)测试例注入实验、反馈控制环路的注入实验等对赋能构造系统进行评估。

此外，初始评估还可能会涉及评估后续生命周期阶段(如运营和维护)中投资方面的潜在成本和计划风险(如潜在的成本风险、进度影响和性能影响)。赋能构造的关注点和优先级可用来确定评估方法(如定性评估表、有效性度量、评分系统等)和相关的候选指标。

7.2　内生安全赋能网络通信

7.2.1　内生安全路由交换设备

1. 威胁分析

路由器和交换机作为网络空间信息基础设施的核心设备，涉及互联网核心层、汇聚层和接入层。但路由交换设备自身存在一些固有问题，致使其难以及时有效地抵御恶意网络攻击[1]，具体包括以下四方面：

(1)由于设计与实现环节的代码量极大，导致潜在的内生安全问题众多。

(2)作为承载性能要求很高的专用封闭系统，一般难以部署防火墙、杀毒软件等附加性的安全防护和威胁检测手段，因而大多数路由交换设备对恶意攻击基本不设防或无法设防。部分应用场景下路由交换设备虽然内置了常规检测和防御模块，例如限制登录次数、定期更新密码等，但功能较为有限且严重依赖先验知识(库)，无法防御针对设备自身未知漏洞后门等内生安全问题的网络攻击。

(3)不具备网络弹性能力。由于缺乏动态性、多样性和冗余性完全相交的内生安全机制，对网络攻击扰动无法实施"事前、事中、事后"的主动抑制或消除恢复，导致一些"长老级"的漏洞后门甚至病毒木马等安全问题长期存在，系统在全生命周期内始终处于易被攻击者利用的风险当中。

(4)不具备可信服务能力。由于路由转发表一旦遭到劫持攻击或蓄意篡改，路由转发服务将失去可信性。

鉴于路由交换设备在网络系统中的基础地位，其未知漏洞后门等一旦被攻击者利用就会产生功能安全、网络安全和信息安全三重安全交织问题，不仅关系到路由器和交换机本身的功能安全(瘫痪或宕机)，还会对其服务的可信性产生严重的负面影响。例如，如果攻击者控制了路由器和交换机，并具有随意篡改路由转发表的能力，就可发起大规模的中间人攻击，甚至可对加密数据实施窃取或篡改，进而危及到敏感数据的私密性、完整性和可用性。因此，内生安全赋能网络弹性的数字设施对提升基础设施"底座"安全能力、从信息物理系统设计制造侧保障网络空间"共管共治"目标的达成具有十分重要的意义。

2. 设计思路

路由交换设备从功能上可以划分为三个平面：数据转发平面、路由控制平面和配置管理平面。数据转发平面的功能就是对进入系统的数据包查找相应路由表项，并按照查表结果将数据包转发出去。路由控制平面通过运行各种不同的路由协议(如 RIP、OSPF、BGP 等)实现路由计算，并将产生的路由表项传送给数据转发平面使用。配置管理平面主要是向用户提供各种人机交互界面(如CLI、SNMP 或者 Web 网管等)。路由交换设备系统逻辑功能简要模型如图 7.1所示。

国家信息安全漏洞共享平台的统计数据表明：绝大多数的中高危漏洞来自于管理与路由协议，数据平面的漏洞目前尚未有披露。这与路由交换设备不同平面功能流程的差异性有关。数据平面通常采用专用芯片或硬件实现，攻击难度较大。控制平面受益于路由协议标准化和交互消息的规范化以及测试的完备性，软件缺陷相对较少。管理平面常因为协议的特异性和远程管理的便捷性，软件缺陷较多也更容易遭受攻击。如图 7.2 所示，当前路由交换设备缺乏内生安全基因，致使其面对人为攻击时缺乏网络弹性能力，相关脆弱性但凡被利用将导致设备功能受损、服务可信性丧失。

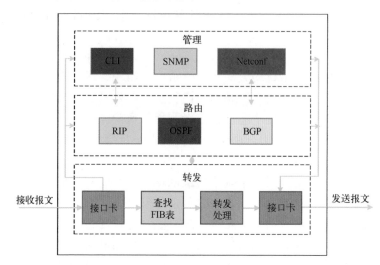

图 7.1 路由交换设备系统逻辑功能简要模型

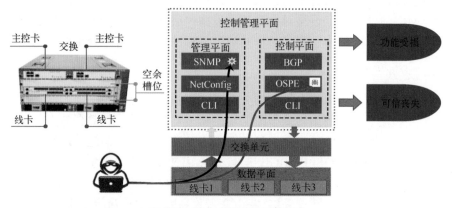

图 7.2 路由交换设备脆弱点

　　针对路由交换设备面临的脆弱性风险问题，结合路由交换设备架构特点，将设备的路由控制平面与配置管理平面作为防御要地，并设置基于 DHR 构造的拟态界。路由控制平面的拟态界设置在路由表项信息更新操作环节，配置管理平面的拟态界设置在系统管理配置命令下发环节。

　　结合拟态界确定的防护目标，下面将路由交换设备功能结构模型与内生安全的 DHR 架构相结合，设计了基于动态异构冗余的路由交换设备内生安全体

系模型,如图 7.3 所示。该模型以 DHR 架构为基础,在配置管理平面引入多个
实体或虚拟管理执行体,在路由控制平面引入多个实体或虚拟路由计算执行体,
从而在各个平面构建出物理的或逻辑的异构冗余处理单元。同时引入输入代理
进行消息分发,引入策略裁决实现纠错输出,策略裁决结果通过反馈控制器馈
送至动态调度模块,实现各个执行体的动态重构和调度清洗以及功能恢复等操
作。通过基于差模感知的结构编码迭代变化抵御网络攻击,化解未知漏洞后门
等导致的功能劣化失效以及可信服务丧失问题,依托反馈控制实现"一次差模
感知一次结构加密",通过快速更新结构编码(包括清洗恢复、重构重置、改变
运行环境状态等)方式达成"使命确保及服务可信"的网络弹性目标。

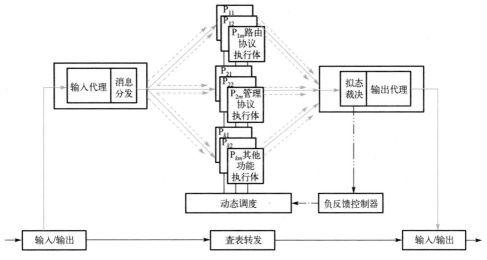

图 7.3　内生安全路由交换架构模型

3. 体系架构

内生安全路由交换设备体系架构如图 7.4 所示。路由交换设备采用转发与
控制分离的设计理念,转发平面在按照路由表进行数据转发的同时,将目的地
址为本地地址的管理协议报文和路由协议报文上传给协议代理单元,并由其分
发给各个功能等价的异构执行体,各自独立生成的路由更新命令和配置命令将
发送给裁决模块,由其进行差模威胁感知,并在指令纠错输出环节实现错误屏
蔽。调度与决策单元则依据裁决结果改变当前运行环境的视在结构,并对受损
或者遭受破坏的执行体进行隔离修复,从而在保证路由交换功能正常实现的同
时确保其具有高安全防御等级。

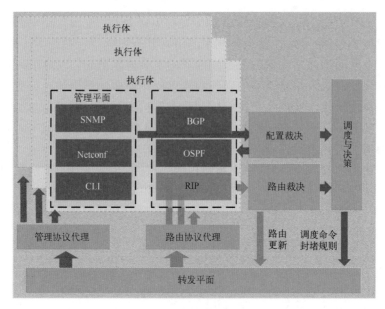

图 7.4　内生安全路由交换设备体系架构

4．异构执行体构建

异构执行体池（如图 7.5 所示）包含了多个异构执行体，这些执行体能提供等价的路由计算、配置命令解析等功能，但在硬件、操作系统、编译环境、协议和管理软件版本等上存在配置差异，尽可能降低异构执行体间存在相同漏洞后门的概率，减少各个执行体发生共模故障或共模逃逸的可能性。

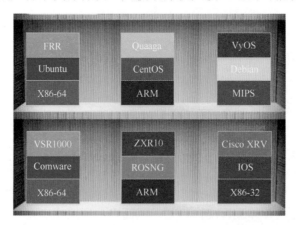

图 7.5　异构执行体池示意图

如图 7.5 所示, 异构执行体可基于多种不同 CPU 架构(如 x86、ARM、MIPS 等)和操作系统(比如 Linux、Windows 等不同发行版本或各厂家自研的操作系统等)来构建, 通过不同的组合模式在指令集、操作系统和各种中间件层面实现执行体异构运行环境, 也可采用虚实结合的方式来构建异构运行环境。实体执行体可以采用物理主机, 也可以将进行过虚拟化改造的系统运行在虚拟化平台上。应当综合考虑风险威胁、成本以及效率等因素来确定异构执行体运行环境的构建方法。

执行体的应用协议采用了不同版本的开源路由软件(如 FRRouting、Quagga、VyOS 等), 并对其进行多样化编译后部署在各个异构的执行体环境中, 实现应用软件层面的异构。同时也可以将不同厂商推出的虚拟路由器软件(如 H3C 的 VSR1000、思科的 XRv 等)作为执行体, 部署至执行体池中运行, 但由于管理命令风格不同、代码闭源等原因, 针对这类异构执行体需要开发相应的命令行转译模块, 使用户输入的配置命令能在这类执行体中生效。

5. 面向邻居无感知的协议代理机制

协议代理单元是消息进出系统的出入口, 该单元负责将路由协议报文分发给各个执行体, 并按照一定策略对执行体向外发送的协议报文进行转发或纠错过滤。

报文输入到转发平面后, 将按照配置的分流策略, 将目的是本地接口的路由协议报文分流至路由协议代理单元,管理协议报文分流至管理协议代理单元, 其余的报文按照转发平面维护的路由表进行转发。协议代理单元的主要目标是在完成与邻居的路由会话建立与路由学习的基础上, 实现多个路由执行体的并行运行以及单一呈现。

采用双向代理完成多执行体与邻居会话之间的有限状态机(Finite State Machine, FSM)的状态同步, 机制原理如图 7.6 所示, 对内采用报文复制建立邻居与每个执行体的会话; 对外采用纠错输出方式实现多执行体对外隐藏呈现; 采用缓存机制实现执行体切换及重启后的路由同步。

6. 面向应用需求的差异化路由裁决模式

裁决单元与反馈调度单元是最大限度构建 DVR 相交环境的关键组件, 通过两个组件的相互协同, 使针对系统的攻击更难形成"非配合条件下, 动态异构冗余环境内协同一致的共模逃逸"。

裁决单元负责感知多执行体的路由更新事件或配置下发事件, 并对其进行多模裁决/纠错输出。该单元按照一定的原则对各个路由执行体下发给数据转发平面的路由表项信息进行相对性判识。对于产生不一致结果的执行体，该单元将相关信息进行封装后汇总给反馈控制单元，供决策单元进行决策策略的生成。

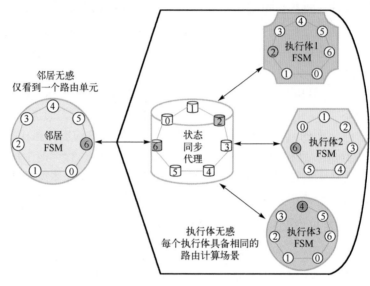

图 7.6   协议状态机同步机制

路由生效时间是一个重要的性能指标。系统的裁决点应设置在控制平面向数据平面输出路由表项的通道处，路由裁决的方式决定了路由表项的生效时间。根据不同场景对路由生效时间的实际需求，设计了两种路由表裁决模式（如图 7.7 所示）。一种是优先裁决模式，该模式在路由更新时会首先发起路由裁决，路由表项只有在通过判决后才能在转发平面生效。另一种模式是优先生效模式，就是某个执行体的路由更新将立即在转发平面生效，然后再由裁决模块发起裁

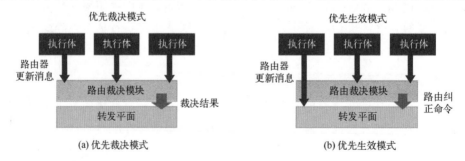

图 7.7   两种路由裁决模式

决，如果裁决模块将刚刚生效的路由表项判决为异常，将会对该表项进行错误纠正。优先裁决模式适用于对服务可信性要求较高的场景，优先生效模式适用于对路由生效时间要求较高的场景。

对于优先裁决模式，首要设计目标是在保证不误报的基础上尽量缩短路由生效时间。由于各个执行体向路由裁决模块通告路由更新消息时会存在时间差，因此必须要设定一个等待时间窗口，在窗口到期时对收到的路由更新信息进行裁决。如果等待时间窗口设置不合理，就可能引起误报或是决策生效时间过长等问题。为解决该问题，路由裁决模块在等待时间窗口的基础上增加了动态队列等待定时器，从而可以根据路由更新消息的到达时间分布情况，动态调整等待时间窗口的长短，在缩短决策生效时间的同时减少误报。对于优先生效模式，其问题主要在于裁决模块检测出路由更新是异常行为后，如何尽快完成路由表的错读纠正。路由表的更新行为分为路由表项的增加、更新和删除，针对这三种行为，需要分别制定不同的纠正恢复方案，可使路由表在被攻击者篡改后能快速地恢复到受攻击前的状态。

7. 基于反馈控制的自适应恢复机制

反馈控制调度单元的主要功能是管理异构执行体池及池内执行体的运行，按照决策单元指定的调度策略，调度多个异构功能执行体，实现功能执行体的隔离、重构、清洗和恢复，增加攻击者扫描发现的难度，隐藏未知漏洞后门的可见程度，隔离异常功能执行体，消除当前运行环境内的差模感知表达，确保网络弹性能力。其主要功能组成如图 7.8 所示。

对于攻击者实施的差模攻击，反馈控制调度单元只需替换运行环境内输出异常的执行体，并从后台资源池中选取一个执行体进行替换。但如果更替执行体存在与前者完全相同的安全缺陷及攻击者可资利用的方法，则理论上存在共模逃逸的可能[2]。尽管这种情况的发生概率很低，但对于单纯以择多判决为准则的路由裁决机制来说，因为在"相对性判识盲区"内有可能存在"有感共模逃逸"，难以有效检测出利用共模漏洞后门等进行的攻击以及甄别定位问题执行体。因此需要将路由裁决、执行体历史运行信息(权重)甚至相关告警提示，与执行体或当前运行场景清洗调度/重构重置机制进行结合，解决面向跨平台共模漏洞后门攻击的防御难题，从而在遭遇"共模逃逸"时能够具备"扼制"攻击后果持续生效的网络弹性能力。

为了应对执行体共模漏洞后门等带来的安全威胁，反馈调度单元设计了执行体迭代清洗机制来检测和清除此类网络攻击后果。执行体迭代清洗机制综合

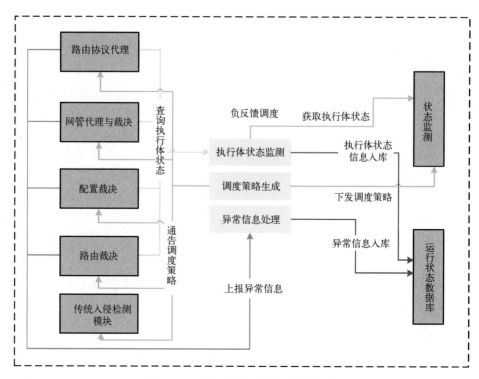

图 7.8　反馈调度单元主要功能组成

利用了执行体调度机制和策略裁决机制两种手段，其核心思想是通过检查执行体被清洗以后的路由状态是否发生改变，来判断多个异构执行体是否有可能已经被基于共模漏洞后门等攻击击穿的情况，通过多轮调度和策略裁决的方法迭代确诊与自愈。执行体的迭代清洗有两个触发条件：①调度机制会不定期地随机清洗一个正在运行的执行体，如果被清洗的执行体重现上线后裁决器状态发生改变，则立即触发迭代清洗。②路由裁决机制检测出有执行体的路由下发行为与其他大多数执行体不一致时，则认为其路由状态异常，并将该执行体进行下线清洗；在执行体被清洗完成并重新上线后，迭代清洗机制会向该执行体发起查询，检查其是否还存在上次裁决认定的"异常路由状态"；如不存在，说明清洗达到了预期效果，不再进行后续操作；如果依旧存在"异常路由状态"，则触发迭代清洗。

迭代清洗的流程首先是从上次裁决中被判定为路由状态正常的执行体中随机抽取 1 个执行体，对其进行强制清洗，并检查其清洗后的裁决器状态是否发生改变，如果出现差模状态，则启动第二轮清洗，否则终止迭代清洗流程，并将先前判定为异常的执行体进行调度替换。第二轮清洗将把剩余的执行体都进行清洗并重新上线，然后进行最终裁决，若裁决结果与第一轮裁决结果不一致，则认为发生了利用共模漏洞击穿多个执行体的攻击，将按照新的裁决结果对之前的裁决结果进行错误表项纠正。该机制能在攻击者利用共模漏洞击穿大部分执行体情况下(可能仅在理论上成立)，仍可将被攻击者远程控制的执行体逐步且自动地恢复到正常状态，共模逃逸即使发生也无法成为可复现的稳定事件。

7.2.2　内生安全网络控制系统

1. 威胁分析

云计算、数据中心以及网络功能虚拟化等技术的发展，使原来封闭的网络逐步走向开放，软件定义网络 SDN、多模态网络环境等创新网络架构技术不断涌现，进一步促使网络技术深度变革。伴随着白盒化技术发展，原来驻留于路由交换等网元设备内的管理和控制功能也逐步剥离并向上迁移至独立的网络控制系统，使得后者在整个网络架构中的地位和作用越发凸显，已成为网络的"新核心"与"神经中枢"，充当了连接底层交换设备与上层应用程序的桥梁。对下可控制网元设备，实现网络层功能抽象和封装，对上能提供网络功能，满足上层应用对网络的差异化需求。

然而，信息技术全球化发展浪潮下，网络各类软硬件系统的供应链极易被"毒化污染"，使得网络中随机失效、漏洞、后门等不确定扰动问题凸显，直接威胁到网络控制系统的正常运行，对其功能和性能等品质鲁棒性产生了极为恶劣的影响。网络控制系统在随机故障和人为攻击条件下一旦出现功能失效，将会严重威胁到网络的各个层面，对网络功能的破坏影响最深、范围最广。

网络控制系统作为当前网络的重点防护对象，其安全问题主要体现在以下 5 个方面：①新型网络解耦合数据和控制功能，这在网络控制系统中引入了新的攻击面，例如，网络控制系统南向接口协议和北向应用编程接口。②新型网络一个优势在于网络控制系统软件可以安装在基于商用现成品(Commercial Off-The-Shelf, COTS)硬件的操作系统上(例如，Windows 操作系统或者 Linux 操作系统)。但是，这也使得网络控制系统面临着与操作系统相同的风险，例如，反复出现的缓冲区溢出等攻击[3,4]。③集中式控制架构成为了网络控制系统的达摩克利斯之剑，攻击者发起的 APT 攻击只需感染网络控制系统就可以获取整个网络的控制权。④数控分离使得交换设备与网络控制系统之间频繁通信，在遭受拒绝服务攻击或者分布式拒绝服务攻击后会极大地降低网络性能[5]。⑤除了系统漏洞后门、新的攻击面以及消失的硬件防护线，控制系统软硬件错误配置以及随机性失效故障也是网络控制系统面临的网络弹性难题。

综上所述，可以得出，网络控制系统作为支撑新型网络技术应用的核心和关键，目前正深受产业界和学术界青睐，也呈现出一大批不同厂商和语言开发的开源/闭源设备。然而，这种百花齐放的发展态势难掩其漏洞百出的安全危局。对于网络控制系统面临的软硬件安全威胁和破坏，无论是从哲学原理还是从软硬件工程技术角度，客观上都不可能设计出无漏洞/后门的软件系统和无错误/缺陷的硬件设备。如果网络控制系统的安全性、鲁棒性无法得到保障，则网络的安全性/弹性和服务的可信性也将无从谈起。

2. 系统架构

从功能层次上看，网络控制系统用于运行拓扑发现、路由计算、状态监测等复杂控制协议，生成供转发面使用的控制表项；接受来自用户、管理应用的配置管理信息。将网络控制系统纳入 DHR 架构的防护范畴，通过构造内生安全机制的网络控制器，抵御基于未知漏洞后门等的网络攻击。

来自网元或是管理员的输入报文根据细分的报文协议类型，通过对应的控制或管理协议代理并行分发到多个在线的、异构的控制器执行体进行处理。后者独立进行计算后输出的控制信息、配置信息，反馈给裁决器（可以是集中设置也可以是分散设置）；裁决器综合各个控制器执行体的输出结果、各执行体的历史状态、执行体之间的异构度等信息，生成裁决结果，通过纠错输出环节下发到转发面生效。裁决器将每次裁决的结果反馈至控制调度器，作为执行调度决策的依据之一。若裁决器认为某个执行体的输出结果可疑，则通过控制器将其调度下线清洗恢复或重组重构，同时调度其他处于就绪状态的执行体上线工作。

按照网络控制系统的 DHR 架构设计，可对各类主流 SDN 控制器进行内生安全改造。内生安全网络控制系统架构如图 7.9 所示，通过构建动态异构冗余的控制器执行体，引入南向协议代理和管理协议代理对协议报文进行复制分发处理，实现各执行体间通信以及与外部的通信。在 PCEP（Path Computation Element Communication Protocol）和 Openflow 等协议的路径下发通道上设置裁决点和纠错输出环节，对不同异构控制器的选路控制命令进行裁决。反馈调度系统负责接收路径计算结果裁决上报的信息进行处理，实现系统异常信息的统一管理和处理调度，并对调度上线的执行体实施运行状态的同步操作。

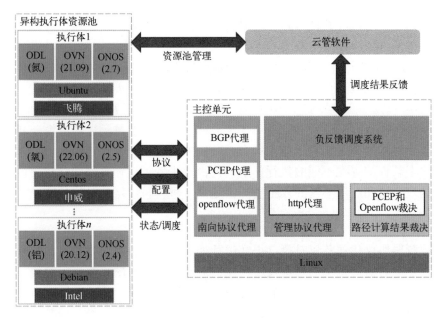

图 7.9 内生安全控制器系统架构

3．异构执行体构建

控制器异构执行体的构建可以使用多种方法，并可对多种方法组合使用。异构执行体的构建方法包括：

（1）多样化的编译机制。多样化编译通过源代码、中间代码、目标代码三个不同的层次，实现代码混淆、等价变换和相关层面的随机化以及堆栈相关的多样化技术等，最终实现编译结果的异构性。

（2）控制器版本异构。使用多个不同版本的控制器软件系统，一般而言非同源版本的控制器软件缺陷不一样，在多个非同源异构控制器版本上同时存在的共模漏洞后门的概率很低。例如，ODL 控制器存在多个成熟的版本如 Nitrogen（氮）、Oxygen（氧）等，OVN 控制器每个年度也会推出一个发行版，充分利用其不同版本是实现异构执行体是一种有效方法。

（3）执行体运行的操作系统异构。控制器软件运行在操作系统上，各执行体使用不同的操作系统，如 Ubuntu、Centos 操作系统下所呈现的漏洞是不同的，不同操作系统对控制器软件调度执行的结果也存在一定的差异性。

（4）执行体运行硬件平台异构。软件化的控制系统应分布式运行在多个异构硬件平台，采用飞腾、申威、Intel、海光等多指令架构的基础硬件，既可以抵御同质化硬件平台在共性故障下同时失效导致的功能丧失，又可以降低人为攻击条件下的共模漏洞发生概率。

(5)在异构执行体集合中差异化地部署传统安全技术措施。根据 DHR 的数学表达 $P = f(S) = f(S_1 \bigcup S_2 \cdots \bigcup S_k) = f((S_1 \bigcup L_1) \bigcup (S_2 \bigcup L_2) \cdots \bigcup (S_k \bigcup L_k))$，且 $S_1 \neq S_2 \cdots \neq S_k L_1 \neq L_2 \cdots \neq L_k$，但 L_i 可以为空；又有 $P = P_i = f(S_i) = (P_1 \bigcup P_2 \cdots \bigcup P_k)$，且 $P_i \neq f(L_i) \neq f(L_1 \bigcup L_2 \cdots \bigcup L_k)$。我们可以在当前运行环境内差异化地部署与本征功能无关的安全技术集合 L，例如将蜜罐、沙箱、防火墙、入侵检测等安全软件配置在不同的执行体上，使得攻击者无法在不同的执行体内创建相同的攻击链和利用不同的攻击资源，这是一种比较经济的异构化方法。

4. 协议代理

控制器协议代理负责对协议报文进行处理，实现各控制器执行体与外部的通信，实现对协议报文的基本收发功能；对从外部接收的报文进行存储、复制分发到各执行体；支持执行体的动态轮换，执行体重新上线后，针对每一个存在的协议连接，能够主动与该执行体进行连接。按照应用分类，控制器协议代理可以分为南向协议代理和北向协议代理。南向协议代理负责对接数据平面的网元，北向协议代理负责对接控制器的应用软件。

从协议特征角度分类，控制器协议代理可以分为无状态协议代理和有状态协议代理。无状态协议代理处理的每个协议报文请求都与之前任何请求报文无关，因此不需要保存协议和会话状态；反之，有状态协议代理需要维护协议和会话状态信息，新执行体上线时，需要进行相应的协议状态同步。本节以 PCEP 和 OVSDB（Open vSwitch Database）这两个控制器中常用的南向协议为例，介绍协议代理的设计实现思路。

路径计算单元通信协议 PCEP 是网络控制器的南向协议，控制器为分段路由网络上的路径进行计算，从而可以做到集中算路，这就要求网元和控制器之间有一个通信协议。控制器作为 PCE（Path Computation Element）是服务端，网元作为 PCC（Path Computation Client）是请求客户端，路径计算通过 PCEP 协议在 PCE 和 PCC 之间完成。PCEP 协议代理负责对 PCEP 协议报文进行处理，实现各执行体与外部邻居之间的通信。代理架构如图 7.10 所示。首先从调度模块获取执行体的状态、接口映射关系、MAC 等信息，并动态接收执行体上线下线以及执行体接口信息变化消息；将内部互连接口上收到的报文解析成正常报文并转交给下游流程，在业务接口收到报文时，将正常报文封装成特定报文头发送，分发到各个执行体；链接状态管理模块负责执行体与邻居的 TCP 会话的状态、初始化报文的缓存管理；报文复制分发模块负责对报文进行复制向各执行体分发，以及接收各执行体发送的报文；异步事件处理定时器负责处理通知消息以及周期性检查等流程，主要包括监听接口失败时的重试操作，执行体上线、下线的处理，僵尸连接的清除。

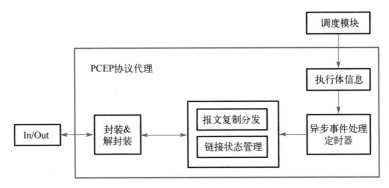

图 7.10　PCEP 协议代理架构

OVSDB 管理协议也是控制器的一种常用的南向接口协议，该协议用于对虚拟交换机的可编程访问和配置管理。该协议定义了一套 RPC（Remote Produce Call）接口，用户可通过远程调用的方式管理 OVSDB，主要包括通信协议 JSON-RPC 方法和所支持的 OVSDB 操作。OVSDB 管理协议代理的功能，本质上是实现 JSON-RPC 的代理。JSON-RPC 基于 HTTP 实现数据的传输。OVSDB 管理协议实现流程如图 7.11 所示，启动时向反馈调度子系统请求执行体的状态信息，获取到当前在线的执行体信息并生成本地配置信息；此后作为 RPC 服务端等待客户端的 RPC 连接，当在业务接口接收到 RPC 客户端的请求时，OVSDB 管理协议模拟客户端向执行体发送 RPC 请求，解析提取出报文后将报文封装成特定报文头发送到各个执行体，并保存与客户端的 RPC 会话的状态，以及与各执行体 RPC 会话的状态；OVSDB 管理协议代理只对特定执行体的 RPC 回复报文进行响应，忽略其他执行体对 RPC 请求的响应报文。

5. 策略裁决与执行体调度

内生安全网络控制器的策略裁决采用可信度加权的协议语义级判别方法。执行体的可信度基于其运行环境、版本、已知缺陷以及其历史运行数据综合评判确定。由于不同的异构执行体其输出在报文格式、随机标签等方面各不相同，因此进行语义级判别是必要的。针对不同类型的协议报文，内生安全网络控制器通过相应的协议解析、语义恢复、语义比对，并结合各执行体的可信度，进行综合裁决，发现存在异常的执行体。

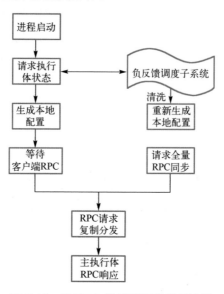

图 7.11　OVSDB 协议代理的运行流程

对于 PCEP 协议裁决而言，路径裁决模块定时向各个控制器执行体发送 HTTP 请求报文获取的算路结果并对其进行数据解析，得到路径控制命令，等待裁决定时器到期后，将各个执行体输出的算路结果数据放入裁决队列进行比较裁决，算路数据采用全量语义级比对，如果比对结果正常，则不做处理；如果比对结果异常，将出现异常的控制器执行体信息上报到反馈调度子系统。

对于 OVSDB 协议裁决而言，内生安全网络控制器引入南向数据库裁决器，多个异构执行体对同一北向输入进行转换翻译后，将各个执行体更新后的数据库送入南向数据库裁决器进行裁决。南向数据库裁决器裁决接收各执行体同步的南向数据库文件，将获取的各执行体的南向数据库文件进行解析后放入待裁决队列中，待裁决的信息送到表决器进行语义级表决，判断是否存在异常的南向数据库条目，裁决之后，如果发现特定执行体下发的信息是异常的，则对下发的表项进行修正，通过特定执行体将正常的信息重新下发，同时向反馈控制调度器通告裁决异常的信息。

内生安全网络控制器的反馈调度模块根据策略裁决的结果，以及外部输入的执行体调度命令，实现异构执行体调度。反馈调度模块及时将执行体上线或下线变化通报给系统的其他模块。执行体调度采用策略裁决异常触发、执行体运行状态异常触发、随机触发等多种方式。策略裁决异常触发的执行体调度可规避(通常是出现概率最大的)差模攻击。通过将出现裁决异常的执行体调度下线并清洗,可有效阻断已发生的攻击,有力保障了网络弹性的"扼制"目标实现。执行体运行状态异常触发的执行体调度可消除运行过程中的随机故障引发的执行体宕机,有效提高了内生安全网络控制器的鲁棒性。最后,随机调度可以有效阻断共模攻击,通过随机调度,将共模攻击转化为差模攻击,避免在极端情况下,攻击者利用共模漏洞实现长期恶意控制的风险。

6. 与现有集群部署方式的对比

现有控制器主要采用集群部署的方式以提高其可靠性。集群同时运行多个控制器实例,各实例可处于主(Master)、候选人(Slave)、跟随者(Follower)的三种状态,其中主控制器和集群外界的南北向设备进行通信。各控制器实例采用共识协议(例如 Raft)实现状态同步。当主控制器因随机故障失效时,候选人控制器可自动接替主控制器工作,避免控制器这一关键组件失效造成网络的整体故障。

现有的集群部署方式虽然可以应对随机故障引发的控制器失效,通过集群方式有效提高系统的可靠性,然而,现有集群本质是一种同构冗余的方式,同构的各控制器实例无可避免地存在共模漏洞后门甚至病毒木马,因而现有的集群部署方式无法解决内生安全共性问题,控制器的安全性仍然面临巨大风险。考虑到控制器对于网络的重要性,若其安全能力无法得到保障,则网络弹性也无从谈起。作为对照,内生安全网络控制器通过采用多个异构的控制器执行体,并结合策略裁决(既可采用集中式算法也可以采用分布式算法,例如拜占庭算法等)、动态调度与反馈控制机制,获得 DHR 架构所赋予的内生安全网络弹性能力。从实现代价的角度考虑,当前的控制器集群需要并行运行多个控制器实例,所需的计算资源和内生安全网络控制器相当。换言之,内生安全网络控制器在成本接近的前提下,实现了现有集群方式不可能达成的高可靠、高可信和高可用三位一体的内生安全网络弹性目标。

7.3 内生安全赋能云计算

7.3.1 云计算与云原生

随着信息通信技术的快速发展,个人和机构对于计算和存储等 ICT 基础资源的需求日益增加。针对传统的本地计算模式下资源利用困境，一种新型的资源供给模型——云计算应运而生。云计算凭借着按需使用、泛在接入、资源池化和弹性伸缩等优势，颠覆了传统应用的开发、部署和运维模式。尤其随着云原生化的演进，应用开发逐渐转变为原生为云而设计。

在云原生阶段，通过统一的云原生平台开展资源管理、业务开发、业务运维等，屏蔽异构软硬件给应用开发带来的影响，使得云原生应用在异构硬件环境间能够做到无缝迁移，其关键技术主要包括容器技术、微服务技术以及DevOps 技术[6]，如图 7.12 所示。

图 7.12　云原生关键技术

其中，容器技术通过共用宿主机操作系统方式，为云原生应用提供轻量级的运行环境[7]，其原理如图 7.13 所示。容器技术的实现主要依赖于 Linux 内核中的 CGroup 机制和 Namespace 机制。其中，CGroup 是 Linux 内核中的资源管理框架，能够给系统中的进程或是进程组设置资源限制，例如中央处理器(Central Processing Unit, CPU)能力、内存(Memory)和输入/输出(Input/Output, IO)能力等资源。基于 CGroup 机制，可以给不同的容器设置资源限制，保证相同宿主机的容器间不产生资源的窜扰。Namespace 机制是 Linux 内核提供的隔离机制，程序只能感知与自身 Namespace 相同的程序，而无法感知到 Namespace 之外的程序。Linux 内核主要包括以下六种 Namespace 隔离功能：主机名、消息队列、进程编号、网络设备与协议栈、挂载点和用户组。基于上述六种隔离机制，容器内进程会如同置身于一个独立的系统环境中，以此达到独立和隔离的目的。

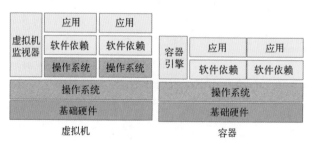

图 7.13　容器与虚拟机隔离原理对比

微服务技术由面向服务的体系结构(Service-Oriented Architecture, SOA)技术演进而来，是一种新型的应用架构[8,9]。微服务架构与传统应用架构的对比如图 7.14 所示。传统的应用常常采用单体式架构，即应用软件中所有功能模块紧耦合在一起，并运行在同一个运行环境中，例如虚拟机。然而，随着应用软件功能的不断增加，应用软件的代码量也随之变得十分庞大。庞大的单体式应用使得其更新迭代变得十分复杂。例如，由于功能之间的强耦合关系，一个功能的简单修改都可能对其他功能产生连带性影响。针对单体式应用规模庞大后带来的问题，SOA 技术提出将应用程序的不同功能单元进行拆分，但由于缺乏轻量级的运行环境，也一直未能广泛应用。当容器技术兴起之后，容器为拆分后的服务提供了理想的轻量级运行环境，微服务架构也随之兴起。在微服务架构中，多个松耦合的微服务通过编排组合，为用户提供特定的功能。微服务之间相互独立，并通过应用程序接口(Application Programming Interface, API)的方式供其他微服务调用。基于微服务架构，不同微服务的开发可以独立进行，减少了团队间的沟通难度。同时，也大大降低了大型应用软件更新迭代的复杂度。

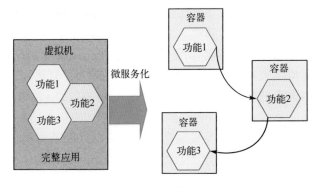

图 7.14　完整应用微服务化拆分

基于微服务的应用开发模式，云原生平台为应用开发提供了一系列组件，如应用开发框架、开发运维一体化(DevOps)组件、可观测性组件等。功能强大的云原生平台不仅充分发挥了云计算弹性、资源池化等优势，而且使得主要关注点从以资源为中心转移到以应用为中心，大大促进了云应用的创新。

7.3.2　威胁分析

在云计算云原生化的发展趋势下，容器化和微服务化等特点颠覆了传统应用的开发、部署和运维模式。这种颠覆性的架构也带来了全新的安全挑战，主要体现在容器化部署和微服务化拆分两大方面。

1) 容器化部署

运行环境的弱隔离性是容器化部署的首要安全威胁。容器等轻量级隔离技术，通过共用宿主机操作系统的方式，为应用提供隔离的运行环境。然而，共用操作系统内核的方式，也使得容器面临逃逸威胁的风险。首先，容器引擎的一些危险配置或挂载可能导致容器的逃逸。例如，赋予了容器内进程过高的权限、将宿主机一些敏感文件挂载到了容器中。其次，容器引擎调用操作系统的隔离机制实现容器的隔离，如 Linux 中的控制组(Control Group, Cgroup)和名称空间(Namespace)等机制[10]。如果容器引擎中存在漏洞后门，攻击者便能够利用相应的漏洞实现容器逃逸，例如利用 CVE-2019-5736 漏洞可以攻击 Linux 容器引擎中的 runC 模块，实现容器逃逸。最后，同一宿主机上的容器根本上就是运行在同一操作系统之上，如果操作系统的安全机制(例如 Linux 中的 Capability、Seccomp 等机制)存在漏洞，容器中的攻击者便可以直接对操作系统进行攻击，并实现容器逃逸。例如，可以通过绕过 Linux 内核的内核地址空间布局随机化(Kernel Address Space Layout Randomization, KASLR)机制，对 Linux 内核函数指针地址进行覆盖，展开内存泄漏攻击并完成容器的逃逸。为了规避共用操作系统带来的容器逃逸威胁，Kata container、Fire-cracker 等安全容器通过硬件虚拟化来实现虚拟机级别的隔离效果[11]。但是，这类安全容器依然存在漏洞容器逃逸威胁。例如，Yuval Avrahami 在 2020 年 Black Hat 北美会议上分享通过漏洞从 Kata container 逃逸至宿主机[12]的研究成果。

容器镜像的分层架构和分发机制在为构建应用提供了便利的同时，也引入了额外的安全威胁。图 7.15 展示了攻击者在镜像植入漏洞的示例图。使用者可

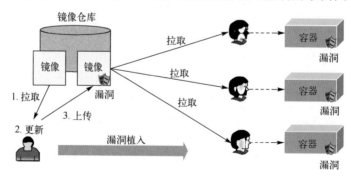

图 7.15　容器镜像漏洞植入示例

以通过将现有镜像作为基础镜像，在此基础上叠加自身所需镜像层，构建新的容器镜像。但是，容器镜像的分层架构也引入了新的安全问题，其根源在于构建镜像时基础镜像的不可控。在容器镜像打包时，常常从公共镜像仓库中拉取所需镜像作为基础镜像。但是，基础镜像的安全性无法自证清白。一方面，基础镜像中可能存在未及时修复或封堵的漏洞后门，也可能存在错误配置带来的安全风险。另一方面，攻击者还可能在镜像中植入后门并将其上传至镜像仓库，供大家作为基础镜像调用，从而导致严重的"陷门泛滥"问题。

2）微服务化拆分

当前云计算中微服务化的特点催生了微服务、Serverless 等应用场景，也带来了新的安全威胁和破坏问题。

微服务是云原生场景中的典型应用模型。与传统单体式应用不同，微服务应用通过多个微服务协同配合，完成应用的各种功能。由于服务的细粒度拆分和业务间复杂的依赖关系，使得微服务间的交互也呈现出爆炸式增长的趋势，这同时也给攻击者暴露出了大量的攻击面。攻击面的指数增长使得微服务的安全管控十分困难。同时，微服务间交互的复杂性也给云网络的权限控制带来了巨大的挑战。如果容器网络无法基于微服务间的交互需求实现细粒度的权限控制，则可能引入更多的安全威胁，例如无须被外网访问的微服务被设置外网访问权限。最后，Spring Cloud、Dubbo 等微服务框架为微服务的开发提供共性需求模块，也可能引入共模漏洞或后门等。例如 Spring Cloud 中广泛使用的日志框架 log4j，存在远程代码执行漏洞（CVE-2021-44228），对全球各大行业带来了巨大的影响，危害堪比 2017 年的"永恒之蓝漏洞[13]"。

Serverless 是云原生场景下微服务化发展到极致的场景。开发者仅需编写应用逻辑相关的函数，完全不用考虑应用的部署、可扩展性、可用性等相关问题[14]。在 Serverless 场景中，函数代码被拉取到运行环境中进行编译并运行，多个函数被编排成函数工作流的模式以实现特定的功能。同样地，Serverless 的服务模式极大地增加了攻击面，使得其在代码编译和运行阶段都面临着严重的安全威胁。同时，Serverless 中对运行环境的管理更加复杂，运行环境的复用操作可能会给攻击者的横向移动带来便利。最后，Serverless 框架同样可能引入位置安全漏洞。

7.3.3　设计思路

当前主流的网络安全防御范式难以彻底解决云计算及其原生化技术在发展中面临的安全威胁，尤其是内生安全共性问题。网络内生安全防御范式为云计算中"未知的未知"网络攻击的解决提供了新的方法论。在网络内生安全防御范式的指导下，需要结合内生安全技术与云原生技术，打造内生安全原生云，为云原生应用提供高可信、高可用、高可靠三位一体的内生安全可信运行环境。内生安全原生云应当具备云原生化、内生安全原生化和系统化防护等特征，其设计思路如图 7.16 所示。

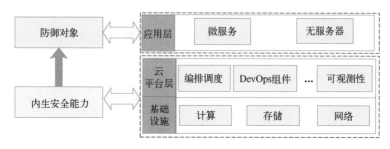

图 7.16　内生安全原生云系统设计思路

　　首先，系统设计需要遵循云原生化的云计算技术发展趋势，通过基础设施层、云平台层和应用层，以服务化形式为云原生应用提供按需调用的基础能力。具体来说，由基础设施层提供云计算中基础的计算、存储和网络资源；由云平台层统一管理底层资源，并为上层应用提供编排调度、DevOps、可观测性等功能；由应用层基于云平台层提供的功能，实现微服务、无服务器等云原生应用的正常服务。

　　其次，内生安全能力也应当作为云平台的核心能力，在云计算平台进行集成，并以服务化的模式提供给应用，实现内生安全能力的按需调用，灵活分配；为了实现内生安全原生化的目标，需要在云平台层集成 DHR 架构的策略裁决反馈控制通用组件，例如输入代理、纠错输出代理、策略裁决器、反馈调度器等；同时，需要遵循云计算资源管理的思路，将这些通用组件池化为资源池中的内生安全元素，实现按需调用。此外，还需要在基础设施层和云平台层实现内生安全所需的动态性、异构性和冗余性三者的完全相交。例如，通过部署异构的物理服务器实现运行环境的异构，通过云平台创建多个副本实现资源的冗余，通过云平台管理接口实现应用实例的动态性等。

7.3.4　架构设计

　　遵循上述设计思路，内生安全原生云系统架构如图 7.17 所示。该系统从逻辑上可以分为异构基础设施层、异构虚拟化层和云平台层。其中，异构基础设施层中包含多个配置不同 CPU 和操作系统的服务器,作为云计算集群的计算节点;异构虚拟化层为上层应用提供资源虚拟化的工具,不仅包括通用的容器虚拟化工具 Runc,也可以包含一些面向特殊应用场景的云原生虚拟化工具,例如安全容器引擎 Kata、轻量级虚拟机引擎 Firecracker 等;云平台层则基于底层提供的资源,负责应用从开发、部署到运行的全生命周期管理。

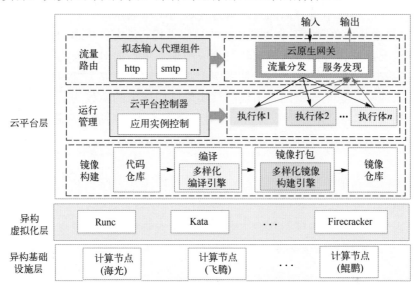

图 7.17　内生安全原生云系统架构

在该逻辑架构图中,基础设施层和虚拟化层提供的环境异构能力,为内生安全架构提供基础环境支撑。云平台层则基于基础软硬件环境,实现内生安全所需的能力,是达成内生安全云原生化的核心。结合云原生架构特点和内生安全原生化的设计思路,可以将云平台层分为镜像构建、运行管理和流量路由三个单元。

(1) 镜像构建单元。该单元的目的是基于持续集成部署(Continuous Integration/Continuous Deployment, CI/CD)流水线,提供应用异构能力。传统的 CI/CD 流水线中,会通过自动化的方式依次执行源代码编译、镜像构建和应用部署等操作,简化了应用部署中所需的人工操作,大大提高了应用上线的效率。而在上述架构中,为了实现应用的异构,可以将异构化引擎集成到 CI/CD 流水线中,从而为用户提供可编程的接口,按需实现应用的异构。上述架构在 CI/CD 流水线中集成了多样化编译引擎和多样化镜像构建引擎。其中,多样化编译引擎可以在源代码编译时运用软件多样化技术,通过同一份源代码编译出异构的可执行文件；多样化镜像构建技术则是在镜像打包时使用异构的容器基础镜像和中间件，从而构造出异构的镜像。

（2）运行管理单元。该单元负责应用服务在运行过程中的异构性、动态性和冗余性管理。在异构性方面，需要为每个副本选择镜像，保证副本间的异构性；在动态性方面，需要控制每个副本的运行时间；在冗余性方面，则需要综合考虑安全、性能和成本等方面因素，选择合适的副本数量。

（3）流量路由单元。该单元是系统的访问入口，负责自动感知当前运行的应用副本情况，并将外部访问请求转发到应用副本上。面对不同的业务类型，需要从内生安全架构的输入代理组件库中上线部署对应协议类型的网关。不同于传统的云网关，这类安全网关不仅能够实现访问请求的负载均衡，而且还有内生安全模式，即将请求分发成多份，并对多个副本执行后的结果进行策略裁决。

7.3.5　系统实践

基于内生安全原生云系统架构，本小节对内生安全原生云系统中一些关键技术实践进行介绍，主要包括云原生系统网络构建、内生安全 DevOps 实践、内生安全原生应用适配框架和内生安全应用行为状态裁决等内容。

1. 云原生系统网络构建

内生安全原生云系统的网络属于云计算集群的底座，具体网络设计如图 7.18 所示，共涉及四种网络；其中三种为实体网络，分别为接入网、业务网和管理网；一种为虚拟网络，为容器网络。

接入网为云平台外部的用户提供访问云内服务的通道。内生安全原生云系统的接入网需要满足以下指标：①需要能够支持大规模的并发量；②能够保证极高的可靠性；③需要实现拟态分发与裁决等功能。针对以上两个需求，在接入网实现中设计了 $m-n$ 两级代理模式。在最外层，由 m 个负载均衡器组成负载均衡器集群；在内层，由 n 个拟态输入代理组成拟态输入代理集群。其中，负载均衡器发挥着四层代理的作用，其基于 DPVS 进行开发，通过数据平面开发套件（Data Plane Development Kit, DPDK）CPU 绑定和数据无锁化等优势，实现了数据包的高性能转发。同时，路由器通过等价多路径路由（Equal-Cost Multi-Path routing, ECMP）协议，将数据包负载均衡到多个负载均衡器，避免了单点故障的问题。拟态输入代理既发挥着七层负载均衡器的作用，又发挥着拟态分发器的作用；一般而言，每个负载均衡器后端都会运行着多个拟态输入代理，从而提高系统的并发处理能力。

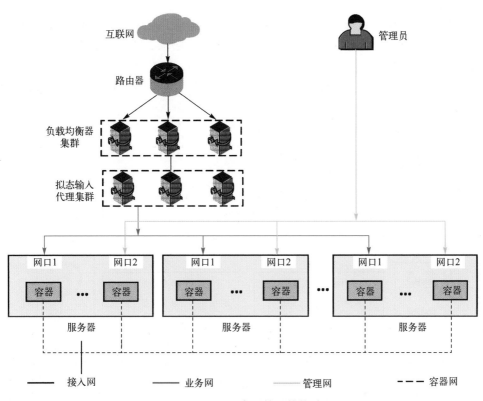

图 7.18　云原生系统网络构建

业务网和管理网承载着集群内部的东西向流量，容器网络便是基于业务网和管理网之上的虚拟网络。容器网络既需要保障内生安全应用各个微服务之间的正常通信，也需要保证执行体之间的网络隔离性。因此，在实践中对容器网络按照最小权限原则进行设计，仅允许东西向必需的网络通信。为了实现该目的，采用 eBPF 技术在 Linux 网络协议栈的快速数据路径(eXpress Data Path, XDP)挂载点、流量控制(Traffic Control, TC)挂载点和 Socket 挂载点挂载 eBPF 程序，从而实现容器网络的细粒度隔离控制。

2. 内生安全 DevOps 实践

DevOps 为云原生应用的开发提供了最佳实践，内生安全 DevOps 则是结合内生安全的思想，为内生安全原生云应用设计从源代码到应用实例的规划和流水线，主要包括源码编译、镜像打包和容器部署三个阶段。

在源码编译和镜像打包阶段，将多样化编译等软件多样化技术集成到

CI/CD 流水线中，使用 Tekton 项目作为 CI/CD 流水线的框架，并基于该项目集成多样化编译技术，CI/CD 流水线架构如图 7.19 所示。基于该架构，对于每一类语言，仅需提前在容器环境下准备好编译环境，然后将其打包成容器镜像，作为多样化编译的资源池。在执行多样化编译任务时，则可以直接按照编译要求选择编译环境，对源代码进行编译。类似地，在镜像构建时同样可以选定异构或多样化的中间件，从而构建出异构的镜像。在任务执行结束后，任务的执行环境将会被删除。该 CI/CD 流水线实现了异构镜像的自动化生成，极大地丰富了内生安全原生云应用的异构性。

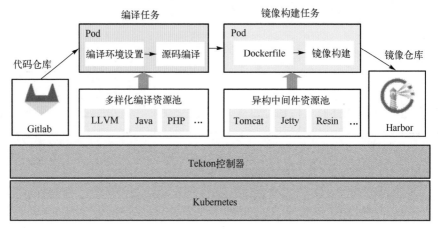

图 7.19　基于 Tekton 的 CI/CD 流水线架构图

在容器部署阶段，则会考虑容器运行环境的异构性，以最大化执行体之间的异构度为目标，决定容器的部署位置和调度策略。容器运行环境的异构性主要体现在以下三个层面：①硬件环境的异构性，例如配置不同 CPU 和操作系统的硬件服务器；②容器运行时的异构性，例如 Runc、Kata 和 Firecracker 等不同实现原理的容器引擎[15]；③差异化配置对应用透明的传统安全技术，例如沙箱、蜜罐、防火墙、入侵检测等不同防御机制的安全软件。

3．内生安全原生应用适配框架

一般来说，为了使云原生应用具备内生安全能力，需要对该应用进行适配，使其成为内生安全原生应用。一个典型的内生安全原生应用架构如图 7.20 所示。对于一个微服务架构的云原生应用，需要首先确定微服务中的防御要地，对关键微服务进行防护。需要防护的微服务则需被改造为 DHR 构造，从而具备内生安全能力。具体来说，在请求输入时，需要通过拟态输入代理将请求分发到该微服务的多个异构执行体，并对执行体响应进行裁决；当执行体需要调用其他微服务时，则通过拟态输出代理对新发起的请求进行归一化并输出。

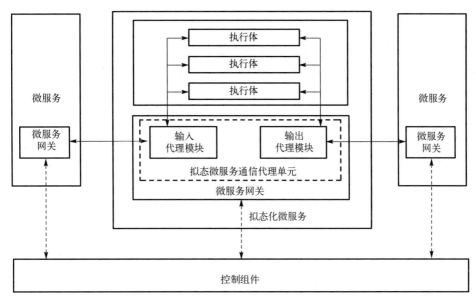

图 7.20　内生安全原生应用

针对云原生应用在拟态化改造中所需的步骤，本系统通过内生安全原生应用适配框架，以"低侵入"甚至"无侵入"拟态化改造为目标，极大简化云原生应用拟态化适配的工作量和难度，主要体现在以下方面：

（1）基于 Opentracing 技术实现拟态标签的传递和拟态应用的可观测性。拟态输入代理在对执行体新发起请求进行归一化处理时，若是无法分辨新发起请求的批次，则会极大地影响处理性能和策略裁决的稳定性。针对该问题，本框架基于 Opentracing 技术，在应用所有微服务的请求交互中，都会携带拟态标签。每个批次请求的拟态标签相同。通过拟态标签，一方面可以追踪整个拟态应用内部各个微服务的请求处理情况和性能，另一方面也能用于拟态输出代理的策略裁决。

（2）基于 Kubernetes Webhook 机制[16]实现拟态应用创建的"无侵入性"。该机制能够拦截用户对应用的创建请求，并对其进行修改，使得创建出的应用具备 DHR 架构。通过该方式，能够在不修改用户对云原生编排部署文件的前提下，自动化创建出具备内生安全架构的云原生应用。

（3）基于 Redis 实现异构执行体间的 Session 共享。当前应用常使用 Session 存储用户访问的状态，针对内生安全架构下多个执行体的情况，采用 Redis 实现多个执行体间 Session 的共享。

4. 内生安全应用行为状态裁决

在基于数据流裁决的基础上，本系统将执行体的行为状态作为后置策略裁决指标，进一步增强内生安全原生云应用的安全性，其逻辑架构如图 7.21 所示。

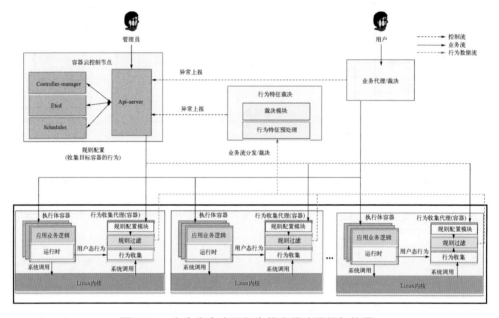

图 7.21　内生安全应用行为状态裁决逻辑架构图

云原生应用由于微服务化等特点，使得应用的调试、性能分析和故障定位变得尤为复杂。针对该问题，云原生可观测性技术正在蓬勃发展，期望能够实现对云原生中各个微服务的运行状态收集和系统调用监控。基于云原生可观测性技术，本系统结合内生安全架构赋能和云原生可观测性技术，对执行体的运行状态、系统日志、指标数据以及系统调用情况等多维信息进行收集，并通过这些信息建模执行体行为状态，构造执行体的状态转移模型；最后，对执行体的行为状态进行策略裁决，作为基于数据流裁决的补充，进一步增强系统的安全性。

7.4　内生安全赋能车联网系统

7.4.1　T-BOX 威胁分析

1. T-BOX 基本功能

近年来，随着电子信息、人工智能等技术在汽车领域的广泛应用，智能化、网联化、电动化成为未来智能网联汽车的发展趋势，网络安全也随之成为汽车安全领域的一个重要问题。2015 年，Charlie Miller 和 Chris Valasek 两名黑客通过远程控制的方式遥控了 2015 款 Jeep Cherokee 汽车的转向、制动和加速等，最终导致 Jeep 召回该款车型汽车 140 万辆，给企业造成了巨大的经济损失。2018 年 3 月，一辆 Uber 的自动驾驶汽车在亚利桑那州坦佩市的公共道路上与一名行人相撞，该行人在送往医院后不治身亡，调查结果显示一系列糟糕的设计决策导致汽车无法正确处理和响应行人的存在。据 Upstream Security 发布的 2020 年《汽车网络安全报告》显示，截至 2020 年初，已有 3.3 亿辆汽车实现互联，网联汽车数量的提升增大了遭受网络攻击之后的潜在破坏力，针对智能驾驶汽车的大规模袭击可能会如同好莱坞大片《速度与激情 8》展现的那样，瘫痪整座城市，甚至造成灾难性的生命财产损失。自 2016 年以来，智能驾驶汽车安全事件数量增加了 605%，仅在 2019 年就增加了一倍以上。因此，安全问题已经成为汽车智能化和网联化进程中的"卡脖子"问题之一。

从网络安全的视角分析，车端的威胁模型主要涉及车载网关、车载网联系统(Telematics BOX, T-BOX)、车载信息娱乐系统(In-Vehicle Infotainment, IVI)、电子控制单元(Electronic Control Unit, ECU)、车载自诊断系统(On-Board Diagnostics, OBD)、空中下载(Over-the-Air, OTA)、车载操作系统(Automotive Operating System, AOS)以及车内网络等设备、设施的安全风险，如图 7.22 和表 7.1 所示。

表 7.1　车内网络安全防护等级分析

车内系统	攻击手段	威胁影响	防护等级
T-BOX	漏洞利用、协议破解、劫持、DOS 攻击、信息泄露	远程恶意控制、敏感信息泄露、车内网络攻击	高
IVI	漏洞利用、权限提升、劫持、绕过、数据窃取	远程恶意控制、敏感信息泄露、车内网络攻击	高

续表

车内系统	攻击手段	威胁影响	防护等级
车载 OS	漏洞利用、权限提升、缓冲区溢出、DOS 攻击	系统权限恶意获取、任意应用安装	高
车载网关	欺骗、劫持、DOS 攻击	报文恶意篡改、拒绝服务	中
OTA	中间人攻击、欺骗、篡改	升级包恶意篡改、系统恶意刷写	中
OBD	提权、欺骗、篡改	恶意报文执行、拒绝服务	中
ECU	重放、拒绝服务	功能篡改、拒绝服务	低

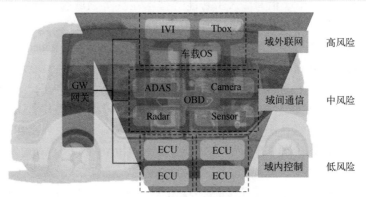

图 7.22　车内网络安全威胁等级

其中，T-BOX 是智能网联汽车的神经中枢，负责车车、车云、车路通信以及车辆远程监视与控制、远程诊断等功能，又可称车载网联系统。T-BOX 可深度读取汽车 CAN 总线数据和私有协议，通过无线网络将数据上传到云服务器，是智能网联汽车的"内外通信出入口"或咽喉要道，极易受到因系统漏洞后门、病毒木马等引发的远程控制、敏感信息泄露和车内网络攻击等安全威胁，如图 7.23 所示。

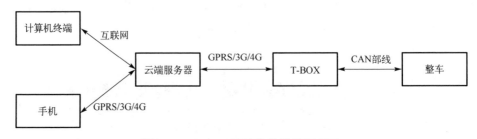

图 7.23　T-BOX 网络连接关系示意图

2．T-BOX 安全威胁

T-BOX 主要由微控制单元(Microcontroller Unit, MCU)和通信模块组成，MCU 主要负责整车 CAN 网络数据接收与处理、信息上传、电源管理、数据存储、故障诊断以及远程升级等功能；通信模块主要负责网络连接与数据传输，为用户提供 Wi-Fi 热点、为 IVI 提供上网通道。如表 7.2 所示，T-BOX 主要面临着协议破解、DOS 攻击、信息泄露、会话劫持等威胁。

表 7.2　T-BOX 主要威胁列表

攻击目标	攻击方法	攻击成本	物理接触	描述
T-BOX	协议破解	高	是	通过逆向固件，破解密钥，解密通信协议，重放、篡改指令
	DOS 攻击	中	否	导致 T-BOX 无法接收正常指令，无法响应 TSP 服务
	信息泄露	高	是	通过调试接口访问内部数据，攻击者可寻找更好的攻击路径
	劫持	中	否	劫持 T-BOX 会话，通过伪造协议实施对车身控制域、汽车动力总成域等的远程控制

3．威胁原因

长期以来，汽车行业一直注重功能安全问题，通常依据 ISO26262 标准为整车和零部件厂商提供功能安全开发指导。近年来，随着汽车数字化、智能化、网联化进程的发展，网络安全问题才逐渐得到更多关注。总体来说，当前功能安全技术和网络安全技术发展在大多数情况下呈现的是两张皮，网络安全技术远远滞后于功能安全技术的发展。然而，智能驾驶汽车的关键部件往往既依赖功能安全，又依赖网络安全。如何从系统架构层面一体化解决网络安全和功能安全交织问题仍然是国内外研究的一项空白。

当前，智能驾驶汽车逐步演变为集感知、计算、网络、控制为一体的物理信息融合系统，其中车载网络作为整个智能网联汽车的"神经传导系统"，除了面临传统可靠性挑战之外，还正在成为网络攻击者关注的主要目标之一。由于车载网络面临网络攻击面大、安全防护环节众多、可用资源差别较大等情况，不可避免地存在某一环节无法在产品中实现足够的安全防护措施的挑战。例如，通常的车载网络系统由 T-BOX、IVI、车载网关、ECU 等关键网联部件组成，各个网联部件因自身功能和设计需求，具备的计算资源、存储资源和带宽资源往往具有较大差异，对许多资源有限的部件来说，在部署新的网络防御措施时可能就会面临

"巧妇难为无米之炊"的窘境。而且，车载网络还面临网络安全需求复杂的情况，一方面车内网络存在串口、以太网、CAN口以及与车外的4G/5G等异构通信制式，另一方面，各个异构子网络面临的攻击面或安全威胁等级不同，因此，如何根据车载网络的特点部署"要地防御"策略变得非常关键。

广义功能安全问题是智能网联汽车行业发展所面临的最大挑战之一。毫无疑问，软硬件无可避免的"未知安全缺陷"将成为未来智能网联汽车质量问题的主要诱因之一。在网络内生安全共性问题尚缺乏有效解决方案的情况下，建立未知缺陷的预先发现与修复、实时检测与应对机制是必要的。当前，尽管汽车行业纷纷采用基于"补丁方法论"之OTA技术(空中下载，或称在线升级)，以期实现软件Bug的不定期修复和软件版本的迭代和更新目标。然而，汽车毕竟不像IT领域的数码产品那样只要随时修复一下就满足了基本的使用安全要求，稍有差池就可能造成难以挽回的生命财产损失，而且每一次OTA升级"打补丁"的背后会不会导入新的缺陷、新的漏洞后门也无从知晓。有鉴于此，人们可能不禁要问：智能网联汽车是否还要继续重蹈传统ICT领域"亡羊才能补牢"的发展窘境？

汽车工业发展至今，承载生命的交通工具使命与责任并未改变。因此，智能网联新趋势下，新的软硬件"上车"依然必须坚持为生命服务、为生命负责。随着人为网络攻击因素不断渗透进传统功能安全领域，未知缺陷、漏洞后门等问题的交织和叠加影响使得传统功能安全的许多假设前提已经难以成立。因此，根据车内网络的异构特性和差异化安全需求，探索建立一种与汽车功能安全和网络安全相匹配的一体化防护架构，在提供高可靠通信的同时，还能有效应对基于软件未知漏洞、未知后门的网络攻击，将无疑具有重大的意义和价值。

7.4.2 设计思路

1. 防御模型

在网络攻击条件下如何确保功能安全得到确定性保障已成为全球汽车行业共同面临的基础性、关键性的世界挑战。针对这一难题，作者研究团队以原创的内生安全理论和技术为牵引，联合乘用车和商用车龙头企业，共同探索破解智能网联汽车功能安全+网络安全双重交织难题的新理论、新路径，为破除制约产业发展的重大瓶颈贡献中国智慧中国方案。

针对传统T-BOX因未知漏洞后门等引发的未知安全威胁和破坏，内生安全赋能的T-BOX在传统功能的基础上引入了基于广义鲁棒控制构造的内生安全机制，创新性地在汽车网络设备上应用动态异构冗余(DHR)架构，能够在不依赖攻击者先验知识或行为特征信息以及附加式安全技术的情况下，感知和抑制不确定威胁破坏或系统随机故障，确保车辆行驶安全和车内外信息的安全可信交互。如图 7.24 所示，内生安全构造的 T-BOX 将动态、异构、冗余等防御三要素(DVR)一体化地导入 T-BOX 系统设计中，将 T-BOX 的异构接口输入数据分发至多个异构的功能等价执行体，并对相关状态或输出消息进行策略裁决来识别异常响应，以抑制自然因素扰动的硬件随机性失效和软件不确定错误，以及有效管控基于构造内漏洞后门、病毒木马等安全威胁和攻击。

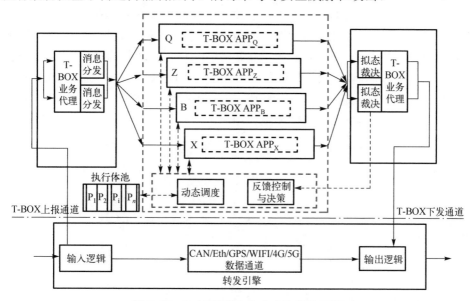

图 7.24　T-BOX 的内生安全构造流程图

2. 要地防御

车载网联系统 T-BOX 承载了蓝牙、Wi-Fi、蜂窝网络等信息交互通道功能，是智能网联汽车的内外通信出入关口和咽喉要道。一方面，极易受到因系统内漏洞后门等引发的远程渗透攻击；另一方面，对车载信息缺乏有效监管，导致车载敏感信息去了哪里"不托底、不受控"。由于 T-BOX 负责车内外的信息传输，需要分析其安全要地并重点进行内生安全规划。按照网络通信功能将车内网络划分为三类区域：负责车云通信的网联终端边界域，负责信息娱乐、智能驾驶、人机交互、OBD、OTA 等信息交互的网关域，以及负责 CAN 网络的控制器域。

（1）网联终端边界域是车内外交换的关键节点，一般采用本地服务访问控制、数据转发访问控制、基于域名的访问控制、基于应用层内容的访问控制以及安全审计等边界防火墙隔离技术。

（2）网关域负责不同 ECU 域的协议转换和信息交互，一般采用黑白名单、权限控制的域间防火墙隔离技术，对车内智能驾驶敏感区域与 OBD、IVI 功能域实施域间通信访问控制，保证智能驾驶功能的高可靠、高可信。

（3）网络控制器域负责车体数据采集上报和控制器消息的下发，一般采用协议一致性、边界检查、黑白名单等 CAN 防火墙技术实施域内安全防护。

这三个域均有 T-BOX 的参与，因此可以说每个域均为 T-BOX 需要进行安全增强的"要地"。为此，将配置、OTA、控制、CAN 消息收集作为重点防御要地进行内生安全架构赋能，提出了感知–决策–执行一体化的自适应防御模型，如图 7.25 所示。将这些功能实现纳入内生安全的 DHR 架构内，通过 DHR 构造的异构冗余执行体、输入代理、调度反馈、策略裁决、纠错输出等技术，形成具有广义功能安全属性的 T-BOX 组件功能。

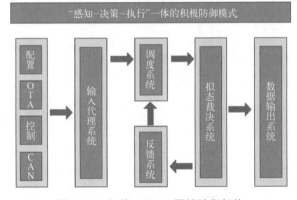

图 7.25　车载 T-BOX 要地防御架构

7.4.3　系统架构设计

1. 总体架构

内生安全 T-BOX 系统架构设计融合了广义功能安全的一体化部署理念，将数据上报、配置下发、控制指令、OTA 等核心业务作为内生安全防护重点，提高业务数据的准确性和下发的安全性；同时，鉴于 T-BOX 系统硬件资源的紧缺性，采用虚拟化和微服务等技术实现 DHR 构造的轻量化部署，实现内生安全

T-BOX 系统应对构架内广义不确定扰动的一体化高可靠、高可信和高可用技术经济效益。内生安全 T-BOX 系统组成主要包含复制分发模块、执行体模块、策略裁决模块以及反馈调度模块等，其总体组成框架如图 7.26 所示。

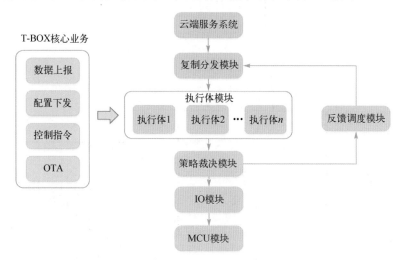

图 7.26 内生安全 T-BOX 系统总体组成框架

2. 系统架构轻量化设计

借鉴现有主流 T-BOX 产品系统架构设计思路，内生安全 T-BOX 系统架构采用"通信模块+SoC+MCU"的设计模式。其中，通信模块负责移动网络连接、卫星定位，以及部分安全功能；系统级芯片(System on Chip, SoC)负责实现应用程序功能，主要部署业务功能、内生安全、通用安全等功能；MCU 主要负责接入汽车 CAN 总线并实现电源管理控制，实现 CAN、RS232、RS485 等通道信号的接入。利用 MCU 的实时性，处理车辆操控信息，并对 SoC 和通信模块进行上下电和启动控制，以降低设备待机功率。内生安全 T-BOX 系统硬件架构如图 7.27 所示。

由于 T-BOX 具备的计算、存储等资源非常有限，为了节约车载资源并控制成本，内生安全 T-BOX 系统架构设计遵循了"轻量化、低成本"的原则，并引入虚拟化、微服务等技术，旨在整合不同类型指令集和体系架构计算单元，并根据业务计算实际需要，协同使用不同类型的计算资源，实现 T-BOX 系统并行业务的轻量化部署和高效能计算。

如图 7.28 所示，在 DHR 构造赋能的 T-BOX 系统中，首先利用虚拟化技术

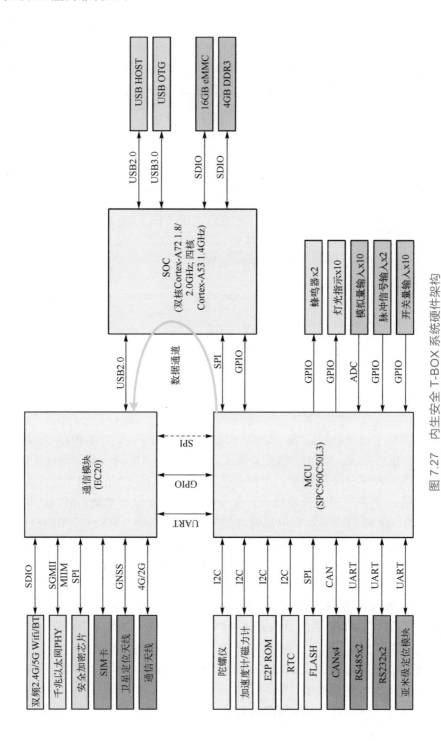

图 7.27 内生安全 T-BOX 系统硬件架构

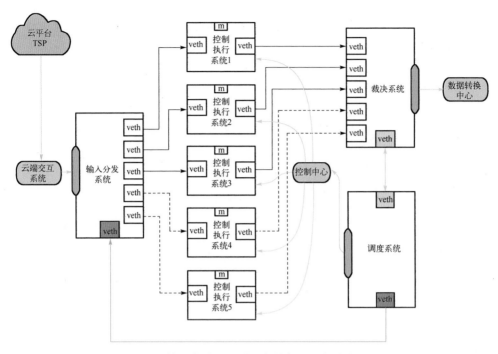

图 7.28　基于虚拟化和微服务的轻量化架构部署图

在 SoC 上部署多个 Docker 容器，构建相互独立、隔离的执行体环境；然后采用轻量级微服务作为业务承载模式，从架构层面设计细粒度、轻量级的 T-BOX 业务多执行体构造方案，建立控制指令下发、状态数据上报等核心业务功能的分割与耦合机制，实现业务功能的细粒度拆分和构建，保证各项服务的独立性和可扩展性；同时，通过编译环境和代码语言等层面的异构性，生成针对关键微服务业务功能的功能等价多变体，实现对业务核心功能的轻量级内生安全构造。

7.4.4　功能单元设计

1. 策略裁决与调度模块

策略裁决与调度模块包括策略裁决和执行体调度两部分，其中裁决模块主要分为数据接收、执行体状态监控、裁决等子模块，调度模块包括数据接收与发送、调度策略、定时调度等子模块。初始状态下，执行体调度模块选取 3 个执行体上线，执行体初始化完成后，分发模块给执行体模块输入数据，策略裁决模块接收执行体模块的数据进行裁决，根据裁决结果将相应数据发送至 I/O

模块或调度模块，后者通过控制模块来完成执行体上下线操作。裁决模块与调度模块的组成框架如图 7.29 所示。

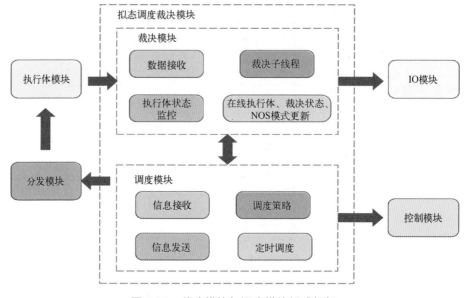

图 7.29　裁决模块与调度模块组成框架

2. 控制指令下发模块

控制指令下发是指，在云端下发控制车辆的指令，经过复制分发模块、执行体模块、策略裁决模块、I/O 等模块的传输，最终下达到车身 ECU，完成对车身的控制。控制指令主要涉及供电、车窗\门开关、灯光控制以及空调控制等，目前较少涉及车辆的运动控制。

作为汽车电子控制系统的核心，MCU 模块控制着汽车内部各类电子系统，且拥有诸多接口，例如 CAN、SPI、RS232/485 等。MCU 模块与汽车直接相连，接入到车身 CAN 总线中，通过 CAN 报文，控制车辆中的各个 ECU 单元。CAN 报文以广播的形式在 CAN 总线上传输，各汽车部件通过检索 CAN ID，只接收和自身部件有关的 CAN 报文。DHR 架构赋能的 T-BOX 控制指令下发模块可以完成对车辆大部分基础功能的控制。控制指令下发模块的结构如图 7.30 所示。

3. 配置信息下发模块

配置信息下发模块的主要功能是在实时运行的系统中，支持从云端下发/

更改配置参数并即时生效。该模块的内部组成及作用包括：云端(TSP)、复制分发、执行体、裁决和 I/O 等子模块，如图 7.31 所示。

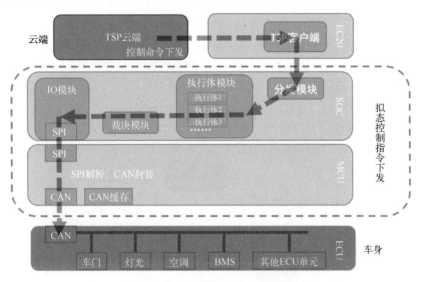

图 7.30 控制指令下发功能框架

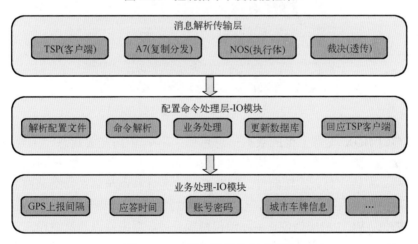

图 7.31 配置下发模块组成框架

其中，TSP 子模块用于下发配置命令，以及单独和 IO 子模块通信；复制分发子模块用来复制并下发配置命令；裁决子模块用来解析命令并进行异构处理；I/O 子模块是配置信息处理的核心模块，主要负责实现配置命令的解析、业务处理和数据更新等功能。

4. 车辆状态数据上报模块

车辆状态数据上报是指，各个 ECU 状态数据以 CAN 报文形式通过 CAN 接口发送至 T-BOX，经过进一步协议转换封装后发送到云端，并在 Web 页面上多样化呈现。车辆状态上报主要涉及车窗\门开关状态、灯光状态、空调控制状态、IBS/车速状态、EPS 转向状态以及整车控制信息等。T-BOX 的车辆状态数据上报模块可以完成对车辆大部分基础状态信息的上报，该模块的组成框架如图 7.32 所示。

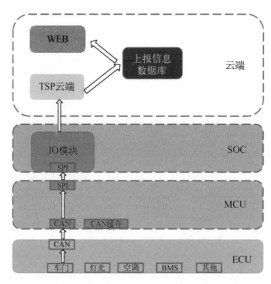

图 7.32　车辆状态数据上报模块组成框架

目前 T-BOX 支持上报的数据信息包括：①车窗\门开关状态，主要包括车门开关状态、防夹状态、应急状态和超载状态；②灯光状态，主要包括双闪灯、喇叭信号、左转向灯、右转向灯、制动灯、前雾灯和倒车灯；③空调控制状态，主要包括空调温度状态；④IBS/车速状态，主要包括制动踏板开度、车速、驾驶员指令挡位、VCU 响应挡位、实际油门踏板开度、退出原因和反馈模式；⑤EPS 转向状态，主要包括方向盘转角、方向盘转速转度、方向盘扭矩值、EPS 工作模式和 EPS 循环计数；⑥整车控制信息，主要包括电池荷电状态等数据。

5. 边界安全接入认证模块

边界安全接入认证模块的主要功能是确保 T-BOX 在云端系统中注册鉴权上线，支持 T-BOX 端安全接收云端下发的指令和上报终端数据到云端，如

图 7.33 所示，其主要组成包括 TSP 服务端、Jt808 解析、数据分发和裁决等子模块。其中，TSP 服务端用于管理控制 T-BOX 终端、下发指令、采集终端数据；Jt808 解析负责终端 T-BOX 与云端的通信，根据标准协议实现终端 T-BOX 在云端的注册鉴权，成功后进行业务通信；数据分发子模块从 Jt808 解析子模块接收数据，复制分发给执行体模块，并由裁决模块传至 IO 子模块；IO 子模块负责配置指令等解析并将应答信息通知 Jt808 解析子模块。

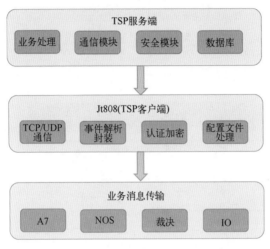

图 7.33　边界安全接入认证模块组成框架

6．执行体运行状态监测预警模块

执行体运行状态监测预警模块主要是对执行体中关键运行资源进行实时监控。当监控到资源异常时触发告警，及时采取措施确保系统稳定运行；同时，将告警信息存入数据库以便后续查证，为综合评估终端安全等级、异常告警等功能提供数据支撑。该模块监控的资源主要包括状态告警和触发告警两类，具体包括执行体内部核心进程、核心路径及关键文件、关键网卡流量、执行体在线个数、执行体 CPU 利用率、内存利用率、硬盘利用率、执行体登录状态等。该模块组成框架如图 7.34 所示。

7．远程升级管理 OTA 模块

为完善车辆信息化建设和软件管理能力，搭建 OTA 及信息安全管理平台势在必行。远程升级管理 OTA 模块涉及云端平台、版本库和车载 T-BOX 终端三部分。云端平台负责版本库中版本的更新以及车载终端版本的升级控制；SFTP

版本库用于存放 T-BOX 的所有版本,供车载终端升级版本;基于此,车载 T-BOX 可完成 OTA 升级功能。OTA 功能在整车开发中的优势日渐突出,具备对软件缺陷与安全漏洞进行修复、新功能导入与迭代等优势,可以极大降低售后成本,为客户省去维修、保养时间。远程升级管理 OTA 模块组成框架如图 7.35 所示。

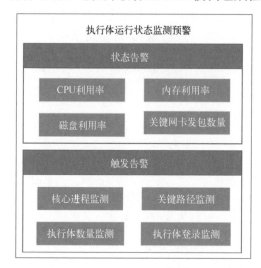

图 7.34 执行体运行状态监测预警模块组成框架

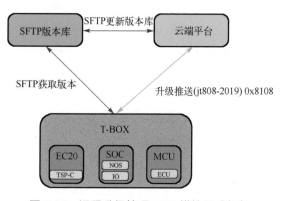

图 7.35 远程升级管理 OTA 模块组成框架

8. TSP 云端服务系统

依托于 T-BOX 系统主要功能,TSP 云端服务系统功能框架包括基础框架层、数据处理层、业务逻辑层和系统展示层。该系统重点支持 T-BOX 系统运行状态全视角、多粒度的可视化展示，以及基于数据驱动的车辆异常检测与分析功能。一方面，可视化展示功能以图文、报表、地图等形式，直观、准确、有效地呈现 T-BOX 系统主要数据；另一方面，基于数据驱动的车辆异常检测与分析功能则利用 AI 技术对大量数据进行训练，获取异常检测模型及规则，从而实现实时检测并预警车辆异常状态的能力。TSP 云端服务系统组成框架如图 7.36 所示。

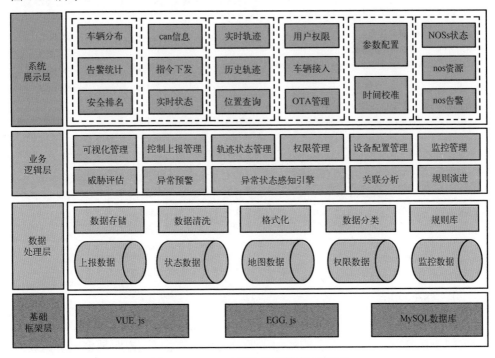

图 7.36　TSP 云端服务系统组成框架

9．接口模块

T-BOX 系统主要通信接口包括云端和通信模块、通信模块和 SoC、SoC 和 MCU 间的通信，主要交互接口如表 7.3 所示。

（1）云端和通信模块。结合国家有关规定和车企通用方式，采用 JT/T808 协议（2013）和 GB-T32960 标准。JT/T808 采用 TCP 或 UDP 协议，适用于道路运输车辆卫星定位系统（北斗兼容车载终端）和云端平台之间的通信。这里采用 TCP 协议通信，适用于纯电动车、插电式混合动力电动汽车和燃料电池电动汽车的车载终端、车辆企业平台和公共平台之间的数据通信。

(2)通信模块和 SoC。根据硬件连接方案，通信模块和 SoC 间采用 USB 口连接，所有的收发由统一的 USB 接口程序负责实现。

(3)SoC 和 MCU。采用 SPI 接口，驱动层提供封装接口，上层采用统一的接口程序实现，需要支持 CAN 的安全防护，防止被篡改、冒用等。

表 7.3　T-BOX 系统主要交互接口

接口名称	接口作用	接口性质	接口速率	接口协议
CAN	接收车身数据/OTA 升级	多主双向	250kbps	SAEJ1939/UDS
UART	4G 模块通信，发送实时信息、机务数据；	双向全双工	115200bps	TCP/IP JT/T808
	GPS 模块，获取卫星定位信息	双向全双工	9600bps	NMEA
SPI	外部 FLASH	双向同步全双工	8Mbps	自定义
	接收 SoC 参数设置内容、升级程序文件；发送终端状态信息、车辆数据	双向同步全双工	8Mbps	自定义
I2C	陀螺仪	双向半双工	400kbps	自定义
	地磁传感器、加速度传感器	双向半双工	400kbps	自定义
	E2PROM	双向半双工	400kbps	自定义
RS485	油量监控	双向半双工	9600 bps	自定义

7.4.5　可行性与安全性分析

1. 成本分析

依据 DHR 构造赋能的 T-BOX 总体方案，参照传统 T-BOX 架构，内生安全构造的 T-BOX 在生产成本上的增加主要分为两个方面：一方面是来自于承载协议代理、裁决模块等内生安全组件软件的平台成本；另一部分来源于承载异构执行体池资源的平台成本。

由于 DHR 构造 T-BOX 采用虚拟化技术在 SoC 上构建基于 Docker 容器的异构执行体池，使得执行体以虚拟功能的形态运行在计算处理卡上，摆脱了实体硬件资源的约束，降低了生产成本和维护成本(也存在降低容器隔离度的风险)，同时也赋予了异构执行体池弹性扩展的能力。内生安全 T-BOX 架构系统采用"通信模块+SoC+MCU"的硬件设计方案，相比于市面上同等级的商用 T-BOX，硬件架构相似，并无额外硬件部署成本。虽然所采用的架构设计和实现部署没有造成额外硬件资源消耗，但由于其融合虚拟化和微服务等技术实现了内生安全构造等级保护许可条件下的轻量化部署，对 SoC 的虚拟化能力和处理能力还是提出了较高的要求。鉴于当前主流 SoC 的处理能力提升很快，中等级别的 SoC 就可以满足内生安全 T-BOX 的功能需求。因此，DHR 架构赋能的 T-BOX 成本开销与现有主流 T-BOX 产品成本基本相当。由于不需要特殊的网络调整，内生安全 T-BOX 的部署成本与普通商用 T-BOX 相同。

值得指出的是，内生安全 T-BOX 系统在实现传统 T-BOX 系统信息通信等功能基础上，其动态异构冗余构造对内部潜在的漏洞后门、病毒木马等网络威胁或攻击，以及传统的功能安全扰动问题，具有一体化的免疫力或规避能力。换言之，即在基本未增加资源消耗成本的同时，显著提升了内生安全 T-BOX 系统的功能安全和网络安全防护能力，性价比优势无可比拟。尤其是为传统 T-BOX 系统无法应对未知网络攻击的世界性难题提供了根本性的解决方案。

2．防御成效分析

拟态构造 T-BOX 基于创新的内生安全机制，通过动态异构冗余架构获得内生安全功能，可实现"高可靠、高可信、高可用"三位一体的广义鲁棒性业务性能，对拟态界内基于漏洞后门等已知或未知安全威胁问题，理论上具有确定性的防御效果。针对 T-BOX 面临的安全风险，拟态构造 T-BOX 采用了要地防御策略，对配置、控制、CAN 信息收集、OTA 等关键功能进行了内生安全加固。因此，拟态构造 T-BOX 不仅能在单执行体被控制条件下使攻击者无法实现路由篡改，即使在多执行体被控条件下，也可通过反馈控制和动态调度机制，将异常状态或信息纠正或清洗掉，从而有效抵御基于内生安全问题的配置修改和控制命令篡改，保证 T-BOX 执行正常的信息收集及控制功能。

7.4.6　攻防实例

为展示内生安全 T-BOX 所带来的安全增益，本节通过一个典型实验案例，展示其内生安全防御效能。前期已经实现的内生安全 T-BOX 样机如图 7.37 所示。

图 7.37　内生安全 T-BOX 系统样机

为对比分析，选用某厂商市售的 T-BOX 进行实验，经查该 T-BOX 使用的是 Ubuntu18.04 版本系统，该版本存在 Polkit pkexec 权限提升漏洞（CVE-2021-4034）。我们在内生安全 T-BOX 上部署一个与之相同的 Ubuntu18.04 版本的执行体，攻击者依然可以利用此漏洞在执行体上实现提权。

Polkit 权限提升漏洞（CVE-2021-4034）是由于 pkexec 无法正确处理调用参数，从而将环境变量作为命令执行，具有任意用户权限的攻击者都可以在默认配置下通过修改环境变量来利用此漏洞，从而获得受影响主机的 root 权限。Polkit 是类 UNIX 系统中一个应用程序级别的工具集，通过定义和审核权限规则，实现不同优先级进程间的通信。pkexec 是 Polkit 开源应用框架的一部分，可以使授权非特权用户根据定义的策略以特权用户的身份执行命令。

该漏洞的影响范围是 2009 年 5 月至今发布的所有 Polkit 版本，由于 Polkit 预装在 CentOS、Ubuntu、Debian、Redhat、Fedora、Gentoo、Mageia 等多个 Linux 发行版上，所有存在 Polkit 的 Linux 系统均受影响。

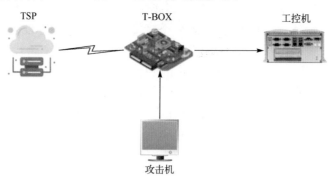

图 7.38　针对 T-BOX 攻击范例的组网示意图

针对 T-BOX 攻击的实验组网如图 7.38 所示，其攻击流程如下：

（1）使用暴力破解等手段获取到登录 T-BOX 的普通用户的登录名及密码（test/test）。

（2）查看 T-BOX 操作系统版本，发现使用的是 ubuntu18.04，该版本存在 Polkit pkexec 权限提升漏洞（CVE-2021-4034）。

（3）取出 T-BOX 固件程序，进行逆向分析，获取开门的控制指令。

（4）利用 iptables，将 TSP 下发给 T-BOX 的入口报文引入攻击机制。

（5）通过 BurpSuite 在攻击机上抓取报文并进行篡改，然后将篡改后的报文进行回放。

(6) 通过 T-BOX 的 CAN 口外接工控机，在工控机上安装 Carla 自动驾驶模拟器，可以看到攻击后，行驶中的仿真车辆车门被打开，如图 7.39 所示。

图 7.39　行驶中的仿真车辆车门被打开

根据内生安全理论，DHR 架构赋能的拟态 T-BOX 选用五个异构执行体，其中 1 号执行体、3 号执行体和 4 号执行体为在线状态，并将 1 号执行体预装存在提权漏洞的 Ubuntu18.04 版本。在 TSP 云端可以看到该车辆的拟态 T-BOX 执行体状态如图 7.40 所示。

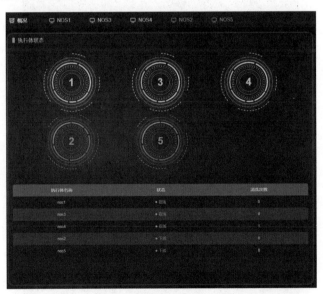

图 7.40　TSP 云端页面展示的拟态 T-BOX 执行体状态

攻击者可以复现商用 T-BOX 攻击过程的 1～5 步，完成报文篡改。结合策略裁决的原理，攻击者只能在带有系统漏洞的执行体上成功篡改报文，但是由于另外两个在线执行体不存在相同漏洞，导致三个在线执行体的输出结果出现差模表达，不一致的报文被裁决环节发现并被屏蔽，开门操作的 CAN 报文无法下发到车身，基于策略裁决屏蔽报文篡改的过程如图 7.41 所示。

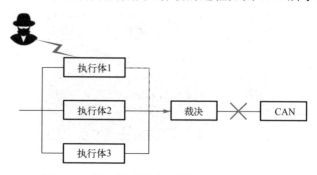

图 7.41   基于策略裁决屏蔽报文篡改的过程

如图 7.42 所示，我们可以在 TSP 云端看到拟态 T-BOX 被攻击后，1 号执行体下线，并且根据调度策略选用 2 号执行体上线的全过程。

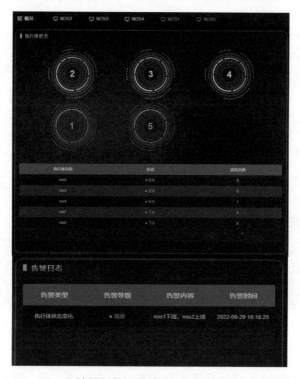

图 7.42   TSP 云端页面展示的拟态 T-BOX 执行体上下线情况

实验表明，即使某 Linux 系统的稳定版本，在未来的某一天出现一个 0day 性质的差模漏洞后门等，内生安全 T-BOX 依然可以在不依赖先验知识和附加式安全技术条件下，实现卓有成效安全防御，保障智能网联车辆免受网络攻击影响。

需要强调的是，因为虚拟容器使用同一操作系统和宿主处理机所提供的运行环境，理论上存在共模逃逸的可能，所以异构资源池中应该包括异构容器资源，并在运行环境执行体配置时尽量选用异构容器资源组合。

7.5　内生安全赋能工业控制系统

7.5.1　威胁分析

工业控制系统(Industrial Control Systems, ICS)与仪表和网络相连接，用于控制和自动化工业过程的稳定运行[17]。ICS 支持大规模的工业生产，例如电力、能源、交通、制造等，从而形成国家关键信息基础设施[18]。在第四次工业革命中，现代 ICS 的可靠运行为社会、经济和环境带来了巨大的利益。

如图 7.43 所示，现代 ICS 中外部网络与工控网络相连，这种架构带来了产品选择多样化、生产监控效率提升、管理成本下降等巨大优势。但是，由于监视层、控制层和物理层都与网络相连，导致整个工控系统各个环节都暴露在不可靠的网络环境中。图 7.43 中简化了网络和工控模块之间的互连和隔离，其中外部网络与工控网络的互连可以通过多种方式实现，如通过防火墙、路由器、交换机等网络设备进行，也可以通过具有多个以太网口的主机设备进行；而两者之间的隔离也有多种实现方式，可能包括更高级的三层防火墙、网络地址转换等。

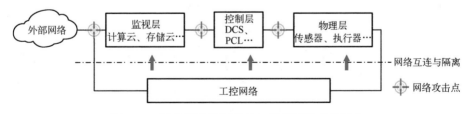

图 7.43　现代工业控制系统与互联网技术相融合

监视层是工业控制系统的最上层，它主要负责向操作员显示关于工业过程的信息。监视层通常由人机接口(Human Machine Interface, HMI)、存储云、计算云等组成。HMI 是一种用户界面，它为操作员提供了实时的、可视化的信息，例如流程图、警报信息等。存储云用于保存工业过程的历史数据以及监视层收集的数据，计算云则用于处理监视层收集的数据并为操作员提供分析报告。

控制层是工业控制系统的核心，它负责根据监视层收集的数据来控制工业过程。控制层通常由可编程逻辑控制器(Programmable Logic Controller, PLC)和分布式控制系统(Distributed Control System, DCS)等组成。PLC 是一种可编程的电子设备，其主要功能是根据事先编写的程序逻辑控制外部设备的运行状态，从而实现自动化控制。DCS 则是一种更为复杂的控制系统，用于监测和控制工业过程中的大型和复杂的设备。

物理层是工业控制系统的最底层，它由传感器和执行器等组成。传感器用于感知工业过程中的各种参数，例如温度、压力、流量等。执行器则用于控制工业过程中的各种元件，例如阀门、泵、马达等。

与在专用硬件和软件平台上运行专有协议的传统隔离场景下的 ICS 相比(简称"传统 ICS")，ICS 和互联网技术的融合将原本孤立的 ICS 暴露给外界[19](简称"现代 ICS")，使其更容易受到各种网络攻击威胁[20]，包括但不限于：

(1)恶意软件攻击。ICS 中的计算机和网络设备可能受到各种恶意软件(如病毒、木马、蠕虫等)的攻击。这些恶意软件可以通过网络渗透进入 ICS 系统，并对系统进行破坏、篡改或窃取数据。

(2)嵌入式系统漏洞攻击。ICS 中的控制层设备通常是基于嵌入式系统设计的，这些设备存在许多安全漏洞，例如弱口令、未加密通信等。攻击者可以通过这些漏洞进行攻击，例如通过控制 PLC 来破坏工业过程，或者篡改传感器数据来干扰系统。

(3)网络隔离攻击。ICS 中的监视层、控制层和物理层之间需要互相通信，但同时也需要严格隔离。如果这些层之间的隔离不严，攻击者可以通过监视层或物理层进入控制层，并对系统进行破坏。

(4)身份认证和访问控制攻击。ICS 中的设备通常使用固定的默认账号和密码，或者没有严格的身份认证和访问控制机制。攻击者可以通过这些弱点获取管理员权限，并对系统进行破坏、篡改或窃取数据。

(5)社会工程学攻击。攻击者可以利用社会工程学手段欺骗 ICS 系统用户，例如通过钓鱼邮件诱骗用户打开恶意附件或链接，或者冒充合法用户通过电话或邮件获取账号密码等敏感信息。

数字化、智能化和网络化的广泛应用促使 ICS 系统的功能安全和网络安全问题日益成为交织性的广义功能安全问题。此外，网络攻击技术的发展也已彻底颠覆功能安全原有的自然因素影响的理论和技术前提。对 ICS 的网络攻击正以惊人的速度发生，使公共安全[21]、环境保护和金融安全[22]等领域面临严重风险(如图 7.44 所示)，造成了不可估量的经济损失，产生了严重的社会影响。

西门子PLC受攻击导致核电站瘫痪

电力调度控制系统遭网络攻击失控

输油控制系统被恶意劫持

水处理系统被篡改险致大面积中毒

图 7.44　工业控制系统安全事件频现

7.5.2　设计思路

尽管现代 ICS 可以实现全局控制优化，有效支撑工业模式从自动化、数字化向智能化、网络化升级与转变。然而，现代 ICS 也面临软硬构件未知漏洞后门陷门无法穷尽、病毒木马难以彻查、网络攻击面不断增加以及渗透攻击技术迅速发展等严峻挑战。现代 ICS 不仅应该能够处理随机性和不确定性失效影响，还必须具备抵御任何潜在的未知网络攻击的能力[23]。这就需要提出新的理论方法、发明新的技术架构来解决 ICS 中的广义功能安全问题挑战。毫无疑问，内生安全理论的提出与 DHR 赋能架构的发明，为破解当下功能安全和网络安全交织难题开辟了一条新途径。

根据 7.5.1 节的分析可知，现代 ICS 的威胁可以划分为两大类：一是针对传统 ICS 本体即工业智能控制器，二是针对 IT 与 ICS 融合或交叉部位。因此，内生安全赋能的工业控制系统欲满足一体化的广义功能安全要求，可按照以下两条思路来进行设计与实现：

1）内生安全构造的智能控制器

PLC、DCS 等工业智能控制器多样异构、核心软硬件部件国产化率低，芯片、操作系统、应用软件及边缘智能控制平台各层级漏洞成因机理复杂、点多分散，导致漏洞后门难以完全探明并根除，由此引发的未知攻击和功能失效危害难以抵御。而传统的网络安全静态防御技术，基于传统信息域攻击机理进行规则特征匹配与感知防御，在工控场景下存在攻击感知精度和防御有效性不足的问题，且难以适应工业智能控制器资源受限、平台异构特性，也无法全面兼容新旧设备、国产/非国产设备。因此，需要设计满足对工控系统控制回路无干扰、低影响的内生安全构造，保障内生安全措施的高可靠运行问题；同时，需要在漏洞后门等未知攻击特征不明、故障传导机理复杂条件下，准确、有效量化攻击感知和故障预防结果，解决未知攻击防御结果的高可信问题。

2）主动安全防护的智能工业控制系统

云边协同工业控制场景下，一方面云边端设备扁平混连、泛在接入，导致攻击暴露面增多；网络公专混联，安全边界模糊，且信息与物理域高度交叉融合，导致攻击路径随机闪变；跨信息物理域隐蔽传导和攻击特征不明，使得攻击精准识别与提前规避难度极大。因此，需要探究基于云边端级联故障传递的工控信息物理跨域协同攻击机理和云边端复杂多样的隐蔽攻击方式，并在此基础上提出不同攻击路径的协同规避方法，以提前感知信息物理域的协同攻击。

另一方面，云边协同场景下，工艺更新和工控程序持续迭代组态开发、工控逻辑动态演进需求日益增多，传统防火墙、打补丁等静态防御措施难以适用，需创新融合主动/积极防御与传统网络安全防御技术，探索工控全生命周期控制交互过程的协同演化自适应内生安全防御技术。

7.5.3 系统架构设计

遵循上述设计思路，内生安全 ICS 系统架构如图 7.45 所示。该系统从逻辑上可以分为器件模块层、传输层和平台层。其中，器件模块层中包含多核隔离、全栈异构化的 PLC 节点，和具备威胁感知、量化能力的 DCS 节点，实现器件模块级的内生安全防护；传输层接收上层平台和下层器件模块纵向协同反馈的威胁预警，并通过动态横向隔离策略向上下游发送隔离处置命令；平台层针对工控系统云化部署攻击面扩大问题，组建差模构造的容器或虚拟机，将计算资源、存储资源拟态化，开展层级调度和跨域协同。

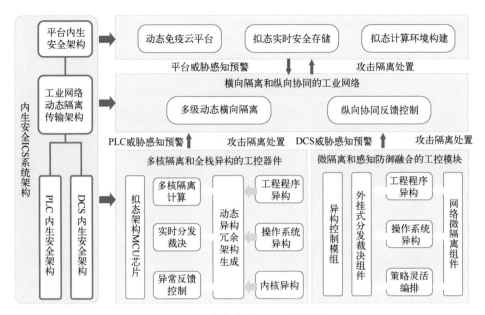

图 7.45　内生安全 ICS 系统架构

1) 多核隔离和全栈异构的工控器件

对 PLC 等已有的工控器件进行改造提升，通过多核隔离、多层级异构化、分发裁决和纠错输出等技术手段，阻断攻击链的传播、提高器件整体的冗余度和安全能力，实现工控器件的本体安全，如图 7.46 所示。

(1) 拟态架构 MCU 芯片。实现 ARM、RISC-V 等主流微控制器内核工业程序执行体，通过拟态 MCU 芯片原型逻辑功能共享资源分析、操作数隔离、总线反转编码等关键技术，提高单器件芯片级的可控性和可测性。

(2) 指令级别实时分发裁决。根据异构微控制器内核下发的工程程序指令，实现异构多核 CPU 的拟态调度、判决和态势感知，控制异构内核对芯片外设指令或信息的纠错输出，完成 CPU 内核传输事务级别的快速恢复。

(3) 异构执行体清洗恢复。针对异构 CPU 内核，通过检查点回滚方案、指令集的转换方案等，实现处理器之间的程序隔离、运行同步、关键上下文存储备份、异常状态下故障清洗功能。

2) 微隔离和感知防御融合的工控模块

(1) 模块级内生安全构造。构建基于异构 MCU 与微型操作系统的 I/O 执行体、基于异构 CPU 与实时操作系统的运算执行体，形成多目标防御链式架构，解决复杂工控模组随机功能失效问题。通过量化分析和策略表决等技术降低隐故障、显故障发生概率，设计双重异构冗余 I/O 模块、四重异构冗余架构模块等。

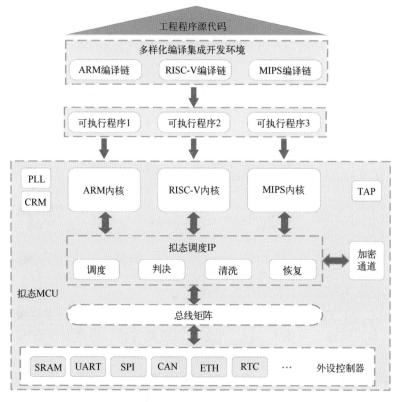

图 7.46　多核隔离和全栈异构的工控器件

（2）工控模块多模裁决。利用现场可编程门阵列灵活布线、高集成度特性，通过制定精度调优策略，实现异常数据、指令的阻断和安全过滤，解决数字量模拟量双向转化的一致性裁决偏差问题。

（3）工况信息感知的时钟同步。重置拟态安全控制面、工控业务面阶段性输出执行周期同步与延时模块，解决单点阻塞导致的进程挂起问题，保障指定逻辑运行周期内进程流水线正确性与完整性、工控任务执行、裁决、响应与反馈控制时效性与鲁棒性。

3）横向隔离和纵向协同的工业网络

（1）云边协同网络隔离。应用最小特权原则实施流程级策略控制微隔离，检测并防止威胁横向移动并减少可用攻击面，实现对网络横向流量的访问控制；

基于工控云平台分析系统运行信息，开展基于智能分析的流量、主机网络隔离防护。

（2）网络隔离建模与策略动态调优。对主机网络行为建模，构建包含源 IP、目的 IP、通信端口、流量、通信时段等元数据的主机网络行为特征画像，跟踪管控实例主动及被动网络流量行为、动态优化网络实例隔离边界，进而管理工控器件、模组、容器等实例网络。

（3）基于特征分析的动态鉴权与访问控制。分析流量监控、流向跟踪、访问策略等特征，动态调整横向隔离策略、动态鉴别对象访问权限，针对异常实例实施访问阻断与协同反馈，实现云边协同控制平台的细粒度授权。

4）动态可重构的边缘智能控制平台

构建动态可重构的边缘智能控制平台（如图 7.47 所示），使得 ICS 系统具备漏洞容忍、攻击规避、失效抑制等内生安全防御能力。

（1）云边协同跨域联动控制。构建点面式内生安全架构与云边协同跨域联动控制闭环，支持跨域威胁告警采集与安全策略下发，保障工控系统在有毒带菌及开放环境下安全运行，且实现威胁发现、攻击规避与故障抑制，解决云边协同单点失效引发级联故障问题。

（2）应用随机异构化映射。组建异构容器或虚拟机执行体，基于异构度量、负载均衡、时序控制等混合策略，实现层级调度与跨域协同策略。差模构造的云平台与时空触发的应用部署可敏捷感知、屏蔽、定位云平台功能、数据、管理等广义不确定威胁，解决工控系统云化部署攻击面扩大问题。

（3）拟态分布式存储系统。副本异构化部署目录、文件、副本等元数据，构成管理以及身份认证功能的动态异构运行环境。在动态异构冗余运行环境中，数据对象篡改与越权访问将触发信任源元数据同步，实现存储层威胁的感知，进而完成存储系统的清洗恢复，解决数据存储对象篡改与越权访问问题。

（4）可重构拟态安全计算环境。构建可覆盖 CPU、操作系统、中间件、应用的异构执行体，通过对安全共识的字段、数值、文本、图片等类型应用 I/O 数据流的一致性判决，形成响应归一化、威胁感知定位、动态重构等后向控制依据与通路，实现内生安全应用集成与微服务部署。

7.5.4　功能单元设计

基于内生安全 ICS 系统架构，本小节对内生安全 ICS 系统中一些关键功能单元设计进行介绍，主要包括安全支撑器件、安全 PLC 及安全 DCS 等内容。

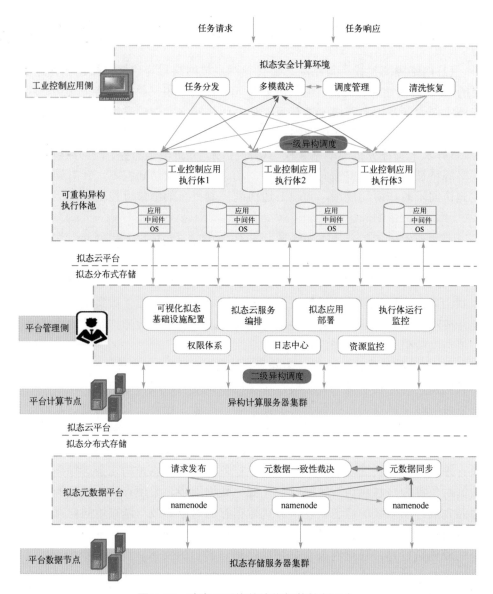

图 7.47　动态可重构的边缘智能控制平台

1.　安全支撑器件

安全支撑工具与芯片、模组为 ICS 系统提供内生安全的元件与技术支撑（如图 7.48 所示）。

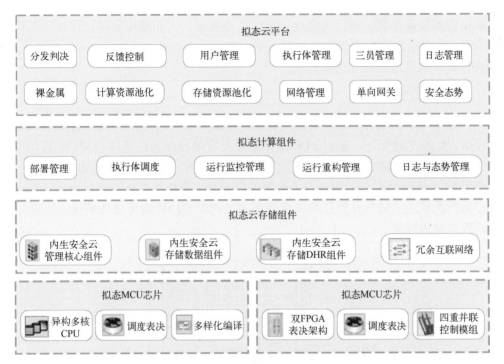

图 7.48　安全支撑工具与芯片、模组

1）拟态 MCU 芯片

MCU 是很多工业设备的"大脑"，其性能、稳定性和可靠性至关重要。目前市面上的 MCU 产品基本都是单核或者同构多核的形态，在应对网络攻击的安全性方面存在"基因"缺陷。针对工控节点未知漏洞后门构成的安全防御挑战，开发专用于 PLC 节点的异构多核全编译安全 MCU 芯片，支持 MCU 内部执行体的调度、裁决、清洗、恢复、纠错等操作，为一体化地实现高可靠性、高可信、高可用的广义功能安全可编程逻辑控制器提供基础。

2）四重化控制模组

设计四取二协同表决的双 FPGA 架构，双 FPGA 分别置于异构控制模组的背板底座两侧，接收其运算结果并交互信息，基于内置策略做出表决，支撑工控系统安全型分布式控制器。

3）云资源组件

拟态云存储组件应当至少包括异构元数据存储部件、攻击表决防御部件，提供存储资源的动态异构运行环境，支撑存储资源的威胁感知和处置。拟态计算组件集管理部署、执行体调度、运行监控管理、运行重构管理、日志与态势管理于一体。面向内生安全的新型云平台支持分发判决、反馈控制、用户管理、执行体管理等多种跨域调度功能。

2. PLC 安全演进

采用"器件-设备-系统"的循序思路，打造具备自适应防御机制的安全 PLC 设备，如图 7.49 所示。根据 PLC 工作原理及其编程语言适配拟态 MCU 芯片及其编译平台，构建 PLC 固件代码、实时数据、控制运算、通信互联的安全环境，研发 PLC 软硬件配合的指令级多余度表决模块、异构执行体调度模块、异常执行体清洗模块、随机化特征编译算法模块、创新多样化编译设计模块、等价异构程序编码模块。

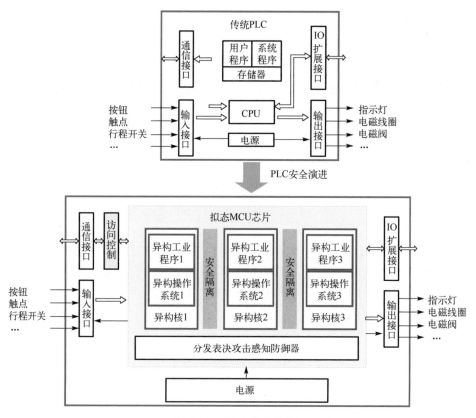

图 7.49　PLC 安全演进

3. 安全型 DCS

根据 DCS 工作原理, 在兼容支持指纹技术的身份认证、基于商用密码的通信加密以及数据完整性校验等被动防护能力的基础上, 在输入输出端配置两重冗余, 在控制端配置四重化异构冗余, 并通过组态运行更新、数据同步、I/O 实时输入处理、用户程序调度、I/O 实时输出处理、网络通信数据接收处理、故障诊断等手段为 DCS 提供具有内生安全机制的运行环境, 如图 7.50 所示。

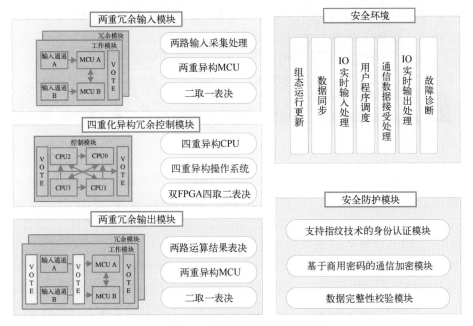

图 7.50　基于四重化控制模组的安全型 DCS

7.5.5　安全实践

1. 边缘端拟态网关

边缘网关是靠近工业设备、传感器等物理设备的网络边缘侧, 是端侧设备数据通往云端的最后一层物理实体, 边缘网关如何实现内生安全、有效防御未知漏洞后门等对实现"端-边-云"协同计算具有重要意义。在工业互联网蓬勃发展的同时, 工业边缘网关既面临来自互联网的外部威胁, 又与工业生产内部安全问题相互交织, 安全风险严峻复杂。

针对工业控制系统安全一体化应用需求，经过对边缘网关的内生安全防御技术研究，已建立多重化动态异构冗余构造模型、冗余同步机制和策略表决方法，已攻克工业协议的动态端口迁移和协议栈动态切换技术难题，并研制出内生安全的拟态边缘网关设备[24]，如图 7.51 所示。

图 7.51　工业互联网拟态边缘网关设计视图

拟态边缘网关包含 3 个异构 CPU 子卡，每个子卡上运行异构操作系统，承载拟态工业协议栈以及多样化编译的 APP，共同构成拟态系统的异构执行体资源池。策略裁决调度功能由 Xilinx 的 XQVU7P、XC7Z045 两块 FPGA 承载；数据经过 XQVU7P 上的策略裁决器代理分发到 3 个异构 CPU；3 个异构 CPU 的执行结果同步到策略裁决器时进行多模裁决，通过检验数据结果的一致性判断异构执行体是否处于被攻击的状态；在 XC7Z045 FPGA 上设置关键数据隔离区，用于保存 CPU 运行过程中的关键历史数据；当执行体重新上线时，可以从该区域进行状态跟踪，恢复到正常的工作状态。

XQVU7P FPGA 上还集成了硬件功能单元，包括二层点交换模块，用于实现可配置的流表转发；包括硬件实时加密模块，用于保证云数据的安全传输；包括软件可定义协议转换模块，用于实现确定性跨网协议转换传输；包括各类接口控制器；XC7Z045 FPGA 上还预留了业务配置管理模块与业务升级调试管理接口。拟态边缘网关设备既可以通过远程网络的方式实现业务的升级配置，也可以在现场通过 XC7Z045 的外设接口进行更高安全等级业务部署与应用升级。

拟态边缘网关支持 36 种工业协议的识别与转换，支持全局时钟同步，支持硬件实时加密，支持音视频加速等满足工业现场应用的功能，还具备防范高级可持续攻击的内生安全效果。

拟态边缘网关已经在石化、电力、能源和通信等四个行业的 22 家企业进行了深入的应用试点，其应用范围包括工业互联网安全生产链的生产数据采集和生产环境监测等多个环节，为协议转换互通、网络安全防护等短板提供了有效的解决方案。各家单位对产品的现场应用表明，该产品在试用期间运行稳定，效果良好。工业互联网拟态边缘网关设备具备较好的市场推广价值。

此外，工业互联网拟态边缘网关参加了 2020 年 12 月 20 日举办的之江杯——工业互联网内生安全国际精英挑战赛。在赛事期间，来自美国、德国、俄罗斯、日本、韩国和中国的 40 支"白帽黑客"战队，对之江实验室开发的系列化拟态构造工业互联网核心设备发起 95 万次高强度攻击，但没有一人、一队能成功攻破。这一结果验证了内生安全理论与方法在工控网络领域的普适性和有效性。

2. 边缘智能控制平台

边缘智能控制平台研制以安全防护组件和自动化响应组件的先期研制为基础。安全防护组件具备安全域快速认证、程序及数据分级动态加密、进程安全监测、工程数据多域分布式冗余存储与异步恢复等能力，且负责智能控制平台的开发、部署、运行和更新。

利用专家知识分析各安全事件对技术、流程和人员的协调与决策，构建安全防护算法库、知识库。在软件定义安全防护组件编排的基础上，识别工控安全事件模式，对库中已知事件自动选择响应策略，对未知事件自动推荐响应策略，依据决策结果自动联动安全组件进行防护阻断，更新算法库与知识库，完成安全事件的自动化响应。自动化响应组件还负责对安全事件告警分级管理处置，实现运营流程指标可记录、可度量、可追溯。

边缘智能控制平台兼容支持 IEC61131-3 标准的 FBD/LD/SFC/ST 等多种编程语言的逻辑控制与过程控制等功能(如图 7.52 所示)，同时具备组态权限安全控制、安全域快速身份认证、工程程序与实时数据分级动态加密、工程数据多域分布式冗余存储与异步恢复等安全防护功能，确保边缘智能控制平台现场数据采集可用、历史数据记录可靠、访问权限处理可控、报警与事件记录可管、安全日志完整、流程控制可信、动画显示精确和报表输出真实。

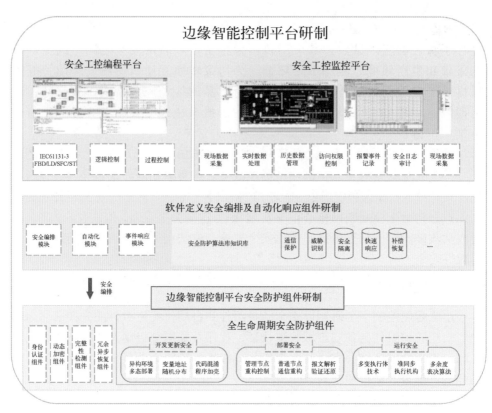

图 7.52　边缘智能控制平台

7.6　本 章 小 结

　　本章首先简要介绍了内生安全构造工程应用基线的概念，包括初始应用基线、工程迭代分析和多角度评估改进等；然后分别选取了网络通信控制系统、云计算服务系统、车联网系统和工业控制系统等典型 IT、ICT、ICS 或 CPS 系统，分别从威胁分析、内生安全总体架构、异构体构建、策略裁决设计、具体实践案例等方面介绍了目前内生安全赋能网络弹性在多领域的工程应用现状。多领域、多场景、多样化的工程应用实践充分验证了内生安全赋能网络弹性工程的有效性和生命力，同时也指出内生安全赋能架构尽管具有普适性应用意义，但不同类型应用系统仍然需根据各自领域特点进行个性化设计与创造。

参 考 文 献

[1] 马海龙, 伊鹏, 江逸茗, 等. 基于动态异构冗余机制的路由器拟态防御体系结构[J]. 信息安全学报, 2017, 2(1): 29-42.

[2] 马海龙, 江逸茗, 白冰, 等. 路由器拟态防御能力测试与分析[J]. 信息安全学报, 2017, 2(1): 43-53.

[3] Xu L, Huang J, Hong S, et al. Attacking the brain: Races in the SDN control plane[C]. 26th USENIX Security Symposium (USENIX Security 17), 2017: 451-468.

[4] Ujcich B E, Okhravi H, Jero S, et al. Cross-app poisoning in software-defined networking[C]. The 2018 ACM SIGSAC Conference ACM, 2018: 648-663.

[5] Mousavi S M, St-Hilaire M. Early detection of DDoS attacks against SDN controllers[C]. 2015 International Conference on Computing, Networking and Communications (ICNC), 2015: 77-81.

[6] 云原生产业联盟. 云原生发展白皮书[R]. 2020.

[7] Gao X, Steenkamer B, Gu Z, et al. A study on the security implications of information leakages in container clouds[J]. IEEE Transactions on Dependable and Secure Computing, 2021, 18(1): 174-191.

[8] Monteiro L, Hazin R, Lima A, et al. Survey on microservice architecture-security, privacy and standardization on cloud computing environment[C]. Proceedings of 12th International Conference on Software Engineering Advance, Athenas, Greek, 2017: 1-7.

[9] Adam G. Introducing Domain-Oriented Microservice Architecture[EB/OL]. 2022. https://eng.uber.com/microservice-architecture.

[10] Lin X, Lei L, Wang Y, et al. A measurement study on Linux container security: Attacks and countermeasures[C]. Proceedings of 34th Annual Computer Security Applications Conference, New York, USA, ACM, 2018: 1-15.

[11] Agache A, Marc B, Andreea F, et al. Firecracker: Light-weight virtualization for serverless applications[C]. Proceedings of 17th USENIX Symposium on Networked Systems Design and Imple-mentation (NSDI). Santa Clara, USA, USENIX, 2020: 419-434.

[12] Avrahami Y. CVE-2020-2023[EB/OL]. 2020. https://github.com/kata-containers/community/blob/master/VMT/KCSA/KCSA-CVE-2020-2023.md.

[13] Andreas B. What is Log4Shell? [EB/OL]. 2021. https://www.dynatrace.com/news/blog/what-is-log4shell/.

[14] Lin C, Khazari H. Modeling and optimization of performance and cost of serverless applications[J]. IEEE Transactions on Parallel and Distributed Systems, 2020, 32(3): 615-632.

[15] Henrique Z, Guilherme P, Maurício A, et al. RunC and Kata runtime using Docker: A network perspective comparison[C]. Proceedings of Latin-American Conference on Communications(LATINCOM), Santo Domingo, Dominican Republic, 2021: 1-6.

[16] Cloud Native Computing Foundation. Cloud native landscape[EB/OL]. 2022. https://landscape.cncf.io.

[17] Ding D, Han Q L, Xiang Y, et al. A survey on security control and attack detection for industrial cyber-physical systems[J]. Neurocomputing, 2018, 275: 1674-1683.

[18] Mclaughlin S, Konstantinou C, Wang X, et al. The cybersecurity landscape in industrial control systems[J]. Proceedings of the IEEE, 2016, 104(5):1039-1057.

[19] Zhou C, Hu B, Shi Y, et al. A unified architectural approach for cyberattack-resilient industrial control systems[J]. Proceedings of the IEEE, 2020, 109(4): 517-541.

[20] Rubio J E, Alcaraz C, Roman R, et al. Current cyber-defense trends in industrial control systems[J]. Computers & Security, 2019, 87: 101561.

[21] Cervini J, Rubin A, Watkins L. Don't drink the cyber: Extrapolating the possibilities of Oldsmar's water treatment cyberattack[C]. International Conference on Cyber Warfare and Security, 2022, 17(1): 19-25.

[22] Lawrence Abrams. Computer giant Acer hit by $50 million ransomware attack[EB/OL]. 2021. https://www.bleepingcomputer.com/news/security/computer-giant-acer-hit-by-50-million-ransomware-attack/.

[23] Shameli-Sendi A, Aghababaei-Barzegar R, Cheriet M . Taxonomy of information security risk assessment (ISRA)[J]. Computers & Security, 2016, 57(3): 14-30.

[24] 周正平, 王延松, 李顺斌. 一种拟态工业边缘网关及拟态处理方法[P]. 中国, CN2020 10389778.1. 2020-05-11.

第**8**章

内生安全赋能新兴领域探索

8.1 无线内生安全通信

8.1.1 无线通信发展范式

无线通信发展范式(此提法尚未形成共识)是与无线通信技术演进相关的自然规律、理论基础和实践规范,如同一般科学发展范式一样,也是阶跃式发展的。

无线通信是通过电磁波在无线环境中传递信息的过程,同时也是对抗与无线环境密不可分的广义不确定扰动的过程。其中,无线通信中的广义不确定扰动是指,直接或间接利用无线环境的不确定性和不可操控性引发的非期望事件,包括自然因素和人为因素引发的扰动。如图 8.1 所示,自然扰动因素包括地形、地貌、地物、天气、衰落、传播媒质、电磁弥散等,人为扰动因素包括无意干扰、有意干扰、接入攻击等。

从电磁波与无线环境相互作用规律的认知过程来看,无线通信的发展历程就是一部对抗广义不确定扰动的历史。基于世界观和方法论的视角,无线通信的发展过程可分为 4 种范式:发现与使用电磁波、被动适应无线环境、主动利用无线环境和改造定制无线环境。下面我们对无线通信发展已有的 4 种范式进行简要阐述,归纳各种范式实践规范的特点,并探讨无线通信的发展与困局。

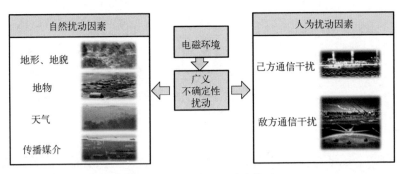

图 8.1　无线广义不确定扰动

1．无线通信发展范式一：发现与使用电磁波

1873 年麦克斯韦在《电学和磁学论》中从理论上提出了电磁波的传播机理。1887 年赫兹通过实验验证了电磁波的存在，从而为无线电通信的产生创造了条件，并为 1897 年马可尼使用电磁波首次实现跨洋的无线电报通信奠定基础。由此便形成了无线通信发展的最初范式。该范式所蕴含的思想为：在麦克斯韦、赫兹等人的工作基础上，首次发现电磁波的存在及传播的科学规律，认识到人类可以摆脱有线通信的束缚、开启无线电通信的新时代；对应的方法论为：如何利用电磁波承载信息实现远距离通信，解决无线通信的有无问题，其中标志性技术是无线电报。无线通信发展的最初范式仅采用增加发射功率、简单编码（如摩尔斯码）、重复发送等方式来对抗自然扰动，还没有认识到复杂无线环境中存在的人为扰动及安全等问题。

2．无线通信发展范式二：被动适应无线环境

随着无线通信的发展，广义不确定扰动逐渐成为发展中的主要矛盾。在香农提出信息论之前，人们普遍认为固定速率信息发送的误差概率是不可忽略的，而香农从理论上证明了当通信速率低于信道容量时，总能找到一种编码方式，以任意低的错误率传送信息[1]，即给出了特定信道上的无差错最大传输速率，为有效的信息传输提供了上界，为数字通信奠定了基础。因此，第二范式中所蕴含的思想以香农信息论和香农信道容量为代表，阐明了无线环境带来的扰动与无线通信质量之间存在内在联系，即要在不可靠的信道上进行可靠的信息传输，必须要有与之匹配的传输方式。为实现上述目标，该范式的方法论是如何适应复杂无线环境，寻找逼近无线通信能力极限的方法。

在对抗自然扰动方面，该范式主要经历了模拟与数字通信两个阶段，利用

编码、调制、滤波以及波形设计等手段把信号转换成适合在信道上传输的形式，从而提高信息传输的可靠性。其中，预编码技术通过在发端对信号进行设计使得发送信号与信道匹配，从而降低符号间干扰，提高传输性能，同时能够有效降低接收机处理复杂度；均衡技术在接收端对经过信道畸变的信号进行均衡处理，通常用滤波器来校正和补偿失真的脉冲，减少码间干扰的影响；自适应调制编码技术根据终端反馈的信道状况来确定信道容量，从而自适应调整调制方式和编码速率，以便数据传输适合信道变化，实现更高的通信速率。

在对抗人为扰动方面，最初主要是通过对时、频等无线公共资源进行划分与管理。世界各国都对时频等无线公共资源进行科学合理的规划，结合不同应用领域或场景的特点，给各类无线电业务划分专用频段并成立有关部门进行严格监督管理[2]。随后，频分多址（FDMA）、时分多址（TDMA）和码分多址（CDMA）技术也相继在移动通信中得以应用，通过给不同用户分配正交的频率、时间和码块资源来抵抗用户间干扰。然而，无线电频谱等资源是有限的自然资源，且无线通信对频谱的依赖性越来越大。因此，业界在不断开发新的频率资源，例如，毫米波与太赫兹通信等[3]，用来有效解决日益紧张的频谱资源和当前无线系统容量限制的问题。另外，为了提高频谱利用率，认知无线电技术近年来得到了学术界的广泛关注，其通过从环境中感知可用频谱，自适应改变通信参数，实现动态频谱分配和频谱共享。

在对抗无线安全威胁方面，该范式主要采用了扩谱、加密、认证、完整性保护等标志性技术。以移动通信为例，第 1 代模拟通信系统（1G）基本上是没有采用什么安全防护机制，但第二代数字通信系统（2G）开始增加了空口信息加密、身份认证鉴权和身份标识码等安全防护手段并不断更迭演进。例如，为弥补加密算法的缺陷，移动通信加密算法已由 2G A51/A52、3G KASUMI 演变为 4G、5G 的高级加密标准（AES）、SNOW3G、祖冲之密码算法（ZUC）等加密强度较高的组密钥或流密钥加密算法[4]，密钥长度也由 2G 的 64 bit 不断增加到 5G 的 256 bit。为解决 2G 因单向鉴权机制引起的伪基站问题，3G 时代开始便引入了能够同时鉴别用户和移动通信网络的合法性的双向鉴权机制；为应对不法用户截获明文传输的用户永久身份标识进行识别、定位和跟踪等问题，5G 利用基于公钥基础设施（PKI）机制的公钥加密方法对用户永久身份标识（SUPI）进行加密后传输[5]。

该范式提升了应对无线扰动的能力，但是存在以下几方面的先天不足：①适应无线环境的能力受限于对无线环境的感知能力，缺乏对"差异化"无线环境的"精细化"感知能力；②因存在频谱资源有限、用户间干扰等问题，通过动态频谱分配、频谱共享等方法提高频谱利用率和系统容量会受到"频谱墙"的制约；③无线通信中时/频/码域资源是公共资源，本质上具有不可调和性，无法根本阻断干扰、消除安全威胁，缺乏对无线环境"个性化"资源的开发利用；④采用打补丁、外挂式的安全技术路线，基于密码学的安全手段来增强信息层面的安全，缺乏从安全与通信共有的本源属性来探索安全与通信一体化的内生安全机制。

3. 无线通信发展范式三：主动利用无线环境

随着通信业务的不断扩展，被动适应无线通信中时/频/码域的公共资源对抗扰动的方式无法满足日益增长的需求，亟待挖掘和利用新的无线环境资源。由于电磁波传播机理可用麦克斯韦方程及其边界条件来刻画，而差异化的无线环境对应的边界条件决定了差异化的方程解。因此，可以利用空域资源的差异性来突破时/频/码等无线资源公共属性的束缚。第三范式中所蕴含的思想是：相比于时/频/码域等公共资源，空域资源是无线个性化资源，可以利用天然的、内在的空域资源差异应对无线扰动。

在对抗自然扰动方面，该范式主要通过收发分集、空域均衡/预均衡、空时编码等手段来减少衰落和噪声的影响。标志性技术包括分集发送/接收、波束赋形、集中式与分布式多输入多输出（MIMO）、大规模 MIMO 等。其中，分集技术通过在无线信道传输同一信号的多个副本并在接收端合并接收来补偿衰落信道损耗，可有效提高通信质量，降低发射功率；多天线技术是近年来无线通信发展较快的热点技术之一，从 3G 的智能天线到 5G 的大规模 MIMO，天线规模不断增加，获得的功率增益、空间分集增益、空间复用增益和阵列增益也在不断提升；空时编码是通过空间和时间二维联合构造码字的信号编码技术，能够获得分集增益和编码增益，有效抵消衰落。

在对抗人为扰动方面，该范式主要通过定向发送与空域滤波来实现干扰抑制。以蜂窝化小区、空域抗干扰技术为例：蜂窝系统在移动通信中广泛应用，即相邻小区采用不同频率而距离较远的蜂窝则复用相同的频率，在对抗干扰的同时可提高频谱利用率；空域抗干扰通过自适应天线设计使得阵列接收方向图在干扰方向上形成零陷以规避干扰。

在对抗无线安全威胁方面，该范式主要利用无线信道的随机性、多样性、时变性等内生安全属性，在物理层对抗安全威胁，如图 8.2 所示。标志性技术是无线物理层安全技术，例如，信道指纹加密[6]、信道指纹认证[7]、物理层安全传输[8]等。其中，信道指纹加密和认证技术分别通过提取收发双方的唯一、

互易的无线信道指纹并将其用于密钥生成和数据认证，在信号层面抵御无线主
被动攻击；物理层安全传输根据信道指纹的差异设计与位置强关联的信号传输
和处理机制，使得只有在期望位置上的用户才能正确解调信号，而在其他位置
上的信号是置乱、加扰且不可恢复的。

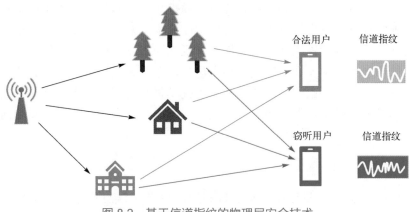

图 8.2　基于信道指纹的物理层安全技术

该范式换道"个性化空域资源"，挖掘并利用无线环境的差异性对抗无线扰
动，但没有从根本上改变受限于无线环境的状况。扩大空域资源自由度的解决
思路是通过增加天线阵元单位规模来提升通信容量等性能指标，但因天线孔径
受限、技术经济性及工程工艺等现实问题导致受到"空谱墙"的制约，对抗无
线扰动的能力还处于"靠天吃饭"的阶段。

4．无线通信发展范式四：改造定制无线环境

"空谱墙"的制约使得第三范式无法应对无线通信数据业务量的爆发式增长
和终端的多样化服务质量需求，因此需要探索"改造定制无线环境"的无线通
信发展新范式。该范式的思想是：无线广义不确定扰动可归因于无线环境操控
性的缺失，要彻底解决这一问题必须提高无线环境操控的自由度，通过改造定
制环境约束条件，实现通信的优化目标，而要改造定制无线环境就必须从无线
内生属性出发。因此，该范式对应的方法论是如何挖掘无线内生属性，基于内
生属性实现内生构造，创造对抗无线扰动的最优环境。具体表现包括以下几个
方面：①通过对无线环境（或信道）进行动态编码和按需重构来对抗自然扰动；
②通过塑造、扩大无线环境的差异性来对抗人为扰动；③通过塑造、强化无线
环境的内生安全属性来对抗无线安全威胁。该范式由无线信道不可操控向改造
定制进化，实现从靠天吃饭向天人合一的技术变革。

内生安全 DHR 构造为无线通信发展新范式(范式四)提供了一种解决广义不确定扰动问题的新机制。理论与实践已经证明内生安全 DHR 构造可以同时应对可靠性失效、人为干扰攻击和服务可信性丧失等广义不确定扰动[9]，即能实现功能安全、网络安全甚至是信息安全一体化的广义鲁棒控制功能。因此，如果能在无线通信中找到一种符合 DHR 属性规范的构造，则也可以应对无线广义不确定扰动。作为新范式的一大标志性技术，无线内生安全技术[10]从电磁波及网络空间内源性缺陷产生的共性和本源问题出发，探索无线网络自身构造或运行机理中的内生安全效应及其科学规律，基于无线环境内生属性的利用和改造，解决无线环境中的自然扰动和人为扰动带来的问题，提供抵御"已知的未知"和"未知的未知"威胁和破坏能力。下面详细介绍无线内生安全问题及理念。

8.1.2　无线内生安全问题

无线内生安全主要是保障发射机到接收机之间信息传输的安全与可靠。与网络空间不同的是，无线通信面临着电磁波传播内源性缺陷带来的特有的内生安全问题。对于无线通信系统，其期望功能是利用承载信息的电磁波的广播特性，在任何时间、任何地点与任何人或物实现信息交互。但是，由于电磁波的多径传播特性，以及电磁环境的不确定性和不可操控性，在接收机处不可避免地存在随机衰落和噪声等显式副作用(Visible Side Effect Function, VSEF)。同时，广播特性还会导致不可预测的暗功能(Invisible Dark Function, IDF)，即在广播范围内的任何未知地方都可以实施被动窃听，以及发起未知的无线接入攻击。

图 8.3 展示了无线通信的功能与作用，包括期望功能、显式副作用和隐式暗功能。由于电磁波的多径传播特性(Multipath effect)，信号从发射机发出后，会经历多种不同的路径到达不同的位置。我们期望信号能通过一些可达径，以较大的能量在合法接收机处汇合。但是，经历不同可达径的信号的相位不同，叠加后可能会产生衰落(即显示副作用)。由于衰落发生在期望功能的可达径上，因此也可称为可达径的显示副作用(the on-path VSEF)。同时，攻击者也可能从合法者未知径(即 off-path)中接收到信号从而实施窃听，或者发起攻击，这就是无线通信的暗功能(the off-path IDF)。上述的副作用和暗功能一旦被触发就会产生内生安全问题。如图 8.4 所示，无线内生安全问题也可以分为两类，广义不确定性扰动在无线通信里包含了自然和人为干扰引起的功能安全问题，以及人为攻击和窃听导致的威胁与破坏问题。

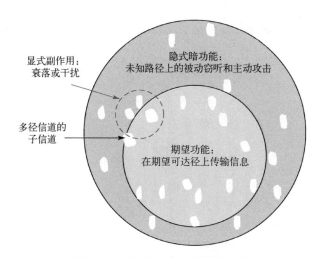

图 8.3　无线内生安全问题的原因

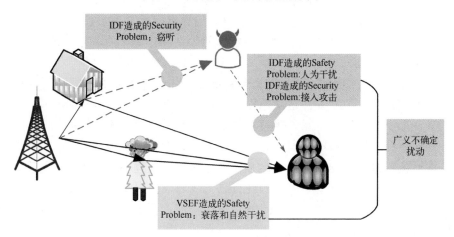

图 8.4　无线内生安全问题

8.1.3　无线内生安全属性与架构

解决内生安全问题的关键在于探寻内生安全属性，构建内生安全架构，实现内生安全功能。在这一思路的启示下，本节首先对无线通信的内生安全属性展开讨论，之后对无线内生安全架构进行了设计尝试。

1. 无线内生安全属性

不同于有线网络系统，无线通信系统本身就具有内生安全属性，这是由电磁波的传播特性和电磁环境导致的。电磁波的传播方式可用麦克斯韦方程表示如下：

$$\nabla \cdot \boldsymbol{E} = \frac{\rho}{\varepsilon_0}$$

$$\nabla \cdot \boldsymbol{B} = 0$$

$$\nabla \times \boldsymbol{E} = -\frac{\partial \boldsymbol{B}}{\partial t} \tag{8-1}$$

$$\nabla \times \boldsymbol{B} = \mu_0 \left(\boldsymbol{J} + \varepsilon_0 \frac{\partial \boldsymbol{E}}{\partial t} \right)$$

$$\text{subject to } \Delta \zeta$$

其中，$\boldsymbol{E}$ 表示电场强度，$\boldsymbol{B}$ 表示磁感应强度，ρ 表示电荷密度，$\boldsymbol{J}$ 表示电流密度，ε_0 和 μ_0 分别表示真空中的介电常数和磁导率，∇ 是矢量微分算子，$\nabla \bullet$ 和 $\nabla \times$ 分别表示散度和旋度；$\Delta \zeta$ 是边界条件的集合，它是一组决定分界面两侧电磁场变化关系的方程。

由麦克斯韦方程的完备性可知，当初始条件和边界条件确定后，方程组(8-1)有唯一解。其中，边界条件是由电磁波传播中各类介质(即无线环境)决定的。一般来说，空间中每一个点处接收到的电磁波所经历的介质是不同的。这意味着不同位置处边界条件不相同，导致上述方程有不同的解。并且，无线环境的复杂性通常使得我们难以确定边界条件，也就难以预测不同位置处的电磁波。因此，无线环境所具有的不可预测性正是无线通信的内源或内生安全属性。无线环境的一个通常的具体表现形式就是无线信道，下面我们分别介绍无线信道的内生安全属性中的 DHR 特点。

1) 异构性

异构性源于电磁波特有的传播方式和复杂的传播环境。电磁波传播的折射、散射、衍射、反射效应，以不同的路径、不同的时间到达接收端。这导致各个路径的信号按各自相位相互叠加后，产生随机的多径衰落[11]。由上述分析可知，空间中位置差异较大两个点的边界条件不同，因此无线信道的衰落也不同(或不相关)。除非攻击方与合法用户在空域、时域、频域完全一致，否则攻击方到通信双方的信道与合法信道之间一定存在差异[12]。而无线信道环境的多样性、复杂性又使得边界条件难以预测。因此，合法通信双方之间的无线信道对于位置不同的第三方，具有不可复制、不可测量的异构性。

2) 冗余性

与传统有线通信相比，电磁波的广播传播性在一定程度上模糊了通信边界的限制，使得发射机发出的信号能在空间中的多个点被接收到。当采用多天线系统时，阵列范围内各个天线都可以获取到发送信号并还原其信息内容。并且，不同位置天线的信道也不同，这使得多天线系统可以利用冗余的空域资源实现分集或复用的增益。因此，无线信道在空域上具有冗余性[13]。

3) 动态性

无线信道的动态性来源于具有天然的时变性。时变性产生的原因是电磁环境中的收发信机、散射体的移动和传播媒介的变化。实时变化的电磁环境导致同一位置不同时刻的信道也不同，这使得信道具有动态性。尽管无线信道的动态性常常被视为无线通信系统中的一种不利于通信可靠性的因素，但在内生安全理念的启发下，我们可以利用天然或人为的动态性来构建内生安全机制。具体来说，无线信道可以作为一种具有动态、冗余特性的异构执行体，用于构建DHR 架构，使被保护的系统获得"测不准"属性，从而增加攻击难度。

2．无线内生安全架构

利用上一小节中所介绍的无线信道固有的内生安全属性，我们可以设计无线内生安全架构，以继承经典 DHR 架构所具有的安全效应，并应对未知的安全威胁与破坏。如图 8.5 所示，与典型拟态系统对应的异构执行体是无线信道，输入代理为发信机，输出裁决为接收机。以上三者所包含的区域称为拟态界，

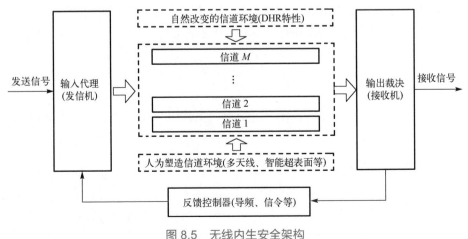

图 8.5　无线内生安全架构

也就是我们无线内生安全机制所要保护的范围。此外，输出裁决进行的分集技术（如最大比合并等），可以减少随机噪声带来的影响，类似于拟态系统纠错输出中的策略裁决机制。发信机利用接收机发送的导频估计信道后，进行的波束形成技术可类比于拟态系统的输入分发、策略调度和反馈控制。

无线内生安全架构的工作原理是利用无线信道作为执行体，在执行体上传输信息的同时，也将执行体构造与信息绑定。它的好处是合法者可以借助执行体具有 DHR 特点和相对于第三方的"测不准"属性，使攻击者无法获得执行体构造的信息，也就无法针对该机制发起主动攻击或实施被动窃听。由此可见，无线内生安全架构虽然没有消除电磁波广播特性导致的暗功能，但是规避了其带来的不利影响。因此，无线内生安全架构与经典 DHR 架构一样，可以用来对抗未知安全威胁。

将无线内生安全与经典无线通信对比后可以发现，无线内生安全的实质是在利用信道的内生安全属性（DHR 属性）的基础之上，解决自然和人为的广义不确定扰动问题，而经典无线通信的实质是在对抗自然信道不确定性带来的扰动。两者的差别在于设计理念，无线内生安全是建立在对电磁环境的精细认知、优化定制和精细操控基础之上，而经典无线通信则是被动适应电磁环境。两者的共同点在于，都是利用了信道的内生安全属性。这说明，不同于传统的附加式、捆绑式、拼接式的安全机制，无线内生安全与经典无线通信之间存在着共生关系，两者既是内生的融合，又能共生地发展。例如，信道状态信息（Channel State Information, CSI）估计技术的进步不仅能更好地对抗信道随机衰落，也能更好地利用 CSI 对信号加扰，增强内生安全算法。类似的还有信道编码技术，好的编码既可以提升通信系统的鲁棒性，也有利于物理层安全传输（无线内生信息安全）技术的实现。

8.1.4 无线内生系统和机制的设想

基于无线内生安全架构，我们对期望的无线内生安全体制、机制和技术特征进行了展望。

1. 期望的无线内生安全体制

无线内生安全体制包括无线内生安全的相关规范、标准、构造要素、使用模式和解决方案等，期望的无线内生安全体制包括以下五个方面：

(1)无线内生安全体制应为开放的空中接口信号处理架构，不排除无线信号传输中涉及的任何内生安全问题；

(2)无线内生安全体制应该是一体化的融合性构造，能同时提供高可靠、高可信、高可用的使用功能；

(3)无线内生安全体制应能够协同使用多样性、随机性和动态性之防御要素的 DVR 完全相交属性；

(4)无线内生安全体制应当同时具有异构、冗余、动态、裁决和反馈控制之构造要素；

(5)无线内生安全体制应当能够自然地接纳传统安全防护技术或其他技术的使用并可获得指数量级的防御增益。

2．期望的无线内生安全机制

无线内生安全机制是指无线内生安全的属性、原理、构造等各要素之间的相互关系及规律，期望的无线内生安全机制包括以下五个方面：

(1)无线内生安全机制与广义不确定性扰动之间应属于人-机、机-机、机-人博弈关系；

(2)无线内生安全机制应当可以条件管控或抑制广义不确定扰动,而不企图杜绝其影响；

(3)无线内生安全机制的有效性不应依赖于攻击者的任何先验知识,以及任何附加、内置或内生的其他安全措施或技术手段；

(4)无线内生安全机制带来的广义安全性应当具有可量化设计、可验证度量的稳定鲁棒性和品质鲁棒性；

(5)无线内生安全机制的使用效能应与运维管理者的技术能力和既往经验无关或弱相关。

3．期望的无线内生安全技术特性

无线内生安全架构的期望技术特征包括以下四个方面：

(1)无线内生安全属于电磁对象内源性的安全功能，具有与脊椎动物非特异性和特异性免疫机制类似的点面融合式防御功能，与目标对象本征功能具有不可分割性；

(2)无线内生安全功能不依赖攻击者任何先验知识和行为特征，因此对独立的攻击资源、攻击技术和方法形成的"差模攻击效应"具有天然的抑制功效；

(3)突破无线内生安全防御只有通过时空一致性的精准协同攻击才有逃逸的可能，但是首先要克服时空非一致性的测不准效应，要逾越异构环境形成的物理隔离距离或解"构造编码"才可能形成共模逃逸态势；

(4)理论上,差模逃逸不可能发生,共模逃逸也是极小概率事件,在内生安全环境内的攻击行动或成果都不具有稳定鲁棒性和品质鲁棒性。

8.1.5　无线内生安全功能与技术

依靠无线内生安全架构可以实现内生安全功能,解决内生安全问题。本节举例说明了无线通信内生安全功能的两种主要应用,包括无线内生信息安全技术和无线信号功能安全技术。

1. 无线内生信息安全技术

无线内生信息安全技术的目的是保护信息的机密性、可信性和完整性。如图 8.6 所示,我们利用无线信道作为执行体,用于搭建安全通信的专属信道。既可以实现对信号随机加扰的物理层安全传输技术[14],也可以实现基于一次一密的物理层密钥生成技术[15]。

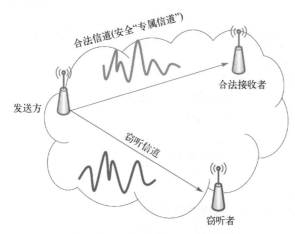

图 8.6　无线内生信息安全技术

其中,物理层安全传输技术的实质是设计与无线信道强关联的信号传输和处理机制,使得只有在编码信道上的用户才能正确解调信号,而在其他位置、非编码信道上的信号是置乱、加扰且不可恢复的。物理层密钥生成技术的实质是直接利用信道生成密钥,该密钥可以看作是执行体的简化表现形式。在将密钥用于认证或加密后,可以使信息与执行体构造绑定,从而阻止其他未知位置处发起的攻击或窃听。以上两种无线内生安全功能的实现都不依赖于攻击者任何先验知识、行为特征和附加安全措施,因此可以应对未知的安全威胁与破坏。

并且，文献[16]指出物理层密钥生成技术可以用于实现一次一密。该文献指出电磁环境本身的信息量是足够大的，传递信源的通信过程中天然蕴含了与之等量的电磁环境信息量，可提供足够的密钥。因此，只要能够实现对电磁环境精细认知和塑造(编码信道)，那么无论可达通信速率多高，都能够从电磁环境这个内生富矿中提取与之匹配的密钥速率，并且提取过程中不耗散额外的能量或占用额外的资源。

参考文献[16]还表明，我们可以通过一些使能技术改善信道指纹的随机性和动态性。如图 8.7 所示，可重构智能超材料表面(Reconfigurable Intelligent Surface, RIS)具有能够有效、快速、灵活地控制电磁波的特性，可以丰富和放大电磁环境的 DHR 特性，增强无线内生信息安全和功能安全。通常，与 RIS 相关的信息安全和功能安全分别称为基于 RIS 的信息交互(RIS-Based Information Transaction, RBIT)和 RIS 辅助无线通信(RIS-Assisted Wireless Communications, RAWC)[17]。例如，文献[18]给出了一种在静态环境下通过 RIS 提升信道熵来提高密钥生成率的方法。这些使能技术有助于实现基于电磁环境内生安全属性的一次一密内生安全功能。

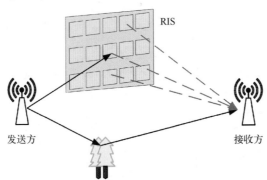

图 8.7　RIS 辅助的无线通信

2. 无线信号功能安全技术

无线内生安全不仅能提供高可信的信息安全，也能提供高可靠、高可用的功能安全，实现通信、安全和抗干扰的一体化内生安全功能。许多传统无线通信技术的目的都属于保障通信的功能安全，例如扩频通信[19]，多天线分集技术等。它们主要是对抗包含自然信道的不确定干扰和人为扰动在内的广义不确定扰动。这些技术普遍都运用了一些 DHR 特点，属于基于非典型 DHR 架构的内生安全技术，例如，无线通信抗干扰技术。抗干扰技术按域一般可分为时域[20]、空域[21]和频域[22]抗干扰，以经典的跳时、跳频、跳空和跳码通信为例，它们分别利用时域、频域、空域和码域冗余性，根据跳变图像随机选择不同的时间、频点或天线上的执行体(即无线信道)进行通信。因此，无线通信抗干扰技术引入了动态化和随机化要素，使得防御机制具有测不准效应，能够有效增加攻击方的干扰难度。然而现有阵列大多采用同构阵元，存在异构度和自由度有限的问题。文献[23]提出了一种空时异构天线阵列，其中每一个异构天线快速扫描、分辨多径，实现对无线环境的精细化感知和操纵。基于超材料打造的 DHR 天线阵列，通过空域多样性构造，使得不同位置的阵元具有异构、不相关的方向图。该阵列能够使空域资源摆脱空谱墙的限制，在天线孔径受限条件下提升效能。如图 8.8 所示，理论上 N 个阵元捷变 K 次即可实现 NK 的实际自由度，接收容量随异构程度(包括时域异构度和空域异构度)线性增长。因此，DHR 天线不仅能够获得阵列增益，还能获得阵元的增益，从而放大无线内生安全架构的动态性和异构性，进一步提升信噪比和抗干扰能力，获得更好的无线内生功能安全效果。

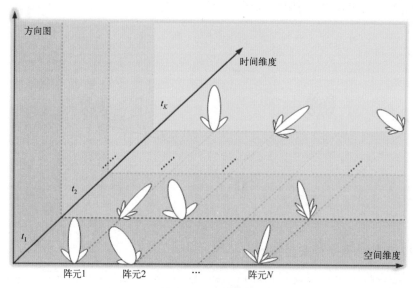

图 8.8　基于超材料的 DHR 天线阵列

8.1.6　无线内生安全性能分析

无线内生安全本质上是利用不同时空环境的信道异构性、空时频资源的冗余性、无线传播环境变化的动态性,实现期望信道最佳接收的同时,增加其他异构信道上接收信号的不确定性,并通过感知信道的异构度抵御来自于异常信道的无线接入攻击。因此,一方面可以基于可靠性理论提出无线内生安全的量化设计和验证度量方法,实现对无线内生安全性能的分析和评估;另一方面,可以利用无线信道的内生安全属性和网络空间内生安全原理,设计并通过合法与窃听信道之间的相关性和异构性指标,评估无线内生安全系统机制面临的广义不确定扰动问题和安全隐患。

1. 无线内生安全评估原理

由于 DHR 构造是"相对正确公理"的逻辑表达与实现方式,在经典可靠性理论中非异构冗余场景下无法感知的不确定扰动问题,在相对正确公理等价场景下能转化为具有概率属性的可感知的差模或共模问题,且与不确定扰动的具体性质或行为特征无关,即不依赖先验知识。因此,可以参考网络空间内生安全原理和经典可靠性理论,将难以标定设计、测试度量的无线内生安全威胁转化为概率表达的广义鲁棒控制问题,设计无线内生安全的量化设计和验证度量方法,建立反映无线信道内生安全属性与无线内生安全性能关系的评估模型,形成可工程化、可标准化的评估指标体系与测试方法,实现服务可用性、通信可靠性和安全可信性的一体化验证评估和量化设计。

2. 安全隔离距离

可通过建立可靠性指标与无线信道安全隔离距离、威胁区域间的映射关系,将上述安全性能转化为异构环境物理隔离距离下信号的接收误码率与识别成功率。具体而言,由于无线侧安全源于信道差异,安全性能取决于合法与窃听信道之间的相关性,而信道相关性可用安全间隔表征,因此可用安全隔离距离来评估安全性能和指导实际系统设计。

安全隔离距离是指:当合法用户误码率为 10^{-6},窃听用户与合法用户的距离大于 D 后,窃听用户的误码率以95%的概率大于40%,且此时窃听方的信噪比低于合法用户不小于10dB,则称 D 为安全隔离距离。

为了评估安全隔离距离,需要先确定安全性要求和可靠性要求[24]。以通信中的数据业务服务为例,通常可靠性要求合法用户的接收误比特率小于 10^{-6},安全性要求窃听用户的误比特率大于40%,达到此标准即认为在实际中达到合法用户正常通信,窃听用户无法获取任何信息的效果。并且在确保安全的同时,还需保证通信速率能够满足一定的业务需求。当系统带宽一定,且窃听方误码率接近 50% 时，其窃听速率接近 0bps，此时合法用户的通信速率即为安全通信速率。由于通信速率与信噪比正相关，因此信噪比差异可以等效为安全传输速率的大小，通过差异为 10dB 可确保此时的安全信道具备足够的信息传输速率。

安全隔离距离的评估方法如图 8.9 所示，合法接收设备位于图中的五角星标记处，正常通信且满足可靠性要求；与此同时，在合法接收设备周围布置窃听者，并测量是否满足安全性要求；如果不满足安全性要求(即窃听者的误比特率小于 40%)，则此时的窃听者位置属于威胁区域，并标记为灰色；在灰色区域以外，窃听用户的误比特率大于 40%。然后，我们以合法接收设备为圆心，划定多个圆形范围，即图中虚线所围区域，直到确保在划定圆形上，与灰色区域相交的弧长为该圆形周长的 95% 时为止，则圆形区域的半径即为传输安全隔离距离 D。随着半径 D 的扩大，窃听用户的误码率将会趋近于 50%，同时与合法用户的信噪比差异也会拉大，通信安全性会逐渐提升。

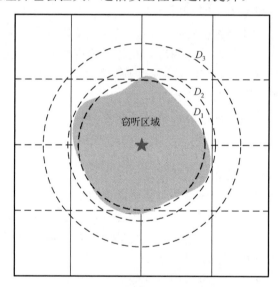

图 8.9　安全隔离距离示意图

基于安全隔离距离的无线内生安全系统的安全性能评估指标和相应的度量方法，是将位置安全作为无线内生安全实用化技术路线的基本理念，可以为工程中实现可标定设计、可测试度量提供理论支撑。

可以预见，在无线通信技术的未来发展中，网络空间内生安全理论和 DHR 构造原理将发挥重要引导作用。并且，无线通信系统特有的 DHR 架构也将会成为网络空间内生安全理论的重要补充。以未来广泛存在的海量机器类通信场景为例，通信节点具有密集分布、高并发通信、低通信时延、动态迁移的特点，使移动互联网络面临着更为复杂的安全管理难题。而无线信道具有天然的 DHR 特性使其作为异构执行体时，不仅可以有效降低攻击者的协同性，也可以放宽 DHR 架构对软硬件实现结构或算法上的相异性要求，从而减少引入异构冗余的实现成本，具有重要的工程意义。由此可见，内生安全理论与传统无线通信信息安全与功能安全技术的相互融合、相互渗透，不仅能够为开发新的无线通信可靠性、安全性方法提供指导，也能够为基于拟态原理的内生安全理论提供持续性进步。

8.2　内生安全赋能人工智能

8.2.1　人工智能应用系统简介

人工智能是新一轮科技革命和产业变革的重要驱动力量。加快人工智能核心技术突破和产业发展，对有效提升国家核心竞争力、重塑发展新动能、加速推动经济智能化转型具有重要意义。我国于 2017 年就印发了《新一代人工智能发展规划》[25]，并实施了新一代人工智能重大科技项目的安排部署，经过多年建设取得了阶段性进展，涌现出一大批以人工智能为内核的应用系统，不断创造出新业态、新模式、新市场，有力地推动了各行各业数字化、智能化转型。人工智能应用系统作为一类特殊的信息系统，可以从广义和狭义两个层面来理解：

从广义层面看，人工智能应用系统泛指运用了人工智能技术的业务系统。图 8.10 展示了目前深度学习的典型组件结构，其中基础软硬件环境、人工智能运行框架、数据库和计算加速硬件等共同构成了人工智能应用系统的"底座"，在此之上通过对海量数据的训练学习可获得针对特定应用的人工智能算法模型。

从狭义层面看，人工智能应用系统则仅聚焦于决定人工智能模型的三大核心要素组成，即数据、算法、算力，这三者关系如图 8.11 所示。其中，数据是人工智能应用系统的"血液"，它是算法得以全面洞察数据语义的重要基石；算法是人工智能应用系统的"灵魂"，它是人工智能迈向深度应用的驱动力量；算力是人工智能应用系统的"躯体"，它是智能算法赖以运行的重要支撑。正是由于数据资源的持续累积、算法的创新和算力的增强，人工智能应用系统才得以取得大幅度的进步，并推动着各领域应用迈向全要素智能化变革的新发展阶段。

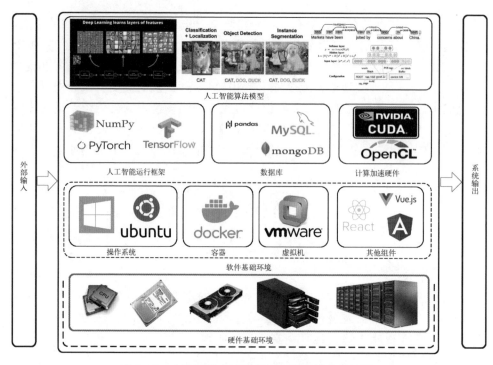

图 8.10　人工智能应用系统运行所需组件结构图

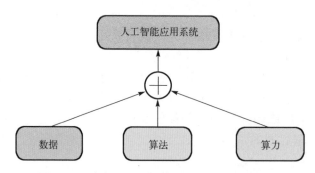

图 8.11　狭义上人工智能应用系统的核心要素

　　根据上述分析，不管是广义的，还是狭义的人工智能应用系统，都是以人工智能为技术内核，都包含有数据、算法、算力三大核心要素。

8.2.2　人工智能应用系统面临的安全威胁分析

　　随着以深度学习为代表的人工智能技术的广泛普及应用，其安全问题也越来越受到学术界、产业界，甚至是广大社会的关注。作为未来数字化、智能化时代的绝对核心技术，如果人工智能系统的安全无法得到保证，那么利用人工智能作恶或者人工智能与人类反目成仇的事情将不仅停留在《黑客帝国》《机械公敌》等科幻片的电影剧情里，而将成为未来某一天真实发生的灾难。下面以网络空间内生安全的视角，从内生安全的共性问题、个性问题以及广义功能安全问题三方面探讨人工智能应用系统中典型的安全威胁与破坏。

1. 人工智能应用系统的内生安全共性问题

与其他应用系统一样，人工智能应用系统的实体依托于物理信息系统而存在，因此其算法模型"底座"也必将面临内生安全共性问题的袭扰。国内外研究报告显示，主流深度学习框架所依托的软硬件环境普遍存在安全漏洞，当其被攻击者利用时，人工智能系统将会面临被破坏、篡改和信息窃取的风险。

软件方面，当前的 TensorFlow、Torch、Caffe 等国外平台均被曝出过安全漏洞。据开源软件社区 GitHub 数据显示，2020 年以来，Tensorflow 被曝出安全漏洞百余个，可导致系统不稳定、数据泄露、内存破坏等问题。2021 年，360公司对国内外主流开源 AI 框架进行了安全性评测，从 7 款机器学习框架(包含当前应用最广泛的 Tensorflow、PyTorch 等)中发现漏洞 150 多个，框架供应链漏洞 200 多个。该结果与 2017 年曝光的 TensorFlow、Caffe 和 Torch 三个平台存在 DoS 攻击、躲避攻击、系统宕机等威胁相印证；腾讯安全团队同样发现 TensorFlow 组件存在重大漏洞，可导致开发者基于此组件编写的机器人程序被黑客轻而易举地远程控制。

硬件方面，人工智能系统主要依托的 GPU 硬件产品同样存在安全漏洞。其中影响最为恶劣的，当属 2018 年曝光的"熔断(Meltdown)"和"幽灵(Spectre)"漏洞，波及到包括 GeForce、Tesla、Grid、NVS 和 Quadro 等多个系列产品，基本涵盖了主流 GPU 厂商英伟达的大部分产品线。同年，美国加州大学河滨分校的研究人员针对英伟达 GPU 存在的安全漏洞[26]，发现了三种可能被黑客利用来攻破用户安全与隐私的方法。此外，研究表明可以通过 GPU/CPU 溢出破坏神经网络模型，使得模型失效或者成为后门网络。

2. 人工智能应用系统的内生安全个性问题

人工智能应用系统的内生安全个性问题，是在不考虑算法模型"底座"前提下，仅由人工智能模型算法自身"矛盾"特性产生的安全性问题。以目前人工智能应用中几乎一统天下的深度神经网络(Deep Neural Networks, DNN)为例，其个性化问题根源主要来自于三个方面：

第一，DNN 的模型空间极其庞大且缺乏可解释性。作为一种典型的大数据驱动技术，DNN 最为明显的特征就是"知其然，却不知其所以然"。2017 年 Deepmind 推出的 AlphaGo Zero，在无人类干预下 3 天自我训练了 490 万盘棋局，40 天出山打遍天下无敌手，但至今其设计者也无法给出其算法模型中的权重、节点或层数的意义所在，更不能预估各个模型参数可能对整个模型的表现产生的影响，因此在一定程度上限制了人工智能系统决策结果的运用。

第二，DNN 对样本的过度依赖导致其结果缺乏自适应性。DNN 的学习训练过程是对样本数据的特征拟合过程，但由于样本通常难以覆盖各种现实复杂条件，因此这种拟合往往是不完整或者不全面的。特斯拉的"蓝天白云"失控事件，就是其 Model Y 型号自动驾驶汽车的车载图像识别系统错把白色半挂卡车当天空，从而判断可正常通过而导致重大车祸，直接反映了当前人工智能系统对于目标事物的判识存在复杂场景下适应能力弱的局限性。

第三，DNN 的梯度不稳定特性导致了学习结果的不确定性。DNN 的学习训练是一个反复调整输入输出映射的过程，其损失函数极值求解一般是通过模型梯度下降的方式得到。这个过程中，需要将模型置于密集的输入采样点空间，以便学习从输入空间到输出空间的可靠映射。然而，目前常用的反向传播机理导致 DNN 在训练过程中梯度下降无法稳定引导系统达到最优，其学习结果存在着不确定性。

事实证明，通过对 DNN 模型缺陷的有效利用，能够形成数据后门、数据投毒、对抗样本等多种攻击方法。

数据后门是指攻击者在模型中埋藏后门，使被感染模型在一般情况下表现正常，在后门激活时输出被设定的恶意目标。这种攻击方式在使用第三方平台进行训练，或是部署第三方提供的模型等场景时容易实施，且隐蔽性好，难以发现、定位和追踪。数据投毒则是依托对训练数据集的污染，诱导人工智能算法产生无差别错误或全面降低模型的性能，以此破坏 AI 系统的可用性。

对抗样本是当前 DNN 安全研究中最为热点的问题，其攻击者基于对目标系统"脆弱点"的分析试验，在不改变 DNN 模型的前提下，将精心构造的微小"扰动"加入目标输入中，使得 DNN 产生异常输出，进而导致整个应用系统出现严重误判或者错误。2014 年，Szegedy 等人验证了对抗样本的存在[27]，后续研究者们又陆续提出了 FGSM(Fast gradient sign method)[28]、BIM[29]、PGD (Project Gradient Descent)[30]、DeepFool[31]、C&W[32]、Nattack[33]等对抗攻击方法。根据攻击者在分析阶段是否能够知晓和使用被攻击模型的网络结构和参数，对抗攻击可分为黑盒攻击和白盒攻击；根据攻击者对扰动产生的异常输出是否设定具体错误目标，对抗攻击可分为目标攻击和非目标攻击。

3. 人工智能应用系统的广义功能安全问题

人工智能应用系统的内生安全共性和个性问题主要阐释了其安全威胁的成因，而广义功能安全问题则关注于其安全威胁产生的后果。近年来，深度学习持续飞速发展，不仅广泛应用于自然语言处理、语音识别和计算机视觉等领域，在制造、交通、医疗、民生等方面的应用也开始逐渐落地，大有"智能+Everything"的发展态势。随着人工智能与人类生产生活的融合愈发深入，其广义功能安全问题就会愈发凸显。攻击者基于人工智能应用系统的个性问题或共性问题，可以大肆破坏和恶意篡改目标系统的功能，造成恶劣影响。

首先，交通驾驶领域将是人工智能广义功能安全问题的重灾区之一。2015年，研究人员利用 Uconnect 车载系统的漏洞，远程遥控 Jeep 克莱斯勒的转向、制动、加速和引擎关闭等，导致 140 万辆汽车召回。2021 年第四届强网"拟态"国际挑战赛上，8 款 15 套商用 ADAS 无一幸免被发现漏洞且被多支国内外战队轮番攻陷，部分漏洞甚至可以被用来远程控制汽车在无任何征兆情况下突然转向、加速、开关车门。

另外，机器人和制造业也会受到严重影响。2017 年，安全公司 IOActive 测试了 50 台各个种类的机器人，查出了诸多漏洞，黑客可以利用这些漏洞远程劫持并操纵机器人的手臂和腿，或者控制麦克风和摄像头，可以危害用户的人身及财产安全。2021 年 9 月，智能制造企业 Weir Group 遭受了一起网络攻击，导致出货、制造与工程系统发生中断，造成的单月间接损失就达 5000 万英镑。

未来，网络安全与功能安全、信息安全问题的交织叠加影响只会更加严重，使得人工智能系统必须具备应对随机性扰动和人为或非人为的不确定干扰能力，需要具有一体化解决功能安全和网络安全(也包括有些信息安全)问题的广义功能安全属性。否则，难以满足网络攻击条件下系统功能/性能的"弹性或韧性"要求。

8.2.3　人工智能内生安全防御框架设计

人工智能应用系统面临着软硬环境"底座"与模型算法"本体"两个层次的内生安全问题，因此面临的威胁挑战也更为严峻。在共性问题层面，经过近年来内生安全在云平台、存储系统、路由交换等网络设备的实践发展，使得人工智能应用系统的信息通信网络、云和数据中心等基础"底座"环境具备了内生安全能力的可信服务属性，为人工智能内生安全共性问题提供了一条可行的解决之道。而针对个性问题，作者以当前热点的 DNN 对抗攻击为例展开研究与论述。

通过 8.2.2 节分析可知，人工智能的神经网络本身是基于梯度优化来进行拟合的特征工程，该过程使得现有模型不像人一样会忽略细微特征，而是关注所有的特征。因此目前无论是黑盒或白盒的对抗攻击，其基本思路都是在保证较少扰动(微观性特征)的前提下，通过构造模型损失梯度下降的输入达成欺骗模型的攻击目标。正如一个信息系统软硬件中的漏洞后门无法提前预知和被穷举一样，在训练集有限的情况下，目前神经网络采用的最优化方法只能尽力逼近而永远无法达成"认识"一切的完美目标。该问题属于神经网络自身架构缺陷，可视为神经网络模型算法的漏洞。这样看来，对抗攻击作为最具代表性的一类人工智能内生安全个性问题，其问题根源、呈现形式和利用方法上与内生安全共性问题具有相似性，似乎能够以内生安全的防御视角一体化解决。

从内生安全防御范式的角度出发，基于 DHR 架构的动态性、多样性、冗余性和基于策略裁决的反馈调度机制对 DNN 模型算法层面实施安全防护，其可行性主要包括以下两个方面：

(1)各功能等价体的对抗表现符合相对正确公理所述。研究发现，对同一决策点上不同方向梯度的搜索[34,35]，不同结构的网络所得到的正确分类边界是相似的，这导致相同的扰动使得不同的模型发生错误，即对抗攻击具有迁移性；但与此同时，每个模型梯度下降方向却具有极大的随机性，其导向的错误结果是不同的，所以达成特定目标的迁移攻击较为困难。因此，DHR 中神经网络子模型多样异构的有效性得以保证。

(2)功能等价可重构执行体的输入和输出界面可归一化或标准化。对于神经网络来说，输入的待识别或分类数据是其归一化输入，识别或分类的结果是其可归一化的输出结果。在这个界面上，给定输入序列激励下，功能等价的神经网络子模型执行体在择多输出矢量或状态大概率上具有相同性，这使得通过给定功能或性能的一致性测试方法能够判断和确保子模型执行体间的等价性。

图 8.12 给出了基于 DHR 的人工智能内生安全防御框架，使用多个功能等价的神经网络子模型构造异构冗余运行环境，输入代理将样本分发至各个子模型中独立处理，得到的识别或者分类结果进入策略裁决。对于正常样本，各个子模型能够给出相同或者相近的结果；对于对抗样本，会触发子模型产生差模

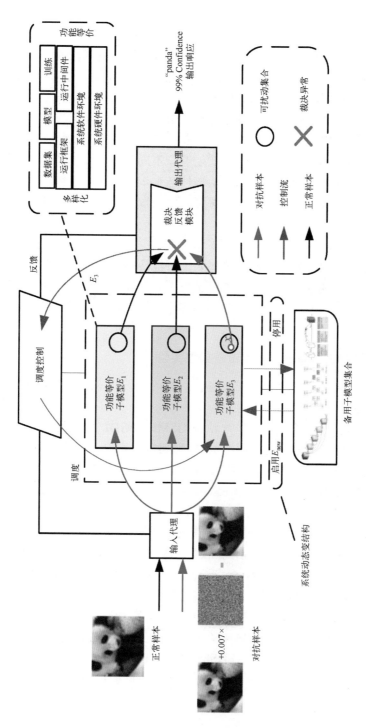

图 8.12 基于 DHR 的人工智能内生安全防御框架

输出，因此在大概率上被裁决模块发现并激活纠错输出环节和系统调度模块，然后根据一定的规则实施算法模型的动态更替，从而规避当前对抗攻击。

在上述防御框架下，如何针对神经网络挖掘和构造有效的多样性成为关键。神经网络的核心构成要素包括数据集、网络模型、训练方法三个方面，均可构建异构子模型的切入点。需要关注的是，由于训练的模型与方法在内部机制上存在类似性，使得就算是模型结构上存在差异，但其学习的特征与学习的方法仍具有相似性，那么同一对抗样本就能够让不同的模型发生错误，即目标迁移性问题仍然存在。因此，如果想从动态性与未知性来实现系统级的鲁棒性，则需要深入研究和开展实验，进一步探寻如何获取具有差异性的神经网络模型。

8.2.4 人工智能内生安全实验

为构建基于内生安全架构的鲁棒人工智能应用系统，需要多种异构的人工智能模型算法，使其受到对抗攻击时呈现不同的输出状态或保持正确输出，最终保证整个系统的一致。下面以应用最广泛、公开攻击手段最多的图像分类识别服务为例，验证内生安全赋能人工智能应用系统的可行性。

1. 神经网络模型的对抗攻击差异性实验

本节针对多种 DNN 模型及其各自对应的对抗样本进行交叉测试，来验证和分析对抗攻击发生时的差异性。

实验采用两种白盒攻击方法（FGSM、PGD）和一种黑盒攻击方法（NATTACK）对当前公开的不同结构（模型架构、宽度、深度不同）的模型进行了攻击测试。其中图像识别框架采用 TIMM 库，目标 DNN 模型（下文称子模型）为：RESNET-152、RESNET-18、RESNET-50、vgg-11、vgg-19、vit、efficientnet-b0、densenet121、dla34 等，利用 3 种攻击方法分别生成 1000 张对抗样本，并统计和对比其交叉攻击测试的分类结果。其测试结果如图 8.13 所示。

实验表明：在测试中，所有子模型的对抗攻击都成功生效。但对这些错误分布情况进行统计发现，绝大多数的模型错误分类结果趋向于不同。在随机的 1000 张图片测试例子中，出现了所有子模型都偏向于同一个错误的情况为 0；其中超过半数（>4）子模型偏向同一个错误的比例均低于 5%（FGSM 1.5%，PGD 0.4%，NATTACK 4.3%）；不存在或仅存在一种模型错误与自己一致的所占比例均在 80% 以上（FGSM 91.1%，PGD 93.9%，NATTACK 84.6%）。因此，即便是对抗攻击生效时，不同的 DNN 模型在错误分类表现上也呈现出差异性。

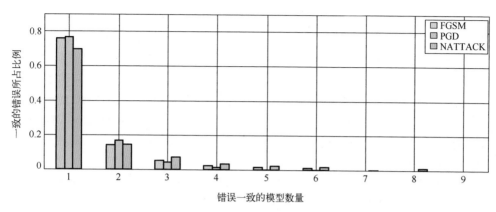

图 8.13　不同攻击方法下多模型分类错误一致的数目分布

2. 针对单个神经网络的对抗样本迁移目标实验

本小节继续关注 DNN 在对抗攻击下差异性问题。在前一实验的基础上，增加对攻击者的限制，选取单个模型生成对抗样本后，直接输入到其他模型网络中，观察目标迁移情况。对抗攻击方法为 PGD，生成对抗样本数量 1000 张，得到实验结果如图 8.14 所示：

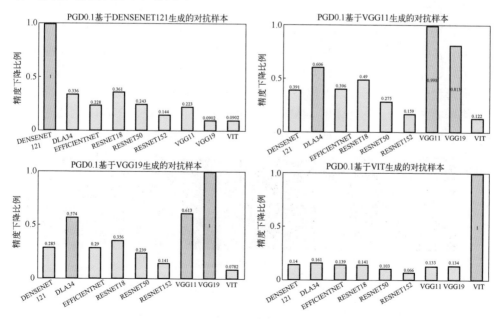

图 8.14　相同攻击方法下的迁移能力（强度 0.1）

实验表明：通过攻击单一模型生成的对抗样本，在不同的模型中具有一定的迁移能力。而在完全不添加其他扰动的情况下，一种模型攻击生成对抗样本或多或少会使其他模型发生错误，但是每个模型的下降幅度存在明显差异，这表明模型的层数、宽度、架构等都会对迁移的效果有着一定的影响，即模型的结构越相似，其攻击成功的迁移能力就越强，如图中 VGG11 与 VGG19 两种模型出现了明显高于其他模型的迁移能力，而基于 Patch 补丁块机制的 VIT 网络明显具有更好的独立性，对扰动攻击有着更高的免疫力，且自身的对抗样本对于别的模型的迁移能力也显著低于其他模型。

本实验与上文实验共同印证了 8.2.3 节"各功能等价体的对抗表现符合相对正确公理所述"的前提条件成立，同时为"面向对抗攻击如何构建差异度尽可能大神经网络子模型"提供了一定依据。

3. 基于特征异构化的神经网络模型集成防御实验

前文提到，特征学习的基础是数据集，如果数据集同源相似，那么即使网络结构上存在差异，每个模型对于特征的理解也是相似的，导致对抗样本的可迁移性更强。因此，本节从训练学习的数据集层面探索构建多样异构化 DNN 子模型的可能性。

首先收集并构建了一个对花的五分类数据集(约 10000 张图片)。基于该数据集，通过多种特征提取方法进行特征的分离，其中主要采用的是边缘检测 Canny 算法、纹理提取 LBP 算法与 GLCM 算法及其不同统计变型，如图 8.15 所示。这样，基于相同的原始数据集就可以分离得到不同的训练数据集。对于转换得到的不同数据集，其模型训练仍然保持与原有任务目标一致——完成这个简单的 5 分类。此处使用 TIMM 库中提供的简单的 RESNET-18 网络进行训练，在训练所有模型的测试集正确率达到 90%时停止训练。

原始图片　　　　　　Canny 边缘检测　　　　　　LBP 纹理提取

图 8.15　针对原始图片进行不同的特征提取效果图

其次，在验证某一类特征对应的模型，实验选取了多张图片进行对抗样本生成以获得对抗扰动系数，再将该扰动添加到其余模型所对应的输入图片上，测试扰动的迁移能力。此处使用 BIM 方法来生成对抗样本，限定迭代次数为40，控制迭代步长来获得不同扰动强度的对抗样本。通过评估对选取的简单数据集总体正确率，来衡量对抗扰动是否能够同时影响基于不同训练集生成的模型。其中将 GLCM 方法转换得到的不同数据集用其导出的灰度共轭矩阵的特征参数描述，GLCM_mean 代表其选取的参数为平均数，GLCM_std 为标准差，GLCM_max 为最大值。测试结果如图 8.16 所示。

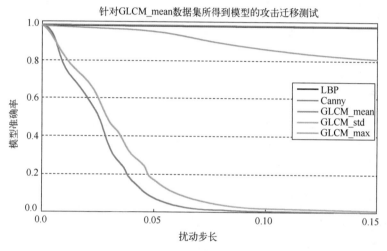

图 8.16　针对不同训练集的对抗样本迁移性

图 8.16 可见，在当前模型（GLCM_mean）被攻击模型的准确率（纵轴）随着扰动增强而迅速降低时，基于其他数据集特征训练的模型出现了明显的差异。其中 Canny 与 LBP 算法转换的数据得到的模型几乎不受影响；而 GLCM_std 却与当前模型一样产生了准确率的急速下降。究其原因，Canny 与 LBP 算法的图片特征提取方法与当前模型差异较大，而 GLCM_std 却和当前模型一样，是基于 GLCM 算法得到的灰度值结果再进行平均数与标准差统计，计算方法上相似。

在此基础上构建一个简单的 DHR 模型，测试单一模型（以 GLCM_mean 构建对抗样本为例）受到攻击的情况下，多模型的裁决的结果。图 8.17 中标记 n kind+it 表示选取的模型数量为 n 种加上被攻击的模型，ALL_KIND 表示全部模型（11 种）都被选取。结果显示，在低扰动的情况下，整体系统的准确率是很高的。随着扰动的增大，准确率呈缓慢下降趋势，但是整体模型仍然处于可用的状态。经判断，总体准确率下降的主要原因是子模型受到更大扰动后的正常识别能力减弱，而并非对抗样本应该展现的攻击效应，因此基于特征异构化的内生安全构造实验达到了预期效果。

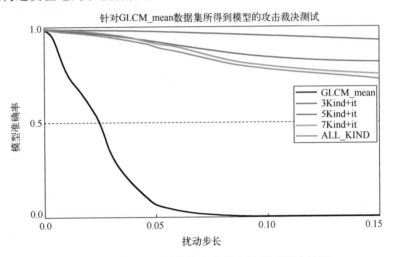

图 8.17　基于不同训练集构建的多种模型裁决结果

但是，上述实验采用的数据集特征异构是以舍弃图片信息为前提的，会导致子模型的性能不如原始训练集所训练出来的模型。是否能够不损失信息，或是保证整体系统性能不低于原始数据集训练的模型，是未来数据特征异构研究中待解决的问题。

4. 基于模型异构化的神经网络模型集成防御实验

除了训练数据集的特征异构化，神经网络的模型架构异构化也是一个值得探索的方向。为构建更具备差异性的多模型集成策略，此处采用基于网络结构搜索(Neural Architecture Search, NAS)初步验证了的一种可行的异构网络构建方法及其有效性[36]。同时为证明构建的异构网络能够抵御攻击的迁移性，采用彩票假说进一步分析和验证。

1)基于网络结构自动搜索的神经网络模型异构化方法

本节在人工智能内生安全防御框架下使用了动态随机集成策略，即每次模型推断都从模型库中随机抽取子模型进行集成。

实验选取了网络模型数量、模型深度、模型宽度和连接密度作为集成模型属性超参数，针对 CIFAR-10 数据集，采用 PGD 攻击来观察集成模型的防御效果。以受到攻击的深度神经网络模型作为基准模型 A，模型 B 是以深度神经网络模型为子网络模型的动态防御框架下的集成。考虑到对抗鲁棒性的影响，实验中加入了 Robnet[34]设置为模型 C。模型 D 是单个 NAS 子网络模型，模型 E 是以 NAS 模型为子网络模型的集成模型，包含与 B 相同数量的子网络模型。特别的，F 与 E 使用了相同的子网络模型库。但从 F 中抽样了 10 个异构网络模型来评价其防御性能，这些采样的异构模型受到异构集成网络生成对抗样本的攻击。通过观察攻击成功率，可明确地判断集成模型是否能够减弱对抗样本的迁移性。为了控制潜在的概率风险，将蒙特卡罗阈值 α 设置为 0.3，以减少错误评估概率。

如图 8.18 所示，进行标准训练的深度神经网络在白盒攻击下非常脆弱。白盒攻击下，在扰动量较低时，便能达到很高的攻击成功率。可以看到，对于深度神经网络集成方法 B 和 NAS 集成方法 E、F，在相同数量子网络模型的情况下，NAS 集成模式需要更高的扰动量才能降低其分类准确率，其防御性能优于其他方法。在对 C 和 F 的观察中，攻击者在更低的扰动量下成功攻击了 Robnet。异构网络模型搜索方法通过加强子网络模型的多样性来提高集成模型的对抗鲁

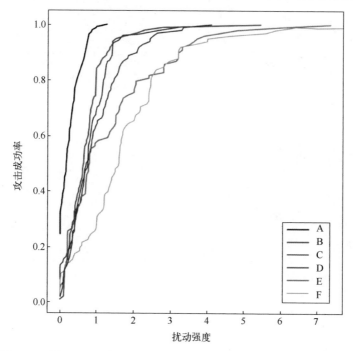

图 8.18　基于 PGD 攻击无目标白盒攻击的攻击成功率和扰动量曲线

棒性，提升了集成模型在白盒攻击下的脆弱性。比较 D 和 F 的防御性能，该方法确实提供了随机的梯度信息，这对混淆梯度方向有一定的帮助。

另外，实验还完成了 CIFAR-10 各个模型生成对抗样本的迁移性评估。通过对无目标攻击下的对抗样本网络模型的正确率分类，以及对目标攻击下将网络模型误导至特定目标标签的成功率来衡量。

这里评估了两组模型，一组是 3 个 NAS 搜索的异构网络模型，一组是 3 个专家设计的深度神经网络(记为 Base 模型)，攻击方法均为 PGD。这两种攻击的扰动参数都设置为 8/255。实验分别测试了无目标攻击和目标攻击，两种模式的评价标准不同，分别为无目标攻击下网络模型的分类正确率，以及目标攻击下特定引导网络模型预测目标标签的攻击成功率。图 8.19 展示了 NAS 方法和深度神经网络各自 3 个模型的迁移性。对抗样本会影响网络模型的性能，但在两种模式下，异构网络模型会更大地阻碍他们之间对抗样本的迁移性，有效验证了通过 NAS 方法为神经网络提供模型异构性。

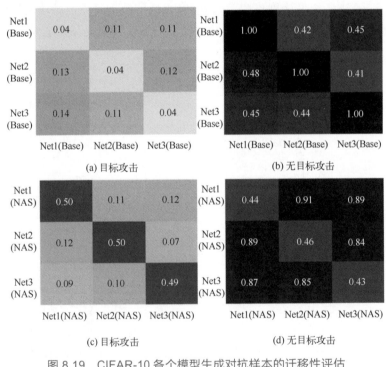

图 8.19　CIFAR-10 各个模型生成对抗样本的迁移性评估

2）基于彩票假说的神经网络模型迁移多样性方法

异构搜索方法从经验上提升了子网络模型的架构多样性。彩票假说认为通常一个深度网络模型中含有与其精度相当的稀疏子网络，将其称为彩票网络。而 Fu 等人[37]利用剪枝结合对抗训练找到了精度几乎没有损失同时具有对抗鲁棒性的彩票子网络。更进一步，单个网络模型的多个不同稀疏度彩票子网络之间具有对抗样本迁移性差的特性，进一步探索了不同架构和稀疏度下彩票子网络模型在对抗迁移方面所体现的多样性[38]。

实验选择了四种具有代表性的网络结构：ResNet18、ResNet34、WideResNet32 和 WideResNet38。通过剪枝结合对抗训练方法，获得了 40 个具有不同基本结构和稀疏度的子网络模型，每种基本结构各有 10 个不同稀疏度的子网络，具体性能如表 8.1 所示。

表 8.1　彩票子网络模型在 CIFAR-10 上的干净样本和攻击下识别准确性

前置网络类型	稀疏度	子网络模型数量	干净样本识别精度	平均干净样本识别精度	攻击下识别精度	平均攻击下识别精度
ResNet18		10	76.8～79.8	77.9	45.1～47.3	46.3
ResNet34	0.07, 0.1, 0.12, 0.15, 0.2, 0.3, 0.4, 0.5, 0.6, 0.7	10	77.6～80.1	79.1	46.1～48.6	47.6
WideResnet32		10	79.2～82.4	81.1	48.5～49.6	49.1
WideResnet34		10	79.9～83.1	81.9	49.2～50.3	49.7

图 8.20 展示了在相同条件下测试的彩票子网络模型相互间的对抗迁移性，为了公平比较，实验分别选择稀疏度不同的 ResNet18 和 WideResNet32 子网络作为防御模型，并选择稀疏度相同的 ResNet34 和 WideResNet38 子网络生成对抗样本。试验中，模型设置了 0.07、0.2 和 0.6 的稀疏分布。图 8.20 中主要展示了防御模型在不同结构下生成对抗样本所实现的鲁棒准确性。

可以看到，图 8.20（a）中具有不同稀疏度的 ResNet18 和 WideResNet32 子网络模型对使用相同网络生成的对抗样本具有较差的对抗迁移能力。与图 8.20（b）和图 8.20（c）相比，由不同结构子网络模型生成的对抗样本的对抗迁移性更弱。例如，除了对角线上的识别准确率外，ResNet18 在相同结构生成对抗样本下的识别准确率是 65.5%～69.9%。面对 ResNet34 和 WideResNet38 子网络的迁移攻击，它提高到了 66.5%～73.6% 和 66.9%～70.9%。同样，WideResNet32 子网的准确率提高了 5.7%～9.3% 和 2%～5.9%。

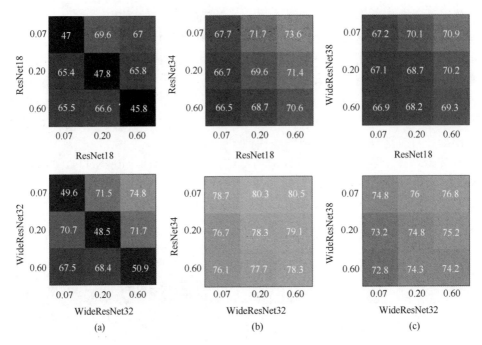

图 8.20　子网络模型间的对抗迁移性：(a)利用自身生成对抗样本进行攻击；
(b)利用 ResNet34 进行攻击；(c)利用 WideResNet38 进行攻击

在人工智能内生安全防御框架下，即便以上子网络间的对抗迁移性都较弱，但运用动态随机集成也能获得良好的对抗鲁棒性。实验将经过对抗训练的 ResNet18/WideResNet32 密集网络设置为基线，并比较我们的方法与由 Robust 2D adversarial Sample(R2S)[39]获得的单个模型不同稀疏度子网络进行动态随机集成的结果。为了更好地进行评估，实验使用了一种基于转换期望(Expectation Over Transformation, EOT)[40]的自适应攻击，通过采样候选鲁棒彩票子网络模型的梯度生成对抗样本得到防御参数的期望，涵盖更多防御策略的可能性并提高对抗样本的可迁移性。对于 EOT 攻击，实验对攻击方开放了彩票子网络模型库的网络结构类型和稀疏度，以便攻击者可以对不同集合状态的期望进行采样。为了全面准确地观察防御效果，实验在无穷范数的约束下测试了 0, 2, 4, 8, 12, 20 多个扰动量下的白盒攻击。

如表 8.2 所示，我们方法的鲁棒识别精度比 R2S 高 3.02%～10.12%，比对抗训练提高了 15.42%。同时，与对抗训练相比，R2S 在干净样本识别准确度上下降了 3.59%～3.67%，而我们在不同结构的动态集成下相比对抗训练进一步提高了 1.08%。此外，图 8.21 表明，在多个扰动量的整体攻击环境下，我们的方法比 R2S 和对抗训练具有更好的对抗鲁棒性。

表 8.2　CIFAR-10 上测试其在 EOT 攻击下的对抗鲁棒性

网络结构	Resnet18	WideResnet32	Resnet18	WideResnet32
指标	干净样本识别准确率/%	干净样本识别准确率/%	对抗样本识别准确率/%	对抗样本识别准确率/%
对抗训练的密集网络	81.73	85.93	51.2	52.3
R2S	78.06	82.34	57.6	64.98
我们的方法	87.01		67.72	

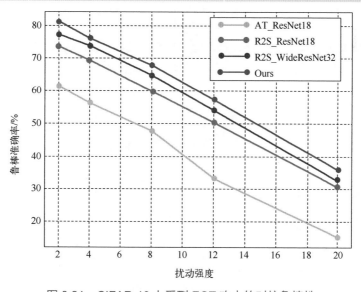

图 8.21　CIFAR-10 上受到 EOT 攻击的对抗鲁棒性

5. 人工智能内生安全防御原理验证平台

在上述实验分析的基础上，我们搭建了人工智能内生安全防御原理验证平台，形成了界面化的实验操作。该平台允许用户选择不同的攻击方法，对不同图片进行攻击，并实时查看多模型综合防御效果，其界面化效果如图 8.22 所示。后续，我们将持续完善该平台的功能与展示接口，丰富算法库、攻击库、内生安全策略库等，为人工智能内生安全攻防对抗的各类实验提供端到端支撑。

图 8.22 人工智能内生安全防御原理验证平台界面

8.3 内生安全芯片性能分析

8.3.1 内生安全芯片简介

根据 DHR 架构的抽象模型，内生安全芯片主要包括可重构执行体集合、策略裁决、反馈控制调度器、输入代理等模块。本节将重点阐述内生安全芯片的可重构执行体集合的设计思路。对于内生安全芯片，可重构执行体集合的实现可以分为硬件层面的异构与软件层面的异构。

硬件异构的具体实现为使用不同指令集架构的异构 CPU，如 ARM、RISC-V、MIPS 等。但是为了构建多样性更丰富的可重构执行体集合，我们需要数量更多的执行体。而 CPU 的指令集架构种类往往是比较有限的，因此软件层面的异构，可以使内生安全芯片的可重构执行体集合更加丰富。

软件异构的具体实现为引入多样化编译机制。多样化编译通过源代码、中间代码、目标代码三个不同的层次，实现代码混淆、等价变换和相关层面的随机化以及堆栈相关的多样化等，可从同一源代码产生许多不同的变体。

引入多样化编译机制对可重构执行体集合的丰富作用可通过以下例子说明。假设有 m 个异构 CPU，针对每个 CPU 多样化编译机制能够产生 n 种不同的可执行文件，每次响应输入的执行体个数为 i。当不存在多样化编译机制时，不同的执行体响应组合有 C_m^i 种。当引入多样化编译机制时，组合数量至少达到 $C_m^i \cdot n^i$，即原先的 n^i 倍，详见表 8.3。

表 8.3　内生安全芯片的可重构执行体集合示例

硬件异构	软件异构
CPU_1	$S_{11}, S_{12}, S_{13}, \cdots, S_{1n}$
CPU_2	$S_{21}, S_{22}, S_{23}, \cdots, S_{2n}$
...	...
CPU_m	$S_{m1}, S_{m2}, S_{m3}, \cdots, S_{mn}$

8.3.2　内生安全芯片在软错误率评估中优势的不确定性

在安全性分析中，相较于其他系统应用实例，内生安全芯片一个独特且重要的指标就是软错误率(Soft Error Rate, SER)。不同于由缺陷机制或可靠性劣化机制引起的硬错误，软错误通常不会损坏电路本身，因此被称为"软"错误。但它会造成数字电路错误的状态翻转，如将状态 1 错误地翻转为状态 0。对于一个制作过程合格并且设计良好的电路，软错误的主要原因是粒子辐射[41]。

高能粒子在穿过电子器件的敏感区时造成其非正常的状态改变从而使其功能受到干扰甚至失效的辐射效应称为单粒子效应，它包括单粒子翻转效应(Single Effect Upset, SEU)、单粒子瞬态效应(Single Effect Transient, SET)、单粒子闩锁效应(Single Effect Latch, SEL)等。其中单粒子翻转效应是对基于 SRAM 的 FPGA 设备产生最大影响的一类单粒子效应，它表现为高能粒子通过攻击电子器件从而改变电路的逻辑状态[42]。

SEU 虽然只是导致软错误的发生，但是仍可能对整个系统造成灾难性的后果。例如，我国 1990 年发射的风云一号 B 气象卫星因发生多次 SEU 导致姿态控制失控，从而导致该卫星最终只正常运行了 285 天，没能达到设计寿命要求[43]。

那么内生安全芯片在软错误率的评估中是否具有优势呢？我们已知的是，在内生安全芯片中，可重构执行体集合中的每个执行体都是异构的，与同构执行体相比，不仅大大降低了共因故障的影响，而且使得攻击经验和攻击成果的复用率显著降低，因此异构执行体集合表现出更优越的功能安全和网络安全特性。

在粒子辐射的环境中，粒子辐射导致的软错误发生的概率只与存储器件的容量大小有关[44]，容量越大，受到辐射扰动的概率越大(更确切地说，存储器实际活跃使用的比特越多，则受扰动的概率越大)。然而，每个存储单元受到的辐射扰动概率都是相同的，且与最底层物理器件的抗扰动特性和数量有关，与系统的上层结构无关。因此在软错误率的评估中，异构冗余执行体集合是否比同构冗余执行体集合更具有优势是个值得探究的问题。

目前查阅到的文献大都以单个电子器件或者单 CPU 系统为研究对象，进行单粒子翻转导致的软错误率的评估。例如，在统计单个器件的单粒子效应方面，Xilinx 提供了 SEM IP，可以通过将错误插入配置内存的方法，来评估单粒子翻转事件对系统的影响[45]。文献[46]和文献[47]等通过重离子加速器对器件进行轰击实验得到单粒子翻转的情况。文献[48]通过星载实验对不同工艺 FPGA 的单粒子效应进行了研究。但是尚未发现公开文献对由同构或异构冗余执行体组成的系统的整体软错误率进行过评估，因此下节将展开相关研究。

8.3.3 基于马尔可夫模型定量分析芯片安全性能

1. 系统架构简化

为了评估 DHR 架构相较于可重构执行体集合均由同构执行体构成的动态架构，两者之间发生软错误的概率大小，我们可以在两种动态结构中选择某些处于稳定状态、执行体集合不发生重构的时刻进行 SER 分析。在不考虑调度策略、反馈控制响应时间等其他因素的差异前提下，对某一时刻的静态结构进行比较评估后，借鉴积分的思想，两种系统在长期动态运行状态下的软错误率大小也可以做出定性评估。

处于暂稳态的 DHR 架构等效于非相似余度构造 (Dissimilar Redundant Structure, DRS)。为方便阐述，以异构冗余系统来指某一时刻静态的 DHR 架构。对于同构冗余的动态架构，在稳态时刻也可视为是静态的同构冗余系统。

本节所述的 MCU 芯片的异构冗余系统将以文献[49]所描述的拟态安全系统原型设计为例，如图 8.23 所示，选用三个不同指令集架构的 CPU 构成异构 CPU 系统，具体型号为 ARM 指令集架构的 Cortex-M3、RISC-V 指令集架构的蜂鸟 E203 以及 MIPS 指令集架构的 MicroAptiv。通过拟态调度单元对异构 CPU 系统的输出进行多模裁决，此处假设拟态调度单元不但能在一个 CPU 输出错误结果时被裁决环节发现且能给出正确的系统输出，而且在两个 CPU 都因辐射扰动失效时依然能够通过迭代裁决识别出唯一功能正常的 CPU。

需要说明的是，为保证拟态调度单元的裁决效率，通常在选用异构 CPU 时，会选用性能相近的 CPU。因蜂鸟 E203 的性能低于其他两个 CPU，故这里所提及的三个 CPU，不是构成理想的异构 CPU 系统的选择，在此只作举例用。

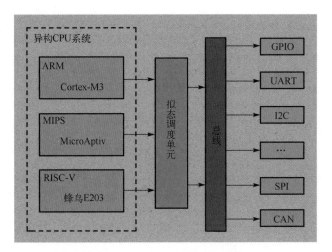

图 8.23　异构冗余架构示例

2.　马尔可夫模型简介

在对系统进行可靠性分析时，马尔可夫模型是个广泛应用的分析方法。

如图 8.24 所示一个简单的系统，由两个状态组成：正常工作和失效，分别由状态 0 和状态 1 来表示由状态 0 至状态 1 的转移路径的速率为 λ[50]。

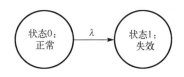

图 8.24　马尔可夫模型

我们以 $P_j(t)$ 来表示系统在时刻 t 处于状态 j 的概率，则系统处于状态 0 的概率对时间求导结果为，在 t 时刻系统处于状态 0 的概率 $P_0(t)$ 与转移速率 λ 的乘积：

$$\frac{\mathrm{d}P_0}{\mathrm{d}t} = -\lambda P_0 \tag{8-2}$$

上式即为马尔可夫模型的基本关系式，也是对其他复杂的系统进行可靠性分析的关键。同理可得系统处于状态 1 的概率对时间求导的结果为：

$$\frac{\mathrm{d}P_1}{\mathrm{d}t} = -\lambda P_0 \tag{8-3}$$

假设在初始状态，系统正常工作，即 $[P_0(0)\ P_1(0)]^{\mathrm{T}} = [1\ 0]^{\mathrm{T}}$。对上述微分方程组求解，结合约束条件 $P_0(t) + P_1(t) = 1$ 可得：

$$P_0(t) = \mathrm{e}^{-\lambda t}, \quad P_1(t) = 1 - \mathrm{e}^{-\lambda t} \tag{8-4}$$

3. 对异构冗余系统建模并计算

为方便起见，用 CPU1、CPU2 和 CPU3 来代指三种指令集架构的 CPU，并且分别以 $\lambda c1$、$\lambda c2$ 和 $\lambda c3$ 来表示三者的失效率。假设异构冗余和同构冗余系统中除了 CPU 子系统外，其余组件均相同，故在分析两者的性能差异时，该部分确切失效率数值并不是我们关心的重点。为简化分析过程，后续均以其余组件来表示包括拟态调度单元、总线及外设等在内的组件。简化后的异构冗余系统如图 8.25 所示。

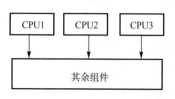

图 8.25　简化的异构冗余系统架构

接下来分析简化后的异构冗余系统可能所处的状态，用 Z_i 表示：

- Z_0：系统正常工作
- Z_1：CPU1 失效，CPU2、3 及其余组件正常
- Z_2：CPU2 失效，CPU1、3 及其余组件正常
- Z_3：CPU3 失效，CPU1、2 及其余组件正常
- Z_4：CPU1、2 失效，CPU3 及其余组件正常
- Z_5：CPU2、3 失效，CPU1 及其余组件正常
- Z_6：CPU3、1 失效，CPU2 及其余组件正常
- Z_D：系统整体失效

根据本节第一部分的论述，可以通过 DHR 架构暂稳态时刻的失效率，来粗略地推导出 DHR 架构的失效率，因此 DHR 架构的调度、清洗等功能不需要纳入考虑。也正因为不考虑系统自身的修复能力，此时刻下的静态架构在受到粒子辐射时软错误率的大小能更直观地得到体现。这种在不考虑修复能力的情况下得到的马尔可夫模型称为开环的马尔可夫模型。相较于闭环的模型，开环的模型更加简洁，因此更便于计算。

根据以上分析可以推导出该异构冗余系统的马尔可夫模型，如图 8.26 所示。

对图 8.26 进行简要分析，以与状态 Z_0 相关的四条转移路径为例进行说明：①进入 Z_1，即 CPU1 失效，该路径的转移速率即为 CPU1 的失效率 λ_{c1}；②进入 Z_2，即 CPU2 失效，同理转移速率 λ_{c2}；③进入 Z_3，即 CPU3 失效，转移速率为 λ_{c3}；④进入 Z_D，即系统所处状态由正常工作转变为系统整体失效，进入该路径的原因是系统的其余组件均失效，故转移速率为 λ_k。根据马尔可夫模型的基本关系式 (8-2) 对该系统进行瞬态分析可得：

$$\frac{\mathrm{d}P_0}{\mathrm{d}t} = -(\lambda_{c1} + \lambda_{c2} + \lambda_{c3} + \lambda_k) \cdot P_0 \tag{8-5}$$

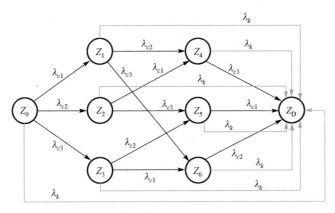

图 8.26　异构冗余系统的马尔可夫模型

$$\frac{\mathrm{d}P_1}{\mathrm{d}t} = \lambda_{c1} \cdot P_0 - (\lambda_{c2} + \lambda_{c3} + \lambda_k) \cdot P_1 \tag{8-6}$$

$$\frac{\mathrm{d}P_2}{\mathrm{d}t} = \lambda_{c2} \cdot P_0 - (\lambda_{c1} + \lambda_{c3} + \lambda_k) \cdot P_2 \tag{8-7}$$

$$\frac{\mathrm{d}P_3}{\mathrm{d}t} = \lambda_{c3} \cdot P_0 - (\lambda_{c1} + \lambda_{c3} + \lambda_k) \cdot P_3 \tag{8-8}$$

$$\frac{\mathrm{d}P_4}{\mathrm{d}t} = \lambda_{c2} \cdot P_1 + \lambda_{c1} \cdot P_2 - (\lambda_{c3} + \lambda_k) \cdot P_4 \tag{8-9}$$

$$\frac{\mathrm{d}P_5}{\mathrm{d}t} = \lambda_{c3} \cdot P_2 + \lambda_{c2} \cdot P_3 - (\lambda_{c1} + \lambda_k) \cdot P_5 \tag{8-10}$$

$$\frac{\mathrm{d}P_6}{\mathrm{d}t} = \lambda_{c3} \cdot P_1 + \lambda_{c1} \cdot P_3 - (\lambda_{c2} + \lambda_k) \cdot P_6 \tag{8-11}$$

假设系统的初始状态为正常工作，则有$[P_0(0)\,P_1(0)\,P_2(0)\,P_3(0)\,P_4(0)\,P_5(0)\,P_6(0)]^\top = [1\,0\,0\,0\,0\,0\,0]^\top$。结合所有概率之和为 1 的约束条件，求解上述微分方程组可得 $P_i(t)$，其中，$i = 0, 1, 2, \cdots, 6$，具体结果可见附录。

本节选择系统的失效率来描述系统的可靠性。瞬态系统的失效率定义为[50]：

$$\lambda_{\mathrm{sys}} = \frac{(\mathrm{d}P_D / \mathrm{d}T)^+}{1 - P_D} \tag{8-12}$$

其中，$(\mathrm{d}P_D / \mathrm{d}t)^+$ 表示系统由其他状态转移进入状态 Z_D 的速率。计算异构冗余系统失效率 $\lambda_{\text{sys-he}}$ 的具体过程可在附录中查看，在此只列出计算结果：

$$\lambda_{\text{sys-he}} = \frac{A_1 \cdot \mathrm{e}^{-A_1 t} - B_1 \cdot \mathrm{e}^{-B_1 t} - B_2 \cdot \mathrm{e}^{-B_2 t} - B_3 \cdot \mathrm{e}^{-B_3 t} + C_1 \cdot \mathrm{e}^{-C_1 t} + C_2 \cdot \mathrm{e}^{-C_2 t} + C_3 \cdot \mathrm{e}^{-C_3 t}}{\mathrm{e}^{-A_1 t} - \mathrm{e}^{-B_1 t} - \mathrm{e}^{-B_2 t} - \mathrm{e}^{-B_3 t} + \mathrm{e}^{-C_1 t} + \mathrm{e}^{-C_2 t} + \mathrm{e}^{-C_3 t}}$$

$$(8\text{-}13)$$

其中，$A_1 = \lambda_{c1} + \lambda_{c2} + \lambda_{c3} + \lambda_k$，$B_1 = \lambda_{c2} + \lambda_{c3} + \lambda_k$，$B_2 = \lambda_{c1} + \lambda_{c3} + \lambda_k$，$B_3 = \lambda_{c1} + \lambda_{c2} + \lambda_k$，$C_1 = \lambda_{c3} + \lambda_k$，$C_2 = \lambda_{c1} + \lambda_k$，$C_3 = \lambda_{c2} + \lambda_k$。

4. 对同构冗余系统建模并计算

对同构冗余系统的分析可以通过重复上一小节中所述步骤得到，即画出马尔可夫模型（如图 8.27）、进行瞬态分析、求解微分方程组等。但更简便的方法是在由异构冗余系统得到的结果的基础上做简化。两者的区别仅在于异构系统所用的是不同指令集架构的 CPU，而同构系统所用的 CPU 相同，故 CPU 的失效率也相同，即 $\lambda_{c1} = \lambda_{c2} = \lambda_{c3}$，在此统一以 λ_c 表示。两类系统除 CPU 外的其余组件均相同，故其余组件的失效率仍为 λ_k。则通过对式（8-13）进行简化，可得同构冗余系统的失效率 $\lambda_{\text{sys-ho}}$ 为：

$$\lambda_{\text{sys-ho}} = \frac{A \cdot \mathrm{e}^{-At} - 3B \cdot \mathrm{e}^{-Bt} + 3C \cdot \mathrm{e}^{-Ct}}{\mathrm{e}^{-At} - 3\mathrm{e}^{-Bt} + 3\mathrm{e}^{-Ct}}$$

$$(8\text{-}14)$$

其中，$A = 3\lambda_c + \lambda_k$，$B = 2\lambda_c + \lambda_k$，$C = \lambda_c + \lambda_k$。

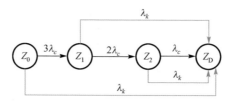

图 8.27　同构冗余系统的马尔可夫模型

5. 对推导所得结果进行分析

至此已经完成对同构及异构冗余系统的整体失效率的推导，接下来将对所得结果式（8-13）、式（8-14）进行分析。

首先，假设对三个 CPU 的失效率由小到大进行排序有 $\lambda_{c1} < \lambda_{c2} < \lambda_{c3}$，则可得 $C_2 < C_3 < C_1 < B_3 < B_2 < B_1 < A_1$。对式（8-13）求极限：

$$\lim_{t \to +\infty} \lambda_{\text{sys-he}} = \lim_{t \to +\infty} \frac{C_2 \cdot e^{-C_2 t}}{e^{-C_2 t}} = \lim_{t \to +\infty} \frac{(\lambda_{c1} + \lambda_k) \cdot e^{-(\lambda_{c1} + \lambda_k)t}}{e^{-(\lambda_{c1} + \lambda_k)t}} = \lambda_{c1} + \lambda_k \qquad (8\text{-}15)$$

发现 $\lambda_{\text{sys-he}}$ 随着时间增长趋近于极限值 $\lambda_{c1} + \lambda_k$。由此可得以下命题。

命题 8.1 异构冗余系统的失效率随时间的增长趋向于失效率最小的 CPU 与其余组件的失效率之和。

同理可以推出，对于同构冗余系统，$\lambda_{\text{sys-ho}}$ 随着时间增长趋近于极限值 $\lambda_c + \lambda_k$。

命题 8.2 若异构冗余系统和同构冗余系统的三个 CPU 的总失效率相等，且异构冗余系统中的三个 CPU 失效率的差值相等，即若 $\lambda_{c1}, \lambda_{c2}, \lambda_{c3}$ 和 λ_c 满足如下条件：

$$\lambda_{c1} + \lambda_{c2} + \lambda_{c3} = 3\lambda_c \qquad (8\text{-}16)$$

$$\lambda_{c2} - \lambda_{c1} = \lambda_{c3} - \lambda_{c2} = \Delta\lambda > 0 \qquad (8\text{-}17)$$

则异构冗余系统的整体失效率小于同构冗余系统，即：

$$\lambda_{\text{sys-he}} < \lambda_{\text{sys-ho}} \qquad (8\text{-}18)$$

按照命题 8.2 所要求的条件对 $\lambda_{c1}, \lambda_{c2}, \lambda_{c3}$ 进行赋值，如表 8.4 所示。

表 8.4 对失效率 λ_{ci} 赋值

	举例	失效率（FIT/Mb）
同构冗余系统		$\lambda_c = 100$
异构冗余系统	1	$\lambda_{c1} = 100$，$\lambda_{c2} = 100$，$\lambda_{c3} = 120$
	2	$\lambda_{c1} = 70$，$\lambda_{c2} = 100$，$\lambda_{c3} = 130$
	3	$\lambda_{c1} = 60$，$\lambda_{c2} = 100$，$\lambda_{c3} = 140$

因为冗余系统的其余组件部分尚未明确，所以对 λ_k 的取值只要处于合理范围即可，这里取 $\lambda_k = 200$ FIT/Mb。把以上数据代入式(8-13)、式(8-14)进行计算，对得到的 $\lambda_{\text{sys-ho}}$ 和 $\lambda_{\text{sys-he}}$ 的结果进行作图，如图 8.28 所示，其结果与命题 8.1 所述内容一致，即异构冗余系统的整体失效率小于同构冗余系统。同时图 8.28 也展示了命题 8.2 所述内容：每个系统的整体失效率最终都趋于失效率最小的 CPU 与其余组件的失效率之和，即对于异构冗余系统趋于 $\lambda_{c1} + \lambda_k$，对于同构冗余系统趋于 $\lambda_c + \lambda_k$。并且根据 $\lambda_{\text{hetero1}} > \lambda_{\text{hetero2}} > \lambda_{\text{hetero3}}$ 可知，在满足命题 8.2 的条件下，$\Delta\lambda$ 越大，系统失效率越小，该结论可由命题 8.1 证得。

至此已经完成了基于马尔可夫模型对冗余系统失效率的理论推导以及对结论的特性分析，并且通过赋予符合条件的任意值进行作图来直观地展示理论推导的结果。但是如何获取真实的或符合客观事实的 λ_{ci}, λ_k 依然是个亟待解决的问题，这部分内容将在下一节进行阐述。

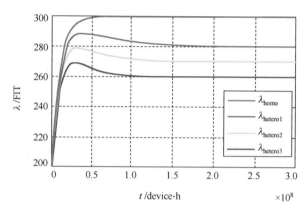

图 8.28　对表 8.4 中的三余度同构系统和三余度异构系统的失效率分析

8.3.4　不同架构芯片的抗粒子翻转能力仿真与分析

对某一器件或设备(即非完整系统)进行由单粒子翻转引起的 SER 评估时,需要两个步骤[51]。

首先需要明确该器件的物理特性。对于 SRAM 型的 FPGA,此处的器件指的是配置内存、BRAM、DSP 等。而此处的物理特性指的是器件的静态翻转截面,它描述了器件对粒子辐射的敏感程度。静态翻转截面的获取方法有多种,主要方法有:①通过重离子加速器对器件进行辐照实验,如文献[52];②通过星载实验,观察器件处于实际宇宙辐射条件下的单粒子翻转情况;通过以上两种方法可以获得任意器件的翻转截面,然而弊端在于观察周期较长且成本较高;③通过仿真的方法获得翻转截面,如利用 CRÈME-MC 进行仿真 [53],文献[38]展示了利用 CRÈME-MC 得到一个 SEU 加固后的 SRAM 的翻转截面的具体方法。

其次需要利用一种建模仿真工具,结合器件的物理特性以及所受的辐射环境,对器件由单粒子翻转引起的 SER 进行评估。我们采用 CREME96 仿真工具对异构及同构冗余系统中各个 CPU 由单粒子翻转引起的 SER 进行评估。CREME96 基于 CREME(Cosmic Ray Effects on Micro-Electronics)进行了更新,在宇宙射线的建模、近地环境中的太阳粒子组分、SEU 计算方法等方面进行了改进[54]。

1)获取静态翻转截面

器件的翻转截面 $\sigma(L)$ 是在利用 CREME96 进行仿真时由用户提供的器件特性参数,通常采用 Weibull 曲线进行拟合:

$$\sigma(L) = \sigma_{sat}(1 - \exp\{-[(L - L_{th})/W]^S\})\qquad(8\text{-}19)$$

其中，σ_{sat} 表示器件的饱和截面，L_{th} 表示使器件发生单粒子翻转的临界 LET 值，W 表示宽度因子，S 为无量纲指数[55]。

因为如何获取器件的翻转截面并不是这里的研究重点，所以为方便后续的表述，本节参考了文献[56]。在该文献中，Xilinx Kintex-Ultrascale 系列 FPGA 开发板在重离子加速器中进行了辐照实验，得到了该器件每设备 SEU 翻转截面的 Weibull 拟合参数。我们选取该系列 FPGA 开发板作为系统运行的器件载体，将文献[57]中的实验结果进行换算，得到每比特的 SEU 翻转截面的 Weibull 拟合参数，如表 8.5 所示。

表 8.5　每比特的 SEU 翻转截面的 Weibull 拟合参数

Weibull 参数	数值
σ_{sat}	0.2911μm^2
L_{th}	0.07MeV·cm^2/mg
W	13MeV·cm^2/mg
S	1.5

2) 在轨辐射条件

假设器件的运行轨道为近地环绕(Low-Earth Orbit, LEO)，那么为了得到由重离子直接电离引起的单粒子效应，仿真中需要依次历经若干模块，分别是 GTRN、FLUX、TRANS、LETSPEC 以及 HUP，每个模块的具体作用、输入及输出详见 CREME96 的使用说明[57]。每个模块的参数选择见表 8.6。

表 8.6　CREME 变量

CREME 模块	描述	数值
GTNR	环绕	51.6deg，450km
	磁性天气状况	安静
FLUX	原子数	1～92
	太阳条件	最小
TRANS	屏蔽	铝，100 mils
LETSPEC	最小能量	0.1 MeV/nuc
HUP	RPP	$x = y = \sqrt{\sigma_{sat}}$，$z = x/5$

内存类型中，配置内存指被用于配置系统功能的存储单元，但是配置内存中只有一小部分的比特是对系统的正常工作至关重要的，当这些比特发生计划之外的改变时，那么系统可能无法表现出既定的功能。这些比特被称为关键比

特(Essential Bits)。对于 Xilinx Kintex-Ultrascale 系列 FPGA，Vivado 可以直接统计出某一设计所用的关键比特的数量和占比。以异构 CPU 系统为例，统计结果见表 8.7。

表 8.7　三个 CPU 的关键比特数及其占比

CPU	关键比特数	百分比/%
蜂鸟 E203	2528749	2.45
Cortex-M3	2844896	2.76
MicroAptiv	3040701	2.95

根据每个 CPU 所占用的关键比特，可由 HUP 模块评估出各个 CPU 在轨单粒子翻转情况，结果见表 8.8，所得的结果 R_{orbit} 即为 λ_{c1}，λ_{c2}，λ_{c3}，其单位 SEE/(device·day)代表每设备每天发生的单粒子效应。

表 8.8　三个 CPU 的 SEE 结果

CPU	失效率	R_{orbit}(SEE/(device·day))
蜂鸟 E203	λ_{c1}	1.66333E-02
Cortex-M3	λ_{c2}	1.87129E-02
MicroAptiv	λ_{c3}	2.00008E-02

将 λ_{c1}，λ_{c2}，λ_{c3} 代入式(8-12)，并且取 $\lambda_k = 10^{-2}$ SEE/(device·day)，即可得异构冗余系统的失效率相对于时间的函数。将 λ_{c1} 代入式(8-13)可得以三个蜂鸟 E203 CPU 构成的同构冗余系统的失效率相对于时间的函数。同理将 λ_{c2}，λ_{c3} 代入式(8-13)可得以三个 Cortex-M3 和以三个 MicroAptiv CPU 构成的同构冗余系统的失效率相对于时间的函数。将上述结果进行作图得图 8.29。

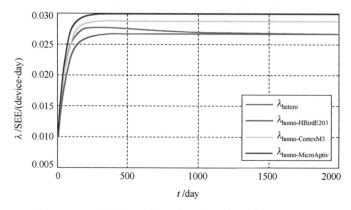

图 8.29　一个异构冗余和三个同构冗余系统的 SEE 结果

分析图 8.29 可发现，异构冗余系统的整体失效率小于分别由 Cortex-M3 和 MicroAptiv 构成的三模同构冗余系统。并且随着时间的增长逐渐趋近于由失效率最小的 CPU，即蜂鸟 E203 构成的同构冗余系统的失效率。该结果与命题 8.1 契合，异构冗余系统的整体失效率最终趋近于 $\lambda_{c1} + \lambda_k$，而该值也正是由三个蜂鸟 E203 CPU 构成的同构冗余系统的整体失效率最终趋向的值。在本例中，当 $t \geq 1100\mathrm{d}$ 时，异构冗余系统与由蜂鸟 E203 构成的同构冗余系统的失效率的差距小于 1%。

根据以上分析可知，从长期效果来看，在粒子辐射中异构冗余系统表现出的 SER 与 SER 最小的同构冗余系统是相当的，并且在每一时刻都优于其他两种同构冗余系统。再考虑到异构冗余系统在规避共模故障、降低攻击经验和攻击成果的复现性等方面较于同构冗余系统的优势，我们可以得出结论，异构冗余系统具有更好的功能安全特性。

如果动态架构 A 的每个瞬时静态架构都比动态架构 B 的静态架构在 SER 评估中更有优势，那么在不考虑调度策略、反馈控制响应时间等其他因素的差异的前提下，动态架构 A 会比动态架构 B 表现出更优越的抗 SER 特性。换言之，DHR 架构比动态同构冗余架构具有更好的抗 SER 特性。

8.4　本 章 小 结

本章探讨了内生安全作为"他山之石"在无线通信、人工智能和芯片设计等新兴领域的应用前景。首先，在回顾无线通信发展范式，梳理无线通信内生安全问题的基础上，提出了无线通信内生安全的发展愿景，包括无线通信内生安全架构、机制、关键技术及性能分析方法等。其次，在分析人工智能内生安全共性、个性以及广义功能安全问题的基础上，给出了人工智能内生安全防御框架的初步设计方案。最后，在初步介绍内生安全芯片设计思路的基础上，重点分析了内生安全芯片在抗粒子翻转方面的强大能力。有关研究表明，内生安全架构不但具有内在赋能作用，更有显著的外溢扩散效应，具有强劲的渗透性和广泛的指导意义。

参 考 文 献

[1]　Shannon C E. A mathematical theory of communication[J]. Bell System Technical Journal, 1948, 27（3）: 379-423.

[2] Wang L, Xie S. Radio Spectrum Management Policy, Regulation and Technology[M]. Beijing: Electronic Industry Press, 2018.

[3] You X H, Wang C X, Huang J, et al. Towards 6G wireless communication networks: Vision, enabling technologies, and new paradigm shifts[J]. Science China Information Sciences, 2020, 64(1): 1-74.

[4] Dunkelman O, Keller N, Shamir A. A practical-time related-key attack on the KASUMI cryptosystem used in GSM and 3G telephony[J]. Journal of Cryptology, 2014, 27(4): 824-849.

[5] 3GPP. Security architecture and procedures for 5G system (release 15): 3GPP TS 33.501 V15.5.0[S]. European Telecommunications Standards Institute. 2019.

[6] Furqan H M, Hamamreh J M, Arslan H. New physical layer key generation dimensions: Subcarrier indices/positions-based key generation[J]. IEEE Communications Letters, 2021, 25(1): 59-63.

[7] Chen S L, Pang Z B, Wen H, et al. Automated labeling and learning for physical layer authentication against clone node and sybil attacks in industrial wireless edge networks[J]. IEEE Transactions on Industrial Informatics, 2020, 17(3): 2041-2051.

[8] Zhang C W, Yue J, Jiao L B, et al. A novel physical layer encryption algorithm for LoRa[J]. IEEE Communications Letters, 2021, 25(8): 2512-2516.

[9] 邬江兴. 网络空间内生安全发展范式[J]. 中国科学(信息科学), 2022, 52(2): 189-204.

[10] Jin L, Hu X Y, Lou Y M, et al. Introduction to wireless endogenous security and safety: Problems, attributes, structures and functions[J]. China Communications, 2021, 18(9): 88-99.

[11] Chen C, Jensen M. A. Secret key establishment using temporally and spatially correlated wireless channel coefficients[J]. IEEE Transactions on Mobile Computing, 2010, 10(2): 205-215.

[12] Wang X, Jin L, Huang K. Physical layer secret key capacity using correlated wireless channel samples[C]. IEEE Global Communications Conference (GLOBECOM), 2016: 1-6.

[13] Qin D, Ding Z. Exploiting multi-antenna nonreciprocal channels for shared secret key generation[J]. IEEE Transactions on Information Forensics and Security, 2016, 11(22): 2693-2705.

[14] 钟智豪, 罗文宇, 彭建华, 等. 多层异构蜂窝网协作传输和协作干扰机制的安全性能分析[J]. 中国科学: 信息科学, 2016(1): 33-48.

[15] 楼洋明, 金梁, 钟州, 等. 基于 MIMO 接收信号空间的密钥生成方案[J]. 中国科学: 信

息科学, 2017, 47(3): 362-373.

[16] Jin L, Wang X, Lou Y M, et al. Achieving one-time pad via endogenous secret key in wireless communication[C]. IEEE International Conference on Communications, Chongqing, China, 2020: 1-6.

[17] Liang Y C, Chen J, Long R, et al. Reconfigurable intelligent surfaces for smart wireless environments: Channel estimation, system design and applications in 6G networks[J]. Science China Information Sciences, 2021, 64(10): 1-21.

[18] Hu X, Jin L, Huang K, et al. Intelligent reflecting surface-assisted secret key generation with discrete phase shifts in static environment[J]. IEEE Wireless Communications Letters, 2021, 10(9): 1867-1870.

[19] Madhow U, Honig M L. MMSE interference suppression for direct-sequence spread-spectrum CDMA[J]. IEEE Transactions on Communication, 1994, 42(12): 3178-3188.

[20] Adem N, Hamdaoui B, Yavuz A. Pseudorandom time-hopping anti-jamming technique for mobile cognitive users[C]. IEEE Globecom Workshops, 2015: 1-6.

[21] 郭素霞, 李翔宇, 金梁, 等. 基于空域信道跳变抗干扰 DOA 估计方法[J]. 中国科学: 信息科学, 2016, 46(7): 899-912.

[22] Hanawal M K, Abdel-Rahman M J, Krunz M. Joint adaptation of frequency hopping and transmission rate for anti-jamming wireless systems[J]. IEEE Transactions on Mobile Computing, 2016, 15(9): 2247-2259.

[23] Jin L, Lou Y M, Xu X M, et al. Separating multi-stream signals based on space-time isomerism[C]. 2020 International Conference on Wireless Communications and Signal Processing (WCSP), Nanjing, 2020: 418-423.

[24] 李为, 陈彬, 魏急波, 等. 基于接收机人工噪声的物理层安全技术及保密区域分析[J]. 信号处理, 2012, 28: 1314-1320.

[25] 国务院文件.国务院关于印发新一代人工智能发展规划的通知[EB/OL]. 2017. http://www.gov.cn/zhengce/content/2017-07/20/content_5211996.htm.

[26] Naghibijouybari H, Neupane A, Qian Z, et al. Rendered insecure: GPU side channel attacks are practical[C]. the ACM SIGSAC Conference, 2018: 2139-2153.

[27] Szegedy C, Zaremba W, Sutskever I, et al. Intriguing properties of neural networks[J]. Computer Science, 2013(4): 1312.

[28] Goodfellow I J, Shlens J, Szegedy C. Explaining and harnessing adversarial examples[J]. arXiv preprint arXiv:1412.6572, 2014.

[29] Kurakin A, Goodfellow I, Bengio S. Adversarial machine learning at Scale[J]. arXiv

preprint arXiv:1611.01236, 2016.

[30] Madry A, Makelov A, Schmidt L, et al. Towards deep learning models resistant to adversarial attacks[J]. arXiv preprint arXiv:1706.06083, 2017.

[31] Moosavi-Dezfooli S M, Fawzi A, Frossard P. DeepFool: A simple and accurate method to fool deep neural networks[C]. IEEE CVF Conference on Computer Vision and Pattern Recognition (CVPR), 2016: 2574-2582.

[32] Carlini N, Wagner D. Towards evaluating the robustness of neural networks[C]. 2017 IEEE Symposium on Security and Privacy (SP), 2017: 39-57.

[33] Li Y, Li L, Wang L, et al. Nattack: Learning the distributions of adversarial examples for an improved black-box attack on deep neural networks[C]. International Conference on Machine Learning, PMLR, 2019: 3866-3876.

[34] Ilyas, A, Santurkar, S, Tsipras, D, et al. Adversarial examples are not bugs, they are features[J]. Neural Information Processing Systems, 2019: 125-136.

[35] Liu Y, Chen X, Liu C, et al. Delving into transferable adversarial examples and black-box attacks[J]. arXiv preprint arXiv:1611.02770, 2016.

[36] Peng Q, Qin R X, Liu W L, et al. Heterogeneous architecture search approach within adversarial dynamic defense framework[C]. The AAAI-22 Workshop on Adversarial Machine Learning and Beyond, 2022: 1-6.

[37] Fu Y G, Yu Q X, Zhang Y, et al. Drawing robust scratch tickets: Subnetworks with inborn robustness are found within randomly initialized networks[J]. Advances in Neural Information Processing Systems, 2021(34): 13059-13072.

[38] Warren K, Weller R, Mendenhall M, et al. The contribution of nuclear reactions to heavy ion single event upset cross-section measurements in a high-density SEU hardened SRAM[J]. IEEE Transactions on Nuclear Science, 2005, 52(6): 2125-2131.

[39] Athalye A, Engstrom L, Ilyas A, et al. Synthesizing robust adversarial examples[C]. International Conference on Machine Learning, PMLR, 2018: 284-293.

[40] Peng Q, Liu W L, Qin R X, et al. Dynamic stochastic ensemble with adversarial robust lottery ticket subnetworks[J]. arXiv preprint arXiv:2210.02618, 2022.

[41] 德州仪器. 关于软错误率的常见问题解答[EB/OL]. 2022. https://www.ti.com.cn/zh-cn/support-quality/faqs/soft-error-rate-faqs.html.

[42] Quinn H M, Graham P S, Wirthlin M J, et al. A test methodology for determining space readiness of xilinx sram-based fpga devices and designs[J]. IEEE Transactions on Instrumentation and Measurement, 2009, 58(10): 3380-3395.

[43] 古士芬. 美国几架航天飞机所发生的 SEU 研究[J]. 空间科学学报, 1998, 18（3）:8.

[44] User Guide 116. Device Reliability Report v10.13[Z]. Xilinx, Inc. 2020: 36.

[45] SUITE V D. Ultrascale architecture soft error mitigation controller v3.1[Z]. Xilinx, Inc. 2021.

[46] 王忠明, 姚志斌, 郭红霞, 等. SRAM 型 FPGA 的静态与动态单粒子效应试验[J]. 原子能科学技术, 2011, 45（12）: 1506-1510.

[47] 姚志斌, 范如玉, 郭红霞, 等. 静态单粒子翻转截面的获取及分类[J]. 强激光与粒子束, 2011, 23（3）: 811-816.

[48] Lesea A, Drimer S, Fabula J, et al. The rosetta experiment: atmospheric soft error rate testing in differing technology FPGAs[J]. IEEE Transactions on Device and Materials Reliability, 2005, 5（3）: 317-328.

[49] 孙远航, 李彧, 李召召, 等. 智慧交通拟态安全芯片系统原型设计[C]. 第三届先进计算与内生安全学术会议, 南京, 2020: 677-684.

[50] Introduction to markov modeling for reliability[EB/OL]. 2022. https://www.mathpages.com/home/kmath232/kmath232.html.

[51] Engel J, Morgan K S, Wirthlin M J. Predicting on-orbit static single event upset rates in xilinx virtex FPGAs[J]. Faculty Publications, 2006: 1-66.

[52] 汪波, 王佳, 刘伟鑫, 等. 星载 ASIC 芯片单粒子效应检测及在轨翻转率预估[J]. 半导体技术, 2019, 44（9）: 728-734.

[53] Adams J H, Barghouty A F, Mendenhall M H, et al. CREME: The 2011 revision of the cosmic ray effects on micro-electronics code[J]. IEEE Transactions on Nuclear Science, 2012, 59（6）: 3141-3147.

[54] Tylka, Allan, J, et al. CREME96: A revision of the cosmic ray effects on micro-electronics code[J]. IEEE Transactions on Nuclear Science, 1997, 44（6）: 2150-2160.

[55] Allen G. Virtex-4vq static SEU characterization summary[R]. Pasadena, CA: Jet Propulsion Laboratory, National Aeronautics and Space Administration, 2008.

[56] Berg M, Kim H, Phan A. Xilinx kintex-ultrascale field programmable gate array single event effects（SEE）heavy-ion test report[R]. Space R2 LLC, SSAI, NASA GSFC, 2019.

[57] Sierawski B. How to run CREME96[EB/OL]. 2010. https://creme.isde.vanderbilt.edu/CREME-MC/help/how-to-run-creme96.

附　录

8.3.3 节中 $\lambda_{\text{sys-he}}$ 的计算过程如下：

$P_i(t)$ 的计算结果为：

$$P_0(t) = \mathrm{e}^{-(\lambda_{c1}+\lambda_{c2}+\lambda_{c3}+\lambda_k)t}$$

$$P_1(t) = \mathrm{e}^{-(\lambda_{c1}+\lambda_{c2}+\lambda_{c3}+\lambda_k)t} + \mathrm{e}^{-(\lambda_{c2}+\lambda_{c3}+\lambda_k)t}$$

$$P_2(t) = \mathrm{e}^{-(\lambda_{c1}+\lambda_{c2}+\lambda_{c3}+\lambda_k)t} + \mathrm{e}^{-(\lambda_{c1}+\lambda_{c3}+\lambda_k)t}$$

$$P_3(t) = -\mathrm{e}^{-(\lambda_{c1}+\lambda_{c2}+\lambda_{c3}+\lambda_k)t} + \mathrm{e}^{-(\lambda_{c1}+\lambda_{c2}+\lambda_k)t}$$

$$P_4(t) = \mathrm{e}^{-(\lambda_{c1}+\lambda_{c2}+\lambda_{c3}+\lambda_k)t} - \mathrm{e}^{-(\lambda_{c2}+\lambda_{c3}+\lambda_k)t}$$
$$- \mathrm{e}^{-(\lambda_{c1}+\lambda_{c3}+\lambda_k)t} + \mathrm{e}^{-(\lambda_{c3}+\lambda_k)t}$$

$$P_5(t) = \mathrm{e}^{-(\lambda_{c1}+\lambda_{c2}+\lambda_{c3}+\lambda_k)t} - \mathrm{e}^{-(\lambda_{c1}+\lambda_{c3}+\lambda_k)t}$$
$$- \mathrm{e}^{-(\lambda_{c1}+\lambda_{c2}+\lambda_k)t} + \mathrm{e}^{-(\lambda_{c1}+\lambda_k)t}$$

$$P_6(t) = \mathrm{e}^{-(\lambda_{c1}+\lambda_{c2}+\lambda_{c3}+\lambda_k)t} - \mathrm{e}^{-(\lambda_{c2}+\lambda_{c3}+\lambda_k)t}$$
$$- \mathrm{e}^{-(\lambda_{c1}+\lambda_{c2}+\lambda_k)t} + \mathrm{e}^{-(\lambda_{c2}+\lambda_k)t}$$

$$\left(\frac{\mathrm{d}P_\mathrm{D}}{\mathrm{d}t}\right)^+ = \frac{\mathrm{d}P_\mathrm{D}}{\mathrm{d}t}$$
$$= \lambda_k \cdot P_0 + \lambda_k \cdot P_1 + \lambda_k \cdot P_2 + \lambda_k \cdot P_3$$
$$+ (\lambda_{c3}+\lambda_k) \cdot P_4 + (\lambda_{c1}+\lambda_k) \cdot P_5 + (\lambda_{c2}+\lambda_k) \cdot P_6$$

代入 $P_i(t)$ 的计算结果，并令 $A_1 = \lambda_{c1} + \lambda_{c2} + \lambda_{c3} + \lambda_k$，$B_1 = \lambda_{c2} + \lambda_{c3} + \lambda_k$，$B_2 = \lambda_{c1} + \lambda_{c3} + \lambda_k$，$B_3 = \lambda_{c1} + \lambda_{c2} + \lambda_k$，$C_1 = \lambda_{c3} + \lambda_k$，$C_2 = \lambda_{c1} + \lambda_k$，$C_3 = \lambda_{c2} + \lambda_k$ 可得：

$$\left(\frac{dP_D}{dt}\right)^+ = A_1 \cdot e^{-A_1 t} - B_1 \cdot e^{-B_1 t} - B_2 \cdot e^{-B_2 t} - B_3 \cdot e^{-B_3 t}$$
$$+ C_1 \cdot e^{-C_1 t} + C_2 \cdot e^{-C_2 t} + C_3 \cdot e^{-C_3 t}$$

因为 $P_D(0) = 0$，故可解得：

$$P_D(t) = -e^{-A_1 t} + e^{-B_1 t} + e^{-B_2 t} + e^{-B_3 t} - e^{-C_1 t} - e^{-C_2 t} - e^{-C_1 t} + 1$$

因此由式 $(8\text{-}12)$ 可得 $\lambda_{\text{sys-he}}$ 的最终结果为式 $(8\text{-}13)$。